Drescher-Kaden Aplitische Gänge

Aplitische Gänge in Graniten und Gneisen

von

F. K. Drescher-Kaden

Walter de Gruyter · Berlin · New York 1974

Mit 152 Abbildungen

ISBN 3 11 001623 0

Printed in Germany.
Satz: IBM-Composer Walter de Gruyter & Co., Berlin
Druck: Hildebrand, Berlin
Buchbinder: Lüderitz & Bauer, Berlin

Herrn Prof. Dr. Dr. h. c. Dr. h. c. Bruno Sander, Innsbruck
zur Feier des 90. Geburtstages überreicht.

Vorwort

Das hier vorgelegte Buch stellt die Fortsetzung der „Granitprobleme", Berlin 1969, in einer speziellen Form dar. Es hat sich gezeigt, daß gerade den aplitischen Gängen dem Granit in genetischer Hinsicht eine besondere Bedeutung zukommt. Die leukokraten Gangfüllungen können nämlich als Primitivformen eines Granits aufgefaßt werden, bei denen infolge kurzzeitigen Reaktionsablaufs, einseitiger Materialausstattung und geringer Temperatur nur ein einfaches Produkt geliefert werden konnte. Dieses zeigt in Ausnahmefällen die bei den normalen Graniten spezifischen Überlagerungs- und plastischen Bildungen als Ergebnis mehrfacher Lösungsschübe nur in sehr vereinfachter Form.
Die Strukturanalyse normaler Granite – und im weitesten Sinne aller granitoiden Gesteine – beweist immer wieder ihre sehr komplexe Entstehung, die durch die Aufeinanderfolge mehrerer genetischer Phasen in einem durchbewegten Rindenstück charakterisiert ist. Daher kann die einaktige künstliche Darstellung eines „Granits" durch Schmelzversuche den natürlichen Verhältnissen nicht annähernd entsprechen, sondern muß nach vielen Richtungen hin ergänzt und ausgebaut werden.

Das vorliegende Buch bemüht sich, einige der wichtigsten Aplitarten in ihren Eigenschaften darzustellen. Eine auch nur annähernde Vollständigkeit wird auch mit einem doppelt so großen Material nicht zu erreichen sein, – immerhin dürften die gebrachten Beispiele genügen, um die Beziehungen zwischen den granitoiden Gesteinen, das heißt dem Hauptgestein und seinen leukokraten Restbeständen kenntlich zu machen. Auch war es notwendig, auf die entscheidende Mitwirkung von Lösungen gerade bei der Vielseitigkeit der immer wieder neu- und umgebildeten Strukturen der granitoiden Gesteine und ihrer Gänge hinzuweisen. Es läßt sich somit zeigen, daß das Temperaturintervall, in dem Granite und leukokrate Gänge entstehen, sehr umfangreich ist und aplitische Füllungen schon bei wenig über der Raumtemperatur liegenden Werten die Mineralkomponenten granitischer Gesteine enthalten können.

Die Mittel zu den Geländebegehungen und der Beschaffung des Materials zu den Gesteinsuntersuchungen wurden in den vergangenen Jahren zum großen Teil von der Deutschen Forschungsgemeinschaft zur Verfügung gestellt, der ich meinen besonderen Dank für ihre Unterstützung schulde.

Auch diesmal bin ich von befreundeten Kollegen durch Diskussionen im Gelände und Studierzimmer, durch Überlassung photographischer Aufnahmen und Gesteinsmaterial sehr wirksam unterstützt worden. So habe ich meinen angelegentlichsten Dank zu sagen den Herren Professoren Dr. Dr. H. Erhart (Paris), H. J. Koark (Uppsala), F. Kraut (Paris), F. Leutwein (Nancy), den Herren Dr. h. c. W. Mandt (Wunsiedel) und Dipl. Geologen F. Seligmann (Stuttgart).

Meine Mitarbeiterin Frau Eva Morel hat mit ihrer jahrelangen unermüdlichen Mithilfe einen großen Anteil an der Fertigstellung auch dieser Arbeit.

Baden-Baden, im Oktober 1973 F. K. Drescher-Kaden

Inhaltsverzeichnis

Bemerkungen zu den Bildern

Alle Mikroaufnahmen ohne besonderen Vermerk in den Aufnahmedaten sind mit + Nicols angefertigt worden.
Aufnahmen mit nur einem Nicol erhielten den Vermerk „Mit Polarisator".
Die Mikroaufnahmen wurden mit einem Panphot der Firma E. Leitz-Wetzlar aus dem Jahre 1938 angefertigt.
Die Geländeaufnahmen Abb. 9, 12, 32, 34, 35, 36, 48, 87, 90, 149, 150 wurden von Herrn Prof. Dr. H. J. KOARK, Uppsala, zur Verfügung gestellt, das Mikrobild 149b von Herrn Prof. Dr. W. EPPLER, München. Beiden Herren danke ich sehr.

Der Akademie-Verlag Berlin, Leipziger Straße 3–4, gab sein Einverständnis zum Wiederabdruck der Bilder 131, 154, 393 und 476 meines bei ihm erschienenen Buches „Granitprobleme", Berlin 1969, 586 S. In der vorliegenden Veröffentlichung „Aplitische Gänge der Granite und Gneise" sind diese Bilder wiedergegeben als Nr. 41 a, 62, 63 und 152.
Das Verlagshaus Gebr. Borntraeger, Stuttgart, Johannesstraße 3 A gestattete den Wiederabdruck der Porenwasser-Tabelle der Granite aus J. Hirschwald, „Handbuch der bautechnischen Gesteinsprüfung", Berlin 1912, Seite 670, als Tabelle 3 auf S. 173.
Der Springer-Verlag Berlin–Göttingen–New York gab sein Einverständnis zum Wiederabdruck der Tabellen 1 und 2 aus meiner Arbeit: „Die Feldspat-Quarz-Reaktionsgefüge der Granite und Gneise", Mineralogie und Petrographie in Einzeldarstellungen", Band 1, 1948, 259S. In dem vorliegenden Buch erscheinen diese Tabellen als 1 und 2 auf Seite 112 und 113.
Den drei Verlagshäusern danke ich sehr für ihr Entgegenkommen.

Leitspruch

„Was ist Wissenschaft anderes als die geduldige und bescheidene Erforschung der Grenzen und Übergänge in den Dingen?"

Theodor Albert Liebner 1837

Einleitung

Der Erkenntniswert der leukokraten Gangbildungen für die Granitgenese. – Einführende Bemerkungen über frühere und heutige Vorstellungen von der Entstehung aplitischer Gänge.

Die aplitischen Gänge der Granite und Gneise sind von der Forschung bisher in unverdienter Weise vernachlässigt worden, denn gerade die Kenntnis der Bildungsgeschichte der leukokraten Gänge ergibt wichtige Beziehungen zur Genese der Granite. Manche Irrtümer hätten hier vermieden werden können, wenn man mit den jungen sauren Gangbildungen besser vertraut und sich bewußt gewesen wäre, daß in der Entwicklung eines aplitischen Ganges die Genesis des zugehörenden älteren Granites mit vereinfachtem Stoffbestand und abgewandelter Form wiederholt wird.

Die Genesis der überwiegenden Zahl der Granite und Gneise ist mit ihrer äußeren Konsolidierung als Massiv oder granitisierter Komplex nicht beendet. In dem anscheinend verfestigten Gefügekomplex des Muttergesteins laufen späte Umformungsvorgänge blastischen Charakters ab oder leben erneut auf. Unter Benutzung spezieller von der regionalen Tektonik bestimmter Richtungen kann es zur Spaltenbildung und anschließend zur Auffüllung dieser Spalten mit kieselsäurereichem Material, vor allem Feldspat und Quarz, kommen. So entstehen aplitische leukokrate Gänge bis hin zu pegmatitischer Ausformung unter beträchtlicher Zunahme ionaren Materials. Damit sind diese Gangbildungen energetisch an das Hauptgestein angeschlossen, d. h. der Materialinhalt eines Ganges wird nicht aus der Tiefe, aus einem fremden Bereich zugeführt, sondern entstammt dem Materialbestand des granitischen Systems, dem der Gang angehört.

Die Gefüge dieser leukokraten Gänge zeigen prinzipiell große Ähnlichkeit mit denjenigen der umgebenden granitischen Gesteinstypen bei starker Reduzierung und Vereinfachung des Mineralbestandes. Nur dort, wo die Gänge pegmatitische Gefüge ausgebildet haben – wo also eine große Menge einbaufähiger Jonen zur Verfügung stand – vergrößert sich die Zahl der Mineralarten sehr beträchtlich.

Die bisher gültige Auffassung von der Entstehungsweise der leukokraten Gänge sprach diesen gegenüber ihrem granitischen Nebengestein stoffliche Selbständigkeit zu, d. h. man faßte sie als spätere nach der Konsolidierung des Granits aus der Tiefe zugeführte, unabhängige magmatische Bildungen mit eigenem Energieinhalt auf. So lesen wir schon in früher Zeit bei NAUMANN (1862, II, 231): „Die Entstehung dieser ‚Granitgänge' im Granit, sowie ihr eigentliches Verhältnis zum Nebengestein ist auf verschiedene Weise erklärt worden. Die richtigste Ansicht dürfte wohl die sein, welche CHARPENTIER (1823) aufstellte, daß sie als Spaltengänge zu betrachten sind, welche sich sogleich oder doch sehr bald nach der Erstarrung des sie einschließenden Granites bildeten, als noch granitisches Material zu ihrer Ausfüllung vorhanden war. Dieselbe Ansicht ist auch später von DE LA BÈCHE, BRONN, G. BISCHOF und ANGELOT ausgesprochen worden." „Ihr zufolge würden also diese Gänge Injektionen von granitischem Material sein, welches, abstammend von dem noch flüssigen Granit der Tiefe, in die Spalten des oberen, bereits erstarrten Granites eingepreßt wurde. Daher sind denn wohl auch diese Gänge nur als etwas jüngere Formationsglieder, gleichsam als Nachgeburten derselben Granitformation zu betrachten, in deren Bereich sie vorkommen."

Mit dieser Deutung werden die aplitischen Gänge als direkte Abkömmlinge des in der Tiefe als noch vorhanden angenommenen flüssigen Granites angesehen, als spätere „Nachschübe", deren Material in die Spalten des zuerst geförderten und anschließend erstarrten Anteils eingepreßt wurde. Diese Vorstellung, erstmals im Jahre 1823 konzipiert, ist auch heute noch für zahlreiche Petrographen gültig. Von den vielen Bedenken, die sich gegen eine solche Deutung in ihrer Verallgemeinerung erheben, seien zunächst nur drei genannt. 1. Granitkörper, welche auf fremder, undurchlässiger Unterlage liegen, können das Material zu ihren Spaltenfüllungen nicht als Nachschübe aus einer noch größeren Tiefe erhalten haben. 2. Es ist kein Grund dafür zu finden, weshalb das in der Tiefe zurückgebliebene Granitmaterial immer bedeutend saurer sein müßte als der zuerst gelieferte Granitanteil. 3. Es ist noch niemals ein lückenloser Zusammenhang einer oder mehrerer Aplitgänge, welche als Spaltenfüllungen in einem granitischen Gestein auftreten, mit einem ultrasauren Gesteinskomplex der Tiefe aufgefunden worden. Selbst die großen norwegischen Gangvorkommen, welche lange Zeit die Grundlage der norwegischen Feldspatindustrie bildeten, gingen nicht zur „ewigen Teufe", sondern verquarzten in einer Tiefe von ca. 130 m und keilten anschließend aus. Dieses Vertauben der Gänge über ein großes Areal hin bei übereinstimmender Verquarzungstiefe ist bis heute unerklärt.

Inzwischen kam, fast ein Menschenalter später, eine andere Deutung der Entstehungsgeschichte der leukokraten Gänge auf, welche von erfahrenen Beobachtern ausging und die daher eine besondere Aufmerksamkeit verdient. Unter diesen hat wohl REYER als erster (1881) das geologische Auftreten der von ihm als „Kluftblätter" bezeichneten Pegmatite und Aplite des Adamello beschrieben. Er war der Ansicht, daß „man es hier mit Klüften und Rissen zu tun hat, welche in den halberstarrten Massen entstanden und durch Exsudate gefüllt wurden." „Es macht entschieden den Eindruck, als ob aus einer Masse, in welcher noch einige Gemengteile beweglich waren, gerade diese in die entstandenen Klüfte vorgeschoben (ausgeschwitzt) worden seien. Eine weitere wichtige Beobachtung REYERS ist, „daß die Kluftblätter oft einen ganz kurzen Verlauf haben, ringsum von kontinuierlicher Gesteinsmasse umschlossen und von ihr nicht scharf getrennt sind. Er sagt weiter: „Entstehen in halbstarren Massen Risse und werden diese durch mineralische Sekretionen ausgefüllt, so entstehen Kluftblätter, welche oft nach kurzem Verlauf auskeilen." SALOMON-CALVI hat diese Auffassung REYERS 1890 an Apliten des Monte Aviolo als zutreffend bestätigt und hebt hervor, daß die Aplite makroskopisch deutlich von dem Nebengestein abgegrenzt erscheinen. Bei der Betrachtung mit der Lupe zeige es sich jedoch, daß die Grenze keine so scharfe ist wie bei echten Gängen. Auch BECKE äußert sich zustimmend zur Deutung der Aplit-Genese durch REYER und SALOMON-CALVI und betont (1892, p. 424), daß man die ganz zutreffende Bezeichnung eines Exsudats aus dem Massengestein auf die Aplite und Pegmatite anwenden könne.

Diese Vorstellung von der Exsudat-Natur der Aplite durch REYER (1881), SALOMON-CALVI und BECKE begann in der Folge wieder langsam in Vergessenheit zu geraten. Die alte Auffassung von CHARPENTIER (1837), NAUMANN (1892) und der genannten Autoren kam wieder zur Herrschaft in dem Sinne, daß der Aplit als eine Spaltenfüllung aus in der Tiefe vorhandenem und nachschubweise gefördertem leukokratem Material zu gelten habe. So ist es bis heute im wesentlichen geblieben.

Mit dieser Vorstellung ist zwar das jüngere Alter der aplitischen Gänge gegenüber ihrem Nebengestein festgelegt, – und dieses Altersverhältnis wird auch für die folgenden Ausführungen beibehalten – als völlig abweichend aber von der herrschenden Schulmeinung ist die weiterhin vertretene Ansicht von der Herkunft des Füllmaterials der leukokraten Gänge. Dieses ist keine saure, tieferen Zonen entstammende Schmelze, sondern besteht aus SiO_2-reichen, hydrothermal oder auch hydatogen herangeführten Restbeständen des die aplitische Füllung umgebenden Gesteinsbereichs, gehört also als echtes Exsudat energetisch zum Hauptgestein. Viele hunderte von Spezial-Beobachtungen haben immer wieder gezeigt, daß ein leukokrater Gang – unabhängig von seiner Größe – eine nach den drei Raumrichtungen begrenzte Spätbildung ist, die keinen Zusammenhang mit tiefliegenden hypothetischen Magmenbassins hat. Woher hat er also seine Stoffausstattung bezogen?[1])

In neuester Zeit (1971) sind von H. und G. TERMIER umfangreiche Untersuchungen aufgrund exakter Kartierungen eines granito-dioritischen Massivs im Hohen Atlas (Marokko) veröffentlicht worden. Diese Arbeiten erlauben wichtige Schlüsse auf das Verhältnis der leukokraten Gänge zum Granit und dürften für die Diskussion dieser Fragen von großer Bedeutung werden. (Vgl. diese Arbeit S. 201 ff.)

Es ist zweifellos leichter und für aplitische Gänge auch bequemer, eine magmatische Zuführung aus der Tiefe anzunehmen, bei der man der Verpflichtung des Beweisantritts mangels Kenntnis der Verhältnisse des tiefen Niveaus enthoben ist. . . Dann hat man keine Schwierigkeit mehr, den Komplex granitisches Gestein – leukokrater Gang als Einheit nachweisen zu müssen und kann Gang und Nebengestein als zwei getrennte, einander fremde Bildungen mit unabhängigem Energiehaushalt betrachten.

Nun besteht aber in einem in Faltung begriffenen Großbereich die Möglichkeit, daß granitisches oder aplitisches Füllmaterial aus tiefer liegenden Beanspruchungszonen herangeführt und in mechanische Schwächegebiete eines Gneis- oder granitoiden Komplexes eingepreßt wird. Derartige Füllungen haben dann genetisch mit dem Nebengesteinsbereich, in dem sie auftreten, nichts zu tun, es sind „xenogene" Gänge, Gänge fremder

---

[1]) „Granitprobleme", 1969, p. 482ff.

Herkunft. Sie können in allen Fällen als Fremdbildungen gegenüber den „idiogenen" Füllungen aus dem Materialbestand des granitischen Gesamtkomplexes nachgewiesen werden.

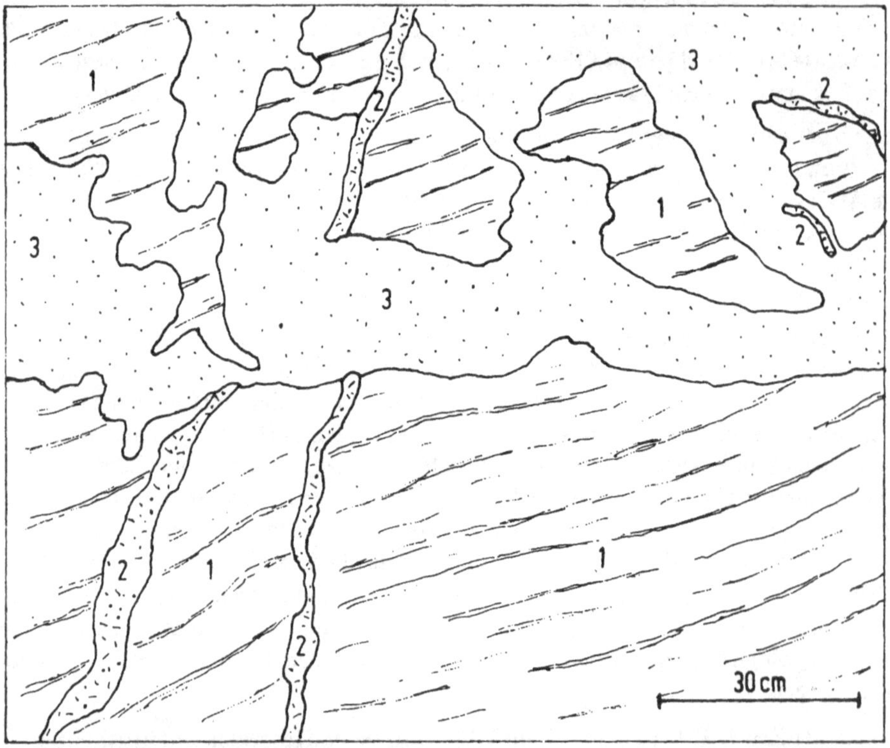

Abb. 1. Der junge Aplitgranit 3 hat erst nach der vollständigen Konsolidierung des Biotitgneises 1 und seiner diskordanten Aplitgeneration 2 seinen Platz gefunden. Er läßt nirgends irgendwelche Anzeichen einer gegenüber der Umgebung erhöhten Temperatur erkennen. – 1. Biotitgneis mit Laminationsadern. 2. Jüngere Aplitgänge des Biotitgneises. 3. Junger aplitischer Granit feinkörnig, unter Resorptionswirkungen diskordant in den Gneis eindringend.
Profil, nach Photographie Novate, südl. Chiavenna, Oberitalien

Sie unterscheiden sich in ihrem topologischen Auftreten von den eigentlichen Apliten, die ihre genetischen Beziehungen zu primären Rupturen – wenn auch nur in Form eines Haarrisses – fast immer noch deutlich erkennen lassen. Den Unterschied zwischen beiden Bildungen zeigt (innerhalb eines sehr kleinen Bereiches) Abb. 1. In einem Biotitgneis befinden sich laminierte leukokrate Lagen als Ergebnis frühzeitiger Walzvorgänge. Diskordante Aplitgänge (2) durchsetzen den Biotitgneis und werden zusammen mit diesem von einer feinkörnigen granitischen Phase (3) – die unter hohem Druck eingepreßt wurde – unter Ausbildung sehr unregelmäßiger Grenzen diskordant verdrängt. Dieses tektonisch mobilisierte und dislozierte Material (3) entstammt dem in Umbildung begriffenen größeren Bereich und hat daher mit seinem direkten Nebengestein – hier der Biotitgneis – genetisch nichts zu tun, im Gegensatz zu den rupturbedingten Aplitfüllungen 2.

In der weiteren Darstellung dieses Buches werden als Aplitgänge nur solche Bildungen erfaßt, die in einer genetischen Beziehung zu ihrem Hauptgestein stehen. Die in einer bestimmten tektonischen Phase abgepreßten und dislozierten granitoiden Anteile – welche etwa meiner Definition des „Malakton"[1]) entsprechen – sollen in einer speziellen Abhandlung an anderem Ort behandelt werden (Abb. 1).

Die Ableitung des aplitischen Stoffbestandes aus dem Nebengestein ist zwar eine durch häufige Beobachtung immer wieder bestätigte Tatsache, der Vorgang dieser „Differenzierung", die wirkenden Lösungen, der physikalische Zustand d. h. die Art des Systems (Größe der transportierten Teilchen, Ionen, Kolloidstoffe etc), Druck und Temperatur des Bereichs sowie der Füllungsvorgang[2]) sind bis heute noch weitgehend unbekannt und müssen durch zukünftige Untersuchungen bestimmt werden. Da unsere Kenntnisse dazu noch nicht ausreichen, muß der Versuch gemacht werden, zunächst durch gezielte Beobachtungen die Voraussetzungen für die Bearbeitung der erkannten Probleme so weit zu klären, daß die erforderlichen Spezialuntersuchungen im Laboratorium sinnvoll und conform mit den natürlichen Tatsachen angesetzt werden können. Dazu ist die laufende Diskussion der angestellten Beobachtungen zur Gewinnung der entscheidenden Schlußfolgerungen notwendig.

Die folgende Darstellung der aplitischen Gänge enthält nur eine kurze Diskussion der chemischen Eigenschaften der sauren Ganggesteine in ihrer allgemeinen Beziehung zum granitoiden Prototyp, aus dem sie stammen. Denn nur solche Aplitanalysen haben genetische Bedeutung, die auf den chemischen Bestand ihres sie unmittelbar begrenzenden Nebengesteins bezogen werden können. Solche Analysen sind in ausreichender Anzahl aber kaum vorhanden. Ihre Herstellung würde eine jahrelange Befassung mit den chemischen Verhältnissen zahlreicher Aplite, ihres Muttergesteins und ihrer Einzugsgebiete erfordern, Arbeiten, welche zweifellos eine dringende Zukunftsaufgabe darstellen, zur Erfüllung des erstrebten Zieles der vorliegenden Untersuchungen aber noch nicht notwendig sind. Zunächst soll nur die genetische Zusammengehörigkeit der Aplite mit ihrem Muttergestein, ihre Vielfältigkeit im räumlichen Auftreten sowie die gegenseitigen Beziehungen altersverschiedener Gänge zueinander behandelt werden. Vor allem aber wird der Versuch gemacht, Anhaltspunkte für die Herkunft des aplitischen Materials zu gewinnen sowie Vorstellungen über die Transportvorgänge im Intergranular-System der Gesteine zu entwickeln.

Es wird sich dabei zeigen, daß unter den Verhältnissen aplitischer Entstehungsweisen Aplitgranite, ja echte Granite gebildet werden können, deren Entstehung nur bei ganz niedrigen Temperaturen vor sich gegangen sein kann. Schließlich werden durch die Altersbeziehungen der verschiedenen aplitischen Anteile Rückschlüsse möglich auf die physikochemischen Zustände, welche der granitische Bereich durchlaufen hat. Auf diese Weise wird der ptx-Bereich überschaubar, den man bei synthetischen Versuchen im Granitgebiet einzuhalten hat, um im Bereich natürlicher Bedingungen zu bleiben.

Die Darstellung der augenblicklichen Situation im soeben gekennzeichneten Sinne ist auch deswegen wichtig, weil damit die Ausgangsstellung zu weiterer synthetischer For-

---

[1]) ebendort, 1969, p. 553 [2]) ebendort 1969, p. 466/69.

schung gegeben ist. Da wir erst jetzt übersehen können, in wieviel Einzelphasen sich die Entstehung eines metamorphen Gesteins – und daher auch der Granite und Gneise – räumlich und zeitlich aufgliedert, ist damit auch die Möglichkeit gegeben, festzustellen, an welcher Stelle im mehrphasigen Entstehungsablauf des Gesteins ein in einem synthetischen Versuch erhaltenes künstliches Produkt eingegliedert werden kann. Dabei muß betont werden, daß die mikroskopische Strukturanalyse nur das Nacheinander einer Anzahl von Bildungsphasen feststellen kann, aber noch nichts über deren – u. U. sehr unterschiedliche – zeitliche Dauer auszusagen vermag. Die Zeitdauer eines Reaktionsvorganges ist aber von entscheidender Bedeutung für die Art des Produktes.

Die periodische, in eine Reihe von Einzelakten aufgegliederte Entstehungsweise der eine „Ausscheidungsreihe" der Kornarten zeigenden Gesteinstypen – wie in vereinfachter Form die Aplite – beschränkt nun aber in einschneidender Weise die Einstellung von Gleichgewichten bei der Gesteinsgenese im alten Sinne, welche die Entstehung eines granitoiden Gesteins wesentlich in einem Akt – dem der Abkühlung einer Schmelze – vor sich gehen läßt. Für die Gesteinsmetamorphose hat ANDREATTA in seiner Arbeit „Betrachtungen über die Unwahrscheinlichkeit stabiler Gleichgewichte bei der Metamorphose" (1960) dies bestritten. Da die granitischen Gesteine und ihre Folgeprodukte im allgemeinen unter den gleichen physiko-chemischen Bedingungen entstehen wie metamorphe Gesteine, haben die Vorstellungen ANDREATTAs auch für Granite und ihre Folgeprodukte Geltung.

ANDREATTA kommt in der genannten, – nachgelassenen – Arbeit zu dem Ergebnis, daß es unter den Verhältnissen der Gesteinsmetamorphose nicht zu einer Gleichgewichtseinstellung zwischen den reagierenden chemischen Komponenten kommen kann, mit Ausnahme der Kontaktmetamorphose. Er weist darauf hin, daß im Ablaufe eines tektonischen Zyklus Ionenwanderungen vorwiegend längs der Gleitflächen, selten quer zu diesen Flächen stattfinden. Derartige, zwangsweise gelenkte Wanderungen gelöster Ionen, veranlaßt durch die Tektonik, bedingen, so sagt er „daß das physikalisch-chemische Gleichgewicht nur längs bestimmter tektonischer Zonen jeweils zu verwirklichen ist. Das Phänomen muß sich während sehr langer Zeiträume hinziehen." Hier also ist es die Tektonik, welche die Räume für die Bewegung von Lösungen öffnet, und niemand wird unter solchen Umständen mit einer weiträumigen Konstanz der Ionenkonzentrationen rechnen, was, wie wir sehen werden, auch für die Genesis der Aplite Geltung hat.

Die Gesteinswelt der Aplite ist entwicklungsgeschichtlich von besonderer Bedeutung, weil ja nicht allein Stoffbestand und Struktur des aplitischen Gesteins in seinem heutigen Zustand, sondern auch seine Form als Abguß-, Ausfüllungs- oder Verdrängungsergebnis zu berücksichtigen ist. Denn das Wirksamwerden einer Abguß- oder Ausfüllungsform setzt das Vorhandensein eines beweglichen, migrierbaren Materials voraus, dessen Zustand es erlaubt, sich der dargebotenen Hohlform anzupassen. Es ist also mit einem frühen Zustand des Füllmaterials zu rechnen, der zwischen dem end-verfestigten, kristallisierten Material und dem ‚fließenden' Zustand beim Eintritt in die „Gußform" liegt und der von mir 1969, S. 495 – um einen praktikablen Begriff zu haben – als „Zwischenzustand" bezeichnet worden ist. Wie bedeutsam gerade die Fragen nach diesem Zwischenzustand werden können und wie schwierig die Gewinnung neuer Erkenntnisse auf diesem Gebiet sein wird, dafür möge zunächst nur ein Beispiel dienen. Alle aplitischen Gänge, leukokrate Adern und helle Einschaltungen füllen den ihnen zur Verfügung gestellten Raum immer vollständig, d. h. hohlraumfrei, aus. Die Gewöhnung an diese Tatsache läßt uns seit langem darin kein Problem mehr sehen und doch müßte schon die ehemals viel geäußerte Vorstellung vom magmatischen Charakter leukokrater Schmelzen auf die Frage geführt haben, wieso wasserhaltige temperierte Systeme immer nur völlig gas- und lunkerfreie Hohlraumfüllungen erzeugt haben. . . Die weitere Analyse des „Zwischenzustandes" wird noch andere wichtige Fragen aufwerfen.

In letzter Zeit ist von *Augustithis* (1973) in seinem Atlas granitischer Strukturen eine Darstellung leukokrater Vorkommen erfolgt, welche zum weiteren Studium des Granitisierungsprozesses ein reichhaltiges Material bieten, da außer den europäischen Gneis- und Granitvorkommen auch zahlreiche Granitgebiete Afrikas beschrieben werden, sodaß bis ins Einzelne gehende Vergleiche der verschiedenen Vorkommen möglich sind.

I. Auftreten und Erscheinungsform der Haupttypen der Aplite
Definition des Begriffs Aplit und seine Abgrenzung gegen den Pegmatit

Noch in der ersten Hälfte unseres Jahrhunderts wurden die feinkörnigen Aplite (Haplit von griechisch ἁπλόος einfach zusammengesetzt) als primitive Nachschübe saurer Magmen gedeutet. Sie wurden als echte Gänge angesehen, die auf Rupturen bereits erstarrter Massengesteine aus tieferen Bereichen gefördert worden waren. Diese Vorstellung machte die Annahme ultrasaurer Partialschmelzen noch unter den Massivkörpern der Granite und Gneise notwendig (vergl. die von mir 1969 S. 459 geltend gemachten Bedenken). In dem Maße wie es gelang, chemische Beziehungen zwischen der Aplitfüllung und ihrem Muttergestein aufzudecken, wurde die Ableitung leukokraten Materials aus Räumen der Tiefe zunehmend fragwürdiger.

Eine genauere Untersuchung hunderter von Einzelapliten auf ihre raumgeometrischen Eigenschaften durch den Verfasser hatte folgendes Ergebnis: 1. Aplite verschiedenster Abmessungen, von der kleinsten Ader bis zu Füllkörpern von mehreren hundert Metern Länge zeigten bei günstigen Aufschlußverhältnissen keine fortlaufende Verbindung mit der Teufe, sondern ein schnelles Auskeilen nach den drei Raumrichtungen. 2. Die Form der Gänge ist in vielen Fällen die einer ausgefüllten mechanischen Ruptur. Eine tektonische Diaklase, die als Primärbildung zunächst fast immer in der Form eines Haarrisses auftritt, war bei vielen komplexen Gängen der erste Anlaß zur Entstehung einer aplitischen Gangfüllung.

Es ist von ausschlaggebender Bedeutung für die Ausbildung des werdenden Ganges, ob der Gang allein durch die mechanische Öffnung einer Ruptur unter Erhaltung des Materials der Gangwände entstand, oder ob der zur Füllung benötigte Raum durch metasomatische Verdrängung, also durch überwiegend chemische Vorgänge, beschafft wurde.

Eine nähere Betrachtung des Stoffbestandes eines leukokraten Ganges und seines Muttergesteins zeigt generell eine auffallende Verwandtschaft. Nur die Häufigkeit der immer wieder gemachten Beobachtung, daß leukokrate Spaltfüllungen in ihrer Grundzusammensetzung große Ähnlichkeit mit ihrem Muttergestein zeigen, mindert das Erstaunen über die Übereinstimmung zweier Gesteinstypen, die in dieser Form kaum ein zweites Mal in der oberen Erdkruste angetroffen wird.

Bei der Betrachtung der leukokraten Gangformen ist davon auszugehen, daß ihre Füllungen keineswegs einen einheitlichen Gesteinstyp darstellen. Aplit ist nicht gleich Aplit, häufig wechselt Zusammensetzung und Struktur sogar im gleichen Gang. Man hat sich seit langem daran gewöhnt, die grob ausgebildeten Vertreter dieser Gänge (mit ± großen Feldspäten, Glimmern und Restquarzen) als Pegmatite zu bezeichnen. Der Unterschied beider Formen besteht aber nicht allein in der Korngröße. Dem Pegmatit liegt ganz allgemein ein Ausgangsmaterial zugrunde, dessen Ionenausstattung weit umfangreicher angelegt ist als beim einfachen Aplit.[1])

Zu diesem gegenseitigen Verhältnis von Aplit und Pegmatit erwähnt SALOMON-CALVI die zahllosen hellen Gänge des Heidelberger Granits, „bei denen es fast unmöglich sei, Handstücke zu schlagen, die entweder nur aus Aplit oder nur aus Pegmatit bestehen. Beide Typen durchdringen sich hier weitgehend und dürften altersgleich sein.“ Im Gegensatz dazu findet SALOMON-CALVI im Adamello – und auch in vielen anderen Vorkommen – daß die beiden Gangtypen häufig selbständig auftreten. Durchdringen sie sich gegenseitig, so ist in den meisten Fällen der Pegmatit der jüngere. Dieses Altersverhältnis, das sich sehr häufig und in vielen Granitgebieten findet (s. die Abb. 18, 19, 22, 90), verlangt es, die – besonders von Magmatikern – mit der Tätigkeit „leichtflüchtiger Bestandteile“ erklärte Zunahme der Korngröße von Pegmatiten einer Revision zu unterziehen. Durch welchen Vorgang soll innerhalb einer Gangfüllung eines bereits erstarrten, also ganz niedrig temperierten Nebengesteins die Temperatur leichtflüchtiger Bestandteile erreicht werden können, besonders, wie soeben erwähnt, der grobkörnige Pegmatit auch noch die jüngste Bildung ist! Man sollte keinesfalls jede randliche oder centrale Grobausbildung eines hellen Ganges ohne zwingende Gründe und exakte Untersuchung sogleich als das Werk „leichtflüchtiger Bestandteile“ ansehen. . .

Dasselbe Problem ergibt sich bei der Deutung einer Mikroklin-Blastese, die ein ganzes Gesteinssystem von Gneisen mit den dazugehörenden Apliten gleichartig durchwuchert und damit erst nach der letzten Aplitphase eingesetzt hat, also erst nach der vollen Konsolidierung des Gesteinsbereichs und seiner Gänge (Abb. 82–85). Auch hier kann es sich keinesfalls um „leichtflüchtige Bestandteile“ gehandelt haben, die für das Größenwachstum der Kalifeldspäte verantwortlich zu machen wären, da für die zur Produktion leichtflüchtiger Bestandteile notwendige erneute Temperaturerhöhung – besonders bei der Größe des betroffenen Areals – auch nicht der geringste Grund vorliegt. Wir müssen vielmehr zugeben, daß uns eine sichere Deutung für das Grobwachstum leukokrater Gänge noch unbekannt ist, daß aber aufgrund zahlreicher Geländebeobachtungen die Wahrscheinlichkeit besteht, daß Lösungen mit abweichenden Eigenschaften und neuartiger Zusammensetzung hier wirksam geworden sind.

Anschließend seien noch einige Beobachtungen herausgestellt, die zur Kenntnis der Beziehung zwischen aplitischer und pegmatitischer Ausbildung notwendig sind. Allerdings muß auf eine auch nur einigermaßen erschöpfende Beschreibung der im Zusammenhang mit Apliten auftretenden Pegmatitstrukturen angesichts ihrer großen Zahl von vornherein verzichtet werden. Nur einige Spezialbeobachtungen zum Verhältnis Aplit–Pegmatit können hier erläutert werden, die für die genetische Einordnung der leukokraten Gänge in den granitischen Zyklus wirkliche Bedeutung besitzen. So zeigt Abb. 2a zunächst sehr einfach anmutende Beziehungen: ein 10 cm starker Aplit eines mittelkörnigen Granites

---

[1]) VOGT nahm eine Verschiedenheit der Pegmatitquarze von denen der Aplite an, und um diese zu deuten, ging er auf ältere Anschauungen von ARRHENIUS zurück, nach denen in Magmen die Kieselsäure als Hydrat vorliegen soll. Er nimmt daher eine Verbindung $SiO_2 \cdot n\, H_2O$ an, die im Pegmatit reichlicher, im Aplit geringer enthalten ist und bei sinkendem Druck und Temperatur in Quarz und Wasserdampf zerfällt.

enthält in seinem Innern eine 1–1,5 cm breite, sehr gewunden verlaufende pegmatitische Ader. Diese führt ein grobkörniges Gemenge von im wesentlichen Kalifeldspat, Biotit und Quarz von mindestens der zehnfachen Korngröße des umgebenden Aplits. Solange sich die pegmatitische Ader im Bereich des Aplits hält, könnte man sie genetisch als eine Spezialbildung eben dieser Aplitfüllung ansehen, ihr also eine etwa gleichzeitige Entstehung mit dieser vindizieren. Da bei weiterer Verfolgung der Ader diese seitlich aus dem Aplit austritt und im Granit weiterläuft (Abb. 2b), kann damit eine genetische Beziehung zwischen Aplit und Ader nicht mehr angenommen werden. Die Füllungsvorgänge des Aplits und der Ruptur der Ader sind vielmehr völlig unabhängig voneinander, und zwar ist die pegmatitische Rupturenfüllung eindeutig die jüngste Bildung trotz ihrer grobkörnigen Beschaffenheit. Als jüngste Spaltenbildung kann sie aber nicht mit Hilfe „leichtflüchtiger" Phasen entstanden sein, da zur Zeit ihrer Füllung im ganzen Gesteinsbereich nur

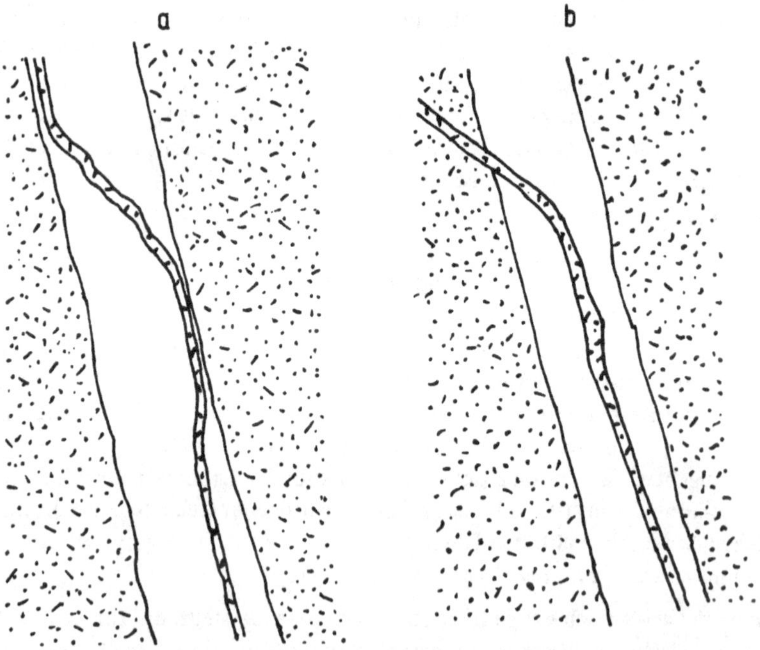

Abb. 2. Dünne Pegmatitadern in einer feinkörnigen Aplitfüllung (Korngröße Pegmatit:Aplit 8:1), an die sie nicht unbedingt gebunden sind, sondern auch ins Nebengestein ausweichen können. Nebengestein: mittelkörniger Novategranit. Novate, südl. Chiavenna, Oberitalien

noch Temperaturen herrschten, die höchstens zu tiefhydrothermalen Reaktionen ausreichten. Zur Entstehung einer grobkörnigen Struktur muß es also noch andere Möglichkeiten geben, als das Vorhandensein leichtflüchtiger Bestandteile. – Außerdem: das grobkörnige Adermaterial zeigt über die ganze Länge der von ihm gefüllten Spalte die gleiche Zusammensetzung, ist also nicht vom jeweiligen Nebengestein (Aplit, Granit) abhängig. Die zur Füllung dieser Ruptur notwendigen Lösungen gehörten damit zum Bestand des ganzen Gesteinsbereichs und sind nicht etwa auf einen Teilabschnitt wie den Aplit als Liefergebiet beschränkt.

Es ergibt sich überhaupt immer deutlicher, daß auftretende Spalten alsbald von Lösungen aus dem Bestand des umgebenden Gesteinsbereichs gefüllt wurden – im kleinen wie im großen. Ein Beispiel einer nur kleinen, 20 cm langen „Gangspinne“ zeigt (Abb. 3), daß im umgebenden Gesteinsbereich – selbst in einem stark aufgearbeiteten Schollenkomplex eines Granitgneises – immer Lösungen vorhanden sind, die auf entstandenen Spalten leukokrate, – hier pegmatitische – Füllungen erzeugen. Die Herkunft der gewundenen Rupturen dieses Beispiels ist noch nicht erklärbar. Tektonisch-mechanische Vorgänge dürften ausscheiden, ebenso lokale Temperaturdifferenzen als Spannungsquelle, da im Innern eines konsolidierten Gesteinskörpers auf derart kleinem Raum Temperaturunterschiede mit mechanischer Spannungsauslösung nicht vorkommen können. Hier bleibt also noch eine wichtige Frage offen.

Nun gibt es aber Gangvorkommen, deren komplexe Füllung aus mehreren materialverschiedenen Anteilen besteht, bei denen eine Altersverschiedenheit nicht nachzuweisen ist, die aber einen oder mehrere grobkörnige pegmatitische Bereiche aufzuweisen haben.
In der Abb. 4 besteht die Gangfüllung aus einem bilateralen, auf den Grenzflächen angesiedelten Rasen aus Kalifeldspäten, einer aplitischen Füllung mit großen deutlich den Grenzflächen parallel gestellten Biotitschlieren und einer pegmatitisch-symplektitisch ausgebildeten Mittelfüllung, die in sehr unregelmäßiger, Richtung und Breitenausdehnung dauernd wechselnder Weise die Gangbreite durchsetzt, wobei sie an einer Stelle bis zur Ganggrenze durchgreift.

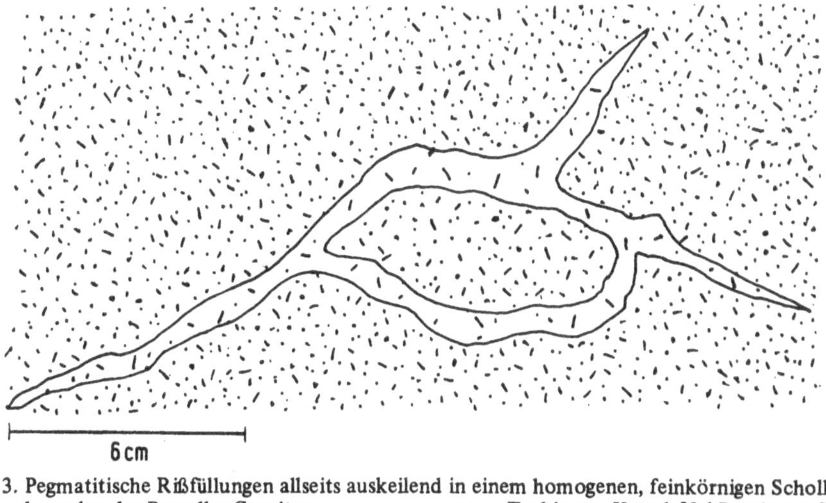

Abb. 3. Pegmatitische Rißfüllungen allseits auskeilend in einem homogenen, feinkörnigen Schollenkomplex des Bergeller Granites. Trubinasca-Kessel, Val Bondasca, Schweiz

Die Genesis dieses komplexen Ganges ist einstweilen nur annähernd zu rekonstruieren. Am wahrscheinlichsten ist folgende Deutung. Als Hauptfüllung ist das Material b mit den eingeregelten Biotitschlieren anzusehen. In dieses Füllmaterial hinein kristallisierten die Kalifeldspäte der Grenzzonen. Die pegmatitische sehr unregelmäßig verlaufende Mittelfüllung c ist auf einen, von Haarrissen aus einsetzenden metasomatischen Verdrängungsvorgang zurückzuführen, dessen Beginn wichtig aber schwierig zu bestimmen ist. – Zahl-

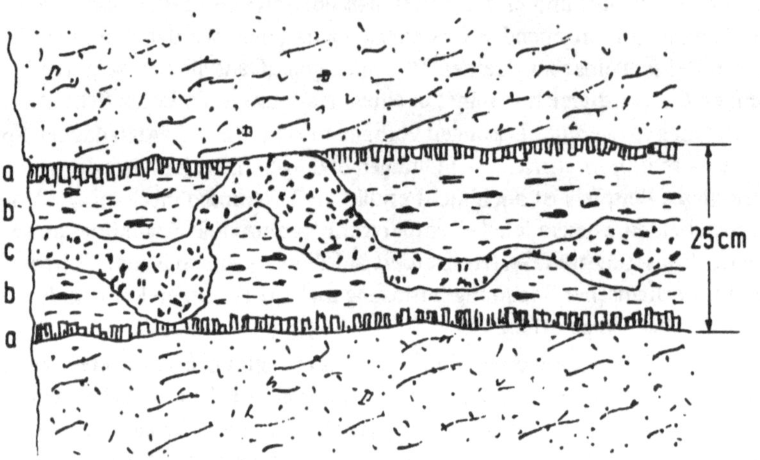

Abb. 4. Komplexer Gang im Granitgneis. – a) Parallelwachstum enggescharter Kalifeldspatkristalle auf den Ganggrenzen. b) Parallelanordnung von Biotitschlieren in den Zwischengebieten der Gangfüllung. c) Granitisch-körnige Strukturen in pegmatitischer Ausbildung, z. T. als Reaktionsgefüge, die in ganz unregelmäßiger Anordnung den Mittelteil des Ganges durchsetzen.
Novate, südl. Chiavenna, Oberitalien

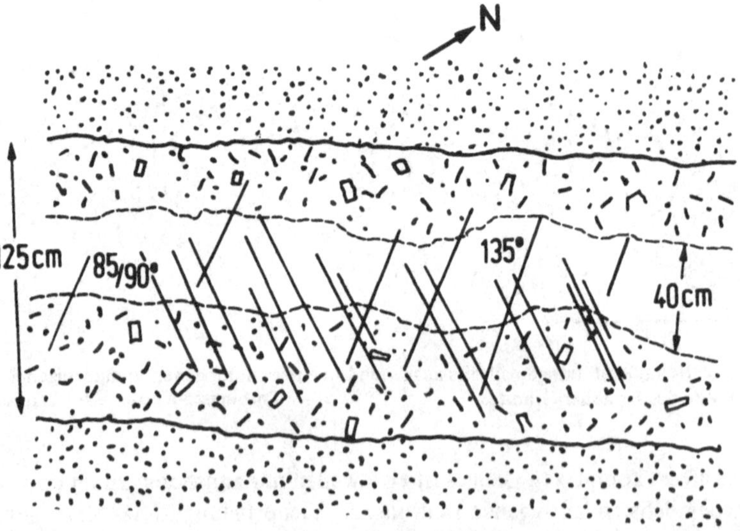

Abb. 5. Ein leukokrater Gang (1,25 m) ist randlich doppelseitig pegmatitisch ausgebildet und enthält hier große Kalifeldspäte, die dem Muttergestein (Paradiorit) fehlen. Die Mittelzone des Ganges besteht aus zuckerkörnigem Aplit. – Zwei Kluftsysteme sind im Innern des Ganges – und nur in diesem – ausgebildet. – Grundriß.
Friedeberg, Altvatergebirge, CSSR

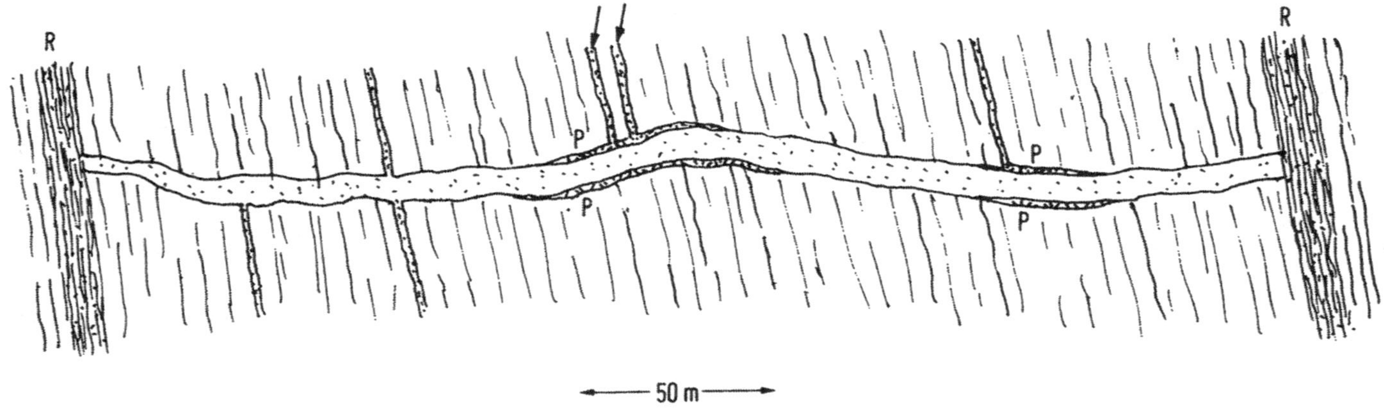

Abb. 6. Schematische Darstellung eines Lagerganges (Profil) von ca. 50 m Länge und 0,6 m Stärke zwischen zwei Ruscheln (RR). Sein Nebengestein ist ein ziemlich grober Biotitgneis mit aplitisch-pegmatitischen Lagen (P, Pfeile) auf den Schieferungsflächen. Das Salband des Ganges ist teilweise pegmatitisch ausgebildet. An einzelnen Stellen bestehen erkennbare Übergänge in die leukokraten Lagen des Gneises, von denen in der Abbildung nur einige gezeichnet sind.

An Straße Verceia–Spinida, südl. Chiavenna

reiche leukokrate Gänge in der Umgebung dieses Vorkommens enthalten ebenfalls abgebautes dunkles Material ihres Nebengesteins, das in Lagen parallel der Ganggrenzen angeordnet ist. Diese Gänge mit starker Einregelung ihrer dunklen Gemengteile sind meist nur wenige Meter lang. Fluidale- und Plättungs-Einregelung scheiden daher aus, besonders dann, wenn in der Füllung liegende Abbaureste der alten Schollen in unveränderter Ursprungslage das Ganginnere aufbauen. Für diese, wie auch für die Füllung der Abb. 4 kommen daher nur metasomatische Ab- und Aufbau-Vorgänge infrage.

Ein ähnliches Beispiel der Beziehungen zwischen Apliten und Pegmatiten mit weiteren Problemen enthält Abb. 5. Ein grauer, feinkörniger Quarzglimmerdiorit wird von einem meterbreiten komplexen Gang durchsetzt. Seine Grenzzonen sind mittelkörnig-pegmatitisch ausgebildet und enthalten größere Kalifeldspäte, die dem dioritischen Muttergestein fehlen. Diese Kalifeldspäte sind in einem sehr stark verarmten Grundgewebe der Gangmasse als echte Blasten gewachsen, woraus geschlossen werden muß, daß selbst unter den sehr vereinfachten Verhältnissen einer leukokraten Gangfüllung und bei nur noch geringen Temperaturen granitähnliche Gefüge entstehen können (vergl. die sekundären KF-Blasten, Kap. III 4, Abb. 81–85). Der unregelmäßige Mittelteil der Gangfüllung besteht aus feinkörnigem, gegen die gröbere Randfazies unscharf abgegrenzten Aplit. Die Deutung, daß beiden Ausbildungsformen, der groben Außen- und der feinkörnigen Innenfüllung, eine primäre Ausgangsfüllung zugrunde liegt, dürfte hier zutreffen. Dieses Beispiel zeigt wiederum, daß die landläufige, früher oft bemühte Erklärung, die heiße sich abkühlende Gangfüllung erzeuge an den kühleren Salbändern kleinkörnige, im mittleren Gangbereich große Kristalle, hier nicht zutreffen kann.

Wie die bisherigen Beispiele gezeigt haben, bestehen für verschiedene Fragen noch Deutungsschwierigkeiten. Bei Berücksichtigung der topologischen und altersmäßigen Beziehungen der Gangsysteme zueinander und zu den umgebenden Gesteinen sind manche Probleme durch Analogiebetrachtungen leichter lösbar. In diesem Sinne zeigt Abb. 6 die Beziehungen eines aplitgranitischen Lagerganges zu leukokraten Laminationslagen des Nebengesteins und zu lokalen Pegmatitbildungen. Die umfassendere Frage ist, wie weit die Gangbildungen mit den tektonischen Vorgängen im Nebengestein zusammenhängen, bzw. diese selbst zum Grunde haben. Das Hauptgestein des Vorkommens ist ein steilstehender Para-Biotitgneis mit zahlreichen leukokraten Lagen, der von einem etwas wellig verlaufenden aplitgranitischen Lagergang (0,5 m) gequert wird. An mehreren Stellen seiner Ober- und Unterseite hat dieser Quergang eine pegmatitische Randfazies ausgebildet. Der Übergang aus den leukokraten Lagen des Gneises in den Quergang erfolgt stetig. Daraus darf nicht auf Gleichzeitigkeit beider Bildungen geschlossen werden: es besteht durchaus (s. Kap. I 1 c) die Möglichkeit, daß bei nachfolgenden Auf- und Abbauvorgängen, veranlaßt durch migrierende Lösungen, homogene Verbände zwischen verschieden alten Reaktionspartnern entstehen.

Der Versuch, die Bildungsgeschichte dieses Gangsystems zu ermitteln, führt zu folgenden Erwägungen. Der Paragneis ist in seiner Urform als Sediment horizontal abgelagert worden. Seine kristalline Ausgestaltung sowie die leukokraten Laminationsfüllungen dürften bei den (schwerkraftabhängigen) Walzvorgängen ebenfalls noch unter horizontaler Lagerung erfolgt sein. Die spätere Auffaltung des gesamten Schichtenkomplexes erbrachte die heutige Steilstellung.

Es ist nun die Frage zu beantworten: War zur Zeit dieses Entwicklungsabschnittes der heutige Lagergang bereits vorhanden – hätte er also, etwa als Q-Ruptur, die Auffaltung mitgemacht – oder war er erst danach in den steilstehenden Gneisen als Lagergang entstanden? Wäre das erstere der Fall gewesen, so müßten Deformationsspuren, erworben bei den Auffaltungsvorgängen, im Korngefüge des Ganges erkennbar sein. Das ist nicht der Fall. Danach kann der Gang erst in den steilstehenden Gneisen mit ihren inzwischen erworbenen tektonischen Merkmalen seinen Platz gefunden haben.

1. Aplitische Spaltfüllungen mit scharfen Grenzen gegen ihr Nebengestein

a) Einfache Füllungen in statisch konsolidierten Bereichen

Die einfachste Form, in der aplitische Gänge auftreten, ist die einer Spaltenfüllung. Dabei ist vorausgesetzt, daß die Spalte als mechanische Trennfläche erhalten geblieben ist und nicht durch das Füllmaterial oder diesem voraufgehende Lösungen in ihrem Bestand

Abb. 7. Mittelkörnige aplitgranitische Spaltenfüllung zeigt ein deutliches Biotit-s parallel den Ganggrenzen. Auf diesen hat sich eine einheitliche K-Feldspat-Bewachsung von der gleichen Zusammensetzung wie die der großen blastischen Feldspäte des Granitgneises angesiedelt, d. h. die Feldspatbildung muß jünger sein als der Gang mit seinen Grenzen, welche sie benutzt (s. Abb. 90). Albignatal, Bergell, Schweiz

verändert, korrodiert oder partiell abgebaut worden ist. Abb. 7 zeigt in einem Granitgneis einen solchen Gang. Seine Grenzflächen sind scharf und haben Anlaß zu einem späteren nachrupturellen Wachstum einer randlichen Kalifeldspat-Auskleidung gegeben. Auf die Beziehungen dieser auf der Grenzfläche des Ganges gewachsenen Kalifeldspäte zu den blastischen K-Feldspäten des Granitgneises wird an anderer Stelle eingegangen werden (Kap. III 4). Die Füllung des Ganges der Abb. 7 ist homogen. Die Anordnung der Glimmer bildet die Grenzflächen ab, so daß im Innern des Ganges eine deutliche Regelung des Biotits entsteht. In der Mitte der Füllung ist ein dünnes aplitisches Band entstanden. Betrachtet man dagegen Abb. 8, so fällt sogleich die bedeutende Unschärfe der Grenzflächen auf: an zahlreichen Stellen geht die Aplitsubstanz unscharf in den Tonalit über; es kann sich bei diesem Gang also nicht allein um die Füllung einer klaffenden Ruptur mit definierten Begrenzungsflächen handeln, da deren Bestand nicht mehr voll erhalten ist; vielmehr dürften bereits metasomatische Vorgänge ausschlaggebend mitgewirkt haben. Die dunklen Gemengteile im Innern des Aplits sind streng geregelt, liegen parallel s des Tonalits und bilden damit das s des Nebengesteins ab.

Die geringe räumliche Ausdehnung der aplitischen Gänge gegen ihre Umgebung zeigen die folgenden Bilder. So sind auf Abb. 9 mehrere aplitische Rupturenfüllungen in einem

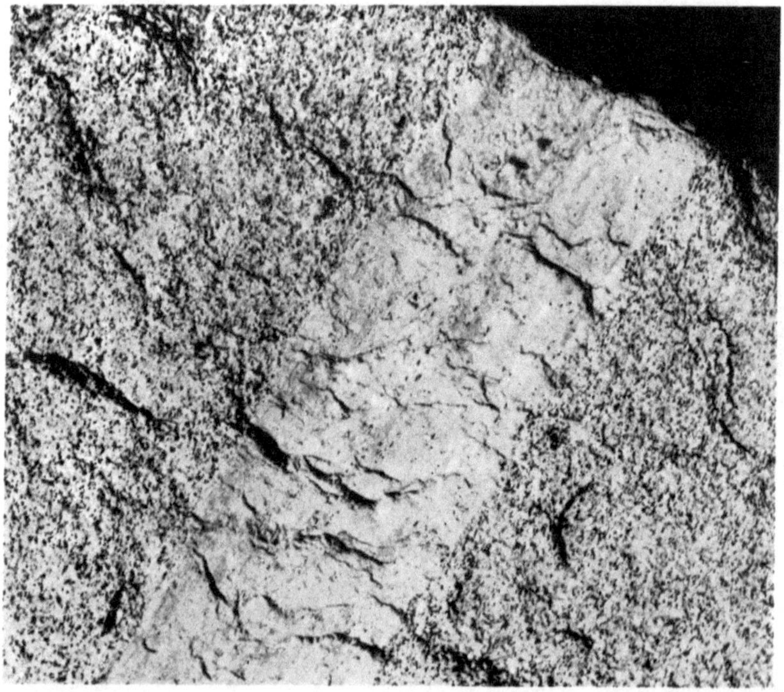

Abb. 8. Aplitfüllung, parallel dem Gesteins-s des Tonalits. Die Grenzflächen des Aplits sind unscharf mit seinem Nebengestein verflößt. Dunkle Gemengteile des Aplits, Biotite etc sind streng geregelt und liegen parallel dem s des Tonalits. Metasomatische Vorgänge sind daher nicht auszuschließen. – Breite des Aplits 15 cm.

Hochgall, Südflanke, Rieserferner Gebiet, Osttirol

mittelkörnigen Biotitgneis zu erkennen, von denen einige im Verlauf enden oder linsenartig allseits auskeilen. Die Mehrzahl der Gänge liegt auf der Schieferungsebene des gefeldspateten Biotitgneises. Eine feinkörnige graue Bank im linken Bildteil zeigt mehrere transversal verlaufende Aplitlinsen, die nur auf die feinkörnige Bank beschränkt sind. – Solche allseits auskeilenden linsenartigen Bildungen sind auch noch in einem anderen Beispiel aus einem Paragneis der Umgebung von Bivio erhalten (Abb. 10). Bei beiden Beispielen ist eine starke tektonische Beanspruchung des Bereichs unverkennbar.

Abb. 9. Mittelkörniger Biotitgneis, steilstehend, mit feinkörnigen helleren Bänken (links), wird von konkordanten und diskordanten, letztere fast immer allseits auskeilenden, aplitischen Füllungen durchsetzt. Das Hauptgestein ist gefeldspatet.
Aufnahme KOARK, 1966 Zillertaler Alpen, Zemmgrund, Stillupstollen

Die bisher beschriebenen Gänge sind in jedem Fall genetisch auf eine tektonisch geöffnete Ruptur zurückzuführen, die als Spalte kurzzeitig entstanden ist und anschließend ihr Füllmaterial erhielt.[1]) Eine solche Spalte läuft zumeist nach den beiden Enden, sowie nach oben und unten, spitz aus. In dem Beispiel Abb. 11 stößt der Gang G stumpf an dem primären Aplit (r)[2]) ab, nachdem er die schmalere Aplitfüllung links durchquert hat.
Um die Öffnung der Spalte um ca. 12 cm und ihre Füllung zu ermöglichen, müßte ein Öffnungsbetrag dieser Größe angenommen werden. Doch läßt sich bei den erkennbaren Raumbeziehungen der Einzelschollen der Abb. 11 zueinander – vergl. das Fehlen einer Schubfläche an der Grenze des Aplites r – folgendes aussagen: Die Raumschaffung für das

[1]) In dem Beispiel Abb. 8 traten bereits metasomatische Vorgänge auf.
[2]) An dem rechten senkrechten Aplit r ist die allmähliche Entwicklung aus einer 25 cm breiten, massigen leukokraten Einschaltung zu einer nur 2 cm messenden aplitischen Querruptur zu beachten.

Abb. 10. Quarzlinsen, allseits auskeilend, in der (hol)-Fläche eines Chloritschiefers.
Bivio, Graubünden, Schweiz

Füllmaterial des Ganges kann nicht momentan, in einer schnellen Verschiebung der oberen Scholle (Pfeil) vor sich gegangen, sondern muß kontinuierlich langsam und in mehreren Schüben erfolgt sein. Damit besteht die Möglichkeit, daß es sich gar nicht um fortschreitende Füllungsvorgänge einer Ruptur, sondern um metasomatische Umformungen in einem gangförmigen Bereich handelt. (Vergl. die Diskussion des Füllungsvorganges in Kap. V 5.)

b) Zusammengesetzte Füllungen in symmetrischer und unsymmetrischer Verteilung. – Lagenartige Teilbereiche mit wechselndem Stoffbestand

Die bisher gezeigten Beispiele aplitischer Füllungen waren in ihrem Stoffbestand im wesentlichen homogen. Das muß – besonders bei Spaltenfüllungen mit metasomatischer Nacharbeitung – keineswegs immer der Fall sein. Die Aplite mit inhomogenem Füllungsinhalt sind im Gegenteil weit verbreitet, und zwar in dreifacher Form. 1. Die Füllmasse bildet zwar mechanisch eine Einheit, ist aber in sich inhomogen und enthält helle und dunkle streifige Partien, die sich auch in der Korngröße unterscheiden (die dunkleren Partien sind feinkörniger, Abb. 12). 2. Das Füllmaterial entwickelt in seinen Zonen neben feinkörnigen, dunklen Partien gangartige Streifen, die grobkörniger ausgebildet sind und

Abb. 11. Ein Paragneis wird durch zwei altersverschiedene leukokrate Gänge durchsetzt. Das senkrechte System besteht aus zwei Gängen r, l = (h0l), von denen r sich nach unten stark erweitert und grobkörniger wird. Die jüngere Querruptur G = (001) durchquert Aplit 1 und stößt stumpf an Gang r ab. Masino Bagni, Prov. Sondrio, Oberitalien

den pegmatitischen Füllungen gleichen können (Abb. 13). 3. Im Innern der Füllmasse befinden sich dem Nebengestein entstammende Einschlüsse. Diese können anfänglich scharfe Grenzflächen weitgehend verloren haben, starke Auflösungserscheinungen zeigen und nur noch den Charakter von Schlierenzügen erkennen lassen (Abb. 14). Sie können aber auch Nebengesteinsbruchstücke enthalten, die so gut wie völlig unangegriffen sind oder nur geringe Abrundungen ihrer Konturen und keine Abbau- oder Verdrängungserscheinungen zeigen.

Die erste Form, in der inhomogene Aplitfüllungen erscheinen (Abb. 12), macht zunächst den Eindruck, als ob durch mehrfaches Aufreißen verschieden alter Spalten im gleichen Rupturbereich mit anschließender sich jedesmal ändernder Spezialfüllung, der heterogene Aufbau dieses Ganges erzeugt worden ist. Bei näherer Untersuchung aber läßt sich diese Deutung nicht aufrecht erhalten. Die Einzellagen in der Gangfüllung können nicht aufeinander folgende, zeitlich getrennte Einschübe sein, denn alle Anzeichen für die wiederholte mechanische Öffnung einer Ruptur mit jedesmal wechselndem Füllmaterial fehlen. Da die

Grenzflächen der Füllzone nicht parallel zueinander verlaufen, muß eine chemische Nacharbeitung des primären Haarrisses – der als erste Anlage der heutigen Füllzone zu gelten hat – erfolgt sein. Die Zonen, die sich in der Biotitführung und Korngröße voneinander unterscheiden, sind erst in einer, das Ganglumen völlig ausfüllenden Masse, in der Art rhythmischer Fällungen entstanden. Da die Zonen dem Verlauf der Grenzflächen ziemlich genau folgen, sind diese Grenzflächen gewissermaßen genetisch wirksam geworden, im vorliegenden Fall als Front, deren Verlauf sich noch im Innern der Füllung abbildet, wie die dünne helle Lage im mittleren Gangteil (Pfeil) deutlich erkennen läßt.

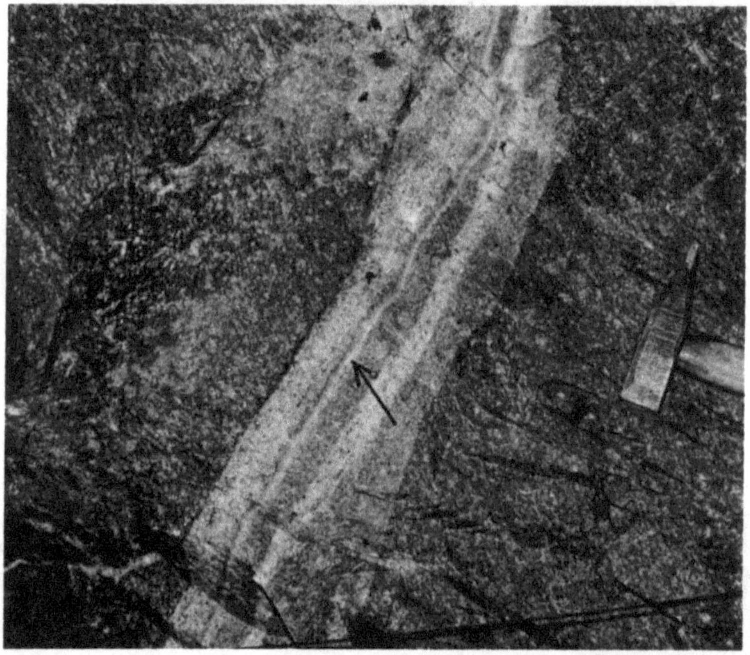

Abb. 12. Heterotype Füllung eines komplexen Ganges im Gneis der Greiner Serie, Tirol. Aufnahme KOARK, 1968 Zillertaler Alpen, Tuxstollen des Zemmwerkes

Die gleichen Verhältnisse zeigt eine heterotype, komplexe Gangbildung in einem groben Streifengneis des Novategebietes, Oberitalien (Abb. 13). Auch hier sind die Hauptgrenzen der Füllzone so unregelmäßig und verlaufen so disharmonisch, daß die nachträgliche Füllung einer klaffenden tektonischen Ruptur für die vorliegende Ausbildungsform des Ganges nicht infrage kommen kann. Die heterogene Lagenstruktur der Füllung mit ihrem Wechsel von feinkörnigem, biotitreichem Material gegen gröberkörnige, pegmatitähnliche Partien, kann, wie der Augenschein lehrt, nicht durch Füllung mechanisch erzeugter paralleler Risse, sondern muß in einem einheitlichen, wenn auch stofflich inhomogenen Material durch Diffusionsvorgänge erzeugt worden sein.

In vielen Fällen ist die Unterscheidung schwierig, ob es sich bei feinkörnigen, biotitreichen, schlierigen Anteilen in der Füllung eines aplitischen Ganges um eine heterogene

Ausbildung der Füllmasse – wobei Diffusionsvorgänge die schließliche Anordnung des Materials erzeugten – oder um ehemalige stark veränderte und teilweise abgebaute Fremdeinschlüsse handelt. In Abb. 14 durchqueren zwei Aplitgänge stark deformierte,

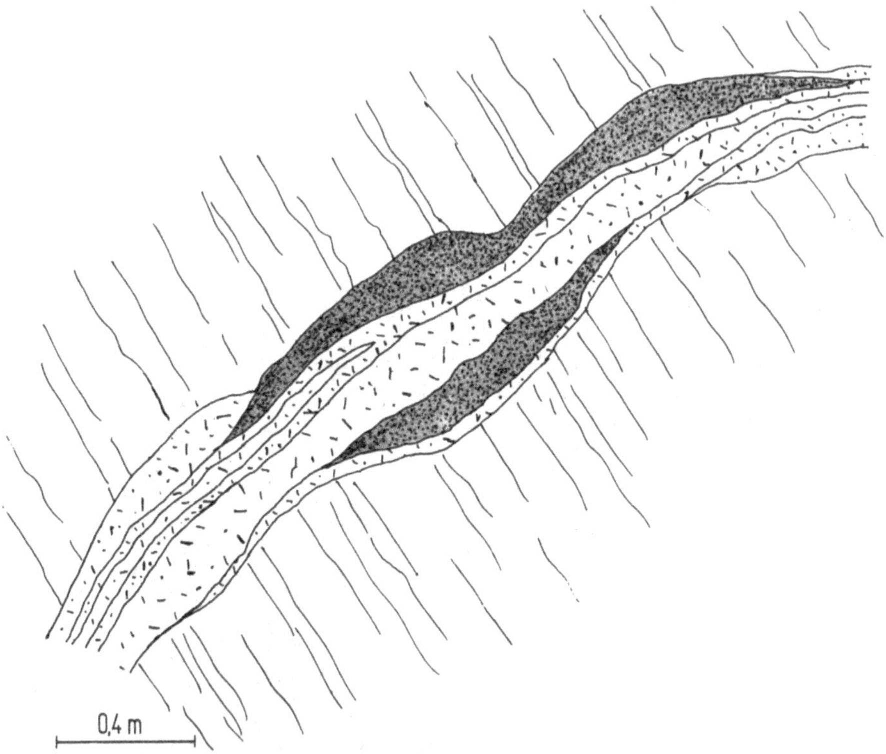

Abb. 13. Heterotyper, unregelmäßig begrenzter, komplexer Gang mit feinkörnig dunklen und grobkörnig hellen Lagen in einem grobflächigen Biotitgneis.
Novate, südl. Chiavenna, Oberitalien

variabel zusammengesetzte Paragneise mit metamorphen Mylonitpartien. Das Innere der Gänge enthält zahlreiche Nebengesteinsbruchstücke in verschiedenem Grade der Aufarbeitung. Neben dunklen, relativ frischen Einschlüssen finden sich hellere graue Schlieren von unscharfer Begrenzung, die sich bis zu wolkenartigen Auflösungszonen entwickeln können. Es ist im allgemeinen wohl bei allen Schlierenzügen als sicher anzunehmen, daß sie aus Nebengesteinseinschlüssen hervorgegangen sind, da der allmähliche Übergang vom Einschluß in die Schliere kaum eine andere Deutung zuläßt. Wichtig ist bei diesem Vorkommen, daß Einschluß und Schlieren streng parallel den Grenzen der Gangzone eingeregelt sind. Der sehr gewundene, z. T. eckige Grenzverlauf zeigt, daß keine glatten, offenen Spalten gefüllt wurden, sondern daß ein komplizierter Verdrängungsvorgang (vergl. Kap. I 2) das Gesteinsmaterial längs eines Primärrisses verändert und in neuer Anordnung als Gangfüllung fixiert hat. Die Ausbildung der Lagenstruktur, besonders im unteren Gang, deutet auf die Einwirkung starker Pressungserscheinungen nach beendetem

Füllungsvorgang, der beim Vorhandensein von Ausweichmöglichkeiten der Füllung die Regelung der Schlieren parallel den Grenzflächen hervorgerufen hat. Im vorliegenden Fall scheint diese Deutung wohl begründet: die ganze Erscheinungsweise der Gänge, die Regelung ihrer Kornarten usw. deutet auf starke bereits parakristallin einsetzende Deformationsbeanspruchung der Füllung.

Nun treten aber aplitische Gänge in bedeutender Menge in Räumen auf, in denen, wenigstens während der Füllungsperiode der Gänge, keine wesentlichen mechanischen Beanspruchungen vom Nebengestein her stattgefunden haben. Damit stellt sich sogleich die Frage nach den Druckverhältnissen in den aus dem Kapillarsystem des Nebengesteins heraus gefüllten Rupturen – sowie ihres Ursprungsgesteins. Die Beantwortung dieser Frage – oder wenigstens der Versuch dazu – wird in Kap. V 2 und V 5 erfolgen. Hier sollen

Abb. 14. Sehr inhomogene Aplitfüllungen in einem variabel zusammengesetzten Paragneis mit metamorphen Mylonitpartien.

zunächst Einzelbeobachtungen mitgeteilt werden, welche zeigen, daß auch in undurchbewegten, starren Räumen die Ausbildung plattiger Mineralaggregationen und ihre Einregelung selbst ohne Mithilfe irgend einer mechanischen Ausarbeitung durch die Einwanderung von Diffusionsfronten möglich ist. In diesem Sinne sind die Gänge auf Abb. 15 und 16 als eine zunächst geöffnete und anschließend gefüllte Ruptur anzusehen, deren Füllung als selbständiges System gelten muß, das sich durch anschließende Folgereaktionen eigene, vom Nebengestein unabhängige Strukturgebiete geschaffen hat. Die

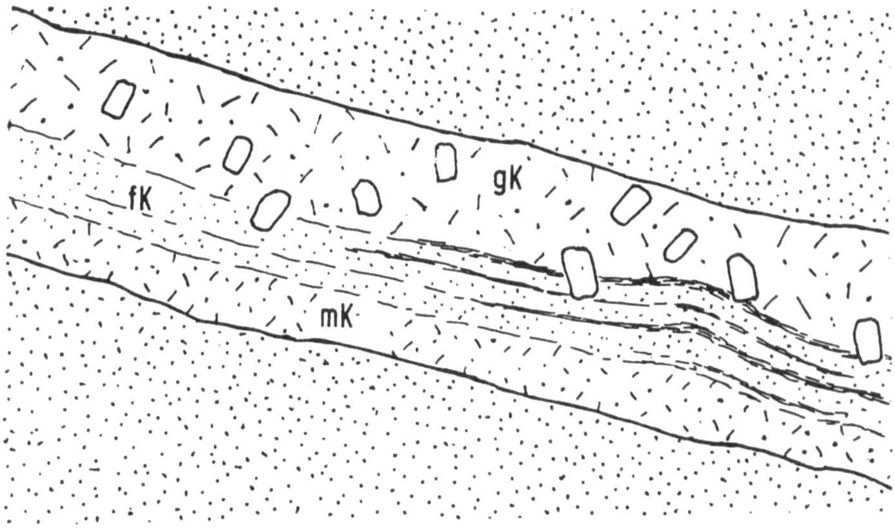

Abb. 15. Leukokrater Gang (22 cm), asymmetrisch ausgebildet, in einem Paradiorit. – gk = grobkörnige pegmatitische Ausbildung mit blastischen Kalifeldspäten, die im Nebengestein fehlen. – fk = feinkörnige Ausbildung mit einzelnen Biotitlagen. – mk = mittelkörnig, aplitgranitisch.
Marktredwitz, Fichtelgebirge

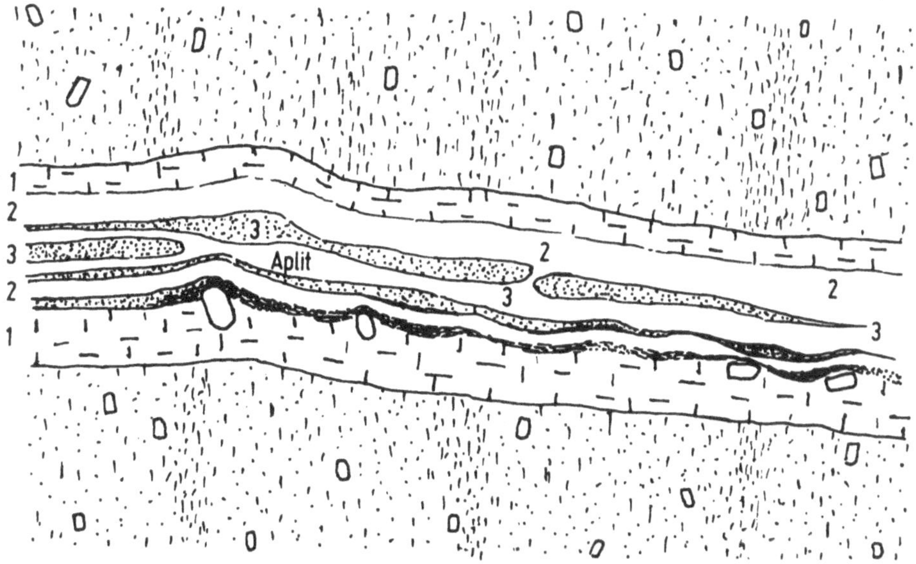

Abb. 16. Leukokrater Gang (1,25 m), asymmetrisch, im Kristallgneis des Bergeller Massivs. Die Außenzonen (1) sind grobkörnig ausgebildet. Die Mittelfüllung (2) besteht aus zuckerkörnigem Aplit mit dunklen, feinkörnigen Bändern (3). Der Biotit der letzteren ist in den oberen Zonen (3) kleinkörnig, in den unteren Zonen (zwischen (2) und (1)) breitflächig ausgebildet. – Im Innern der unteren Zone (1) treten vereinzelt große K-Feldspat-Blasten auf.
Bergeller Massiv, Fornogebiet, Schweiz

Verteilung dieser, parallel den Rupturgrenzen verlaufenden Zonen ist in den vorstehenden Beispielen unsymmetrisch, da schon die beidseitigen äußeren Grenzzonen einander nicht entsprechen. Insbesondere fällt auf, daß nur die obere oder untere, pegmatitisch ausgebildete, Ganghälfte große Kalifeldspäte enthält, die im feinkörnigen Nebengestein fehlen. Die unterscheidbaren Gangzonen sind nicht scharf voneinander getrennt. Man kann sie daher nicht auf mehrere einander folgende mechanische Rupturen zurückführen, die jedesmal scharfbegrenzte tektonische Flächen ergeben hätten.

Für die Einteilung zonar ausgebildeter leukokrater Gänge bestehen im allgemeinen die folgenden Möglichkeiten. 1. Der Rupturenraum ändert während der Konsolidierung der Füllung seine Abmessungen nicht. 2. Der Rupturenraum ändert seine Abmessungen, z. B. durch zunehmende Verbreiterung des primären Risses. Tritt Fall 2 ein, d. h. ändert der Rupturenraum seine Abmessungen durch Vergrößerung des Öffnungsbetrages der Ruptur, so wird durch das aus dem Nebengestein eindringende Füllmaterial – welches keineswegs die gleiche Zusammensetzung haben muß wie der primäre Füllungsanteil – eine selbständige Zone mit abweichendem Stoffbestand entstehen können.

Bleiben die Abmessungen erhalten (Fall 1), so ist zwar auch eine Zonenbildung durch Änderung in der Zusammensetzung des lateral aus dem Intergranularsystem des Nebengesteins austretenden Füllmaterials denkbar. Es dürfte aber viel wahrscheinlicher sein, daß sich der ganze Rupturraum mit einem im wesentlichen aus hydratischer Kieselsäure bestehenden Material gefüllt hat, in dem anschließend durch Hinzutreten der erforderlichen Ionen aus der Umgebung das aplitische Korngefüge – und zwar in rhythmischen

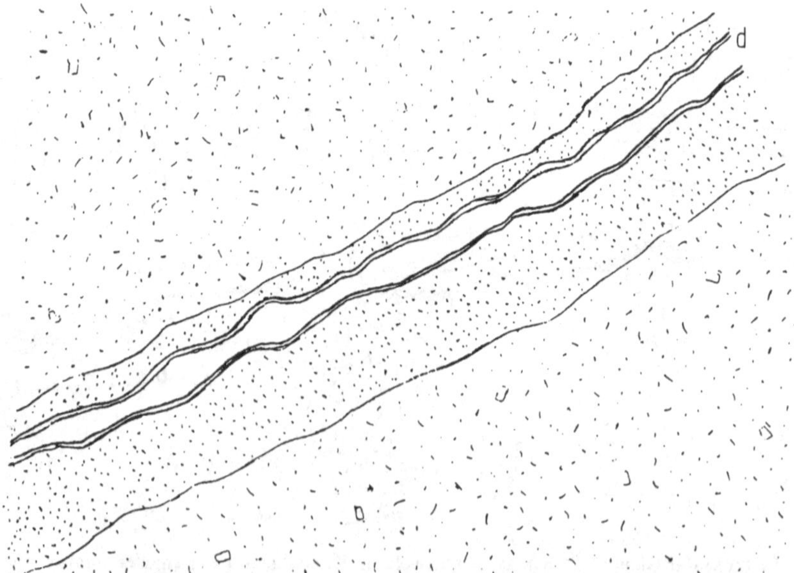

Abb. 17. Feinkörniger Aplitgang (15 cm) mit asymmetrischer, dunkel pigmentierter Quarzlage (q), deren antidrome Grenzen dünne, feldspatreiche Reaktionsränder ausgeschieden haben.
Granit, Striegau

Zonen angeordnet – ausgefällt wurde. Sonst wären Lagen aus unterschiedlichen Kornarten, wie sie Abb. 16 zeigt, in dieser Form nicht möglich.

Sind – was man zunächst voraussetzen möchte – bei einer sich konsolidierenden Rupturenfüllung eines granitischen Bereichs – die physiko-chemischen Zustände in den beiden Grenzgebieten des Ganges symmetrisch verteilt, so ist nicht einzusehen, wie es dann zu einem asymmetrischen Zonenbau in den Gängen kommen konnte, noch dazu, wenn es sich um schmale Gänge handelt, bei denen eine Änderung der ptx-Bedingungen im Zentimeterbereich wohl kaum infrage kommt. Die Sachlage ändert sich aber sofort, wenn der Zonenbau durch Lösungen entsteht, die in bestimmter Richtung – bei einem Lagergang etwa von oben nach unten – das Gestein durchziehen und deren Ionengehalt in der Gangfüllung einseitig abgefangen wurde. Daß solche Vorgänge während der Konsolidierung des Füllungsgefüges nicht nur einmal, sondern in mehrfacher Wiederholung mit abgeänderten Lösungen auftreten, ist z. B. aus den verschiedenen K-Feldspat-Blastesen zu ersehen, die in den Abb. 15 und 16 gegenüber anderen Kornarten wie den Biotiten unterschiedliches Alter zeigen. Ist damit aber der Fall gesetzt, daß eine primär eingebrachte Füllung durch eindringende Lösungen und deren mitgebrachtes Material verändert wird, so erhebt sich sogleich die Frage nach dem Zustand und der Zusammensetzung dieser primären Füllung. Man muß also nach Rupturen suchen, in denen sich bestimmte Bereiche als unveränderte Reste des primären Füllmaterials nachweisen lassen. Das ist möglich bei einem Beispiel aus dem Striegauer Granit (Abb. 17). Hier enthält ein leukokrater Gang außer seinen aplitischen Partien ein Quarzband, das gegenüber der Gangfüllung entweder 1. älter, 2. gleichalt oder 3. später zugeführt ist. Die spätere Zuführung hätte eine sekundäre Ruptur erfordert, die mit Quarz ausgefüllt wurde. Eine solche spätere Ruptur läßt sich aber nicht nachweisen. Sie hätte als tektonischer Spaltriß einen geraden Verlauf und keine disharmonischen, antidromen Grenzen – wie in Wirklichkeit – aufweisen müssen. So, wie sich die Quarzfüllung heute darbietet, muß sie als Rest der primären SiO_2-Gelfüllung angesehen werden, deren Hauptmasse durch Ioneneinwanderung in Silikate, zumeist Feldspäte und Glimmer, übergeführt wurde, wobei die dunkle Pigmentierung der primären Füllmasse wolkenartig erhalten geblieben ist. Die Einwanderung von Lösungen in die Rupturenfüllungen, wo es anschließend zur Neubildung von Silikaten kommt, ist ein auch durch weitere Beobachtungen mehrfach nachgewiesener Vorgang.

c) Aplitgänge verschiedenen Alters im gleichen Muttergestein

Wir hatten bisher angenommen, daß die geraden Rupturen in einem granitischen Bereich tektonischen Ursprungs seien. Sie erhalten ihren Öffnungsbetrag nach dem Grade ihrer mechanischen Beanspruchung und treten zumeist als 010- und hk0-Rupturen, d. h. als Dehnungs-Q-Flächen und Diagonalflächen auf. Es ist durchaus möglich, daß in einem Gesteinsbereich verschiedene Kluftsysteme vorkommen, die entweder in einem tektonischen Akt gebildet und geöffnet wurden oder durch mehrere hintereinander ablaufende Deformationen entstanden und im Falle leukokrater Füllung verschieden alte Gangsysteme erzeugen. So zeigt Abb. 18 drei verschieden alte Gangsysteme, die hintereinander geöffnet worden sind und die sich nicht nur in der Richtung der Ruptur, sondern auch in

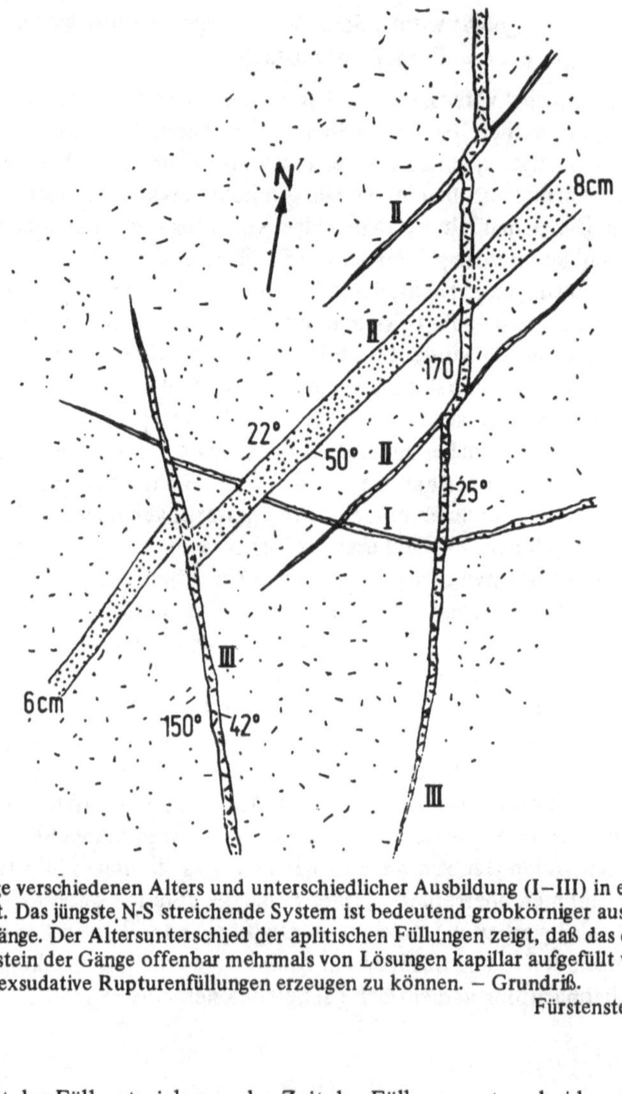

Abb. 18. Aplitgänge verschiedenen Alters und unterschiedlicher Ausbildung (I–III) in einem fleckigen Paradiorit. Das jüngste, N-S streichende System ist bedeutend grobkörniger ausgebildet als die älteren Gänge. Der Altersunterschied der aplitischen Füllungen zeigt, daß das dioritische Muttergestein der Gänge offenbar mehrmals von Lösungen kapillar aufgefüllt worden ist, um jedesmal exsudative Rupturenfüllungen erzeugen zu können. – Grundriß.

Fürstenstein, Bayer. Wald

der Abhängigkeit des Füllmaterials von der Zeit der Füllung, unterscheiden. In diesem Beispiel sind die jüngsten Gänge (III) wiederum grobkörnig und pegmatitisch ausgebildet.

Abb. 19 zeigt Diagonalrupturen hk0 und $h\bar{k}0$, bezogen auf eine in s senkrecht zur Bildebene liegende Faltenachse. Die linke Diagonale ist älter, feinkörnig ausgebildet und wird von der jüngeren, gröberkörniges Material führenden rechten Diagonale abgeschnitten. Die häufigen Verbreiterungen dieses rechten Diagonalsystems erfolgen unter starken metasomatischen Einwirkungen, durch die bedeutende Anteile des Muttergesteins (Hornblendegneis) abgebaut wurden.

Die Frage nach der Herkunft des Füllmaterials der – verschieden alten – Rupturen sowie nach der Änderung in der Zusammensetzung der Füllungen des gleichen Bereichs ist nach

Abb. 19. Zwei altersverschiedene Aplitsysteme (hk0) und ($h\bar{k}0$) in einem feinkörnigen Hornblendegneis. Die linken Diagonalgänge sind die ältesten dieses Bereichs. Das rechte, jüngere, pegmatitisch vergröberte Diagonalsystem wird durch metasomatische Verdrängungsvorgänge stellenweise stark verbreitert. Prata bei Chiavenna, Oberitalien

unseren heutigen Kenntnissen noch nicht erschöpfend zu beantworten. Handelt es sich aber nur um einfache gerade Rupturen mit gleichmäßiger Füllung, so werden sich Beziehungen des Füllmaterials zum Nebengestein, zur Spaltrichtung sowie zur Tektonik aufzeigen lassen. Kommen aber Verhältnisse vor, wie sie Abb. 20 zeigt, ist eine Beantwortung der oben gestellten Frage kaum noch oder nur sehr schwer möglich. Es handelt sich hier nicht mehr um die Füllung einfacher und gerader Rupturen, sondern um leukokrate, schlierige Infiltrationszonen, die von späteren unregelmäßigen und gewundenen Apliten durchsetzt werden und die nach der Art ihres Auftretens nicht durch Füllung einer geöffneten geraden Ruptur entstanden sein können. Es muß daher noch einen principiell andersartigen Vorgang geben, als das einfache exsudative Einsickern leukokrater Füllungen auf Spalten, um eine so starke Anhäufung aplitischen Materials zu erreichen, wie es auf Abb. 20 zu erkennen ist. Auch bei scharfen Begrenzungsflächen einer Ruptur ist nicht bewiesen, daß sie durch einen tektonischen Vorgang geöffnet und gleichzeitig oder anschließend gefüllt wurde. Auch bei scharfer Begrenzung können metasomatische Vorgänge bei der Volumenvergrößerung der Ruptur mitgewirkt haben. Es werden immer wieder Gangformen aufgefunden, deren Eigenschaften nicht allein auf die Füllung einer offenen Kluft deuten, sondern zeigen, daß noch andere, vor allem chemische Mittel zur Volumenvergrößerung eines anfänglichen Haarrisses eingesetzt wurden. So enthält Abb. 21 mehrere Gänge verschiedenen Alters und unterschiedlicher Zusammensetzung,

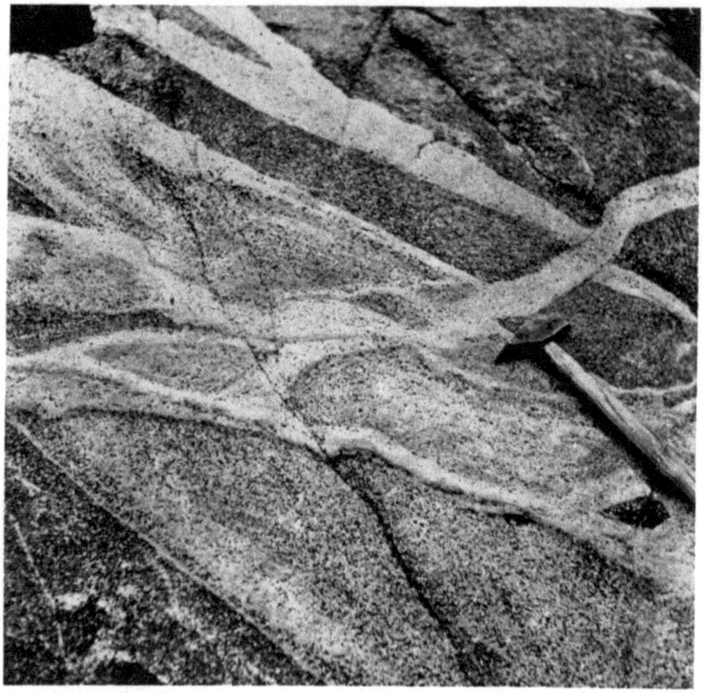

Abb. 20. Mittelkörniger Tonalit mit mindestens drei sich kreuzenden altersverschiedenen Aplitsystemen, die sich auch in der Kornausbildung unterscheiden.
Malga Piscina, Val di Fumo, Adamello

die sehr komplexen Vorgängen ihre Entstehung verdanken. Das älteste Gangsystem 1, in geraden und auch in gefältelten Lagen des Paragneises auftretend, ist ein Ergebnis intensiver Laminationsprozesse (Kap. I 3). Auch die Füllungen 2, obwohl sie häufig in diskordante Lagen übergehen, müssen hierher gerechnet werden wegen ihres antidromen Grenzverlaufs und ihrer Boudinagierungs-Tendenz. Die Entstehung der Füllung 3 ist mit Hilfe eines einfachen Vorganges überhaupt nicht zu deuten. Selbst wenn man annimmt, das Teilstück A-B sei als relativ gerade auf einen tektonisch angelegten Harriß zurückzuführen, so besteht zu der Öffnung einer solchen Ruptur keine Möglichkeit, da für das Gesteinsstück B-D rechts des Abschnittes A-B mangels geeigneter Klüfte jede Verschiebungsmöglichkeit fehlt, die zu einer Öffnung der Spalte hätte führen können. Dasselbe ergibt sich auch für das Teilstück B-C der Füllung 3. Auch hier ist eine Öffnung des Risses mechanisch nicht möglich. Nur das kleine trapezförmige Gesteinsstück C-E (links unten auf Abb. 21) kann mechanisch aus seiner Ursprungslage bewegt werden.

Es sei ausdrücklich darauf hingewiesen, daß das Altersverhältnis der beiden Gangfüllungen 2 und 3 in der Reihenfolge der Zahlen Geltung hat. Nicht Gang 2 durchsetzt Gang 3 – wie es zunächst scheint – und wäre damit jünger, sondern Füllung 3 berührt beidseitig den älteren Gang 2 und korrodiert ihn beträchtlich, besonders auf der rechten Seite bei Punkt B. (Die Ausbildung der spitzen „Nase" des Teilstückes A-B bei B zeigt, daß die beiden Hälften AB-BC nicht als einheitlicher Gang zusammengehört haben können.)

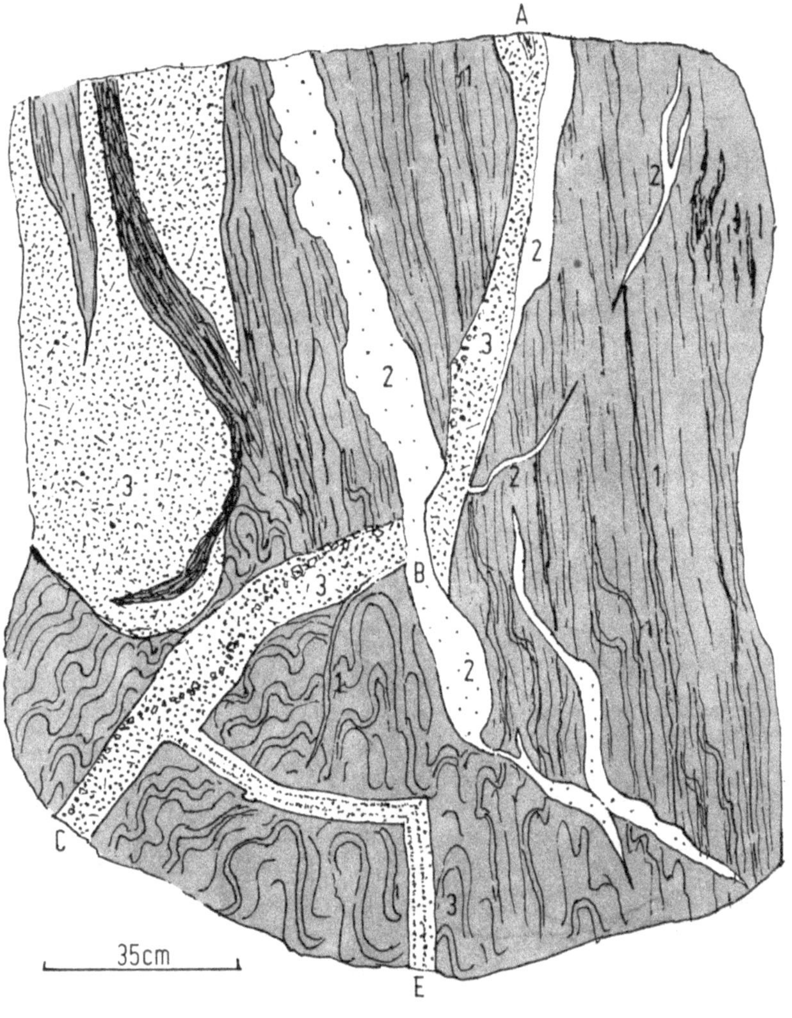

Abb. 21. In einem stark gefältelten Paragneis treten Granitoide und Aplite verschiedenen Alters auf, die sich in Korngröße, Struktur und Grenzausbildung wesentlich von einander unterscheiden. Die Zahlen bedeuten die Altersreihenfolge. – Nach Photo.

Novate, südl. Chiavenna, Oberitalien

Was ist nun aus diesen Verhältnissen zu schließen? Keine der beschriebenen Gangfüllungen der Abb. 21 kann allein in einer geöffneten Ruptur durch exudative Prozesse aus dem Nebengestein heraus gefüllt worden sein. Es deutet vielmehr alles daraufhin, daß derartige, durch Spalten aller Art immer wieder zerlegte Gesteinsbereiche zwar in einer Zone ortsgebundener mechanischer Deformationen lagen, die Spalten jedoch auch noch durch zusätzliche metasomatische Vorgänge zu verschiedenen Zeiten erweitert wurden und damit Übergänge bilden zu den Beispielen des nächsten Kapitels.

2. Aplitische Spaltfüllungen mit unscharfer Flächenbegrenzung gegen das Muttergestein –

Metasomatische Raumschaffung des Füllmaterials

Parallelflächig begrenzte Rupturen mit leukokrater Füllung sind nicht die einzige Erscheinungsform aplitischer Gänge. Es ist gar nicht so selten, daß das aplitische Material Grenzformen zeigt, deren unscharfe, krummflächige Beschaffenheit mit tektonischer Entstehungsweise anscheinend nichts mehr zu tun hat. In vielen Fällen aber läßt die allgemeine Formentwicklung solcher Bildungen doch darauf schließen, daß ihre erste Anlage in einem Harriß, wenn auch in einer sehr unregelmäßigen Form bestanden hat. Es ist also nach einem Vorgang zu suchen, der von einer Ruptur ausgehend, zu einer sehr unregelmäßigen Umformung der unmittelbaren Gesteinsumgebung mit Hilfe von Umwandlungsvorgängen geführt hat.

Zunächst seien einige charakteristische Beispiele beschrieben, die eine erste Übersicht über die wechselnden Erscheinungsformen ermöglichen. In Abb. 22 sind die ältesten Rupturen dünne Aplitschnüre – z. T. stark vernetzt – von denen aus, gewissermaßen als Primärhaarrisse, der Abbau und die Verdrängung des Muttergesteins in mitunter bedeutenden Anteilen mit disharmonischem Grenzverlauf erfolgte. Auf zwei Probleme, zu deren Lösungen laufend weiteres Material beigebracht werden wird, sei hier besonders hingewiesen: 1. Weshalb sind beim Abbau und der Umwandlung des Nebengesteins so wenig Mittelprodukte erhalten geblieben? Besonders an den Grenzen der in der aplitischen Füllung eingebetteten Primär-Einschlüsse sollte man Mischzonen aus primärem und aplitischem Material erwarten. 2. Woher stammen die zu den Transportvorgängen des metasomatischen Abbaues nötigen Lösungsmittel? Abb. 23 zeigt dieses letztere Problem besonders deutlich. Die große helle Aplitmasse des Paragneisblockes kann nach dem Verlauf ihrer Grenzen und dem Fehlen einer durchgehenden Ruptur nur auf metasomatischem Wege erzeugt worden sein. Weshalb aber gerade an dieser Stelle des Gneises? Die Untersuchungen am Ort haben keinen Anhaltspunkt für das Vorliegen eines mechanischen Grundes, etwa erleichterte Lösungstransporte o. ä. ergeben. Daß der ganze Bereich in einem früheren Zustand zu Lösungs- und Wachstumsvorgängen tendierte, geht aus den unmerklichen Übergängen der aplitischen Hauptmasse in die seitlichen leukokraten Lagen des Gneises hervor.

Die gleichen Probleme enthält Abb. 24, doch sind hier die Zusammenhänge bereits klarer. Vor allem erscheint wichtig, daß neben dem Hauptgangkreuz oben links ein zweites kleineres Aplitkreuz entstanden ist, dessen Arme allseitig auskeilen. (Untersuchungen ergaben, daß auch in Richtung senkrecht zur Bildebene die Kreuzapophysen sehr bald enden.) Die Füllung dieses kleinen Aplitsystems muß aus Exsudationen des Muttergesteins erfolgt sein, wobei, wie der Grenzverlauf der Apophysen zeigt, nicht unbeträchtliche Teile ihrer Grenzzone abgebaut wurden. Das gleiche Verhalten zeigt auch das große Aplitkreuz. Seine rechtsseitigen Apophysen enden nach kurzem Verlauf in dem feinkörnigen dunklen

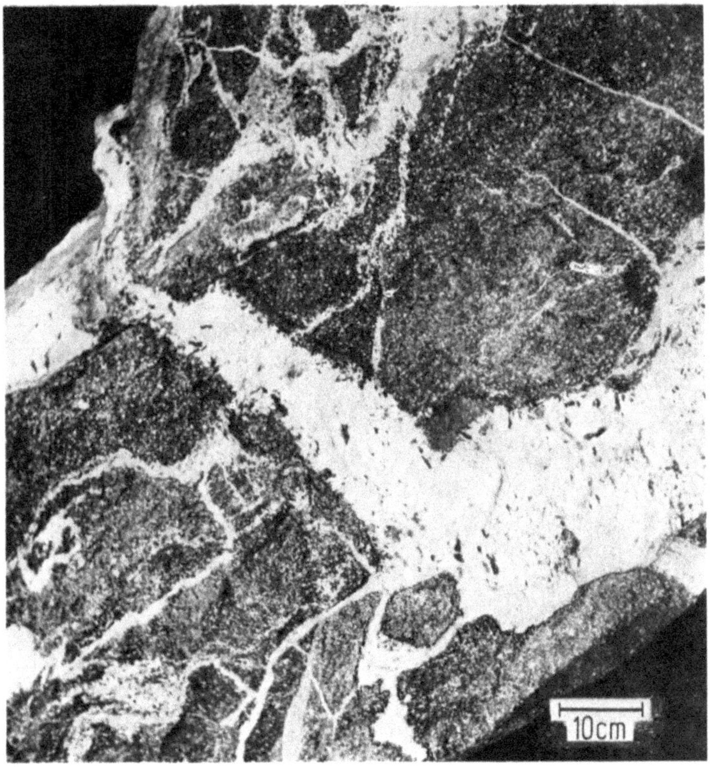

Abb. 22. Netzaplite in einem dunklen, mittelkörnigen Paragestein, das einer Bank der Gruf-Gneise der Val Bondasca (Trubinasca-Gebiet) entstammt. Die Raumschaffung der leukokraten Anteile ist größtenteils durch metasomatische Verdrängung erfolgt.

Val Bondasca, Bergell, Schweiz

Glimmergneis. Ihre Grenzen gegen das Muttergestein sind außerordentlich unregelmäßig und wirken fast zerfetzt. Im Innern enthalten sie zahlreiche kleine, gesetzlos verteilte und ganz unangegriffene Bruchstücke des Glimmergneises. Die Art und Weise ihrer Verteilung läßt auf eine hohe Viskosität des hellen Füllmaterials schließen, durch welche eine schwerkraftbedingte Ansammlung solcher Bruchstücke am Grunde der Rupturen verhindert worden ist. Außer diesem unangegriffenen frischen Material finden sich in der Füllung noch zahlreiche Einschlüsse, deren unscharfe Grenzen, verbunden mit der Zunahme heller Komponenten im Innern zeigen, daß es sich hier um Auflösungsvorgänge an Bruchstücken des Nebengesteins handelt, die bis zur Ausbildung schleierartiger Formen führen können. In diesen Fällen ist in die Ausgangsbruchstücke zunehmend leukokrates Material eingewandert. Die Biotite erfuhren dabei ein stellenweise beträchtliches Korngrößenwachstum. Bei künftigen Untersuchungen kann aufgrund der Abb. 24 davon ausgegangen werden, daß die metasomatisch wirksamen Lösungen dem Nahbereich des veränderten Gesteins entstammen.

Abb. 23. Leukokrate Füllung in einem Paragneis als typisches Beispiel metasomatischer Verdrängung eines Spezialbereichs. Novate, südl. Chiavenna, Oberitalien

An weiteren Problemen zeigt die Abb. 24 noch folgende wichtige Fragen auf. 1. Das Ausgangsmaterial der reliktischen „Bruchstücke" ist sehr gleichmäßig. Weshalb werden bestimmte Bereiche dieses einheitlichen Ausgangsmaterials stark verändert, während andere als völlig unveränderte, frische Reste in der Füllung des Ganges liegen bleiben? 2. Wie erklärt sich die Ungleichmäßigkeit der leukokraten Füllung, die im linken Teilstück des großen Aplitkreuzes lagenartige Formen mit deutlicher Gelstruktur ausbildet, die sich aber nicht durch die ganze Masse hin fortsetzt, sondern plötzlich abreißt und einer ungeregelten Struktur Platz macht. Derartige Beispiele von leukokraten Füllungen wechselnder Ausbildungsweise sind sehr verbreitet.

Anschließend sollen zwei Vorkommen beschrieben werden, bei denen der metasomatische Vorgang ein ganz gleichmäßiges Füllungsprodukt ergeben hat. So zeigt Abb. 25 einen Granit mit Kalifeldspat-Kristalloblasten, der von einer ca. 15 cm breiten leukokraten Zone durchsetzt wird. Diese Zone ist nicht als einfache – oder wiederholte – Füllung einer oder mehrerer, eng benachbarter, offener Gangspalten entstanden. Der Bereich der heutigen leukokraten Füllung wurde vielmehr durch ein System von Spaltflächen unterteilt, von denen aus die Zuführung von Gangmaterial sowie Abbau und Verdrängung der Septen des Nebengesteins erfolgte. Daß das nur teilweise geschehen ist, ergibt sich aus den stehengebliebenen streifigen Partien des primären Granitmaterials. Die metasomatische Verdrängung erfolgte unter teilweiser Erhaltung der Septen des Nebengesteins. Die

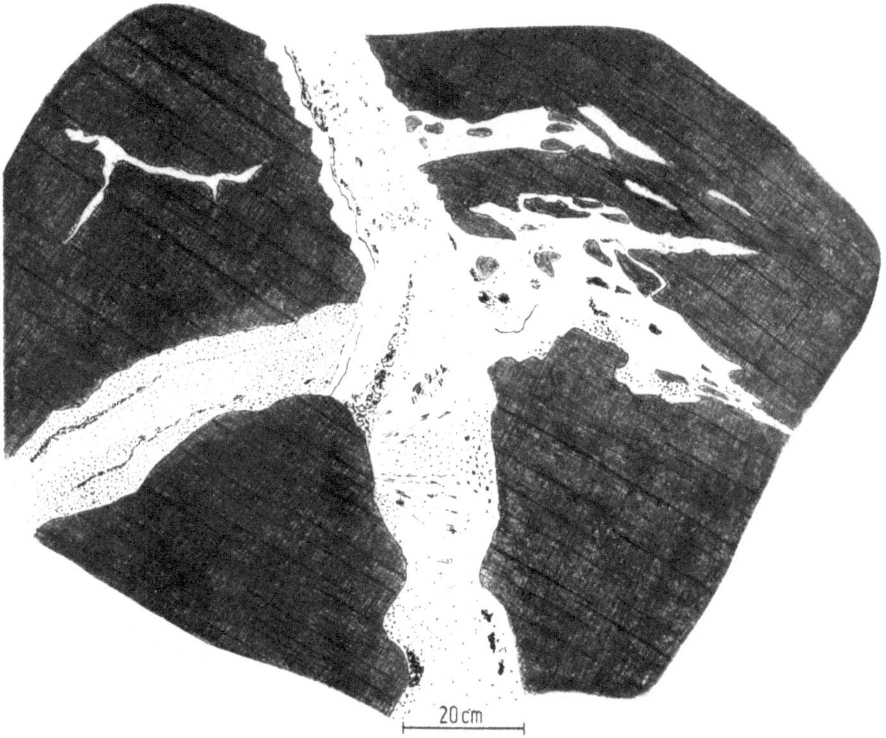

Abb. 24. Ein Gangkreuz dieser Art in einem feinkörnigen Paraschiefer kann höchstens in seiner allerersten Anlage auf Rupturen zurückgehen. Die weitere Ausarbeitung erfolgte metasomatisch und ergab eine sehr unregelmäßige Füllung einzelner leukokrater Anteile, durchsetzt mit Nebengesteinsresten. Novate, südl. Chiavenna, Oberitalien

streifigen Reste in der Mitte der Füllung enthalten die primären KF-Blasten des Nebengesteins. Neugebildete kleinere KF-Blasten sind in der Füllung an der Grenze gegen den Granit später in größerer Anzahl entstanden.

Ein weiteres Beispiel ähnlicher Art mit sehr gleichmäßiger Füllung verdanke ich Herrn Prof. KOARK–Uppsala. Es stammt aus seinem alpinen Arbeitsgebiet, der Greiner-Serie in den Zillertaler Alpen. Der Befund ist folgender. Ein fein-mittelkörniger Biotitgneis mit kleinen Kalifeldspat-Augen wird von einem 4 cm starken, feinkörnigen Aplitgang mit unscharfen Rändern transversal durchsetzt (Abb. 26). Die Schieferung des Gneises ist in gleicher Richtung auch im Aplit vorhanden. Daß sie nicht beiden, Gneis und Aplit, gemeinsam aufgeprägt worden sein kann, geht aus den folgenden Beobachtungen hervor. 1. Die Ausarbeitung der Gneisschieferung hätte im Aplit erheblich stärkere Translationen hervorgerufen, als sie heute erkennbar sind. 2. Die Raumkoordinaten des Gefüges sowie der generelle Mineralbestand im Aplit und Gneis stimmen in beiden Gesteinen überein, nur die Korngröße und die anteiligen Mengen der Kornarten sind verschieden. 3. Die im

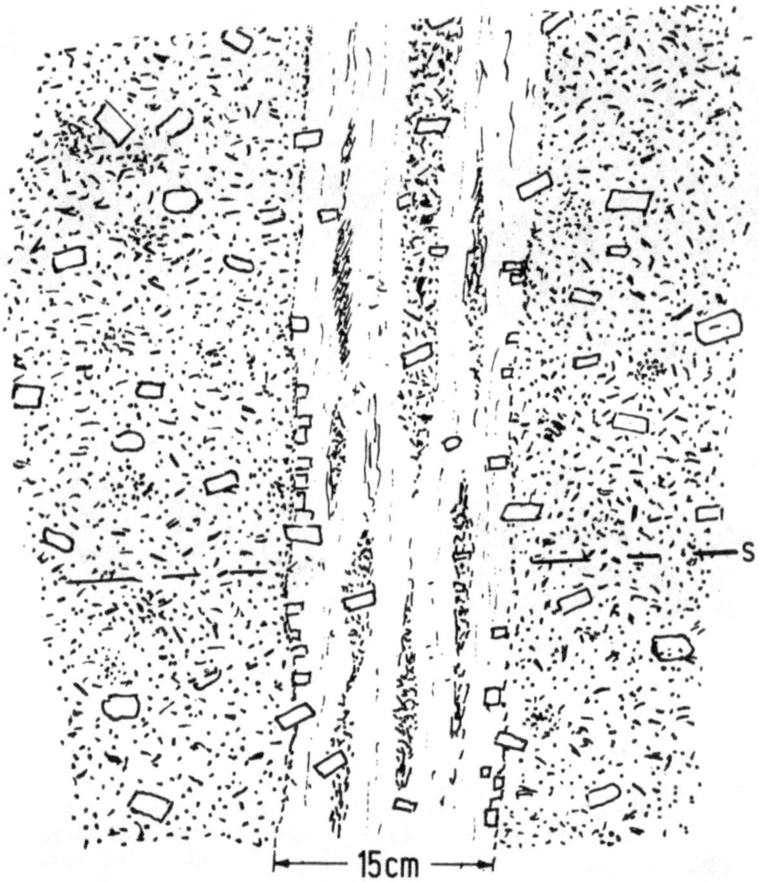

Abb. 25. Aplitfüllung auf (001), annähernd senkrecht stehend auf der s-Fläche des granitischen Muttergesteins. Durch einen Rupturenbündel wurde die Gangzone zunächst in ein System dünner Gesteinssepten zerteilt, ihre Zwischengebiete unter genauer Erhaltung der primären Raumlage aller Septen metasomatisch aplitisiert. Granit, Schlesien

Aplit vorhandenen Gemengteile Biotit (Muskowit fehlt im Aplit und Gneis), Klinozoisit und Granat zeigen deutliche Abbauspuren, Granat am stärksten. Der Kalifeldspatgehalt des Aplits ist gegenüber dem Gneis deutlich gestiegen: Denn der Kalifeldspat im Aplit erscheint etwa in gleicher Menge wie der Biotit im Gneis.

Aus diesen Beobachtungen ist zu schließen, daß die Aplitbildung auch im vorliegenden Beispiel auf metasomatischem Wege erfolgt sein muß unter Beibehaltung der primären Gefügekoordinaten des Gneises. Die Zuführung der Lösungen erfolgte von einer Ruptur aus beidseitig in den Gneis hinein nach Maßgabe der Wegsamkeit. Die Umformung der Gemengteile – Abbau der farbigen Silikate, Neuaufbau des Kalifeldspates, Teilumgruppierung des Quarzgefüges – erfolgt unter Erhaltung der primären Raumkoordinaten des Gefüges, also unter echter Abbildungskristallisation – zugleich mit der Ausbildung unscharfer, faseriger Grenzen zwischen Aplit und Gneis. – Die metasomatische Entste-

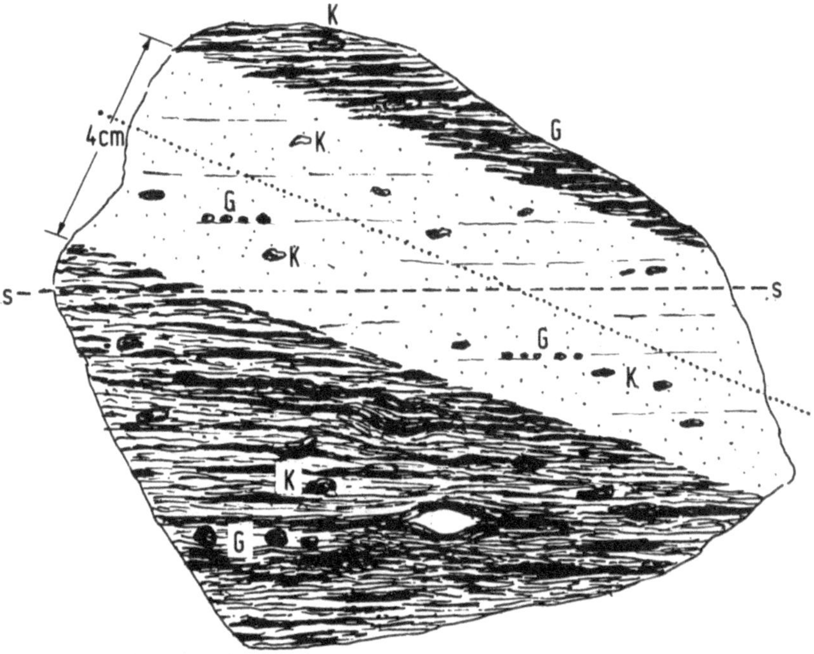

Abb. 26. Ein sehr feinkörniger Aplit 4 cm nach (h0l) des Gefüges, durchsetzt einen stark geschieferten, reichlich Klinozoisit und Granat führenden Augengneis diagonal zur Schieferung unter einem Winkel von ca. 25°. Die Schieferung des Gneises wird vom Aplit übernommen, der auch noch sehr kleine korrodierte Klinozoisit (K)- und Granat-Residuen (G) eingeschlossen hat.
Ded. KOARK Augengneis Schlegeiskees (Greiner Serie) Zillertaler Alpen

hung dieses Aplites kann also nach dem vorliegenden Befund nicht bezweifelt werden. Der im kleinen unregelmäßige, im großen harmonische Grenzverlauf des Aplits – mit parallelen Wänden – ist kein Gegenbeweis gegen die metasomatische Entstehung. Auf Abb. 27 ist bei einem ähnlichen Beispiel das Auftreten harmonischen – parallelen – sowie gleichzeitig schwach antidromen Verlaufs der Aplitgrenzen zu beobachten. Die Entstehung annähernd paralleler Lösungswände beweist zum mindesten das Vorhandensein einer sehr gleichartigen Wegsamkeit im Nebengestein beiderseits der Primärruptur, so daß das Vorrücken der Umwandlungsgrenze ziemlich gleichmäßig erfolgen konnte. Auffallend ist bei diesem Beispiel die starke Resorptionswirkung der metasomatischen Lösungen, welche im Bereich der Gangzone die primären dunklen Kornarten des Granitgneises, vor allem die Biotitschlieren, weitgehend verdrängt und eine gleichmäßige und homogene Füllung erzeugt haben.

Der wichtigste Befund ist hier die Gleichsinnigkeit der Schieferungsrichtung im Gang und dem zugehörigen Nebengestein. (Bergeller Granitgneis) Da für die Schieferung im Gang kein irgendwie gearteter Bewegungsprozeß in Anspruch genommen werden kann, kommt nur die Erzeugung einer Abbildungskristallisation im neuen Gefüge oder die Übernahme bereits geregelter Korngruppen während der metasomatischen Verdrängung durch das

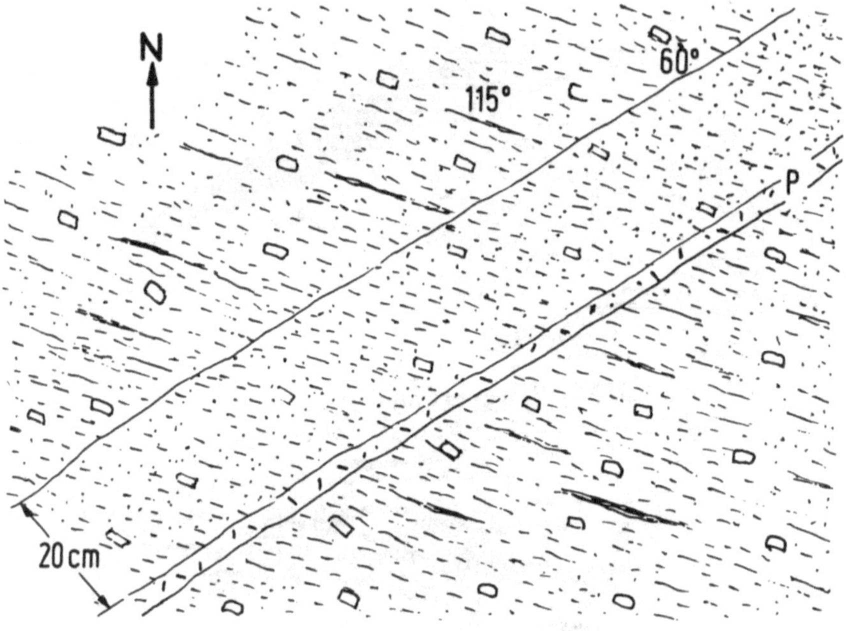

Abb. 27. Aplitgranitgang 20 cm nach (h0l) des Gefüges, mit einseitiger Pegmatitzone, im Kristallgneis des Bergeller Massivs. Die Schieferung des Ganges stimmt mit der seines Muttergesteins überein, die auch in der Anordnung der K-Feldspäte wiederkehrt. – Grundriß.
Dedit M. Storz Bergeller Massiv, Schweiz, Cma di Largo-Gebiet

aplitische Material infrage. Als noch ungelöste Probleme verbleiben: 1. die geraden Grenzen des aplitgranitischen Ganges, 2. das Auftreten der gleichen Kalifeldspäte im Nebengestein wie im Ganginnern. In einem von H. KOARK aufgefundenen Vorkommen im Zemmgrund der Zillertaler Alpen konnte einwandfrei das jüngere Alter der KF-Blasten gegenüber Muttergestein und den aplitischen Gängen nachgewiesen werden (Kap. III 4). Auch für das vorstehend beschriebene Beispiel aus dem Bergell wird man das nachaplitische Alter der Kalifeldspatblasten ins Auge fassen müssen, wie schwer man sich auch von der liebgewonnenen Vorstellung der frühgebildeten Kalifeldspäte trennen mag: die Beobachtungen werden uns keine andere Wahl lassen!

Eine bedeutsame Eigenschaft der zuletzt beschriebenen Gänge war die Homogenität der Gangfüllungen, die, wie sich noch zeigen wird, bei bestimmten Gangvorkommen metasomatischer Entstehung als besonderes Merkmal auftritt. So ist auch die Homogenität der Füllung bei den beiden altersverschiedenen Gängen der Abb. 28 wiederum kennzeichnend.

Hier ist besonders wichtig das Verhalten des grauen Ganges 2, der den älteren horizontalen Gang 1 durchsetzt. Im Bereich des Biotitgneises tritt Gang 2 noch gangförmig mit vorherrschend parallelen Grenzen auf. Kurz vor Erreichen des horizontalen Aplites 1 verbreitert er sich, um nach Eintritt in diesen selbst jede scharfe Begrenzung zu verlieren und sich regelrecht in das ältere aplitische Material „einzufressen“. Neben der Tatsache, daß das aplitische Material leichter abbaubar ist als der Biotitgneis, ist wiederum das

Abb. 28. Zwei altersverschiedene leukokrate Gänge (1 und 2) in von Schollen durchsetztem Paragneis. Der Verlauf der Ganggrenzen ist nur durch die Annahme von Resorptionsvorgängen zu erklären. – Der graue Gang ist weitgehend homogen. Prata, südl. Chiavenna, Oberitalien

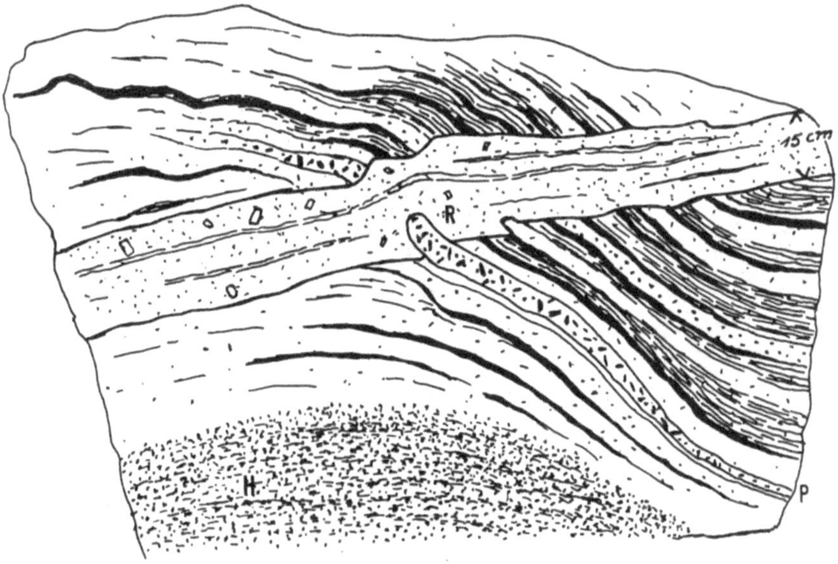

Abb. 29. Resistente pegmatitische Lage eines groben Paragneises ragt bei R in einen jüngeren Aplit hinein. Damit wird – wie auch durch die Nacharbeitung der eckigen Begrenzungen der Gneislagen – die metasomatische Entstehung des Aplits bewiesen. – Nach Photo. Novate, südl. Chiavenna, Oberitalien

völlige Fehlen von Mittelprodukten auffallend, die sich weder in dem Bereich zwischen Gneis und Gang 2 noch zwischen den Gängen 1 und 2 nachweisen lassen: das Füllmaterial des grauen Ganges bleibt vielmehr im ganzen Bereich dieses Ganges gleichartig. Ein Grund für das Fehlen von Mittelprodukten kann bisher noch nicht angegeben werden. Die Vorgänge, welche zu solchen Homogenisierungen des Füllmaterial führen, sind noch weitgehend unbekannt. Sie bedürfen wegen ihrer allgemeinen Bedeutung gründlicher Untersuchung.

Im folgenden werden metasomatische Gangfüllungen beschrieben, die nicht immer gleich als solche zu erkennen sind. – In Abb. 29 durchsetzt ein aplitischer Gang mit einigen KF-Blasten zwischen sauren Schlierenzügen konkordant bis diskordant einen Para-Biotitgneis mit groben pegmatitischen Zwischenlagen. Zunächst deuten die abgerundeten ganz unscharfen Konturen längs der beiden Ganggrenzen auf korrodierende Einwirkung der Füllung. Es gibt aber noch eine viel entscheidendere Beobachtung zum Beweis der metasomatischen Entstehung des Ganges. Die Frage, auf welche Weise der Raum für die Unterbringung der Aplitfüllung geschaffen wurde, wird nämlich entscheidend beeinflußt durch das Hineinragen des Pegmatit-Reststückes R in das Innere des Ganglumens. Wäre zunächst ein scharfer, klaffender Riß entstanden und dessen Raum mit aplitischem Material gefüllt worden, so hätte weder der antidrome, unparallele Grenzverlauf noch das ins Ganginnere hineinragende Reststück R entstehen können. Denn die pegmatitische Lage R-P wäre in Höhe der unteren Ganggrenze durch die Rupturenbildung abgeschnitten worden, müßte

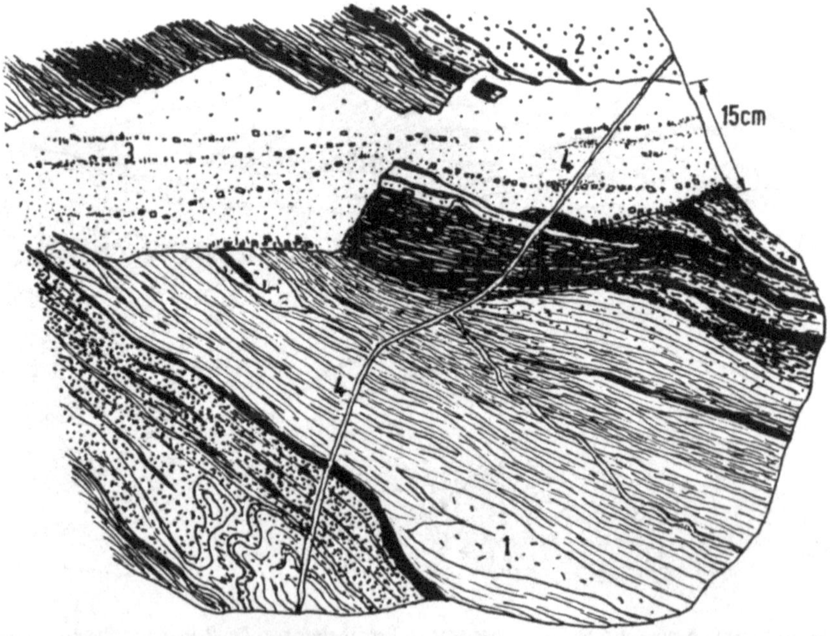

Abb. 30. Altersverschiedene Aplitbildungen 1–4 in einem Paragneis. Bemerkenswert ist die metasomatische Nacharbeitung der Bruchränder durch das Füllmaterial des Ganges 3. – Nach Photo. Novate, südl. Chiavenna, Oberitalien

also an dieser unteren Grenze enden und nicht mitten im Gang. Man sollte daher annehmen, daß die Raumschaffung für den Aplit unter Volumkonstanz des Bereichs – also nicht durch den Öffnungsbetrag einer Spalte – und unter metasomatischer Verdrängung des im heutigen Gangraum fehlenden Gneismaterials erfolgt ist. Das Füllmaterial des Ganges ist ziemlich homogen und hat eine deutliche Lagenstruktur ausgebildet.

Ähnliche Verhältnisse zeigt das Gangstück der Abb. 30. Wenn es auch zunächst schwer vorstellbar ist, daß die Raumerfüllung des aplitischen Ganges durch metasomatische Verdrängung erzeugt wurde, so kann man zumindest als sicher annehmen, daß die Abrundung der scharfen Ecken und Bruchränder durch solche Vorgänge erfolgte. Das

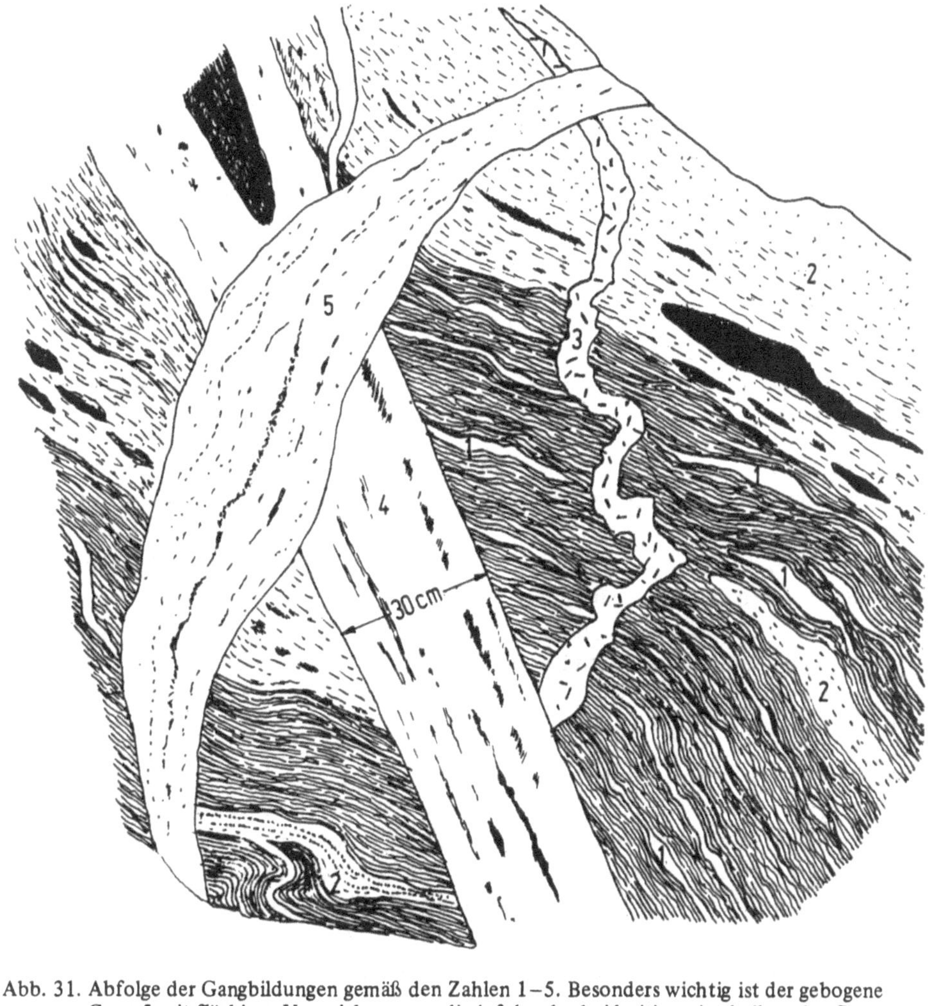

Abb. 31. Abfolge der Gangbildungen gemäß den Zahlen 1–5. Besonders wichtig ist der gebogene Gang 5 mit flächigen Vorzeichnungen, die infolge des beidseitigen Auskeilens des Ganges keine Fluidalerscheinungen sein können, sondern Ausfällungsvorgängen in einem Gelkomplex entsprechen. – Nach Photo. Novate, südl. Chiavenna, Oberitalien

völlige Verschwinden – bis auf eins – der Bruchstücke, die bei einer so komplizierten Ruptur wie der vorliegenden zahlreich angefallen sein müßten, ist mit Hilfe rein mechanischer Vorgänge nicht zu erklären. Wenn man jedoch die metasomatischen Verdrängungsleistungen der folgenden Abb. 31–33 näher betrachtet, wo kubikmetergroße Bereiche völlig verschwunden und durch anderes Material ersetzt wurden, ist man wohl eher geneigt, auch für die Entfernung der Gneisbruchstücke im Bereich des Ganges Abb. 30 metasomatische Vorgänge in Erwägung zu ziehen.

Ein noch weit komplizierteres Gangsystem, bei dessen Entstehung ebenfalls metasomatische Vorgänge herangezogen werden müssen, zeigt Abb. 31. Das Nebengestein ist – ebenso wie in Abb. 29 – der grobe Biotitgneis im Mantel des Novategranits, der von zahlreichen Apliten durchsetzt wird. Die einzelnen altersverschiedenen Aplite 1–5 der Abb. 31 zeigen, auf ihre metasomatische Wirksamkeit hin beurteilt, sehr unterschiedliche Ergebnisse. Aplit 1 und 2 haben als laminare Bildungen im Verlauf der pressenden und walzenden Beanspruchung nur geringe metasomatische Leistungen hervorgebracht. Der sehr unregelmäßige Aplit 3 kann dagegen nur durch erhebliche metasomatische Leistungen seine heutige Form erreicht haben, da seine Grenzen nicht mehr konform verlaufen. Gang 4 zeigt im oberen Teil Erweiterungen und eine Grenzführung, die nicht mehr einer primären Gangspalte entspricht. Auch die Lage der dunklen Scholle im oberen Teil dieses Ganges ist kaum mit einer ehemals klaffenden Ruptur und anschließendem Füllungsvorgang in Einklang zu bringen, da es keinen mechanischen Vorgang gibt, der eine solche Scholle ohne jedes Begleitmaterial aus ihrem Verband herauspräpariert und der Gangfüllung überantwortet! Diese Scholle gehörte vielmehr als Primärbildung den Glimmerschieferbänken des Gneises an und wurde bei Entstehung des Ganges 4 aus ihrem Verband metasomatisch herausgelöst und in der Gangfüllung fixiert.

Außer Gang 4 besitzt auch Gang 5 mit seinem bogenförmigen Verlauf alle Merkmale einer metasomatischen Raumschaffung großen Stils. Der nichtparallele Grenzverlauf läßt ebenso wie die völlig gerade, ungestörte Ausrichtung des Ganges 4 (dessen Grenzen beim mechanischen Aufreißen einer ihn durchsetzenden bogenförmigen Ruptur nicht die geradlinige Fortsetzung beibehalten hätten!) keinen Zweifel daran, daß Gang 5 niemals eine klaffend geöffnete, bogenförmige Spalte gewesen ist. Es wurde hier vielmehr auf der Grundlage eines Spaltrisses eine kontinuierliche metasomatische Verdrängung des Nebengesteins, ob es nun Gneis oder Aplitgang war, durchgeführt, welche die bogenförmige Aplitfüllung mit ihrer Lagenstruktur erzeugte.

Zweifellos macht die Vorstellung von der metasomatischen Umformung großer Gesteinskomplexe zunächst einige Schwierigkeiten, da man nur schwer an Abbau und Austausch schon konsolidierten festen Materials in größeren Einheiten – wenn auch unter Einsatz von Lösungen – glauben und auch bis jetzt noch keine, derartige Vorgänge beweisende, Bilanz aufstellen konnte. Die der Abb. 32a, b zugrunde liegende Beobachtung, die ich Herrn Prof. KOARK–Uppsala verdanke[1]), läßt indessen klar erkennen, daß auch auf dem Gebiet leukokrater Gänge die Bilanzierung bedeutender Massenverschiebungen durch metasomatische Wechselwirkung möglich ist. Die Abbildung zeigt das Mittelstück eines

[1]) Über die geologische Stellung dieses Pegmatitvorkommens s. KOARK 1970.

Abb. 32a. Umkristallisations-Pegmatit mit reliktischem, vorpegmatitisch gefaltetem Eisenjaspilit. – Mittelstück eines Ganges mit scharfen Kontakten gegen das gefaltete Nebengestein. Aufnahme KOARK, 1965 Nyberget, Schweden

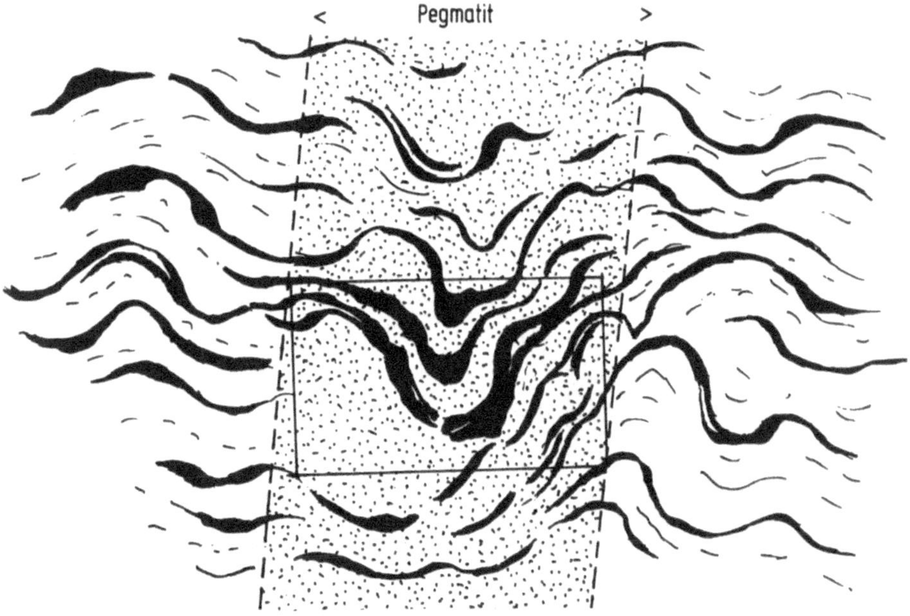

Abb. 32b. Die geologische Situation der Abb. 32a in schematischer Darstellung. Der Pegmatit verdrängt das vergneiste Nebengestein des Eisenjaspilits fast völlig, läßt dagegen die Eisenjaspilit-Falten ohne jede Veränderung bestehen. – Das Rechteck in der Bildmitte gibt den Bildausschnitt der Abb. 32a. Nyberget, Schweden

mit scharfen Konturen gegen sein gefaltetes Nebengestein absetzenden mächtigen Pegmatits, der alte Schichtlagen des vergneisten Nebengesteins metasomatisch verdrängt hat mit Ausnahme der Eisenjaspilit-Falten, die er ohne Lageveränderung übernommen und chemisch anscheinend völlig unangetastet gelassen hat. (Abb. 32b gibt die geologische Situation in schematischer Darstellung. Das Rechteck der Bildmitte zeigt den Bildausschnitt der Abb. 32a an.)

In dem genannten Beispiel ist der Träger der metasomatischen Reaktionen ein Gang mit scharfen Grenzen. In ihm sind die lagetreuen Eisenjaspilit-Falten des Nebenbereichs unangegriffen erhalten geblieben. Es war daher möglich, ein zutreffendes Bild der abgelaufenen metasomatischen Vorgänge zu entwickeln. Das ist in einem folgenden Beispiel Abb. 33 nicht mehr der Fall. In einem feinschiefrigen Glimmerschiefer des Felber Tauerntunnels fanden sich buchstabenähnliche, scharfkantig begrenzte, bis zu 1 m hohe Aplitmassen, die keine Beziehungen zu (gefüllten) Spalten oder sonstigen tektonischen Elementen des Glimmerschiefers erkennen ließen. Das Aplitmaterial ist sehr feinkörnig, gleichmäßig und feldspatreich. Man sieht keine Übergänge oder Verbindungen zwischen ihm und den Feldspatlagen des Glimmerschiefers. Das vorige Beispiel metasomatischer

Abb. 33. Durchschnitte von Aplitfüllungen mit scharfen diskordanten Kontakten im Glimmerschiefer. Felber Tauerntunnel, Osttirol, ca. 1000 m vom Südportal

Verdrängung aus Schweden (Abb. 32) hatte als Ausgangsbereich noch eine Spalte, aus der sich der, sein Nebengestein quantitativ – mit Ausnahme des gefalteten Eisenjaspilits – verdrängende Pegmatit entwickeln konnte. Hier, im Beispiel Abb. 33 läßt sich höchstens für die Aplitzunge oben rechts, infolge ihrer Konkordanz zur Schieferung, eine zutreffende Vorstellung ihrer Genese gewinnen, während für die Entstehung der buchstabenartigen scharfen Querschnitte aplitischer prismoider Füllungen einstweilen noch jede Deutung fehlt.

Aus der Literatur ist mir nur einmal ein ähnliches Beispiel bekannt geworden. EBERT (1943) beschreibt aus den feinklastischen Tonschiefern im Nebengestein des Seidenberger Granodiorits (Ostlausitz) Aplitfüllungen – bis 25 cm mächtig –, die ähnlich wie die Vorkommen im Tauerntunnel in ihren Schiefern spitz auskeilen, teilweise gewunden auftreten und eine dem Nebengestein conforme Schieferung besitzen.

Ein besonderes Wort möge schon hier über die Frage der Herkunft des Füllmaterials sowie seiner metasomatischen Wirkung gesagt sein, bevor in einem späteren Kapitel abschließend darauf eingegangen wird (Kap. V 4).

Die Beobachtung lehrt, daß in Fällen metasomatischer Verdrängung die Füllung einer Ruptur die Grenzen ihres Nebengesteins in oft ganz unregelmäßiger Weise abbaut, so daß in einem solchen Fall kein Gleichgewicht zwischen dem Material der Füllung und ihrem Nebengestein bestanden haben kann. Da die Rupturenfüllungen sich aus den Porenlösungen des Gesteins im Gesamt-Bereich der Spalte aufbauen, diese aber mit den von ihnen benetzten Kornarten im Innern des Porengefüges im Gleichgewicht waren, so ergibt sich die Frage, durch welchen Vorgang die Zusammensetzung der Füllung bei ihrem Austritt auf die Ruptur so abgeändert wurde, daß es zu metasomatischen Angriffen auf das Nebengestein kommen konnte. Folgende Deutung scheint am zutreffendsten zu sein: Die Porenlösungen eines granitoiden Gesteins stehen unter normalen Verhältnissen lange genug in Berührung mit den umgebenden Kornarten, daß die der herrschenden Temperatur konforme Sättigung der Lösung mit den löslichen Bestandteilen aus dem Grundgewebe voll erreicht wird. Auf eine nunmehr entstehende tektonische Ruptur wird daher eine gesättigte Lösung entleert. Die in das geleerte Porennetz kontinuierlich aus der Umgebung nachrückende Lösung kann aber bei der Kürze der Verweilzeit in dem für sie neuen Porenbereich nicht die gleichen Sättigungsverhältnisse erreichen wie die primäre, bereits auf der Ruptur befindliche Füllung. Es muß also zu Konzentrationsverschiebungen kommen, die sich mit den nachfolgenden noch nicht vollgesättigten Lösungsfronten weiter steigern und auf diese Weise die nun nicht mehr im Gleichgewicht befindliche Füllung zu metasomatischem Angriff auf das Nebengestein befähigen.

Daß es innerhalb der Füllungen laufend zu erheblichen Konzentrationsschwankungen gekommen sein muß, zeigt schon die häufige Lagenstruktur bei vielen Apliten (Abb. 8, 12, 14, 16, 27, 29).

Die Darstellung der Vorgänge bei der Metasomatose hat die außerordentliche Vielfältigkeit dieser Reaktionen ergeben, die sich beim Abbau eines Teilbereichs in die Wegführung vorhandener, Zuführung neuer Stoffe, Auskristallisation verschiedener Phasen (für jede Kornart zeitlich getrennt!) aufgliedern lassen.

Der Vorgang der Wegführung bestimmter Stoffe auf metasomatischem Wege ist besonders bei leukokraten Bildungen augenfällig, weil hier an Stelle eines in jedem Fall dunkleren, fm-reicheren Muttergesteins eine helle Füllung entsteht. Da auch in den leukokraten Anteilen ein Nacheinander der einzelnen Kornarten – dazu noch häufig in der Form von Blasten – herrscht, ist der Gesamtvorgang, der zur Entstehung derartiger Formen führt, einstweilen nur durch eine alle Einzelerscheinungen erfassende Beschreibung darzustellen. Dazu gehört auch die Berücksichtigung der Beziehungen der metasomatischen Produkte zum Nebengestein und die Untersuchung seiner Rolle als Lösungs- und Material-Lieferant.

3. Laminare leukokrate Bildungen im durchbewegten Bereich

Die Füllung einer Gesteinsspalte unter vorhandenem oder fehlendem chemischen Angriff auf das unmittelbare Nebengestein ist in jedem Fall, für sich allein betrachtet, ein statischer Vorgang, bei dem der beteiligte Gesteinskomplex in seinem strukturellen Aufbau mechanisch ungeändert bleibt. Das Füllmaterial in diesen Systemen entstammt dem Nebenbereich der Spalten. Die Frage nach seiner Herkunft und Platznahme ist ein Kernproblem der Aplitgenese. Neben leukokraten Systemen aus statischem Bereich aber gibt es sehr zahlreiche Fälle leukokrater Typen aus durchbewegten Gebieten, die in Form von aplitischen Lagen flächenhaft schiefriger Gesteine auftreten.

Dabei ist zu betonen, daß diese hellen Lagen der Gesteine keine primären, sondern erworbene Eigenschaften sind und als Ergebnis einer speziellen mechanischen Beanspruchungsform angesehen werden müssen. Lange Zeit hindurch wurden diese sich rhythmisch wiederholenden leukokraten Lagen als Injektionslagen gedeutet. Man hielt sie für ein lagenweis zugeführtes „injiziertes saures Magma" der Tiefe, hat es aber nie unternommen, eine befriedigende Erklärung für den Ablauf des Injektionsvorganges etwa bei flachliegenden Schichten (s. Grönlandgneise) aufzufinden. (Ich habe mich bereits 1936 näher mit diesen Fragen – insbesondere mit der Unmöglichkeit der Existenz eines ubiquitären sauren Tiefenmagmas zur Bestreitung der „Injektionen" befaßt. Chem. d. Erde 10, 271).

Man muß heute – für den Normalfall – von der Vorstellung ausgehen, daß jene rhythmisch auftretenden hellen Bänder auf mechanische Trennungsvorgänge zurückzuführen sind, die ehemals syngenetisches Material in einer ganz bestimmten, die Eigenart der einzelnen Komponenten berücksichtigenden Weise, getrennt und auf mechanisch ausgearbeiteten Strukturflächen angereichert haben. (Das geht außer aus anderen Gründen auch aus dem Volumproblem hervor: eine zusätzliche Lageninjektion aus der Tiefe müßte eine Materialzunahme des betreffenden Bereichs, in dem fraglichen Gebiet auf etwa das Doppelte mit sich bringen.)

Welche Deutungsmöglichkeiten ergeben sich nun für den Ablauf mechanischer Entmischungen durch Walzvorgänge? Sucht man nach Parallelerscheinungen, so muß man feststellen, daß entsprechende Beispiele weitgehend fehlen. Der Vergleich mit technischen Walzvorgängen erscheint zunächst als Modell möglich. Bei näherer Betrachtung erweist sich jedoch der Naturvorgang um sehr viel komplizierter als der künstliche Walzprozeß, so daß Vergleiche nur bedingt weiterführen können. Der künstliche Walzprozeß erfaßt ein homogenes, duktiles Material, dessen Vertikalausdehnung durch zahlreiche aufeinander folgende Einengungsvorgänge immer mehr verkürzt, die Längenausdehnung bei vollkommener Freibeweglichkeit in beiden Richtungen entsprechend vergrößert wird, d. h. das Material erfährt nur Form- aber keine chemischen Veränderungen. Demgegenüber besteht ein natürliches, einem Walzprozeß unterworfenes Gestein aus einem materiell und strukturell inhomogenen Material, dessen primäre Hauptstrukturfläche der Walzebene des Plättungsvorganges parallel verläuft (Schicht-Schieferungsebene des Gesteins parallel der

Abb. 34. Leukokrate Entmischungen als Folge laminarer Beanspruchung („Injektionsadern" im alten Sinn). – Die mächtige helle Lage ist ein Großexsudat, das trotz gelegentlicher Abweichungen der Schieferebene folgt.
Aufnahme KOARK Oberhalb Tonalepaß, Adamello

Ebene des Walzprozesses). Während beim künstlichen Walzprozeß beide Enden des Walzkörpers frei sind, so daß die Gesamtmasse unverlegt jeder Walzbeanspruchung durch Verlängerung nachgeben kann, findet beim natürlichen Walzprozeß der Beanspruchungszustand auf einer endlichen Strecke in einem Medium von vielfacher Ausdehnung statt, das den Auswalzungs-Verlängerungsbetrag durch Faltungsvorgänge im noch nicht von der Auswalzung ergriffenen Anschlußgebiet aufzufangen vermag.

Ein weiterer grundlegender Unterschied zwischen künstlichem und natürlichem Walzvorgang besteht in dem Bewegungsablauf des den Walzdruck erzeugenden Bereichs und dem beanspruchten Material. Bei dem künstlichen Walzprozeß wird der den Walzdruck ausübende Bereich, d. h. die Berührungsfläche zwischen Walzen und Walzgut, über das letztere hinwegbewegt. Bei dem Naturprozeß steht ein großer Flächenbereich gleichzeitig unter dem Druck der Auflast, welche über ihm verschoben wird. Sie kann ganze Schichtsysteme enthalten, da der Prozeß meist in der Tiefe abläuft. Der sehr komplexe Vorgang kann in zwei verschiedenen Hauptformen und den entsprechenden Mischformen auftreten: einmal als über einer ± horizontalen Gleitfläche bewegte Schubmasse mit örtlich wechselndem Auflagedruck, sodann als normaler Faltungsprozeß bei dem die einzelnen in Faltung begriffenen Lagen je nach den speziellen Bedingungen des Faltungsvorganges sich relativ gegeneinander pressend verschieben. – Die im folgenden gebrachten Bilder können auch nicht annähernd die in der Natur auftretenden Formen erschöpfen.

Abb. 35. Biotitgneise mit leukokraten Laminationslagen.
Aufnahme KOARK — Dervio, Ostseite d. Comer Sees, Italien

Sie sollen nur einige Haupttypen leukokrater Exsudation und die Anordnung exsudativen Materials auf Laminationsflächen, mit anderen Worten die Materialsonderung plättbarer (Glimmer) gegenüber nicht plättbaren Kornarten (Quarz, Feldspäte) zeigen.

In diesem Sinne ist auf Abb. 34 ein Paragneis-Areal dargestellt, bei dem es deutlich ist, daß seine leukokraten Lagen ihrer Formgebung nach keine primär sedimentierten Schichtglieder sein können, sondern ihre formale Ausgestaltung einem sehr weitgetriebenen Laminationsprozeß mit rhythmisch auftretenden Verdickungen und Verdünnungen verdanken. Die stärkste leukokrate Lage des Bildes ist keine spätere Rupturfüllung sondern – wie besonders im oberen Bildteil ersichtlich – ein stark entwickelter Laminationskörper. Die Herkunft des leukokraten Materials aus dem zugehörigen Laminationsbereich wird durch die Betrachtung eines größeren Para-Gneisareals deutlich (Abb. 35), bei dem die leukokraten Bestandteile als ausgewalzte Körper mit bis zum Verschwinden abnehmender Dicke auftreten, also keine fremden Zuführungen sein können.

Bei der Betrachtung verschiedener Laminationsgesteine lassen sich häufig starke Unterschiede in der Menge des leukokraten Anteils feststellen, die im wesentlichen 1. auf die im Ausgangsgestein vorhandene Menge an leukokratem (Quarz-Feldspat)-Material, 2. auf den Zustand und die Anzahl der als Gleitflächen dienenden Schicht-Schieferungsebenen,

Abb. 36. Kleinfältelung laminarer entmischter Quarz-Feldspat-Biotitlagen. Eine spätere, postkristalline Scherflächenschar n. (h0l) – durch schwarze Linien angedeutet, durchschneidet die primären Schieferungsflächen.
Aufnahme KOARK Novate, südl. Chiavenna, Oberitalien

Abb. 37. Laminationsadern mit unterschiedlichen Füllungen: rein aplitische Lagen wechseln ab mit ausgesprochen granitischen Körpern (gr), die als langgestreckte, z. T. diskordante Linsen auftreten und allseits auskeilen.
Biotitgneise an Straße Verceia–Spinida, südl. Chiavenna, Oberitalien

sowie 3. auf die Intensität des Laminationsvorganges zurückzuführen sein wird. Die letztere quantitativ festzulegen ist vorderhand noch unmöglich, da uns sämtliche Voraussetzungen zur Bestimmung der auftretenden Drucke einstweilen noch fehlen. Sollten in besonderen Fällen durch Auffindung von Hochdruckmineralen Einzelwerte der aufgetretenen hohen Drucke vorliegen, so besteht doch für alle Druckbestimmungen in einem Gesteinsbereich – einmal ganz abgesehen von der Seltenheit druckanzeigender Kristallarten – die prinzipielle Schwierigkeit der Abgrenzung der einzelnen ‚Druckfelder' gegeneinander, der Feststellung ihrer Übergänge und der Dauer ihrer Einwirkung.[1])

Gehen wir wieder auf die bereits erwähnte Zusammensetzung eines Gesteins und seinen Gehalt an leukokratem Material zurück, das bei Laminationsvorgängen im Wechsel mit

[1]) Die bei der Stishovit-Entstehung notwendigen Drucke wurden zuerst analog den Befunden im Bereich eines Impakt-Vorganges mit ca. 80 000 kg/cm^2 (Momentandruck) bestimmt.

‚schieferholden' Lagen abgepreßt und rhythmisch angeordnet wird. Abb. 36 zeigt hier ein Vorkommen, bei dem anscheinend schon primär eine sehr gleichartige Verteilung des tonigen und sandigen Ausgangsmaterials vorgelegen hat, so daß bei dem folgenden Laminationsvorgang auch eine entsprechend gleichmäßige Ausarbeitung der dunklen und hellen Lagen erfolgen konnte. Die auftretenden Drucke sind – allein aufgrund des Deformationsbildes – sicher sehr hoch gewesen. Auch die postkristallinen Deformationen des Bereiches müssen unter starker mechanischer Beanspruchung abgelaufen sein, da das Gestein von einer engliegenden Scherflächenschar durchsetzt wird, längs deren Einzelblättern zahlreiche Verschiebungen stattgefunden haben. Aus der gleichmäßigen Ausarbeitung der Einzellagen kann auf einen übereinstimmenden mechanischen Zustand der Schichtflächen beim Laminationsprozeß geschlossen werden. Wären hier größere Unterschiede im Gleitvermögen der Schicht-Schieferungsflächen vorhanden gewesen, so hätte nicht eine so gleichmäßige Aufteilung in Einzelschubflächen stattfinden können. Es wären vielmehr Walzkörper entstanden, wie sie auf Abb. 37 in der Form selbständiger aplitgranitischer Einzellinsen zu erkennen sind, die sich deutlich durch selbständige und sehr holperige Gleitflächen gegen die normalen Laminationsflächen abgrenzen. Das Material dieser Linsen ist, meist von einer bestimmten Größe des Linsenkörpers ab, nicht mehr rein aplitisch, sondern aplit-granitisch, oftmals rein granitisch. Es hat überhaupt bei vielen Vorkommen den Anschein, als ob dünne, geringmächtige Einschaltungen kieselsäurereicher, aplitischer sind (bis hin zur reinen Quarzfüllung!) als dickere Lagen oder linsenartige Körper, die häufig einen rein granitischen Typus zeigen, eine Beobachtung, zu der eine befriedigende Begründung noch fehlt.

Sollten noch Zweifel darüber bestehen, ob die aplitischen Einschaltungen leukokrater Schichtgesteine durch mechanische Entmischung eines schiefrigen Gesteins entstanden sind – also ohne Zuführung aus einem anderen Bereich – so können sie durch die folgenden Beobachtungen ausgeräumt werden (Abb. 38–40). Hier erscheinen Quarzeinschaltungen zwischen den Glimmerlagen eines Paragneises, die aus großen Einzel-

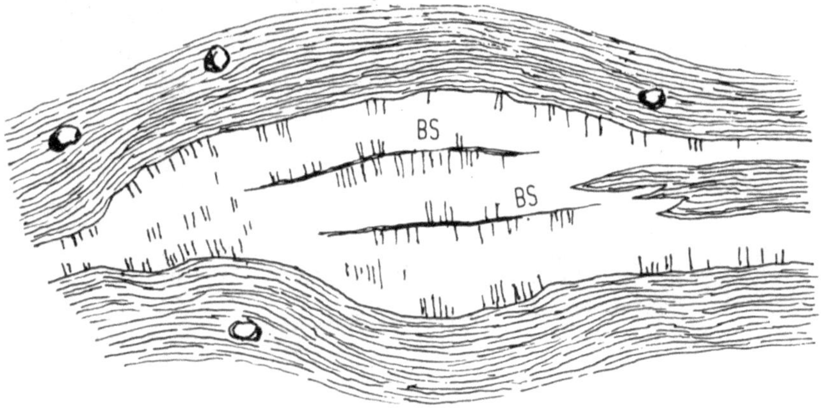

Abb. 38. Biotit-Muskowit-Granatschiefer mit Quarz-Laminationskörpern. – BS: im Quarzbereich liegende Biotit-Septen. – 3:4. Piona, Comer See, Oberitalien

individuen aufgebaut, eine im ganzen sehr homogene Füllung erkennen lassen. Es ist damit ausgeschlossen, daß diese Quarzadern etwa frühe, syngenetische Sandlagen zwischen tonigen Schichten gewesen und bei der späteren Metamorphose zu einer klaren Quarzlage aus Großindividuen bestehend, umgeformt worden sind. Abb. 38 bringt hierzu noch weitere Einzelheiten. Zwei Quarzeinzellagen (rechte Bildseite) vereinigen sich zu einem größeren, linsenförmigen Walzkörper, der in seinem Innern noch zwei sehr ausgedünnte Biotit-Septen (BS) enthält, die in der gleichen Richtung wie die s-Flächen des Granatglimmerschiefers verlaufen.

Die Betrachtung des Gesamtvorkommens lehrt, daß den Schiefer zahlreiche Quarzlagen verschiedener Größe durchziehen, die nach zumeist kurzem Verlauf beidseitig auskeilen. Die größeren Quarzbereiche dieser Art enthalten mit der Größe zunehmende Kalifeldspat-Anteile. Die Auffassung, daß es sich hier um Walzkörper handelt, wird auch noch durch die Abb. 39 bestätigt, welche die typischen durch mechanische Auswalzungen erzwungenen Verdickungen und Verdünnungen innerhalb einer Quarzlage zeigen. Die Abbildung enthält aber noch eine weitere Besonderheit. Die Laminationslagen sind größtenteils nicht

Abb. 39. Quarz-Laminationsformen in einem Glimmerschiefer. Die häufig gestörten oder blockierten s-Flächen beeinträchtigen die Entwicklung lang hindurchsetzender Quarzlagen, so daß es nicht selten zur Bildung kurzer Quarzknauern kommt.

Malga Fabrezza, Val Saviore, Adamello

durchgehend, sondern stoßen an einer das Bild etwa in der Mitte diagonal querenden unregelmäßig verquetschten Zone ab (Beginn einer Ruschelbildung). Der gabelförmig endende große Quarzknauer im unteren Bildteil staucht sich an der verquetschten Ruschel und wird in sie hineingebogen. Dieses Verhalten zeigt, daß zur Ausbildung von Laminationslagen in erster Linie durchgehende Strukturflächen, die zu Gleitebenen werden können, vorhanden sein müssen. Befindet sich im Gestein ein Hindernis quer zu den Strukturflächen, so kommt es nur in wenigen Fällen zu seiner Überwindung und damit zur Ausbildung einer einheitlichen Laminationslage (s. oben rechts, an der Münze).

Geht die mechanische Deformation in den hier geschilderten Bereichen unter Komplikationen durch Faltungsvorgänge weiter (Abb. 40), so entstehen aus der ehemals zusammenhängenden Quarz-Laminationslage abgetrennte Einzelstücke mit vollkommener Anpassung an den Faltenverlauf. Im vorliegenden Fall handelt es sich um Rosenquarz, also um sehr reines Quarzmaterial, das bevorzugt im Innern der Faltenköpfe der Paragneise nördlich Pleystein (Oberpfalz) vorkommt. Feldspat-Kornarten wurden in diesen Quarzlagen bisher nicht angetroffen, und zwar nicht nur in den geringmächtigen Einzellagen der Gneise. Auch der auf Gneisunterlage aufliegende Großkomplex des Pleysteiner Rosenquarzes enthält im allgemeinen keine Feldspäte; es ist also nicht immer so, daß von einer gewissen Größe des leukokraten Körpers ab, Feldspäte in ihm auftreten müßten.

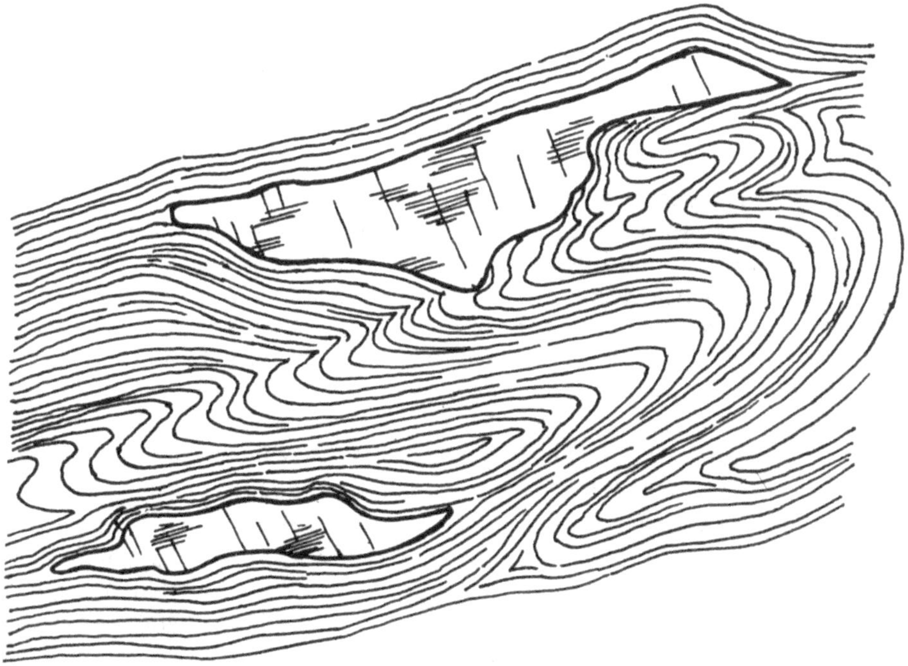

Abb. 40. Die Kieselsäure konsolidierte sich frühzeitig in Quarzlagen. Bei weiter fortschreitender Verformung des Bereichs wurden die Quarzlagen zerlegt und bilden nun Fremdkörper zwischen den Gneisfalten. – 1:5. Pleystein, Oberpfalz

Abb. 41a. Quarz-Laminationskörper mit späteren Stauchungserscheinungen in einem Quarzphyllit. Wesentliche Gemengteile: Muskowit, Quarz, Albit, z. T. als Schachbrettalbit. – Grundriß. Ordlegna-Bogen, Maloja, Schweiz

Ein über mehrere hundert Meter in allen Einzelheiten gut aufgeschlossenes Vorkommen eines Quarzphyllonits (Ordlegnabogen südl. Maloja, Oberengadin, Abb. 41 a, b) enthält zwei im Prinzip verschiedene Quarzentmischungen: kurze, linsenförmige, z. T. knollig ausgebildete Quarzkörper und lang hindurchsetzende plattige Lagen, noch in engster Verbindung mit den Phyllitbänken und mit ihnen in häufigem Breitenwechsel alternierend. Verfolgt man in der Mitte des Bildes Abb. 41b eine horizontale Linie von Bildrand zu Bildrand, so zeigt sich, daß fast überall die neben den leukokraten Füllungen befindlichen Phyllonitlagen dunkler sind als der normale graue Phyllonit, wiederum ein Hinweis darauf, daß das auf den Walzebenen angesiedelte helle Material vor dem Deformationsvorgang im Innern des Phyllonits verteilt war und durch den Walzprozeß auf mechanischen ‚Entmischungsebenen' angereichert wurde.

Die erwähnten beiden Arten der Entmischungskörper unterscheiden sich grundlegend voneinander, und zwar nicht nur in ihrem äußeren Habitus. Die großen Quarzlinsen (Abb. 41 a) sind deutlich in ihrer Längsrichtung gestaucht und enthalten fast immer in ihrem Innern dünne gefaltete Lamellen aus Glimmermaterial. Die Einengung des Bereichs dokumentiert sich besonders durch den sehr unregelmäßigen Grenzverlauf der Quarzfüllung gegen die Phyllonitgrenzen; nicht selten treten knollige Formen auf. – Die Koordinaten der durch die genannte Längsstauchung erzeugten Falte sind: B(b) senkrecht Horizontalfläche, a senkrecht Längsachse, c parallel der Längsrichtung der Quarzkörper

Abb. 41b. Quarzphyllit mit leukokraten Laminationslagen, die in langen schmalen Bändern mit geraden Grenzen auftreten. Ordlegna-Bogen, Maloja, Schweiz

(Abb. 41a und 42). Wichtig zum Nachweis des Stauchungsvorganges sind die im Innern der Quarzkörper auftretenden Falten (Abb. 42) sowie die unregelmäßige, buchtige z. T. knollige Auswüchse gegen das Nebengestein bildende Grenzführung der Quarzkörper. Sie verhalten sich völlig anders als die langen plattigen Lagen, die streng auf die Schieferungsflächen beschränkt bleiben und ebene Grenzen gegen das Nebengestein herausarbeiten.

Auch die dünnen und scharfen Quarzlagen haben Falten ausgebildet, aber in völlig anderer Weise als die groben Quarzkörper. Hier sind zunächst Gleitzonen entstanden, in die während des Laminationsvorganges neugebildete Falten mit ihren Schenkeln parallel s des Gesteins eingeregelt wurden mit den Koordinaten B(b) senkrecht der Horizontalfläche, a (= Transportrichtung) parallel der Schieferungsebene und damit auch zur Gleitfläche, c (= Belastungsdruck) senkrecht zur Schieferungsfläche (Abb. 43). Die Entstehung dieser Falten auf Gleithorizonten ist sicher, nur ist die Bildungsweise noch nicht in allen Punkten klar. Jeder Faltungsvorgang zeigt an, daß der Bereich, in dem die Falten liegen, einer Einengung unterworfen worden ist. Das kann auf zweifache Weise geschehen: Entweder der zu faltende Bereich wird in seiner Längenausdehnung durch Zusammenschub und Faltung verkürzt, oder der Bereich wird bei seitlicher Einspannung durch Auswalzung eines begrenzten Schichtpaketes in seiner Höhe verringert, in seiner Länge vergrößert. Da aber die Längenausdehnung eines einzelnen Schichtgliedes im Schichtverband nicht

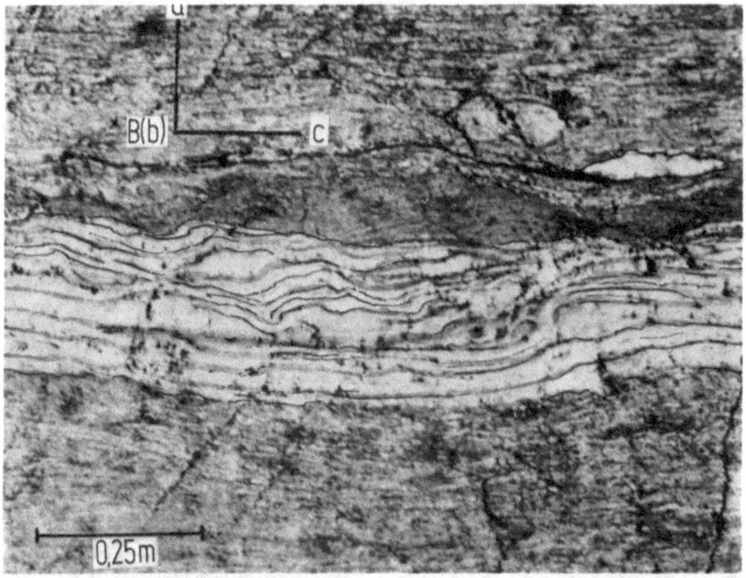

Abb. 42. Quarzadern-Lamination in Quarzphylliten. – Stauchfalten in den Quarzlagern. – Grundriß. Ordlegna-Bogen, Maloja, Schweiz

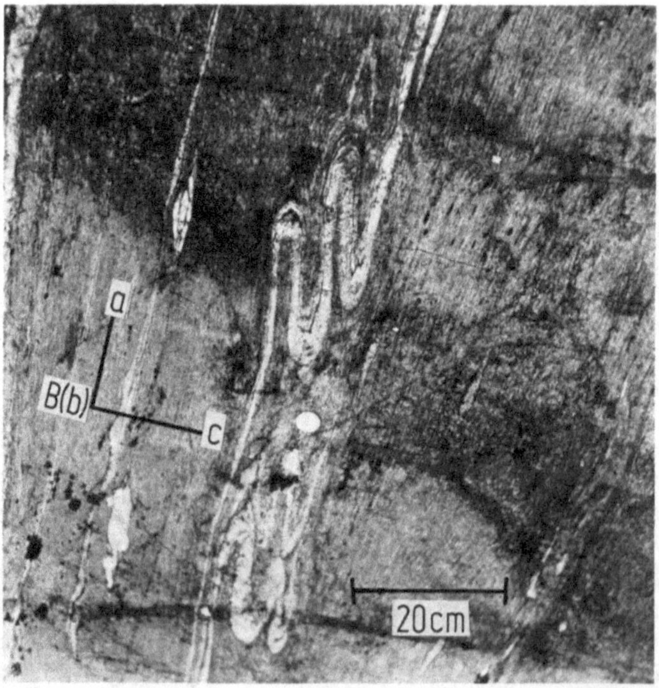

Abb. 43. Aplitische Laminationslagen mit Rückfaltungen in einem Gleithorizont eines Quarzphyllits („Gleitfalten"). Ordlegna-Bogen, Maloja, Schweiz

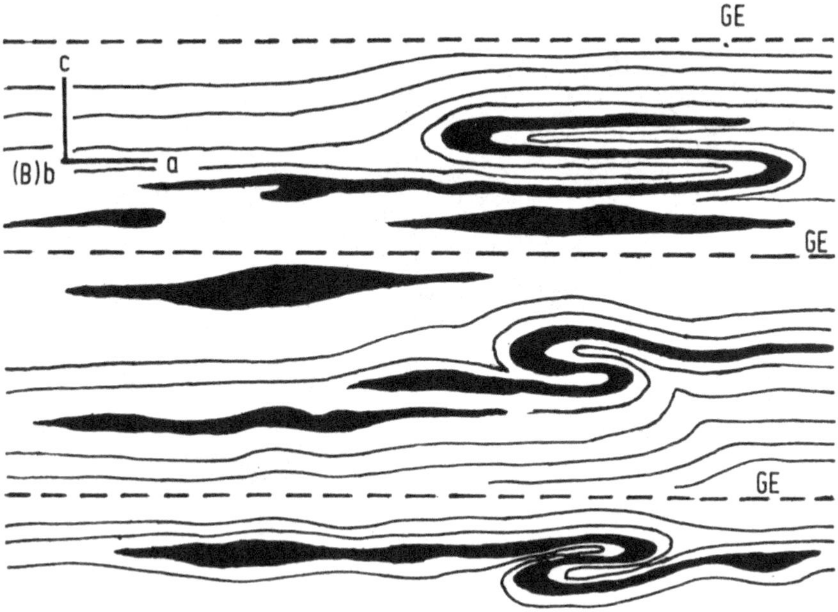

Abb. 44a. Überkippte Gleitfalten in den ausgewalzten Quarzlagen der Quarzphyllite des Ordlegna-Bogens. – Grundriß. – Schwarz: Quarzlagen. – Strichliert: Lage der Gleitebenen GE (001). Maloja, Schweiz

möglich ist, so erfolgt Faltung des ausgewalzten Anteils im Gebiet der stärksten Einengung (in Richtung c) oder des größten Walzdruckes. Daraus aber ergibt sich, daß der Walzdruck nicht gleichmäßig wirkt, sondern in seiner Stärke örtlich wechselt, da ein Massentransport durch die Faltung (in Richtung a) nur aus Gebieten hohen in Gebiete niederen Walzdruckes vor sich gehen kann. Ein solcher Walzvorgang kann durch eine über den zu faltenden Bereich hinwegbewegte Schubmasse erfolgen. Ein Schema hierzu ist in Abb. 44a wiedergegeben, das natürliche Gleitfalten des Phyllonits in ihren Hauptmerkmalen zeigt: Die Anwesenheit von Gleitebenen, und die exakte Einregelung der Faltenschenkel mit ihrer Richtung a in die Gleitebene.[1]) — Ein mikroskopisches Beispiel für Faltenbildung zwischen Gleitebenen zeigt Abb. 44b.

Wie stark die Einregelung der Faltenscharniere und Schenkel in die Gleitebenen werden kann, zeigt ein anderes Vorkommen in einem Quarzphyllonit des Maggia-Tales (Abb. 45). Hier sind die Schenkel einer Falte so stark zusammengepreßt, daß sie eine einheitliche leukokrate Doppel-Lage mit horizontaler Symmetrieebene bilden, in deren Mitte der Rest einer Glimmerfalte mit verdicktem Kopf erst den Nachweis der Umfaltung möglich macht, an der sich zu großen Transporten summierte Bewegungen ∥ B ablesen lassen. Die nahe herangeschobene Gegenfalte zeigt das gleiche.

[1]) Der Ausdruck „Gleitfalten" darf nicht mit Gleitbrettfalten verwechselt werden. Die letzteren entstehen durch Zerscherung einer mechanisch belanglosen Vorzeichnung, die ersteren durch Faltung und Zergleitung von mechanisch wichtigen Materiallagen.

Abb. 44b. Zwischen Gleitebenen nach (001) sind Bereiche mit Stauchfalten eingeschaltet. Erztäfelchen werden in Gleitebenen als flache Plättchen eingeregelt, im Faltungsraum jedoch im Sinne der zugehörenden Falte gebogen (unterhalb Bildmitte). – Mit Polarisator. – 32:1.
Tonaleschiefer, 6 km westl. Cortenedolo, Oberitalien

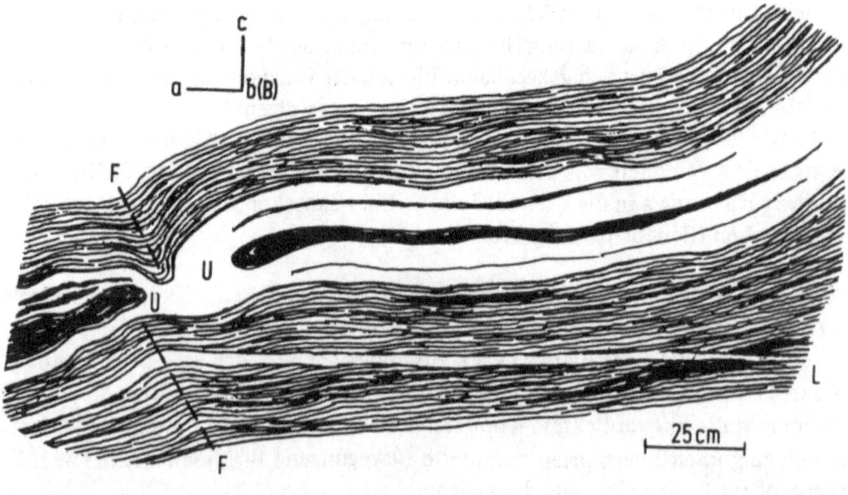

Abb. 45. Glimmerschiefer mit durch Laminationsvorgänge erzeugten leukokraten Lagen, die aus stark geplätteten Gleitfalten hervorgegangen sind. In ihrem Innern sind noch Reste von Falten (mit verdicktem Kopf U) ehemaliger Glimmerlagen erhalten geblieben. Eine spätere aplititsche Füllung L verläuft z. T. diskordant. – F-F Flexur. Val Maggia, Tessin, Schweiz

Die Betrachtung solcher gefalteten Areale macht es deutlich, daß die leukokraten Lagen durch den Laminationsvorgang (Pressung + Bewegung) aus dem eigenen Gesteinsverband heraus mobilisiert und zunächst auf den s-Flächen angereichert wurden. Durch den nur im Gebiet der Faltung anhaltenden oder sich verstärkenden – im Nachbargebiet aber auslaufenden – Walzdruck, fehlte dort die durch den Laminationsvorgang erfolgte Mobilisierung der Schichten im Gleithorizont. Damit war den unter Walzdruck stehenden Gesteinslagen das Ausweichen in das starre Nachbargebiet unmöglich: die Faltung im Raum des stärksten Walzdruckes entstand und führte schließlich bei weiter anhaltender Plättung zur Ausarbeitung von Gleitfalten.

Abb. 46. Stark geschieferter dunkler Hornfels bildet unter kräftiger Auswalzung bei gemeinsamer Faltung des ganzen Abschnitts aplitische Laminationslagen aus, die durch eine folgende seitliche Einengung des Bereichs in Stauchfalten überführt wurden. Eine in diesem Bildungsabschnitt des Gesteins auftretende Transversalschieferung (ts) erzeugt die sägeartigen Faltungsspitzen der laminierten hellen Lagen. – Die Markierung ts gibt die örtliche Lage der Transversalschieferung an. – Profil – Wandhöhe 11 m. – Hornfelseinschaltung im Paragneis.
Balmelle, Val Rimasco, Ivrea-Zone, Oberitalien

Bei mechanischer Mobilisation leukokrater Bestandteile eines Gesteins bilden sich auch bei äußerlich schwacher Ausarbeitung einer s-Fläche aderartige „Exsudationen“, wenn die s-Fläche nur zusammenhängend und ohne blockierte Bereiche ausgebildet ist. Das in den Abb. 46 und 47 gezeigte Vorkommen bestätigt das. Ein feinkörniger, dunkler, schiefriger Hornfels bildet unter starker Auswalzung Laminationslagen aus, die anschließend durch seitliche Einengung ihres Längsbereichs – zusammen mit den primären Glimmer- und Chloritlagen – in Stauchfalten überführt werden. Die weitere tektonische Beanspruchung erzeugt im Gegensatz zum vorigen Beispiel in dem Gestein ein dichtes System von Scherflächen, deren enge Abfolge die Falten der Gesteinslagen, im wesentlichen Glimmer-Feldspatlagen – zu sägeartigen Fältelungsspitzen von Gleitbrettfalten umformt. Dabei fällt auf (Abb. 47), daß in den leukokraten Bändern die Biotitlagen keineswegs verschwunden, vielmehr am Ursprungsort verblieben sind, die Anreicherung von leukokratem Material in den Adern demnach mit Hilfe metasomatischer Vorgänge erzielt worden ist (s. a. das Vorkommen vom Schlegeiskar Abb. 26). Auch dort ist das ursprüngliche Gesteinsgerüst im großen erhalten geblieben unter strukturerhaltender Ersetzung des Zwischenmittels durch leukokrate Phasen. Auffallend ist in Abb. 47 der sehr starke Wechsel in der Mächtigkeit der hellen Lagen, der durch Zusammenschluß vieler Einzelschichtblätter zu einem Hauptkörper entsteht, wie es an den Grenzen des Hauptkörpers (Abb. 47, Bildmitte) deutlich zu sehen ist. Da an den Grenzen des Hornfelsgebietes die leukokraten Einlagerungen verschwinden, kann kein Zweifel darüber bestehen, daß das leukokrate Material dem Hornfelsanteil entstammt und in diesem auf komplexe Weise – unter starker Druckeinwirkung bei der Faltung verbunden mit metasomatischen Prozessen – angereichert worden ist.

Die Menge des in einem Gesteinsabschnitt produzierten leukokraten Materials hängt offenbar von vier Bedingungen ab. 1. Vom Vorhandensein mobilisierbaren Quarz-Feldspatmaterials. 2. Von der Möglichkeit, weitere Kornbestände metasomatisch anzugreifen und unter Wegführung von im wesentlichen Fe- und Mg-Ionen ein Feldspat-Quarzgefüge aufzubauen. 3. Vom Auftreten eines genügend großen Verformungsdruckes, der die Reaktionen unter 1 und 2 ermöglicht und 4. vom Vorhandensein von Strukturflächen, auf denen sich mechanische Ereignisse – vor allem Laminationsvorgänge – auswirken können. Daß beim Fehlen einer dieser Bedingungen sogleich abgewandelte Formen entstehen, ist Abb. 48 zu entnehmen. Hiernach kann wohl kein Zweifel sein, daß der abgebildete Gesteinsbereich unter einer einheitlichen Deformationsbeanspruchung gestanden hat, die sich auf die einzelnen Gesteinsglieder nach ihrem speziellen Festigkeitsverhalten auswirken mußte. Während der rechte Teil der Abb. 48 die „Exsudationsergebnisse“ stärkster Auswalzung auf vorgegebenen Strukturflächen zeigt, ist im linken Teil als Deformationsergebnis eine Boudinagierung mit Zerlegung in linsenförmige Einzelkörper mit nur sehr geringem Anteil exsudativer Produktion auf kurzen und unvollkommen ausgebildeten s-Flächen zu beobachten. Für eine Materialzufuhr aus fremder Umgebung sind im rechten Bildteil nirgends Anhaltspunkte zu gewinnen.

Bei einer schon primär sehr heterogenen Mylonitzone wie hier läßt sich das Verhalten der Mylonitkomponenten während des Ablaufs eines Deformationszyklus wegen der geringen Abmessungen eines solchen Bereichs leichter überblicken und Anhaltspunkte dafür

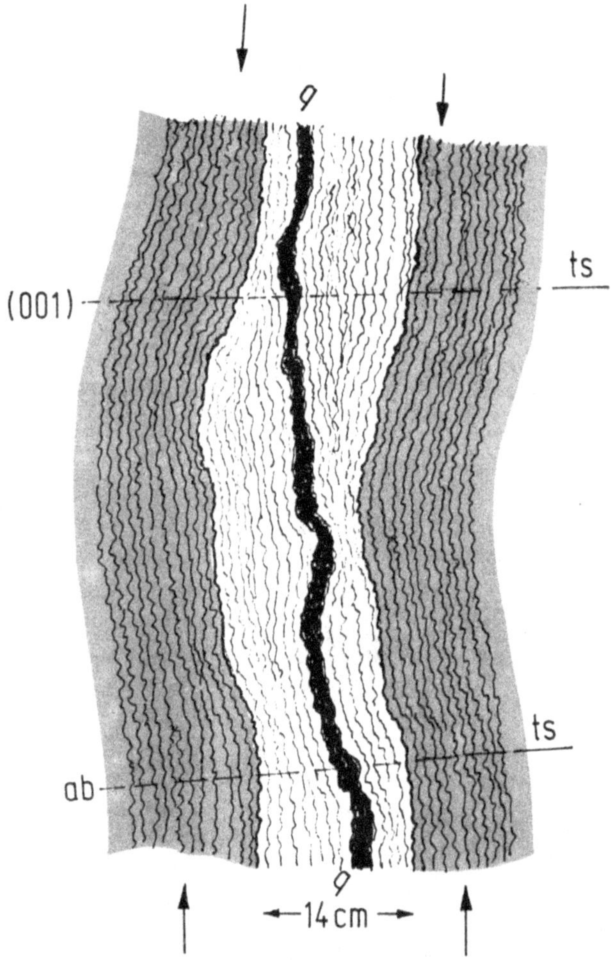

Abb. 47. Stark geschieferter Hornfels mit leukokrater Lage, die als mechanische Entmischung zu deuten ist. Es fällt auf, daß in dem hellen Gang die dunklen Biotitlagen des Hauptgesteins lagekonstant erhalten geblieben sind, für die Zunahme an hellem Material daher metasomatische Reaktionen angenommen werden müssen. – Ein Quarzgang (schwarz) ist, wie kleinste Versetzungen auf (ab) zeigen, noch vor den Scherflächen ts = (001) entstanden.
Balmelle, Val Rimasco, Ivrea-Zone, Oberitalien

gewinnen, ob das leukokrate Laminationsmaterial in toto dem eigenen Bestand der Mylonitzone – etwa der Zwischenmasse – entstammt, oder ob noch mit Zufuhren aus einem Nachbargebiet gerechnet werden muß. Folgendes erscheint sicher: Die soeben besprochenen leukokraten Neubildungen in laminar auf s-Flächen durchbewegten Gesteinen können als Ergebnis der mechanischen Walzvorgänge angesehen werden, durch deren Wirkung aplitisches Material auf den Schieferungsflächen angereichert wird. Die dabei auftretenden mechanischen Energien (in Form von Walz- und Scherungskräften) sind in ihrer Größenordnung bis heute noch durchaus unbekannt geblieben. Wir wissen

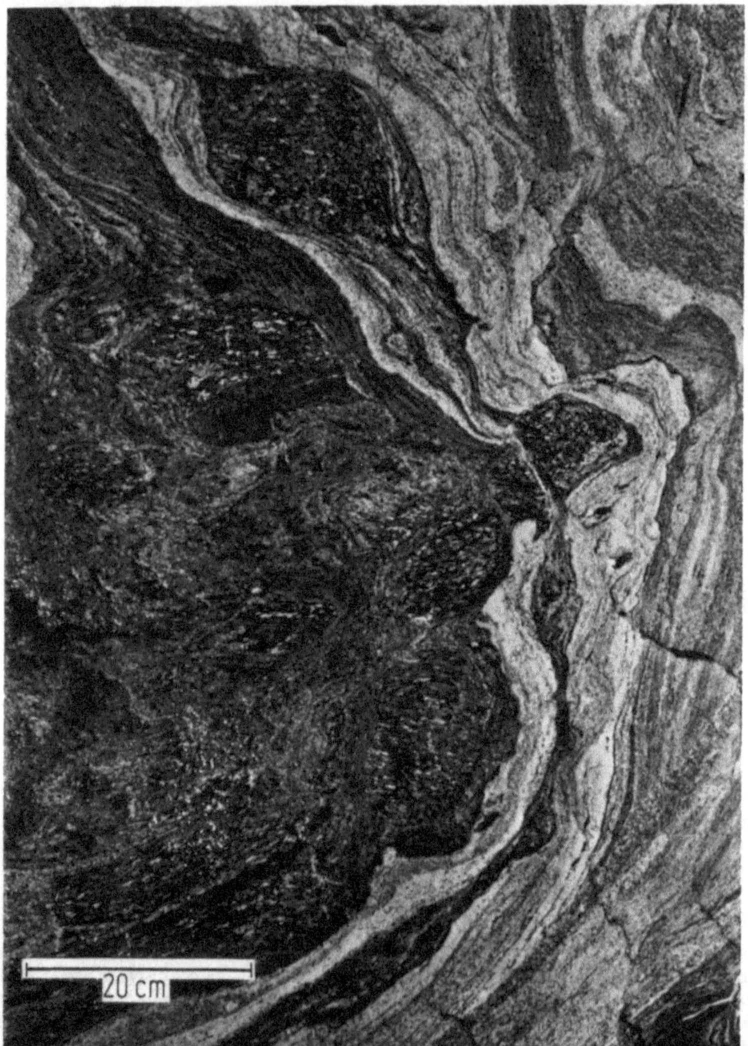

Abb. 48. Der rechte Bildteil einer Mylonitzone zeigt Exsudationsergebnisse kräftiger Auswalzungsvorgänge. Im linken Bildteil, wo s-Flächen nur angedeutet sind – oder im Mylonitbereich stark wechseln – herrscht Boudinagierung mit Zerlegung in linsenförmige Einzelkörper. Das Exsudationsergebnis ist also abhängig vom Vorhandensein flächiger Primärstrukturen.
Aufnahme KOARK Masino Bagni, Prov. Sondrio, Oberitalien

zwar, daß es sich bei den auftretenden Drucken um sehr hohe, aber nicht um Höchstdrucke (ca. 80 000 atü/cm^2) handeln muß, da sonst die Hochdruckmodifikationen der SiO_2, Stishovit und Coesit, auch in Laminationsgesteinen aufgefunden worden wären. Den auftretenden Drucken unterliegt nicht nur das Gefügegerüst des durchbewegten Bereiches, sondern auch die Intergranulare mit ihrer Füllung, die dadurch in verschiedenartiger Weise (Erhöhung des Lösungsvermögens – zunächst – flüssiger Ganginhalte, Beschleunigung von Transportvorgängen im Intergranularsystem etc) aktiviert werden kann.

Die in Kapitel I 3 (Abb. 34–48) gezeigten Beobachtungen waren als Wirkungen von Laminations- und Walzvorgängen gedeutet worden, wobei der eigentliche Trennungsvorgang, der das leukokrate Material auf den Schieferungsebenen des Gesteins anreichert, noch offen blieb. Folgende Hypothese, die dem natürlichen Ablauf jedoch nahe kommen dürfte, soll diesen Trennungsvorgang näher beschreiben. Wir gehen dabei von einem Vorgang aus, der eine der Grundlagen der Gefügelehre ist, von der Summierbarkeit der Teilbewegung (Sander). Die bei der Deformation eines lagenartigen Gesteinsbereichs auftretenden Einzelkornverschiebungen sind für ihren Bereich summierbar und ergeben ausgearbeitete Strukturflächen des Gesteins, auf denen es dabei zu weitreichenden Transporten kommen kann: die Schieferungsebenen werden dabei zu Gleitebenen. – Ein Gesteinsgefüge besteht wie jedes Korngefüge aus einem System verschiedener Kornarten und den zwischen den Kornarten liegenden Kapillarräumen. Werden die Kornarten bei der Ausbildung von Gleitflächen bewegt, so geht der ehemalige Verband Kornarten–Kapillarraum verloren bzw. erfährt grundlegende Umgruppierungen. Flächig ausgebildete Kornarten werden stärker geregelt, die bisherigen Einzelkapillarräume werden im Laminationsgebiet abgebaut. Es entsteht – bis zur nächsten „Blockstelle" – ein langgestreckter, flächiger Kapillarraum, in den durch den herrschenden Walzdruck aus den lösungserfüllten Porenräumen leukokrates Material eingepreßt und zu flächigen Lagen ausgestaltet wird. Daß es bei diesem Vorgang nicht zu „Verstopfungen" der neben den Gleitebenen mündenden Kapillaren kommt, geht gerade aus der Tatsache der flächigen leukokraten Lagen hervor, bei deren Entstehung ein hoher Walzdruck Bedingung war. . . – Metasomatische Reaktionen sind in wechselndem Grade wohl immer bei der Ausarbeitung von Laminationslagen in primär geschieferten Ausgangsgesteinen mitbeteiligt.

Überblicken wir die verbreiteten Erscheinungen leukokrater Ader- und Lagengesteine der Gneis- und Schiefergebiete, wie sie durch deformative Einwirkung mit Hilfe von Laminationsvorgängen erzeugt werden, so sollte man sich dabei immer der Bedeutung dieser Erscheinung bewußt bleiben, denn hier führt uns die Natur das eindringlichste Beispiel vor, wie durch ein bestimmtes Verfahren tektonischer Entmischung Feldspatsilikate und Kieselsäure-Reste aus einem bereits fertigen Gesteinsverband über weite Gebiete hin mobilisiert und auf Scherflächen angereichert werden.

Hier ist also die Deformation mit ihrer Folge von mittelbaren Teilbewegungen der ausschlaggebende Faktor bei der Ausbildung saurer und ultrasaurer Gesteinsanteile und demonstriert die dynamische Form der Gesteinsumbildung an einem wichtigen Beispiel im Gegensatz zu den leukokraten Bildungen statischer Systeme, wie sie in den rupturellen Gangräumen herrschen.

4. Mikrogefügeformen in laminar durchbewegten Gesteinen – Kritik der Begriffe Paläosom, Neosom, Melanosom, Leukosom, Leukotekt

Schon die makroskopische Betrachtung laminar durchbewegter Gesteine zeigt die Trennung des Gesteinsmaterials in verschiedene Anteile. Auf welche Weise sie im einzelnen zustande kommt, wird voraussichtlich noch lange das Bemühen der Forschung bleiben müssen. Trotz der großen Leistungen der Geflügelehre können wir zwar Aufbau und strukturelle Entwicklung eines Gefüges und seine symmetriegemäße Einordnung in den korrelaten Gesteinsbereich festlegen, wir wissen aber nur angenähert, in welcher Weise der Aufbau eines Kristalls in seinem Gefüge stattgefunden hat (Zufuhr neuen Materials aus der Intergranulare, Umbau vorhandener Kristallarten etc), wie weit im Einzelfall die Füllung der Intergranulare mit Lösung eine Rolle spielt, ob unmittelbare „trockne" Umlagerungen von Kristall zu Kristall – also ohne Lösungsmittel (ROUBAUD) – möglich sind (siehe die Beispiele Abb. 49/52) und ob immer nichtkristalline, flüssige Zwischenmittel auf den Intergranularen verfügbar sein müssen, wenn es zur Neubildung einer Kornart kommen soll. Besonders wichtig sind diese Fragen bei der Deutung der in metamorphen Gesteinen so verbreiteten blastischen Vorgänge.

Die im folgenden gegebene mikroskopische Darstellung der Vorgänge im durchbewegten Gefüge ist, wie im Vorhergehenden gesagt, auch noch nicht in der Lage, im Einzelvorgang

Abb. 49. Korngefüge zwischen mit Muskowit belegten Gleitflächen n. (001) – schwarz strichliert – im wesentlichen aus Quarz mit wenig K-Feldspat bestehend. Im Deformationsablauf schließen sich die Quarze zu einheitlichen Lagen auf s zusammen. – Bildebene ∥ (ac) des Gefüges. – Nic.+. – 26:1. Quarzphyllit, Ordlegna-Bogen, Maloja, Schweiz

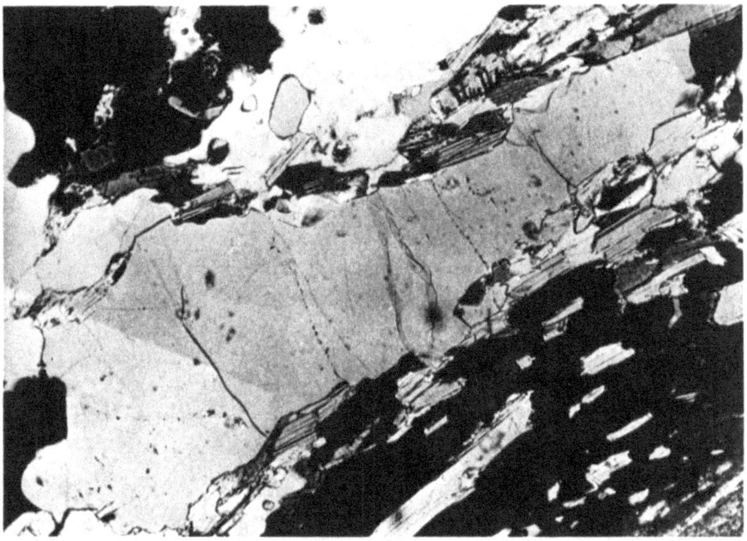

Abb. 50. Ausgewalzte Quarzlage, homogenisiert aus zahlreichen Einzelkörnern zwischen Gleitebenen (Bildebene || (bc)). – Granat-Biotit-Andalusitschiefer. – Nic.+. – 52:1.
Muggendorf, Bayer. Wald

die Entstehung der neuen durch Entmischung gebildeten Kornarten wiederzugeben; sie vermag aber unter Auslassung bisher noch ungeklärter Zwischenstufen Anfangs- und Endzustand des Umformungsvorganges zu vermitteln.

So zeigt Abb. 49 ein Korngefüge zwischen mit Muskowit belegten Gleitflächen, das sich im wesentlichen aus Quarz, Orthoklas und Glimmermineralien zusammensetzt. Quarzlagen und Glimmerlagen sind durch den Laminationsprozeß gleichsinnig herausgearbeitet worden. Im rechten Bildteil befindet sich zwischen den Glimmergleitflächen ein Quarzkorngefüge (mit einzelnen KF-Feldspat-Einschaltungen), dessen Kornarten noch ein Einzeldasein führen und sich noch nicht zu größeren Individuen zusammengeschlossen haben. Ein solches Großkorn als Einschaltung zwischen zwei Gleitflächen (Abb. 49) ist das Ergebnis gesteigerter – oder lange andauernder – Lamination, die bei weiterer Intensivierung zu einheitlichen, nur wenige Quarz-Großindividuen enthaltende Quarzlagen führt. Dieser Schluß, daß ein Zusammenhang besteht zwischen der Intensität des Deformationsaktes und dem auf den s-Flächen angereicherten leukokraten Material – hier Quarz – wird durch die folgenden beiden Abbildungen 50 und 51 evident. Beide stellen stark beanspruchte und straff geregelte S-Tektonite dar. In Abb. 51 ist die Homogenisierung der Quarzlagen schon weiter fortgeschritten, wird jedoch von dem Beispiel der Abb. 52 übertroffen, bei welchem jede einzelne Quarzlage zwar gegen die benachbarte in ihrer optischen Orientierung starke Abweichungen zeigt, in sich jedoch weitgehend homogenisiert ist und auf weite Erstreckung hin keine abweichenden Einzelkornarten mehr erkennen läßt. Die Homogenität dieser Quarzlagen zeigt, daß es sich hier nicht mehr um primäre, sedimentierte Quarzsandhorizonte handeln kann, eben weil die einzelnen Lagen

Abb. 51. Auswalzung von Quarzlagen in einem S-Tektonit n. (001), Bildebene in (ac) des Gefüges unter gleichzeitiger Einregelung der Biotite in die Plättungsebene. – Die c-Achse der Quarze liegt subparallel (ab). – Im Gefüge: Frühe Bildung eines basischen Plagioklases (mit kleinen runden Quarzeinschlüssen des ehemaligen Sedimentes). – Nic.+. – (Anal. um 26° gedreht.) – 33:1 Quarzitische Lage im Biotitgneis, Grotto bei Piona, Comer See

in ihrem ganzen Bereich homogen geworden sind und nicht mehr durch Subindividuen unterteilt werden. Die nähere Kennzeichnung dieses Beispiels ergibt einen S-Tektonit mit zwischen phyllitische Schieferlagen verteilten Quarzhorizonten. Bei dem mitgeteilten Beispiel der Abb. 52 liegt die Schliffebene in (bc) des Gefüges, die a-Achse steht senkrecht auf der Bildebene, die Quarzachsen pendeln in (ac).

Die Quarzlage im Schliff der Abb. 52 hat eine Stärke von 16 mm. Sie ist in 216 Einzellagen unterteilt, mit einer durchschnittlichen Dicke von 0,075 mm. Diese Einzellagen sind wiederum zu optisch ± gleichorientierten Gruppen oder Streifen von ca. 0,75 mm Dicke zusammengefaßt. Es ist sehr auffallend, daß die Stärke dieser gleichorientierten „Lagenbündel" ziemlich genau eingehalten wird.

Der äußere Zustand der Einzellagen ist sehr unterschiedlich, und es ist zu fragen, welche Folgerungen aus diesen abweichenden Zuständen eng benachbarter, genetisch und materialmäßig zusammengehörender Einzelglieder zu ziehen sind. Die Abb. 52 zeigt fünf Lagenbündel (1–5), die sich stark im Beanspruchungs- und Rekristallisationszustand unterscheiden. Bündel 1, 3, 4 sind am einheitlichsten, die c-Achsen ihrer Einzellagen stehen recht genau senkrecht zur Bildebene. Die postkristalline Beanspruchung ist in 3 und 4 schwach, in 1 stärker und in 2 so stark, daß der ganze Bereich dieses „Lagenbündels" durch Scherflächensysteme zerlegt wird, aber streng begrenzt auf den Bereich eben dieses Bündels. Ausheilungen durch nachfolgende Rekristallisationen sind nur an zwei Stellen (r) sichtbar, doch tritt im Bereich 5 ein ganzer Streifen eines einheitlich rekristallisierten Materials auf (c-Achse ann. senkrecht Bildebene). Da innerhalb dieser dünnen Lagen (0,075 mm!) Temperaturunterschiede nicht infrage kommen, ist bei derartigen partiellen Rekristallisationen in erster Linie die Wegsamkeit für Lösungen verantwortlich zu machen.

Abb. 52. Ausschnitt aus der Quarzlage eines S-Tektonits in Phyllitschiefern (Breite der Lage 16 mm). Die Länge des Bildausschnittes daraus beträgt rd. 4,2 mm. Er ist in fünf Streifen (1–5) mit in sich einheitlicher aber je Streifen wechselnder optischer Orientierung unterteilt. – Nic.+. – 25:1. Quarzlage aus Phyllitschiefern, Sils-Baselgia, Schweiz

Aufgrund der letzten Beispiele kann wohl kein Zweifel mehr bestehen, daß Bewegungsabläufe in der Form von Laminationsbeanspruchungen auf vorgebildeten s-Flächen zu Anreicherungen leukokraten Materials führen. Diese Tatsache muß festgehalten und versucht werden, die bei diesen Vorgängen auftretenden Umformungen im Korngefüge in ihren einzelnen Phasen zu erfassen.

Die komplexen Erscheinungen, welche die (teils als „tektonisch entmischte teils als „Injektionsgesteine gedeuteten) Adergesteine bieten, haben schon früher den Wunsch nach prägnanten Ausdrücken, welche bei komplexen Vorkommen die genetisch zusammengehörenden Erscheinungen unmißverständlich vereinigt, entstehen lassen.

Zweifellos läßt sich mit einer prägnanten Nomenklatur, welche zusammengehörende Erscheinungen exakt vereinigt, die Darstellung genetisch komplexer Vorgänge erleichtern, wenn man damit die sonst notwendige, ins Einzelne gehende Beschreibung abkürzen kann. Es ist daher die Frage, was die vorhandenen Nomenklaturen auf diesem Gebiet leisten können. Schon vor längerer Zeit hat SCHEUMANN versucht, hier Wandel zu schaffen und eine vereinfachende Nomenklatur vorgeschlagen, die sich im wesentlichen auf den Begriffen Palaeosom und Neosom einerseits sowie Melanosom und Leukosom andererseits aufbaut. Wenn es sich lediglich um die Kennzeichnung dunkler und heller Gesteinsbereiche ohne genetische Aussagen handelt, so sind die beiden letztgenannten Ausdrücke brauchbar, doch ist mit der Übersetzung von hell und dunkel ins Griechische nicht eben viel gewonnen. . . Verbindet man bei einem Adergestein Palaeosom mit Melanosom und

Neosom mit Leukosom im Sinne der „Injektionstheorie" des hellen Anteils, so ist man bereits tief in Widersprüchen verstrickt. Ein Palaeosom im Sinne eines einheitlichen alten Gesteinsbereichs gibt es unter diesen Umständen nicht, da, wie wir inzwischen wissen, die metamorphen Gesteine sich aus zumeist blastisch gewachsenen Kornarten verschiedenen Alters aufbauen. Außerdem sind die beiden durch die Ausdrücke Palaeosom und Leukosom gekennzeichneten Gesteinsanteile – wenn sie durch einen Laminationsprozeß mechanisch voneinander separiert werden – nicht altersverschieden, da sie während eines mechanischen Differentiationsprozesses, – der seine eigene Zeitdauer besitzt – aus einem ± einheitlichen Material ‚gleichzeitig' entstanden sind, die Ausdrücke Palaeosom und Neosom also irreführend sein müssen. Für mindestens 90% aller laminierten Gesteine, die man früher für „Injektionsgesteine" mit Zuführung des hellen Anteils aus fremdem Bereich gehalten hat, kommt eine solche Trennung in altersverschiedene Anteile nicht infrage, da sie schon von der Voraussetzung her falsch ist.

Das gleiche trifft auch auf den Ausdruck Leukotekt und die anderen vom griechischen Wort *τήκω* abgeleiteten Begriffe zu (Metatekt etc). Da *τήκω*[1]) ‚ich schmelze' heißt, ist ein Leukotekt, also ein helles, geschmolzenes Gestein. Die früher als „Injektionslagen" bezeichneten hellen Adern der Laminationsgesteine Leukotekte zu nennen, ist sehr unzweckmäßig, da es sich bei diesen Füllungen nicht um Schmelzen – im physikalischen Sinne – handelt.

---

[1]) mit langem E(Ä)-Laut.

II. Der Chemismus der aplitischen Gänge und ihre stoffliche Beziehung zum Muttergestein

Wenn die aplitischen Gänge dem Stoffkomplex des Granitkörpers, dem sie angehören, entstammen, werden sie in ihrem Chemismus charakteristische Beziehungen zu ihrem Muttergestein erkennen lassen. Ein Blick auf die Diagramme I–III zeigt, in welcher Weise das der Fall ist.

Die Mittelwerte der Aplitanalysen sind in diesen Diagrammen durch einen Kreis, die der Granitanalysen durch ein Quadrat gekennzeichnet.[1]) Es ergibt sich zunächst in Diagramm I, daß deutliche Unterschiede nur in den Eisen- und Alkalienwerten der Aplite und Granite bestehen, während die SiO_2–Al_2O_3–CaO-Beträge große Übereinstimmung aufweisen. Bei den Alkalien fällt auf, daß nur der Na_2O-Wert der Aplite mit 3,7% wesentlich – um ein Drittel – über dem Mittelwert der Granite liegt, während die – verhältnismäßig hochliegenden – K_2O-Beträge mit 4,8 und 4,7% die gleiche Höhe erreichen.

Die Aplite der Diorite und Trondjemite (Diagramm II) verhalten sich im Eisengehalt ähnlich wie die Granitaplite: Sie liegen mindestens um die Hälfte unter dem Mittelwert der Diorite. Der CaO-Wert ist mit 2,6% nicht gering (Mittelwert der Diorite 3,6%). – Bei den Alkalien dominiert, anders als bei den Granitapliten, das Na_2O mit 4,8% über das K_2O mit 2,4%. Beide Alkaliwerte zusammen liegen für die Dioritaplite mit 7,2% deutlich über dem Alkaliwert der Diorite mit 6,9%.

Dieses ‚reziproke' Verhalten der Granit- zu den Dioritapliten betreffs der Alkaliwerte ist in der gleichen Weise schon bei den Ausgangsgesteinen, den Graniten und Dioriten festzustellen: entsprechend dem weit höheren Anteil an Plagioklasen gegenüber den Kalifeldspäten ist bei den Dioriten der CaO- und Na_2O-Gehalt (3,6 und 3,9%) ganz erheblich höher als bei den Graniten (0,8 und 2,6%). Diese dominieren im K_2O-Wert mit 4,7% gegenüber 3,0% der Diorite.

Entsprechend dem höheren Gehalt an Fe-Oxiden der Diorite gegenüber den Graniten sind auch die Dioritaplite deutlich eisenreicher als die Granitaplite. Die Mittelwerte der Summe der Eisenoxide betragen bei den Dioriten 1,6%, bei den Dioritapliten 1,3%. Demgegenüber liegt der Wert für Al_2O_3 bei den Dioriten nur um 0,4% über demjenigen der Dioritaplite, d. h. der Anteil an oxidischem, nicht in Alumosilikaten gebundenem Eisen ist in den Dioriten nicht unbeträchtlich höher als in ihren Apliten.

Aus der Gegenüberstellung der Diagramme I und II geht hervor, daß bestimmte Leitmerkmale des Muttergesteins sich in den zugehörigen Apliten wiederfinden, so daß die Hauptcharakteristika des Ausgangsgesteins häufig erkennbar erhalten bleiben. So zeigten die Granitaplite, entsprechend ihrem Herkunftsgestein, bei den Alkalien ein deutliches Überwiegen des K_2O, während bei den Dioritapliten der Natronüberschuß des Diorits nunmehr

[1]) Die Verbindungslinie zwischen den Analysenpunkten sind lediglich optische Leitlinien zum besseren Erkennen zusammengehöriger Werte.

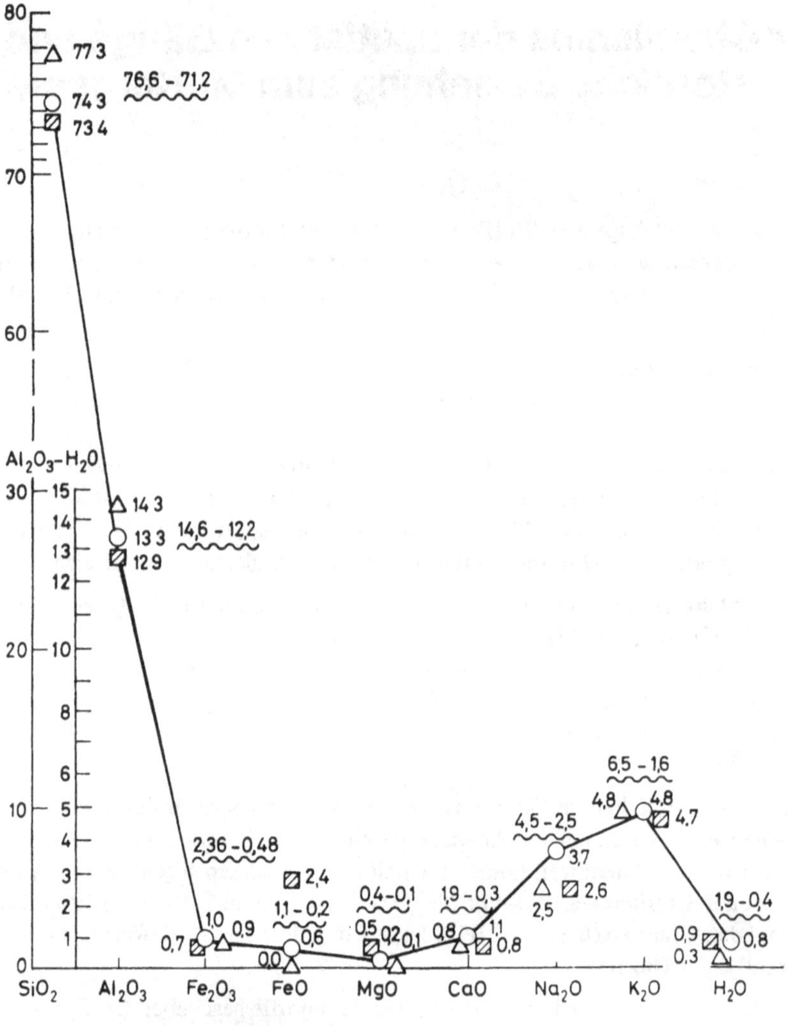

Diagramm I Granit-Aplite, Analysenwerte

Kreise: Mittel aus den Analysenwerten artgleicher Oxide der Granitaplite (SiO_2, Al_2O_3 etc) – 10 Analysen
Die unterstrichenen Zahlenpaare geben die Grenzwerte der betreffenden Oxide der Analysen wieder

Quadrate: Granitzusammensetzung zum Vergleich. Mittelwerte aus 20 Granitanalysen

Dreiecke: Analysenwerte eines Granitaplits mit dem Mineralbestand:

Quarz	42,8
Albit-Oligoklas	24,8
Kalifeldspat	24,2
Muskowit	6,4
Eisenglanz	0,9
	99,1

Die Verbindungslinie zwischen den Mittelwerten der Granitaplite (Kreise) stellt keine Kurve im üblichen Sinne dar, sondern dient als Leitgerade zur Auffindung zusammengehörender Werte.

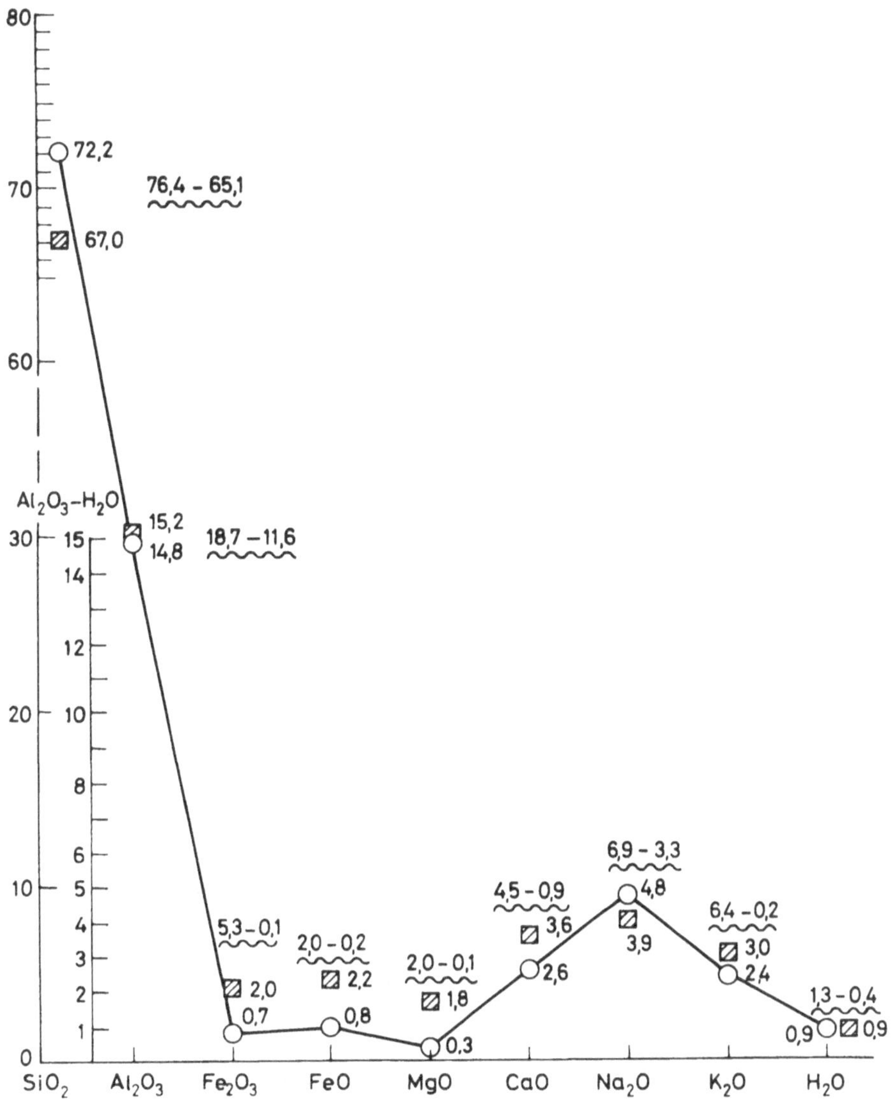

Diagramm II Diorit- und Trondjemit-Aplite, Analysenwerte

Kreise: Mittel aus den Analysenwerten artgleicher Oxide der Granitaplite (SiO_2, Al_2O_3 etc) – 8 Analysen
Die unterstrichenen Zahlenpaare geben die Grenzwerte der betreffenden Oxide der Aplitanalysen wieder

Quadrate: Dioritzusammensetzung zum Vergleich. Mittelwerte aus 10 Analysen

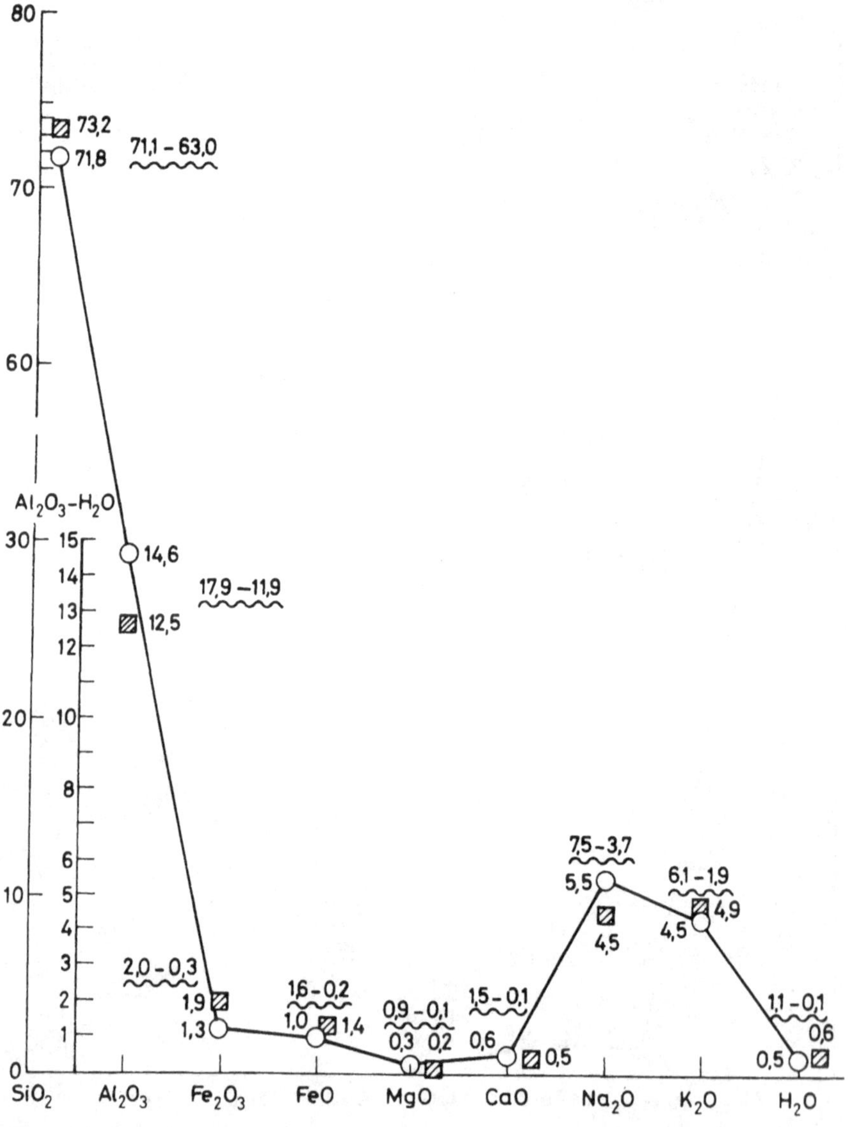

Diagramm III Alkali-Aplite, Analysenwerte

Kreise: Mittel aus den Analysenwerten artgleicher Oxide der Alkaliaplite (SiO_2, Al_2O_3 etc) – 8 Analysen
Die unterstrichenen Zahlenpaare geben die Grenzwerte der betreffenden Oxide der Aplitanalysen wieder

Quadrate: Granitzusammensetzung zum Vergleich. Mittelwerte aus 13 Alkaligranit-Analysen

in verstärktem Maße auftritt. (Dasselbe zeigt sich auch bei den Syenitapliten. Hier bleibt der hohe Kaliwert des Syenits auch im Aplit erhalten, trotz kräftigen Na_2O-Anstiegs.

Der starke Abfall der CaO-MgO- und Eisenwerte der Aplite wird allgemein durch den entsprechenden Anstieg im Al_2O_3- und SiO_2-Betrag kompensiert. Bei den Alkaliapliten macht sich ebenfalls wieder der starke Rückgang der Eisenoxide und des Magnesiums, vor allem aber die geringen CaO-Werte gegenüber dem starken Ansteigen der Alkalien bemerkbar. Bei diesen ist das K_2O gegenüber dem K_2O-Wert des Granites fast gleich geblieben, während der Na_2O-Wert mit 5,5% gegen 4,5% um ein Prozent gewachsen ist.

Vergleicht man die Diagramme I–III, so fallen sogleich die Unterschiede in der Streuung der Analysenpunkte der verschiedenen Aplitarten auf. Während bei den Granitapliten die Analysenpunkte (bis auf die Alkalien) noch eng zusammenliegen – obwohl zum Zweck einer allgemeinen Betrachtungsweise absichtlich weit voneinander entfernte Vorkommen der analysierten Gesteine ausgewählt worden waren – vergrößert sich der Streuungsbetrag bei den Diorit- und den Alkaliapliten in allen Werten (vergl. die unterstrichenen Zahlen für die Maxima und Minima in den Diagrammen) allgemein sehr bedeutend.

Da der Stoffbestand der Granite mit ihrem hohen Anteil an freier Kieselsäure – und entsprechend geringem an Metalloxiden – die Variationsmöglichkeit in der Schaffung unterschiedlicher Granittypen verringert, ist auch bei den eigentlichen Granitapliten die Streuungsbreite der Typen eingeschränkt. Sobald der Gehalt an Metalloxiden in den auf den Rupturen zugeführten Lösungen wächst, erhöht sich, wie bei den Dioriten und Trondjemiten, die Möglichkeit zur Bildung ionar angereicherter Typen auch bei den ihrem Hauptgestein folgenden Gangfüllungen.

Die aplitischen Gänge gehören dem Gesamt-Stoffkomplex des Granit- oder Gneiskörpers an, in dem sie liegen. Daher muß das Material ihrer Füllungen in jedem Fall diesem granitischen Nebengestein entstammen. Anders verhält es sich mit den Lösungen. Diese können 1. zu dem Stoffbestand der Hauptentstehungsphase des granitischen Nebengesteins gehören („primäre Lösungen“) oder 2. nach dem Abschluß aller produktiven Vorgänge der Massivbildung aus einem anderen Bereich der weiteren Umgebung zugeführt worden sein und das in den Rupturen abgesetzte Material beim Durchgang durch die Kapillaren ihres Nebengesteins aufgenommen haben.

Außer dem primären Stoffbestand des Nebengesteins wird also auch der ionare Gehalt der Lösungen und ihr physikalisch-chemischer Zustand während der Füllungsvorgänge den Charakter des entstehenden aplitischen Ganges mit beeinflussen. Allerdings ist beim augenblicklichen Stand unserer Kenntnis der grundlegende chemische Nachweis der genetischen Zusammengehörigkeit von Granit- und Aplitmaterial noch nicht möglich. Die Voraussetzung dafür wäre eine genügend große Anzahl von Granit- und zugehörigen Aplitanalysen des gleichen Bildungsraumes. Erst wenn diese, und auch Teilanalysen zusammengesetzter Aplitfüllungen (Abb. 15, 16, 17, 25 u. a.) vorliegen, kann von einer Grundlegung zu einer chemisch-genetischen Betrachtungsweise die Rede sein. Die in den vorstehenden Diagrammen I–III wiedergegebenen Analysen beziehen sich in keinem Fall auf zusammengehörige Granit- und Aplitvorkommen eines einheitlichen geologischen Bereichs. Daher sind die erkannten Beziehungen auch nur in erster Annäherung zu allgemeinen genetischen Aussagen zu verwenden. Sie deuten aber zweifelsfrei die Richtung an, in welcher die Entwicklung des chemischen Bestandes der Aplite erfolgt ist.

In neuerer Zeit sind von GÜNTHERT (1954) bemerkenswerte Untersuchungen über die chemischen Beziehungen zwischen Apliten und ihrem Nebengestein mitgeteilt worden. Er konnte eine deutliche Abhängigkeit des Anorthit-Gehaltes der Gang-Plagioklase von derjenigen ihres Nebengesteins in dem Sinne feststellen: je basischer die Plagioklase des Nebengesteins, desto basischer die Plagioklase des Aplits. GÜNTHERT gibt hierzu die folgende genetische Deutung: Aus dem An-reicheren Nebengestein diffundierten An-reiche Lösungen in den primär An-ärmeren Aplit. Dabei lagerten sich um den zuerst entstandenen sauren Plagioklas (An_{10-18}) invers-zonar An-reichere Hüllen an.

Als Ergebnis unserer sehr summarischen und kurzgefaßten chemischen Betrachtungen läßt sich folgendes sagen: Da durch eine große Anzahl von Beobachtungen die dreidimensional begrenzte Ausdehnung der Aplitkörper im granitischen Muttergestein außer Frage steht, kann die Füllung der aplitischen Rupturen (zunächst noch als Spalten aufgefaßt, ohne metasomatische Nacharbeitung) nur aus dem Intergranularnetz des Hauptgesteins heraus erfolgt sein. Damit aber müssen zwangsläufig chemische Verwandschaftsbeziehungen bestehen, wie sie sich bereits schon in der vorgegebenen, noch recht einfachen Betrachtungsweise einwandfrei erwiesen haben.

III. Mineralbestand und Struktur der aplitischen Gänge
Die wichtigsten Gefügeformen

1. Der körnig-allotriomorphe, isometrische, „normal-aplitische" Gefügetyp – Übergänge zum granitischen Gefügetyp

Infolge der genetischen Situation der Aplite, die auf tektonisch oder metasomatisch erweiterten Rupturen angereichert werden, sind die entstandenen Gefüge späterer mechanischer Beanspruchung – die ja nur durch das Nebengestein übertragen werden kann – weitgehend entzogen. Doch gibt es auch hier Abweichungen. In den Fällen nämlich, wo das Nebengestein infolge noch nicht zu Ende geführter Verfestigung Plastizität besitzt (Abb. 140), müssen bei eintretender Beanspruchung auch die Aplitfüllungen zusammen mit ihrem Muttergestein gleichsinnig deformiert werden. Ist jedoch der die Gänge enthaltende Nebengesteinsbereich bereits konsolidiert, und wird das Gesamtgebiet in einer neuen Phase tektonisch beansprucht, so ist das in den Aplitfüllungen unter Deformation sich entwickelnde Gefüge abhängig vom physiko-chemischen Zustand des Füllungsinhaltes. Ist dieser noch plastisch und nicht kristallin verfestigt, so werden parakristalline Gefüge gebildet. Bestand aber bereits ein fertiges Gefüge, so wird dieses postkristallin umgeformt. Bei kurzzeitigen Pressungen entstehen Prägegefüge.

Das für die Normalausbildung der Aplite charakteristische Gefüge wird in einer gefüllten Ruptur zwischen unbewegten Grenzen und unter Abwesenheit jeder mechanischen Deformation entwickelt. Es ist charakterisiert durch eine körnig-allotriomorphe isometrische Ausbildung der Kornarten Quarz und Feldspat (Abb. 53). Bei einem solchen Formverhalten ist die Feststellung des Altersverhältnisses meist schwierig. Es scheint jedoch, als ob die Entstehungszeiten beider Kornarten nahe beieinander liegen, wobei dem Feldspat ein geringer Vorsprung einzuräumen ist, da er gegen den Quarz typische Korrosionsgrenzen ausbildet, mit anderen Worten: die bei der Feldspatgenese zur Silikatbildung nicht verbrauchte Kieselsäure konsolidiert sich anschließend als Quarz, dessen Kornarten die gleiche Größe erhalten wie die Feldspäte – ein Vorgang, zu dem einstweilen noch die Erklärung fehlt. (Über die Bildung von Quarz-Kornarten aus Restkieselsäure, Kap. III 5.)

Das in Abb. 53 gezeigte Korngefüge gehört mit einer durchschnittlichen Größe seiner Kornarten von 1,2 × 1,5 mm schon zu den gröberen Aplitstrukturen. Das in Abb. 54 abgebildete Gefüge ist bereits beträchtlich kleinkörniger. Seine gröberen Kornarten sind durchschnittlich nur 0,16 × 0,28 mm groß, erreichen also nur 1/7 resp. 1/5 des Wertes des ersten Beispiels. Die gerundeten Quarzkörner, die in diesem Gefüge (Aplit von Brixen) in großer Menge auftreten, erreichen mit 0,045 mm im Durchschnitt nur 1/30 der Größe der Quarzkörner der Abb. 53.

Abb. 53. Aplit aus einem Granitgneis. Die Kornarten sind vorherrschend isometrisch ausgebildet. Unter den Feldspäten überwiegen die Plagioklase (Schalenbau: Hülle An_6, Kern An_{15}), „Auslöschungsumkehr" der Randzone ist häufig. – Mittlere Korngröße 1,2 · 1,55 mm. – K Korrosionsmarken des Quarzes. – Nic.+. – 16:1. Naasdorf bei Neisse

Abb. 54. Normal-aplitisches Gefüge. Albit, reichlich K-Feldspat, Muskowit, sehr wenig Biotit. Viele gerundete Quarze. Die Neigung zu isometrischer Ausbildung ist bei allen Komponenten mit Ausnahme der Glimmer vorhanden. – Abmessungen: Grobe Kornarten 0,16 · 0,28 mm. – Runde Kleinst-Kornarten, zumeist Quarz d = 0,045 mm. – Nic.+. – 53:1. Aplit Brixen

Diese Ausbildung gleichgroßer runder Quarzkörner wird vielfach an Aplitstrukturen beobachtet. Es wird später, nach weiteren Beobachtungen, darauf eingegangen, ob diese Quarze als Neubildungen in und zwischen den anderen Kornarten angesprochen werden können oder ob sie Reste einer primären Kieselgel-Füllung der Ruptur sind.

Die bisher gezeigten Aplitstrukturen machten die Erkennung von Altersunterschieden nicht leicht. Doch war es fast immer möglich, die Quarzkornarten aufgrund ihrer Korrosionsleistungen an anderen Gefügekomponenten als jüngste Bildung zu bestimmen. In der Abb. 55 sind die leistenförmigen Biotite als älteste Kornart deutlich zu erkennen. Die Altersreihenfolge der Hauptgemengteile ist: 1. Biotite, z. T. chloritisiert. 2. Unregelmäßig begrenzte Kalifeldspäte mit bräunlichem Zersetzungsschleier. 3. Quarz in überwiegend isometrischen Kornformen mit gelegentlich deutlichen Korrosionsgrenzen gegen das Nachbarkorn (Abb. 55, Bildmitte).

Abb. 55. Altersreihenfolge der Gemengteile: 1. Leistenförmige Biotite, mitunter chloritisiert. 2. Albit-Oligoklase, zumeist isometrisch gelegentlich auch leistenförmig ausgebildet. 3. Unregelmäßig begrenzte Kalifeldspäte mit bräunlichem Zersetzungsschleier. 4. Quarz in wechselnden Kornformen, überwiegend isometrisch, mit Korrosionsgrenzen gegen das Nachbarkorn. – Mittl. Korngröße 0,25 · 0,36 mm. – Nic. – 52:1 Aplit Baveno, Oberitalien

In den Abb. 53–55 wurden einfach zusammengesetzte, einaktige Strukturen, d. h. in einem Bildungsabschnitt entstanden, gezeigt. Die folgende Abb. 56 läßt bereits Anklänge an Granitstrukturen erkennen. Zwei Gefügeausbildungen sind entwickelt; eine sehr feinkörnige (Korngrößen 0,08 × 0,12 mm i. D.) und dazwischen eingestreut eine grobkörnige Form mit etwa der fünffachen Größe der Kornarten (0,43 × 0,62 mm i. D.). Auch dieses Gefüge ist wieder gekennzeichnet durch die Tendenz, isometrische Kornformen zu entwickeln. Altersunterschiede zwischen den Kornarten sind hier viel deutlicher herausgearbeitet als in den Aplitstrukturen der Abb. 53–55.

Abb. 56. Aplitgefüge, größtenteils isometrisch ausgebildet, doch bereits mit Anklängen an Granitstruktur. Zwei Gefügeausbildungen: eine sehr feinkörnige, mengenmäßig zurücktretende Form und dazwischen eingestreut ein grobkörniges Gefüge, dessen Kornarten ca. fünffache Größe besitzen. – Grobe Kornarten, Mittel 0,43 · 0,62 mm. Feine Kornarten 0,08 · 0,12 mm. – Nic.+. – 28:1. Aplit Baveno, Oberitalien

2. Aplitgefüge mit Einzelausbildung bestimmter Kornarten

Die Strukturen mit im wesentlichen isometrischer Ausbildung der Hauptkornarten ließen mitunter das Bestreben erkennen, eine dieser Hauptkornarten in spezieller Weise zu entwickeln. So zeigt das Aplitvorkommen von Waidhaus (Oberpfalz, Abb. 57) ein Gefüge langleistenförmiger sparrenartiger Plagioklase mit regelloser Anordnung; zwischen ihnen sind Kalifeldspäte und Muskowite eingestreut. Die Plagioklase enthalten keine Grundgewebsanteile in ihrem Innern. Der Quarzanteil erscheint in großen gerundeten Partien, die altersmäßig am Ende der Gefügebildung einzustufen sind: sie enthalten in ihrem Innern die andern Gefügekomponenten in z. T. „schwebender" Anordnung und mit zumeist sehr deutlichen Korrosionsspuren (Abb. 57 oben rechts). Diesen späten Quarzkornarten kommt genetisch eine große Bedeutung zu, über die in Kap. III 5 zusammen mit weiteren Beispielen dieser Art noch in einem anderen Zusammenhang referiert werden soll.

Während im oben genannten Beispiel der Quarz als Spätform in großen Kornbildungen auftritt, ist er im nächsten Vorkommen von Wittichen (Schwarzwald) Abb. 58, nur in sehr kleinen Körnern in der Grundmasse zu finden. Die Feldspäte treten auch hier wieder in typischer Langleistenform auf, doch sind es jetzt Kalifeldspäte, welche durch sehr

Abb. 57. Leistenstruktur der Plagioklase in einem Großaplit. Rechts oben großer reliktischer Quarzbereich mit schwebenden Einschlüssen. Längste gemessene Albitleiste 0,30 · 0,95 mm. – Nic.+. – 28:1. Silbergrube bei Waidhaus, Oberpfalz

unregelmäßige Begrenzung auffallen, mit der sie sich grundlegend von den scharfen Grenzflächen der Plagioklase der Abb. 57 unterscheiden. Diese unscharfe Grenzführung der Feldspäte kann auf zwei verschiedene Arten gedeutet werden. (Welches die richtige Deutung ist, wird sich erst nach Heranziehung weiteren Beobachtungsmaterials (Kap. III 4, Blastische Gefüge) entscheiden lassen.) Die beiden Möglichkeiten sind die folgenden. 1. Die Feldspatleisten sind eine frühzeitige Bildung. Die Grundmasse entsteht anschließend. Dabei werden die Feldspatleisten randlich korrodiert. 2. Die Feldspatleisten wachsen als eine späte Bildung in eine feinkörnige Grundmasse hinein. Sie enthalten nur sehr wenig Grundgewebsreste, können aber bei ihrem blastischen Wachstum ihre Kristallform gegen das Grundgewebe nur noch sehr unscharf zur Geltung bringen. – Vergleichsmöglichkeiten mit andern ähnlichen Vorkommen weisen auf Fall 2 als die zunächst richtigere Deutung.

Allgemein ist aufgrund zahlreicher Beobachtungen anzunehmen, daß zwar die isometrischen Gefüge unter den Apliten sehr verbreitet sind und eine Art primitives ‚Normalgefüge' darstellen, daß aber die Einzelausbildung bestimmter Kornarten zu selbständigen Gefügeelementen als eine weitere Ausgestaltung dieser Gefüge stattfindet, wenn die Zeitdauer der kristallinen Konsolidierung der Gangfüllung dazu ausreicht.

Einzelwachstum von Kornarten aplitischer Gefüge kann auch später noch mit Hilfe blastischer Kristallisation (Kap. III 4) erfolgen, deren gefügebildende Wirksamkeit weit verbreitet und von größter Bedeutung für die Entstehung einer großen Zahl aplitischer Strukturen ist.

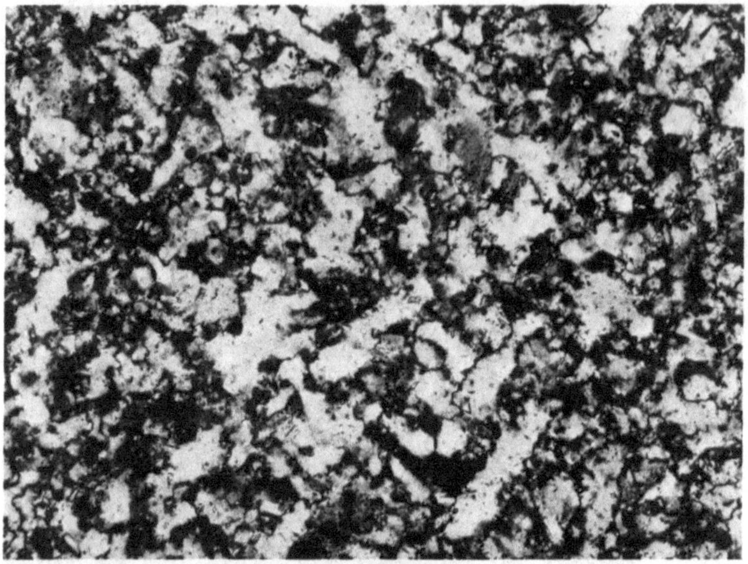

Abb. 58. Unregelmäßige Kalifeldspatleisten in sehr feinkörniger, undeutlich verzahnter Zwischenmasse aus Quarz und Feldspäten. (Größte gemessene Leiste 0,03 · 0,17 mm.) Wenig Muskowit in kleinen Schuppen. – Lamellierte Feldspäte sind nicht festzustellen. – Nic.+. – 116:1.
Aplit, Wittichen, Schwarzwald

3. Reaktionsgefüge zwischen Quarz und Feldspäten

a) Myrmekitische Gefüge

Das Auftreten von Reaktionsgefügen, d. h. Gefügen, deren Komponenten zu irgend einer Zeit – nach dem Eintreten besonderer Umstände – im statischen Bereich und unter Ausbildung neuer Formen miteinander reagieren können, ist schon seit langem als spezielle Gefügeform der Granite und Gneise bekannt und beschrieben worden (1948, 1969). Die Namensgebung dieser Gefügeklasse geht auf SANDER zurück.

Aus dem Auftreten der Reaktionsgefüge lassen sich wichtige Schlüsse auf die Genesis der granitoiden Gesteine ziehen. Denn erst die Reaktionsgefüge zeigen mit voller Deutlichkeit, daß ein bereits völlig konsolidiertes Altgefüge durch neu einsetzende Reaktionen mit Hilfe von Lösungsvorgängen umgebaut werden kann. Und das nicht nur einmal, sondern im Ablauf einer Gesteinskonsolidierung unter Umständen sogar mehrmals, wie die postmikroklinen Myrmekitbildungen in Albit-Wachstumgefügen zeigen (Abb. 62), so daß mithin einem granitoiden Gestein eine viel kompliziertere Entstehungsweise zukommt als etwa einer erstarrten Schmelze. (Auch wissen wir heute noch nicht mit Sicherheit, wie weit die während der Entwicklung eines granitischen Gesteins auftretenden Lösungsschübe dem granitisierten Bereich entstammen und wie weit sie aus der Umgebung zugeführt worden sind!) Eine weitere wichtige Tatsache ist, daß nicht nur in den Graniten und Gneisen – überhaupt in allen granitoiden Gesteinen – sondern auch in den Apliten und leukokraten Gängen alle Reaktionsgefüge: Myrmekit, Schriftgranit, granophyrische und symplektitische Bildungen einschließlich der Spindelgefüge in ganz übereinstimmender Weise angetroffen werden.

Die Entstehung eines Reaktionsgefüges unter partieller Abtragung der alten Struktur und der Neubildung von Myrmekit in den angegriffenen Teilen des Altplagioklases, zeigt Abb. 59. Es ist keine Frage, daß im Bereich unseres Dünnschliffes der ganze Vorgang von der Intergranulare im oberen rechten Bildteil ausgeht. Dabei wird der Plagioklas randlich stark korrodiert und buchtig abgebaut, ohne daß es sogleich überall in den Außenzonen zur Quarzstengelbildung des Myrmekits kommt. Diese erfolgt erst dort, wo der verstärkte chemische Angriff sich zunächst in Trübungen des Großplagioklases (Bildmitte) äußert, denen die Quarzneubildung folgt.

Der Korrosionsangriff auf den Plagioklas ist nur durch Lösungen möglich. Diese müssen auf der Intergranulare herangeführt werden und eine Zusammensetzung aufweisen, durch die sie nicht nur mit dem Plagioklas, den sie korrodieren, sondern auch mit den andern Gefügekomponenten in einem Ungleichgewicht stehen, da die Verbreiterung der Intergranulare ersichtlich nicht allein auf die Löslichkeit des Plagioklases zurückzuführen ist. Den Lösungen folgt in engem Anschluß an ihre Korrosionsarbeit in der Intergranulare und am Plagioklas die kristalline Phase des Kalifeldspates, der die durch den Abbau der Intergranulare geschaffenen Verhältnisse durch seine Kristallisation fixiert. – Die Bildung der Quarzstengel des Myrmekits erfolgt ebenfalls in der Vorphase der KF-Kristallisation und wird durch die Vorläuferlösungen veranlaßt, die damit folgendes zu leisten haben: Korrosion der Plagioklase, partieller Angriff auf ihr Gitter unter Wegführung von Ca und Anreicherung von Quarz in Form von Stengeln.

Bei der Weiterentwicklung zur KF-Kristallisation ändert sich die Zusammensetzung der Lösung. Ihr Angriffsvermögen wächst, so daß der weitere korrosive Abbau der myrmekitisierten Plagioklase auch vor den Quarzstengeln selbst nicht halt macht. Es entstehen Formen, wie sie Abb. 60 zeigt, wo nicht nur die Kanäle, in denen die Quarzstengel lagen, erheblich durch den Lösungsangriff verbreitert, sondern auch die Quarzfüllungen selbst so stark abgelaugt werden, daß nur noch dünne Stäbchen übrig bleiben.

Es ist also daran festzuhalten, daß die Myrmekitisierung eines Altplagioklases ein sehr komplexer Vorgang ist, bei dem die auftretenden Lösungen ihre anfänglichen Korrosionswirkungen weiterhin verstärken. Die anschließende Kristallisation von Kalifeldspat ist zwar die Regel, es gibt aber auch Fälle, wo nur die Anfangsphasen eines solchen Lösungsschubes zur Wirkung kommen und an einem Plagioklas-Altgefüge eine Myrmekitgeneration erzeugen, ohne daß anschließend noch eine KF-Kristallisation, weder als Kleingefüge noch als Großblast, entsteht.

Das in Abb. 59 gebrachte Kalifeldspat-Beispiel hält unter diesen Möglichkeiten die Mitte: zwischen dem zentralen Plagioklas und dem Biotit-Großkorn rechts oben ist es zwar zu einer ansehnlichen Verbreiterung des Intergranularraumes und seiner Ausfüllung durch KF-Substanz gekommen, zu einem KF-Großblasten-Wachstum aber hat das vorhandene Material nicht ausgereicht. Das war jedoch der Fall des auf Abb. 61 dargestellten Gefügeabschnitts. Hier gehört der obere Bildabschnitt einem KF-Großblasten an, der den im unteren Bildabschnitt teilweise sichtbaren myrmekitisierten Oligoklas völlig umschließt,

Abb. 59. Großes Plagioklas-Gefügekorn eines Aplites wird von jüngerem Kalifeldspat randlich korrodiert und myrmekitisiert. Durch die eindringende K-Feldspat-Zunge wird das Großkorn von den primären Gefügekomponenten getrennt. – Nic.+. – 32:1.
Aplit, Novate, südl. Chiavenna, Oberitalien

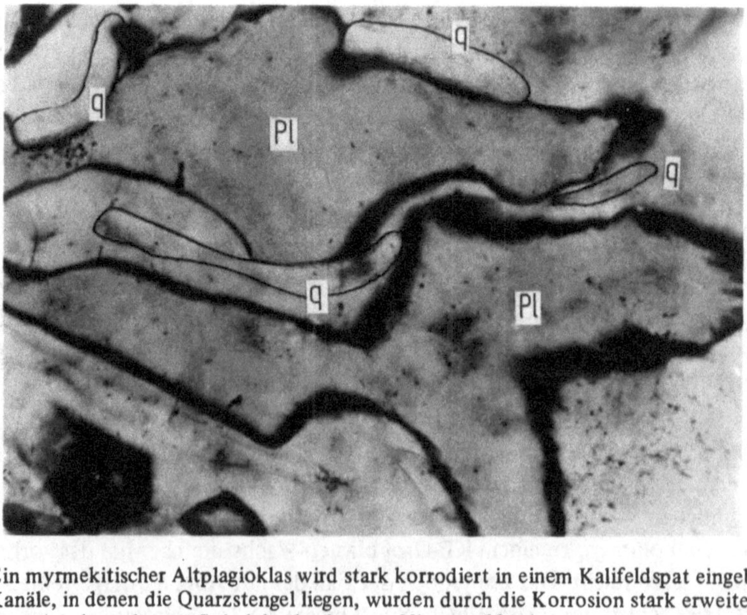

Abb. 60. Ein myrmekitischer Altplagioklas wird stark korrodiert in einem Kalifeldspat eingebaut. Die Kanäle, in denen die Quarzstengel liegen, wurden durch die Korrosion stark erweitert und der Quarzinhalt zu dünnen Spindeln abgebaut. – Nic.+. – 295:1.
Aplitische Lage aus Biotitgneis, Bellinzona, Tessin

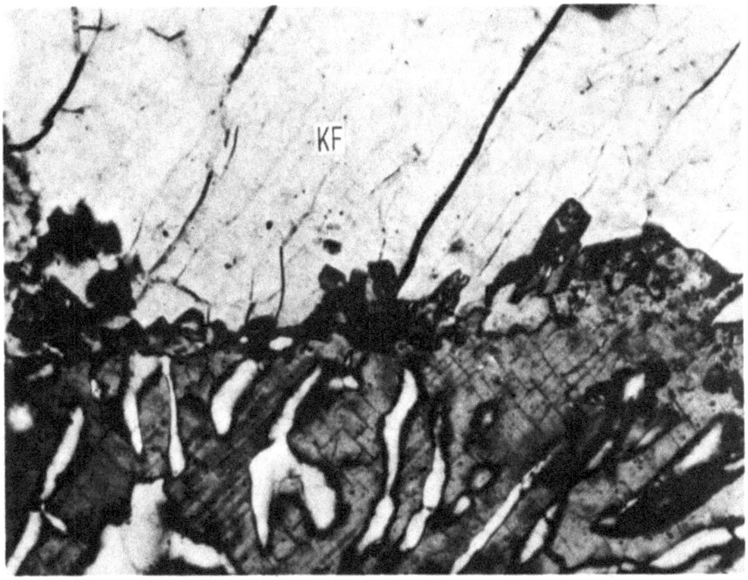

Abb. 61. Unregelmäßige und gezackte Grenze (mit abgetrennten Oligoklasresten) zwischen Kalifeldspat und myrmekitisiertem Oligoklas. – Nic.+. – 230:1.
Leukokrater Gang, Val Bondasca, Schweiz

was im Bild nicht darzustellen war. Die Grenzfläche zwischen beiden Feldspäten ist sehr uneben und voller Korrosionsbuchten, die äußere Randpartie des Plagioklases – wie es u. a. die Auslöschung gegen seinen Hauptteil zeigt – chemisch deutlich verändert. Mitunter liegen kleine Bruchstücke der Oberfläche des Plagioklases frei im umgebenden Kalifeldspat. Diese Beobachtung ist besonders wichtig, denn sie kann mit Hilfe unseres heutigen Wissens nicht erklärt werden; und zwar liegt die Schwierigkeit in der unzureichenden Kenntnis vom Zustand der Lösungen, insbesondere ihrer Viskosität; diese muß so groß gewesen sein, daß abgetrennte Stücke des korrodierten Plagioklases beim Mutterkristall verbleiben und nicht unter Schwerkrafteinfluß absinken. Aus einer derartigen Lösung erfolgte die Kristallisation des umgebenden KF-Blasten. Das widerspricht aber der Forderung nach einer leichtbeweglichen, ungesättigten Lösung, welche den Altplagioklas angreift und korrodiert. Der Zustand der Lösung muß sich also weitgehend geändert haben und von beweglichen, ungesättigten Lösungsschüben zu viskosen, gesättigten Flüssigkeitsanteilen fortgeschritten sein.

Der hier geschilderte Myrmekittyp entsteht an älterem Grundgewebs-Plagioklas durch die Vorläuferlösungen der blastischen Kalifeldspat-Mikroklinphase. Er ist also älter als der Mikroklin und wurde von mir daher bereits 1948 als prämikroklin[1]) bezeichnet im Gegen-

[1]) SCHREYER hat 1958 in seiner Arbeit über die migmatitischen Gesteine von Vilshofen meine Bezeichnungen der Myrmekitarten gegen „frühmikroklin" und „spätmikroklin" ausgetauscht. Ich halte das für unzweckmäßig, denn SCHREIYERs Ausdrücke können so verstanden werden, daß es einen „frühen" und einen „späten", also zwei verschieden alte Mikroklinarten gäbe. Dagegen beziehen sich die Präfixe ‚prä' und ‚post' allein auf den einen Begriff Mikroklin, gegen den gehalten es einen früheren und einen späteren Myrmekit gibt. (Prä und post, ‚vor' und ‚nach' ist eben nicht dasselbe wie ‚früh' und ‚spät'. . .)

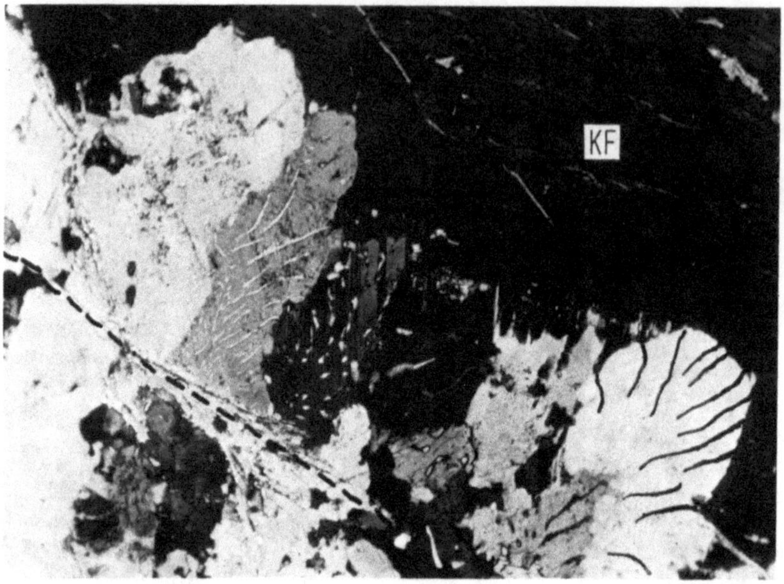

Abb. 62. Von einer Ruptur des Mikroklins aus (gestrichelte Linie) wächst in dessen Inneres ein spätes Albitgefüge hinein, das seinerseits myrmekitische Quarzstengel ausbildet (Postmikrokliner Myrmekit). – Die Quarzstengel in dem hellen Plagioklas rechts unten wurden mit Tusche nachgezogen. – Nic.+. – 61:1. Leukokrater Gang, Aschaffenburg

satz zu einer späteren postmikroklinen Form, die in Albit-Wachstumgefügen dort entsteht, wo diese von Krypto-Rissen aus oftmals beidseitig in den Mikroklin eindringt (Abb. 62). Die häufig in solchen Albiten enthaltenen dünnen Quarzstengel sind – ebenso wie beim prämikroklinen Myrmekit – nachträglich im fertigen Plagioklas entstanden, wie aus dem Verhalten der Quarzstengel hervorgeht, die häufig durch mehrere Zwillingslamellen der Albite einheitlich hindurchsetzen (Abb. 62).

Im Jahre 1948 („Reaktionsgefüge", S. 84) hatte ich zu diesem Problem folgendes geschrieben: „Bei der Kleinheit der Quarzstengel ist es kaum möglich, einwandfreie Beobachtungen zur Feststellung des relativen Alters der Quarzstengel zu machen. Der Allgemeine Habitus aber deutet auch hier ganz in Übereinstimmung mit der Erscheinungsform der Quarzstengel I (des Primärmikroklins) auf späteres Stengelwachstum unter metasomatischem Lösungstausch."

„Die Lösungen enthalten die Komponenten des Kalifeldspates, da dieser ja von der späteren Oligoklasphase korrodiert und abgebaut wurde. Ihre Zusammensetzung – nach Abschluß der Plagioklasbildung – ist also gleich oder ähnlich denjenigen Lösungen, welche, im Falle des Myrmekit I, nach der Plagioklasphase die Kalifeldspäte erzeugten. Im letzteren Fall sind es die einziehenden, im ersteren Fall die abziehenden Lösungen, welche die Komponenten der Kalifeldspäte transportieren und die Stengel in den Plagioklaskörnern durch eine im Gitterinnern stattfindende Metasomatose hervorbringen."

Seit der Zeit, als ich dieses schrieb (1948) ist bis heute wenig neues zu dieser Frage bekannt geworden. Doch läßt sich inzwischen mit Sicherheit sagen, daß die Entstehung der Quarzstengel in einem fertigen Albitgefüge erfolgt sein muß, da, wie Abb. 62 zeigt, zahlreiche Quarzstengel von einer Grenzfläche her in den Albit eindringen (weißer Pfeil), das Albitgefüge mit seinen Grenzen also bereits vorhanden war...

Die hier vorgetragene Ansicht von der nachträglichen Platznahme der Quarzstengel in einem älteren, gegen die Umgebung abgeschlossenen Kristall – hier das Albitgefüge – bereitet manchem Forscher zunächst Schwierigkeiten. Indessen ist zu beachten, daß sowohl in der Primärruptur des Mikroklins – als der Voraussetzung für das Zustandekommen des Albit-Wachstumgefüges – wie auch in den Grenzkapillaren Albit-Kalifeldspat genügend Diaklasen in Form von Haarrissen zum Antransport von Lösungen zur Verfügung stehen. Außerdem: Wir wissen heute, vor allem durch die Arbeiten von HELLER–Göttingen am Steinsalz (1966), daß der Lösungstransport durch den Kristall hindurch auf Krypto-Diaklasen vor sich gehen kann, deren Dimensionen unterhalb der Lichtwellenlänge liegen, also unsichtbar bleiben. Trotzdem kommen solche Haarrisse zu Transportvorgängen infrage, wie die ringsum scharf begrenzten Quarzkörper in den verschiedenen Reaktionsgefügen deutlich zeigen. Im weiteren Verlauf unserer Darlegungen wird sich noch an mehreren andern Beispielen die starke Durchlässigkeit der Silikate – besonders der Feldspäte – für wässerige Lösungen nachweisen lassen (ohne daß Zuführungswege für die eingelagerten Quarzkomponenten direkt erkennbar sind), wie ich es bereits 1948, S. 231–240 angenommen hatte.

b) Schriftgranitische und granophyrische Gefüge

Die schriftgranitischen Gefügeformen sind die spezifischen Reaktionsgefüge der Pegmatite, in denen sie bekanntermaßen nicht selten in riesigen Korndimensionen angetroffen werden. In den Apliten mit ihren bescheidenen Korngrößen fehlen derartige Riesenformen, dafür ist der Formenreichtum der symplektitischen und granophyrischen Kleinstrukturen ungleich größer. In Kap. III 3c wird eine spezielle Ausbildungsform, das Spindelgefüge, wegen seiner grundsätzlichen Bedeutung bei der Altersbestimmung des Quarzanteils anderer Reaktionsgefüge, in die das Spindelgefüge übergehen kann, eingehender besprochen.

In meinen Arbeiten 1948 und 1969 bin ich besonders ausführlich auf die Genesis der schriftgranitischen Strukturen eingegangen. Ich konnte unter anderem zeigen, daß die Quarzanteile und die Feldspäte keine gleichzeitigen Bildungen sind und das System Feldspat-Quarz schon wegen des jüngeren Alters der Quarze gegenüber dem Perthit nicht als Eutektikum angesehen werden kann. Dieses Altersverhältnis zwischen Feldspat und Quarz, wie es für den Hauptrepräsentanten der Reaktionsgefüge[1]), den Schriftgranit, Geltung besitzt, findet sich nun bei allen hergehörigen Strukturarten, den symplektiti-

---

[1]) Schon der Ausdruck „Reaktionsgefüge" erfordert einen Altersunterschied der Komponenten. Denn erst durch einen Reaktions-Vorgang konnte in einer vorhandenen Kornart die zweite, das Reaktionsgefüge bedingende, Kornart entstehen.

schen, granophyrischen, synantetischen, mikrofelsitischen Gefügen. In Abb. 63 ist für eine schriftgranitische Korngemeinschaft in einer leukokraten Lage eines Biotitgneises der Beweis für die postmikrokline Zuführung des Quarzes, ja für das ganze Altersverhältnis: Altplagioklas–Myrmekitisierung–Kalifeldspat–Blastese–Schriftgranitisierung so deutlich gegeben, daß damit an der Allgemeingültigkeit dieser Abfolge nicht mehr gezweifelt werden kann. Die Abbildungen zeigen folgendes: In einem Mikroklin-Großblasten befinden sich myrmekitisierte Albitplagioklase in stark korrodiertem Zustand. Der Lösungs-

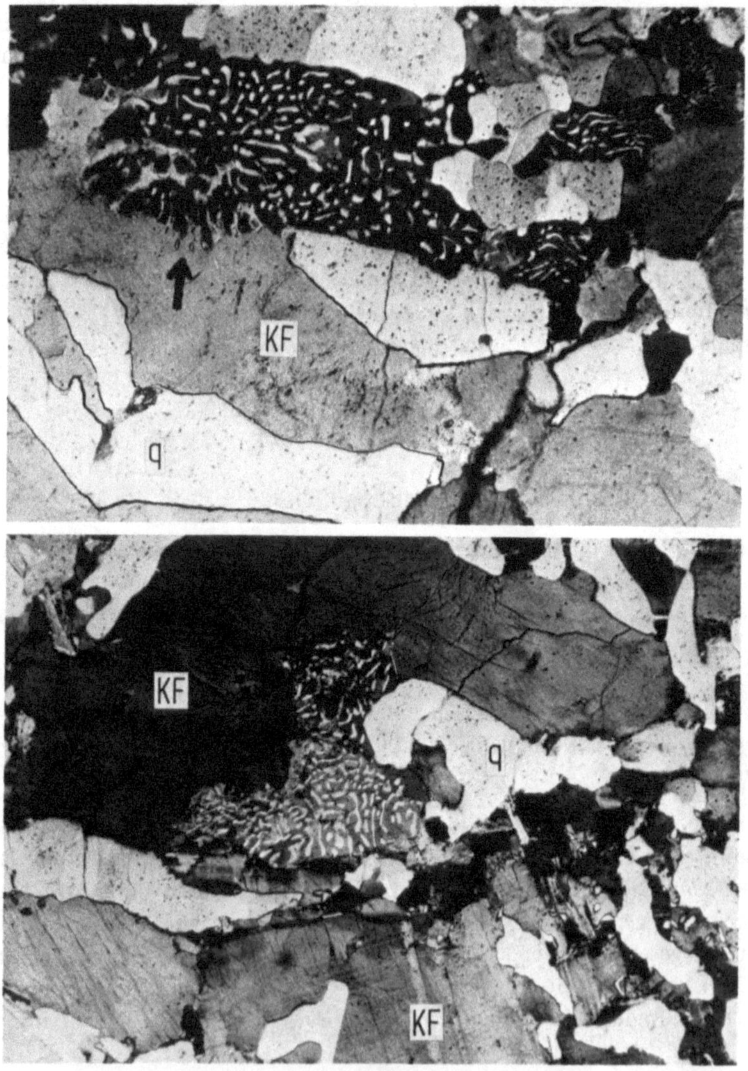

Abb. 63. Schriftgranitquarz dringt in ein Myrmekit-Kalifeldspat-Gefüge ein. – Schwarzer Pfeil: Herausgelöste Quarzstengel des Myrmekits im Kalifeldspat. – Nic.+. – 65:1.
Leukokrate Lage aus Biotitgneis, Bergell, Schweiz

angriff war so erheblich, – und gegenüber dem Quarz differenziert – daß einzelne Quarzstengel des Myrmekits herausgelöst und vom Kalifeldspat übernommen wurden (Abb. 63, schwarzer Pfeil). Das solcherart entwickelte Myrmekitgefüge erhielt nachträglich eine Schriftgranit-Invasion, bei welcher die ziemlich derben und groben Schriftquarzstengel sowohl den Kalifeldspat wie auch die in ihn eingelagerten, myrmekitisierten Altplagioklase mitsamt ihren Quarzstengeln durchsetzen und damit anzeigen, daß sie jünger sind als Plagioklas, Myrmekitquarz und Kalifeldspat und daher mit diesem letzteren nicht als gleichalte Komponente ein Eutektikum gebildet haben können.

Die einaktige Verdrängung von Plagioklas (myrmekitisiert) und Kalifeldspat steht demnach fest. Dabei bleibt das sehr wichtige Problem noch offen, daß hier drei verschiedenartige Komponenten, Plagioklas, Quarz und Kalifeldspat sich bei der Substituierung des Schriftquarzes im Kalifeldspat gleichmäßig instabil verhalten haben und abgebaut worden sind.

Ein anderes Nebenproblem, das bei allen Gefügen dieser Art, wo Quarz als Reaktionsprodukt neu auftritt, immer wieder beobachtet wird, ist die genaue geometrische „Paßform" des jeweiligen Quarzkörpers zu seiner Umgebung. Es kann sich bei diesem Vorgang der „sporadischen Einquarzung" in einen Wirtkristall also nicht allein um einen allgemeinen Lösungsvorgang handeln, der Hohlräume schafft, die irgendwann einmal mit Fremdquarz gefüllt werden. Es muß vielmehr eine Lösung wirksam geworden sein, gegen die die genannten Kornarten in gleicher Weise instabil waren und partiell gelöst wurden, durch die aber immer nur soviel Material abgebaut wurde, daß anschließend die Abbaudefekte

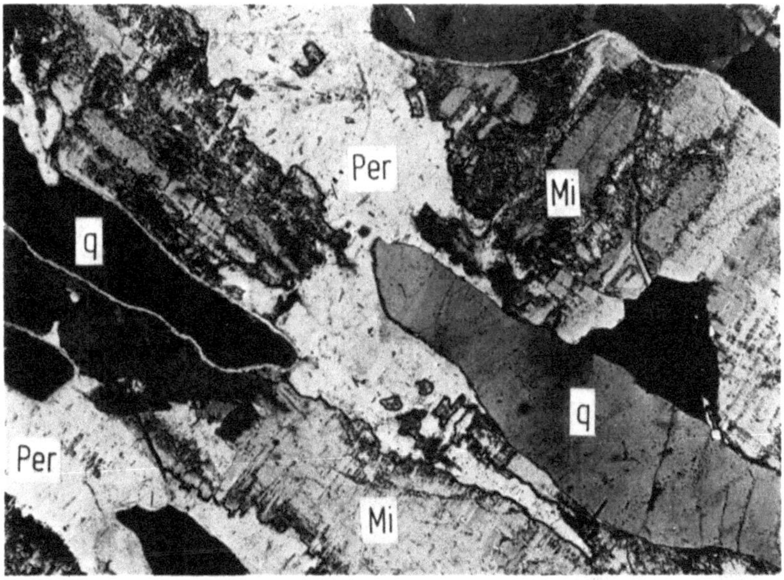

Abb. 64. Schriftquarzstengel durchsetzen als spätere Bildung Mikroklin und Flächenperthit (Per), ohne daß wesentliche Unterschiede in der Ausbildung der Quarzstengelgrenzen gegen Mikroklin und Perthit erkennbar wären. – Die Quarzstengel sind deutlich geregelt. – Nic.+. – 54:1.
Leukokrater Gang, Tännesberg, Bayer. Wald

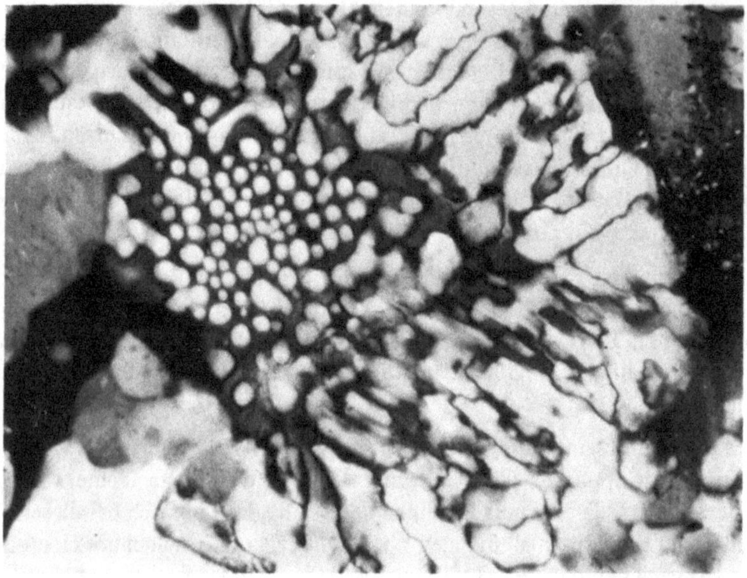

Abb. 65. Granophyrgefüge im Kalifeldspat eines Aplits. Abnehmende Korngröße der Quarzindividuen von außen nach innen. – Nic.+. – 295:1. Baveno, Oberitalien

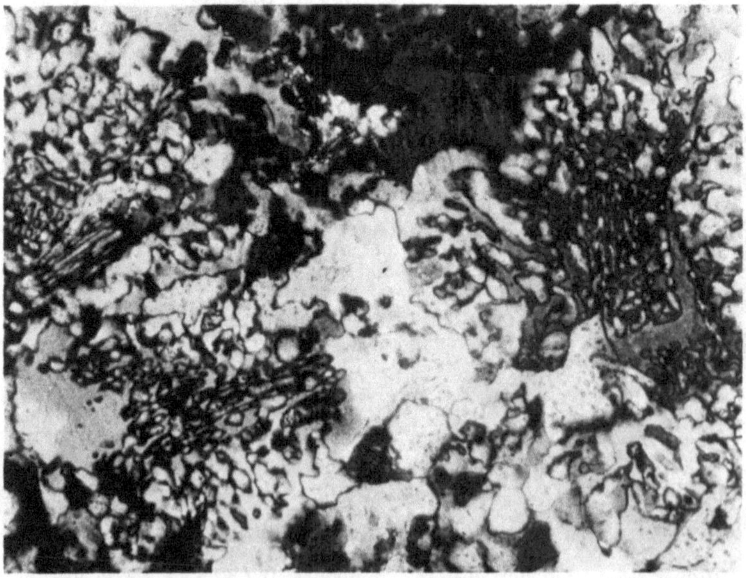

Abb. 66. Verquarzung der Kalifeldspäte durch Ausbildung eines Reaktionsgefüges im Mittelteil eines quarzreichen Aplits. – Nic.+. – 122:1. Baveno, Oberitalien

durch die freigesetzte und die in der Lösung vorhandene Kieselsäure in Form von Quarz ausgefüllt werden konnten.
Daß die Verdrängungslösungen gegen verschiedenartige Silikate gleichzeitig abbauend einwirken können, ist auch der Abb. 64 zu entnehmen. Diese zeigt einen Mikroklin mit Zwillingsbildung, der von breiten Bändern eines Flächenperthits durchzogen wird. Es ist charakteristisch, daß auch der Perthit auf metasomatischem Wege im Mikroklin Platz gefunden hat, also jünger ist als dieser, was aus dem Zustand der Grenzflächen, den in den Mikroklin eindringenden Perthitapophysen, vor allem aber aus den zahlreichen kleinen Mikroklineinschlüssen im Perthit klar hervorgeht. In diese Unterlage eines perthitisierten Mikroklins dringen in der Folge Schriftquarzstengel ein, ohne daß eine Bevorzugung der Perthit- oder Mikroklinbereiche erkennbar wäre. Die Quarzstengel sind deutlich geregelt. (Vergl. hierzu „Reaktionsgefüge“ 1948, S. 161.)
Diese Neubildung von Quarzstreptoblasten in sonst völlig ungestörten Silikatkomponenten ist bei Reaktionsgefügen allgemein die Regel. Mit dem Ausdruck ‚Neubildung‘ ist nichts darüber gesagt, woher das Quarzmaterial, das sich im Innern der Gastkornart befindet, stammt und welches Verteilungsverhältnis zwischen ursprünglich eingebauter und später zugeführter, heute als Quarz vorliegender Kieselsäure besteht. Bei der Betrachtung solcher Korngemeinschaften kann man häufig feststellen, daß sämtliche Kalifeldspäte eines Gefüges von Quarz durchwuchert werden (Abb. 65, 66), eine Reaktionsform, die häufig große Areale eines Gesteinskomplexes erfaßt. Im Falle der Aplite zeigt sich nicht selten, daß bestimmte Bereiche der Gänge, also etwa die Mittel- oder Grenzzonen besonders starken „Quarzbefall“ der Feldspäte zeigen, wobei nach meinen Erfahrungen besonders Kalifeldspäte Quarzinvasionen erfahren, während die Plagioklase häufig unangegriffen bleiben (Abb. 66). Treten die Plagioklase jedoch als ältere Einschlüsse in den Kalifeldspäten auf, so macht die Quarzinvasion vor ihnen nicht halt.
Das Reaktionsgefüge des Plagioklases ist wie geschildert der Myrmekit. Für diesen war eine bestimmte Ausbildungsart, die gedrehten und gewundenen, streptoblastischen Stengelformen charakteristisch, die nicht in andere Formen übergehen. Das ist eine wichtige Eigenschaft, welche die Reaktionsgefüge des Kalifeldspates nicht besitzen. Bei diesen kommt es vielmehr zur Ausbildung zahlreicher neuer Formen, die in Grenzfällen auch einmal myrmekitischen Streptoblasten gleichen können (vergl. „Granitprobleme“ 1969, Antwort an PARASKEVOPOULOS, S. 247 ff.), die aber in der überwiegenden Zahl der Fälle in den granophyrischen und symplektitischen Gefügen Anklänge an die Formen schriftgranitischer Quarze noch deutlich erkennen lassen.

Bei den bisher mitgeteilten Beispielen schriftgranitischer Quarzinvasion war nur in einem Fall (Abb. 64) die Einhaltung einer bestimmten Richtung durch die Quarzstengel ersichtlich. In den anderen Fällen konnte keinerlei Beziehung der Quarze zu kristallographischen Richtungen der Gastkornart festgestellt werden, vielleicht ein Hinweis darauf, daß die richtungsbedingten Löslichkeitsunterschiede des Kalifeldspatgitters in einer Umgebung, in der selbst Fremdeinschlüsse richtungsbeständig abgebaut werden, keine Rolle mehr spielen. Dagegen aber müssen Quarzelemente, welche als richtungsabhängige Spindeln weite Gebiete der Kalifeldspatwirte geradlinig durchsetzen, größtes Interesse beanspruchen, um so mehr, als es bisher, über hundert Jahre nach der Entdeckung durch NEMINAR, nicht gelungen ist, Klarheit über ihre Genesis zu erhalten.

c) Spindelgefüge (Feldspat-Quarzgefüge)

aa) Normale und mehrschichtige Spindelgefüge

Die bisher besprochenen Reaktionsgefüge zwischen Quarz und Kalifeldspat zeigten Quarzanteile mit i. a. sehr unregelmäßigen Formen – im Gegensatz zu manchen Schriftpegmatiten (vergl. „Reaktionsgefüge" 1948, S. 161). Es gibt jedoch ähnliche Strukturen, deren Quarzanteil in sehr regelmäßigen, langgestreckten, unter sich parallelen Spindeln erscheint, welche in Scharen mit konstantem Abstand ihren Wirtkristall durchziehen. Der Quarzanteil im Mikroklin-Trägermineral kann ziemlich hohe Werte erreichen. In Abb. 67 enthält ein Mikroklin (0,27 · 0,43 mm) eine Lage enggescharter Quarzspindeln. Der Quarzanteil beträgt etwa 35%. Die einzelne Spindel hat einen Durchmesser von ca. 0,006 mm. Im Mikroklin ist nur eine Schar unter sich paralleler Spindeln ausgebildet, die eine gute Persistenz zeigen: auf der Länge des Mikroklinwirtes bricht die einzelne Spindel einmal, höchstens zweimal ab und beginnt nach sehr kurzer Unterbrechung wieder in der gleichen Richtung mit gleicher Stärke. Dieses Spindelgefüge befindet sich in einem Aplit (8 cm), der Bruchstücke des Baveno-Granites enthält. Allgemein zeigt das Strukturbild Abb. 67 ein Gefüge mit zahlreichen freien Quarzkomponenten; es muß also ein erheblicher Quarzüberschuß schon primär vorhanden gewesen sein.

Damit erhebt sich die Frage, ob die Ausbildung der Quarz-Reaktionsgefüge mit der Anwesenheit dieser fremden Quarzkornarten zusammenhängt. Beim Versuch einer Deu-

Abb. 67. Spindelgefüge in einem Aplit (8 cm). Der Bestand an Kalifeldspat ist – zu mindestens 70% – von Quarzspindeln durchsetzt, die in ihrer Gesamtheit eine beträchtliche Quarzmenge ergeben (ca. 30%). – Die Plagioklase enthalten fast gar keine Quarzspindeln, sondern wenn überhaupt Quarz, nur wenige gerundete „Quarzperlen". – Der Mikroklin in der Mitte hat die Abmessungen 0,27 · 0,43 mm. Die Spindeldicke in diesem Mikroklin beträgt i. D. 0,006 mm. – Nic.+. – 90:1.

Mittlere Partie eines Aplites, Baveno, Oberitalien

tung der Spindeln macht die Erklärung ihrer Form und ihrer Richtungskonstanz die meisten Schwierigkeiten. Denn da die Spindeln jünger sind als ihr Wirtkristall – der schlüssige Beweis dazu folgt S. 96/97 – so muß ihre Platznahme eine endliche Zeit gedauert, haben und kann nicht durch einen momentanen Vorgang, wie etwa bei gleichzeitiger Kristallisation mit ihrem Wirtkristall – erreicht worden sein. Daher war auch die Entwicklung der Spindeln zeitbedingt und zu verschiedenen Zeiten verschieden weit forgeschritten. Dabei ist es höchst bemerkenswert, daß die einmal eingeschlagene Richtung der einzelnen Spindelscharen streng beibehalten wird und niemals Querverbindungen zwischen den oft sehr nahe beieinander liegenden Spindeln angetroffen werden. Mitunter kommt es zu einem Breitenwachstum der Quarzstengel, die, wie es Abb. 68 auf der rechten Bildseite mehrfach zeigt, mitunter zu Verdickungen neigen und zu tropfenförmigen Gebilden entarten. Die Richtungsbeständigkeit der Spindeln und das strengparallele Auftreten der Einzelglieder führt zunächst zu der Vorstellung, die Anordnung der Spindeln im Wirtkristall sei kristallographisch bedingt. Die weitere Verfolgung dieser Möglichkeit zeigt jedoch das Auftreten so zahlreicher Richtungen, in denen die Spindelscharen verlaufen (vergl. die Abb. 68–73), daß man zu der Ansicht kommen muß, unter bestimmten Voraussetzungen könne jede Richtung des Wirtkristalls zu einer Spindelrichtung werden. In diesem Sinne enthält die Abb. 68 zwei verschiedene Spindelscharen, die in zwei Ebenen unmittelbar übereinander liegen. Der Winkel zwischen den Spindelrichtungen beträgt ca. 40°.

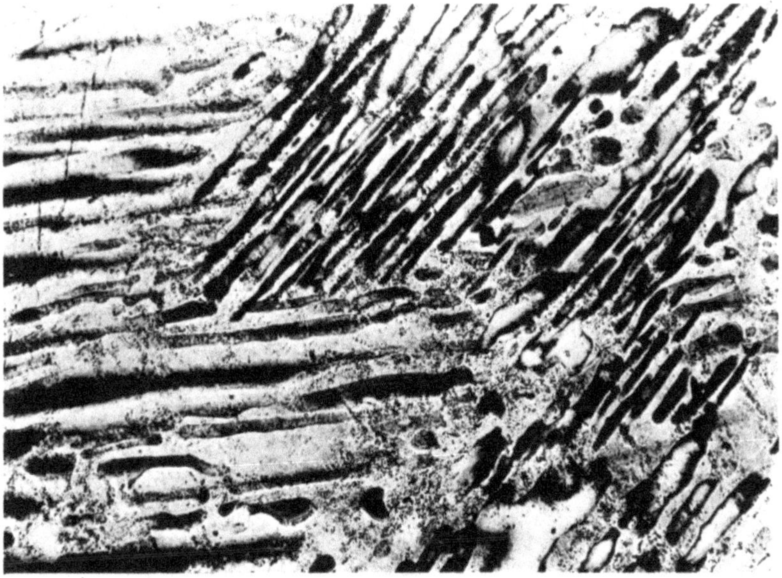

Abb. 68. Das rechts-links verlaufende Spindelsystem hat ca. 36 Spindeln/mm. Es liegt unter dem Spindelsystem der rechten Bilddiagonale (50 Spindeln/mm mit einer Spindeldicke von durchschnittlich 0,013 mm). – Nic.+. – 116:1.
Leukokrater Gang, Johann-Georgenstadt, Sächs. Erzgebirge

Abb. 69. Primärplagioklas mit starken Korrosionsmarken wird von dichten Quarzspindelscharen zugleich mit seinem Wirtfeldspat durchsetzt. – Die Dimensionen des Plagioklases: 0,46 · 0,65 mm. – Nic.+. – 90:1. Johann-Georgenstadt, Sächs. Erzgebirge

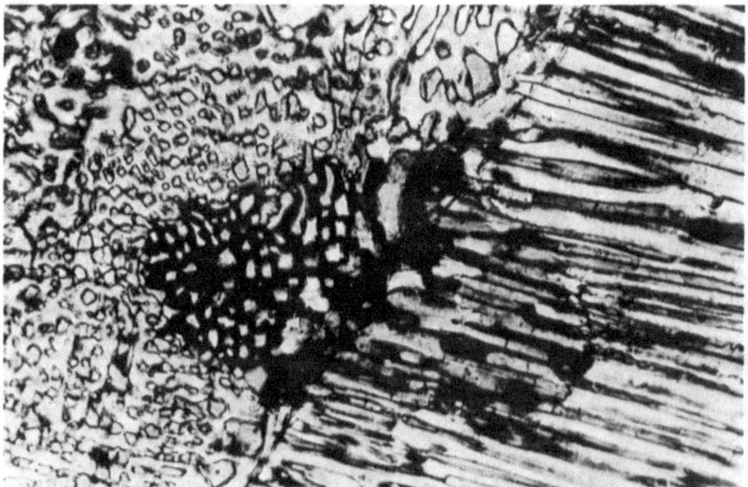

Abb. 70. Primärplagioklas (dunkel, Bildmitte) wird von zwei senkrecht aufeinander stehenden Quarzspindelscharen durchkreuzt, die zwischen sich – in der Mitte des Plagioklas-Einschlusses – eine unbesetzte Zone ausbilden. – Die Abmessungen des Plagioklases: 0,27 · 0,48 mm. – Nic.+. – 116:1. Leukokrater Gang, Johann-Georgenstadt, Sächs. Erzgebirge

bb) Quarzspindeln und ihre Beziehung zu Primär-Einschlüssen in Feldspäten

Daß die Gitterorientierung des Wirtkristalls nur eine sehr untergeordnete Rolle bei der Einregelung der Spindeln spielt, geht auch aus dem Verhalten der Spindeln gegenüber Primär-Einschlüssen hervor, die als Restplagioklase eines Altgefüges als Internkornarten der Mikrokline auftreten (Abb. 69, 70). Diese Alteinschlüsse sind stark korrodiert und wurden in sehr wechselnden Stellungen in ihren Wirtkristall eingebaut. Die den Mikroklin durchsetzenden Spindeln machen vor diesen Alt-Einschlüssen nicht halt, sie dringen vielmehr in sie ein, wobei die ursprüngliche Richtung streng eingehalten wird. Man hat nicht den Eindruck, daß die Quarzstengel sich im Innern der Fremdeinschlüsse stärker verändern; sie behalten ihre Durchmesser bei, zeigen jedoch in ihrer Längsentwicklung viel zahlreichere Unterbrechungen und häufigere Bildung von Teilstücken als im Mikroklingebiet.

Wir hatten bereits in Abb. 68 gesehen, daß die Spindelscharen in mehreren Richtungen ihren Wirtkristall durchlaufen können. Der Fall, daß zwei Spindelsysteme um 90° von einander abstehen, ist in Abb. 70 wiedergegeben. Die Trennungsebene zwischen den beiden Spindelbereichen ist hier die Grenzfläche zwischen zwei Mikroklinen, deren Raumlagen nur wenig gegeneinander differieren. Es ist einstweilen noch nicht zu verstehen, weshalb die Längsspindeln des rechten Mikroklins nicht senkrecht auf der Grenzfläche stehen, sondern einen Winkel von ca. 70° mit ihr einschließen.

Zwischen den beiden Gebieten der – senkrechten und horizontalen – Spindelscharen befindet sich eine schmale ‚leere' Zone, an der die horizontalen Spindeln enden. Diese ‚leere' Zone ist auch in einem Plagioklaseinschluß zu finden, der jeweils mit seiner Hälfte in die beiden angrenzenden Mikrokline hineinragt. Aus der Tatsache, daß sowohl im Plagioklaseinschluß wie auch im Mikroklin die Spindeln in ganz der gleichen Weise ihren Wirt durchlaufen (sogar unter Beibehaltung der ‚leeren' Zone) geht das übereinstimmende Verhalten des Einschluß-Plagioklases mit seiner Mikroklinumgebung hervor, mit anderen Worten: seine Reaktion gegenüber den die Spindeln erzeugenden Kräften ist die gleiche wie beim Mikroklin.

Man kann das Verhalten der Quarzspindeln in ihren Wirtkristallen durch das massenhafte Auftreten gleichorientierter Stengelscharen dahin interpretieren, daß der Ausbreitungsvorgang der Stengel in der einen Richtung besonders leicht, in der darauf senkrechten Richtung aber dann unmöglich war, wenn bereits ein Spindelsystem mit einer Hauptrichtung bestand. – Vom Gitterbau her besonders bevorzugte Richtungen des Stengelwachstums konnten nicht festgestellt werden.

Bei dieser Sachlage muß es besonders auffallen, wenn in den Wirtkristallen Gebiete auftreten, die sich gegenüber den Quarzspindeln einer bestimmten Richtung plötzlich undurchlässig verhalten: an den Grenzen dieser Gebiete brechen die Quarzstengel abrupt ab und setzen erst nach einer bestimmten, über die ganze Zone genau eingehaltenen Entfernung wieder ein (Abb. 71).

Ich habe bereits im Jahre 1948 die Entstehung von Reaktionsgefügen – insbesondere ihres Quarzanteils – auf die Mitwirkung von Lösungen im Kristallgitter zurückgeführt (1948, S. 102, 104, 190) und dazu die folgenden Vorstellungen entwickelt. Die natürlichen Kristalle sind keine Idealkristalle, sondern enthalten zahlreiche unbesetzte Gitterstellen, die sich zu „Lockergebieten" vereinigen. Diese „Lockergebiete" sind dem Angriff der metasomatisch wirksamen Lösungen stärker ausgesetzt als die aufgefüllten „Blockgebiete". Als Grundvoraussetzung muß man annehmen, daß einmal die „Lockerstellen" regelmäßig im Gitter verteilt sind und daß zweitens die wirksamen Lösungen ins Gitter einwandern, wo sie in der „Intertrunkulare", also in dem zwischen den aufgefüllten Blockgebieten befindlichen Bereich vorhandener Lockerstellen Platz finden. Die eigentlichen Ab- und Umbaureaktionen gehen allein im Bereich der Lockerstellen, also in der Intertrunkulare, vor sich. In solchen Gebieten, die als netzartig verteilte Areale den Kristall durchziehen, sind die Ionen zwischen den vorhandenen Leerstellen leichter auszubauen als in den „ideal" aufgefüllten „Blöcken". Die ausgebauten Ionen werden nur in solchen Intertrunkulargebieten unterzubringen sein, wo genügend zahlreiche Fehlstellen vorhanden sind. In den Gebieten der ideal gebauten Blöcke können sie nicht mehr aufgenommen werden, da dort die verfügbaren Gitterplätze besetzt sind.

Am Beispiel der Reaktionsgefüge, also auch der Spindelgefüge, ist es nun vorstellbar, daß in der „Intertrunkulare" die Kationen abgebaut und fortgeführt werden, die bei diesem Prozeß zugleich freigesetzte SiO_2 aber am Ort verbleibt. Dieser Vorgang erfolgt zunächst nur in einer Richtung und erzeugt die Spindeln. Die ausgebauten Kationen werden seitwärts der Spindelzüge eingebaut. Die dadurch zu „Blöcken" gewordenen Gebiete sind damit bedeutend schwerer anzugreifen, so daß es nicht zu seitlichen Verbindungen oder

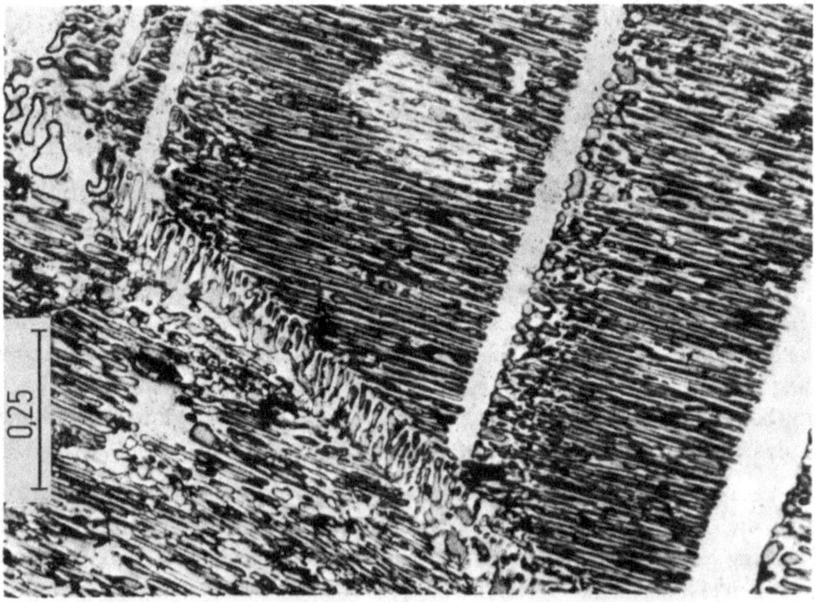

Abb. 71. Spindelgefüge mit eng gescharten, untereinander streng parallelen Spindeln. – Auf 1 mm kommen 72 Spindeln. – Spindeldurchmesser im Mittel 0,0058 mm. – Senkrecht zur Spindel-Längsrichtung sind in wechselnder Entfernung bandartige Partien eingeschaltet, die frei von Spindeln sind. Die Breite des rechten Bandes beträgt 0,1 mm, des mittleren Bandes 0,03 mm. – Nic.+. – 75:1. Schwarzwasser bei Friedeberg, CSSR

Übergängen zwischen den Spindeln kommen und auch kein Spindelsystem senkrecht zu vorhandenen Spindelscharen erzeugt werden konnte.

Die in Abb. 71 sichtbaren, quarzspindelfreien, band- oder leistenartigen Areale können auf dieselbe Weise gedeutet werden. In den spindelerfüllten Zwischengebieten zwischen diesen Leisten, also innerhalb der „Intertrunkulare" oder den „Lockergebieten" sind die Ionen ausgebaut und im Bereich der hellen Leisten wieder eingebaut worden, wodurch dieser zum idealen „Blockgebiet" aufgefüllt wurde, in welchem der Abbau bis zu den Quarzspindeln herab nicht mehr möglich war.

Betrachtet man die hellen Leisten der Abb. 71 näher, so sieht man bei jeder dieser fünf Leisten, daß auf ihrer rechten Seite die Quarzspindeln auf eine kurze Strecke hin in Unordnung geraten sind, nicht mehr liniengerade bis zum Ende fortsetzen, sondern sich in zahlreiche kleine, kugelige Einzelteile auflösen. Man hat den Eindruck, als ob ein Lösungsstau längs der Wand der Leiste die bisherige gleichmäßige Entwicklung der Spindeln von grundauf gestört hätte. Da dieses bei allen Leisten an ihrer rechten Seite geschieht, ist man versucht, hieraus eine Richtungsangabe für den ganzen Vorgang abzuleiten und die Ausbreitungsrichtung der Spindeln von links oben nach rechts unten anzunehmen.
Der Grund ist in der folgenden Überlegung zu suchen: Die Spindelscharen werden bei allen Leisten bis an deren linke Wand in gleicher Front vorgetrieben. Sie enden dort ohne jede Komplikation mit schwacher Abrundung. Da innerhalb der Leisten – durch die von links nach rechts den Kristall durchwandernden Lösungen – aufgefüllte „Blockgebiete" geschaffen wurden, kam hier die Spindelbildung zum Stehen. Die Lösungen aber traten durch die Leisten hindurch, sammelten sich auf ihrer rechten Seite und begannen ihre neue Wirksamkeit zunächst mit einer ungeordneten Quarzbildung, bis sich allmählich wieder die alte Spindelrichtung ausbildete. (Dabei bleibt unerklärt, weshalb die Rückseite der Leisten als eine der Vorderwand parallele ebene Fläche ausgebildet ist!)

Ich bin mir durchaus darüber klar, daß solche Hypothesen wie die vorstehende unvollständig, auch zu summarisch sind und wichtige Vorgänge unerklärt lassen. Es mußte aber einmal der Anfang gemacht werden, wenigstens für so auffällige Erscheinungen wie diejenige des ‚Lösungsschutzgebietes' zwischen den Spindeln eine Erklärung zu finden und zu einer Diskussion darüber zu kommen.

cc) Spindelgefüge im Übergang zu Reaktionsgefügen anderer Art (Symplektitische und schriftgranitische Verwachsungen)

Verfolgt man in einzelnen Spindelgefügen den Verlauf der Spindelscharen im Wirtkristall, so wird man häufig feststellen können, daß sie ihren Habitus nicht beibehalten, sondern sich in ihren Eigenschaften sogar wesentlich ändern. Dieser Wechsel in der Verhaltensweise erfolgt am häufigsten auf zwei Arten: Die streng parallel angeordneten Spindelscharen ändern zunehmend ihre Richtung und bilden schließlich ein äußerlich ungeordnetes Haufwerk kurzer, unregelmäßiger, häufig gedrehter Quarzstengel. Oder die Spindeln verlieren ihren Zusammenhang und bilden von einander getrennte längliche bis isometrische grobe Quarzinseln (Abb. 72). Im ersteren Fall ähneln die Quarzformen granophyrischen Verwachsungen, unter gelegentlicher Ausbildung von Myrmekitquarz – ähnlichen, gedrehten, streptoblastischen Formen, im zweiten Fall entstehen unter Verkürzung und Verbreiterung der Spindeln echte schriftgranitische Kornarten. In Abb. 72 besteht der breite diagonale Mittelteil aus einem sehr unregelmäßigen Haufwerk kurzer, gedrehter,

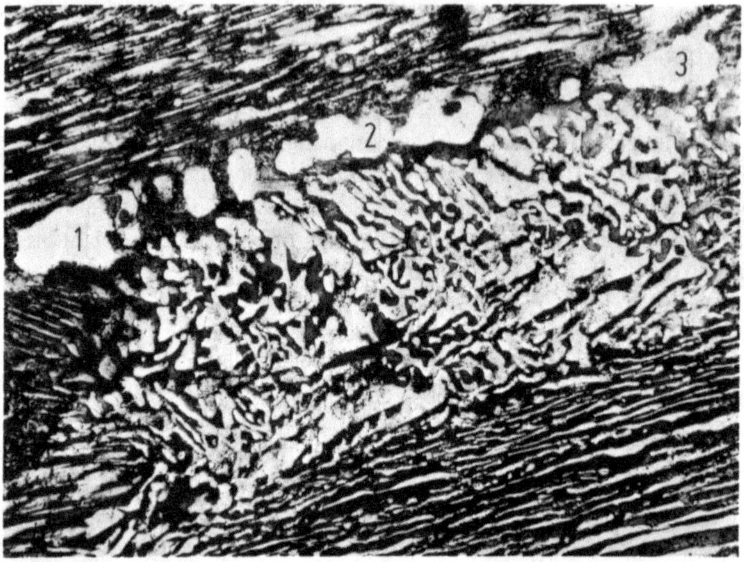

Abb. 72. Übergang eines Spindelgefüges in granophyrisch-myrmekitoide Quarzstengelformen durch Kombination zweier senkrecht zueinander verlaufenden Stengelsysteme. – Wirtkristall Mikroklin. – Spindeldurchmesser i. M. 0,0075–0,030 mm. – Nic.+. – 54:1.
Johann-Georgenstadt, Sächs. Erzgebirge

eng gepackter Quarzkörper, in welches sich der unten links gerade noch erkennbare Spindelzug unter Verlust aller Richtungselemente auflöst. Eine im oberen Bilddrittel angeordnete Reihe grobknolliger Quarze zeigt in ihren Abmessungen die mehrfache Größe der Spindeln (Korn 1: 0,16 × 0,24; Korn 2: 0,10 × 0,28). Die Begrenzungsflächen dieser Quarze sind noch sehr uneben. Eine Tendenz, schriftgranitische Formen zu bilden, ist unverkennbar. Da die Grobquarze gelegentlich in Spindeln übergehen (s. Korn 3), kann man beide Quarzformen als gleichalt ansprechen.

In den folgenden beiden Abb. 73 und 74 sind die Beziehungen der Quarzkornarten klar zu übersehen: Zwischen den Spindeln und den Schriftquarzen bestehen deutliche Übergänge. Die Quarzspindelscharen der Abb. 73 enden an einer (bis auf die Spindel N genau eingehaltenen) Front-Linie. In ihrem letzten Abschnitt sind fast alle Spindeln kolbenartig verdickt und ähneln damit Nägeln (Spindel N). Mitunter leiten diese Verdickungen über in echte Schriftquarzformen, so daß Quarzgebilde entstehen, welche Merkmale sowohl der Spindel- wie der Schriftquarzformen enthalten (Abb. 74). Beide Gebiete, Spindel- und Schriftquarz-Bereiche werden von einer Zone wechselnder Mächtigkeit getrennt, die nur gelegentlich von einigen wenigen Spindeln überschritten wird. Da der Wirtkristall Mikroklin im großen als gleichmäßig homogen angenommen werden kann, ist die Entscheidung, ob im speziellen Fall Spindelscharen oder Schriftquarzkörper entstehen weniger auf unregelmäßigen Kristallbau als auf interleptonische Tätigkeit von Lösungen nicht ganz gleicher Zusammensetzungen zurückzuführen. Doch fehlen zu einer Entscheidung sowohl Beobachtungen am Objekt wie auch Versuche im Autoklaven.

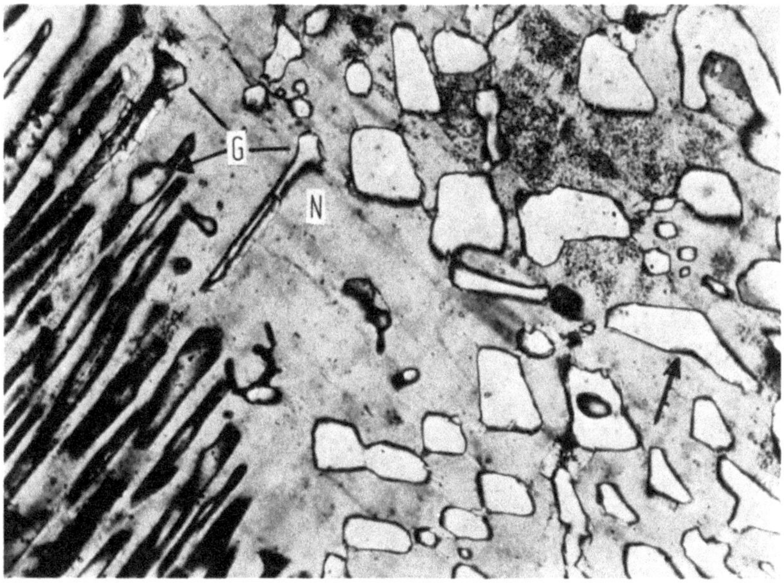

Abb. 73. Spindelgefüge und Schriftquarzgefüge liegen in einem gemeinsamen Wirtkristall und gehen mitunter in einander über. Der Abstand der beiden Gefügesysteme beträgt 0,06–0,12 mm. Der mit einem schwarzen Pfeil bezeichnete Schriftquarz hat die Abmessungen 0,047 · 0,182 mm. Die Spindeldicke liegt zwischen 0,006 und 0,03 mm. – Die mit G und N bezeichneten Gefügekörner tragen die Merkmale beider Gefügearten (Spindel- und Schriftquarzgefüge!). – Wirtkristall Mikroklin. – Nic.+. – 122:1.
Leukokrater Gang, Schwarzwasser bei Friedeberg, CSSR

Der beobachtete Übergang zwischen Spindelscharen und Schriftquarzkörpern zeigt auch an, daß beide Bildungen in die gleiche metasomatische Phase gehören; es kann also keinen Altersunterschied zwischen den beiden Quarzkornarten geben, und wenn die Spindeln die im Wirtkristall eingeschlossenen primären Altplagioklase durchdringen, so müssen das die Schriftquarze auch tun. Das läßt sich tatsächlich an verschiedenen Stellen der Gangfüllung mit vollkommener Sicherheit bestätigen.

Damit ist zweifelsfrei festgestellt, daß alle verschiedenartigen Quarzkörper der Reaktionsgefüge die Altplagioklas-Einschlüsse ihrer Mikroklinwirte durchsetzen. Auch diese Beobachtung macht eine Deutung der Quarz-Feldspatverwachsungen als Eutektikum unmöglich, weil bei einem solchen das Wachstum der Quarzkomponente in dem sich gleichzeitig mit ihr bildenden Feldspat und in dem vorgefundenen festen Primärplagioklas unmöglich zu ganz gleichen Spindelformen hätte führen können. Man muß aber daher daran festhalten, daß es sich bei den bisher bekannt gewordenen Reaktionsgefügen um metasomatische Erscheinungen handelt. Sollten einmal ähnliche Strukturen eutektoider Entstehung als Konvergenzerscheinung aufgefunden werden, so würde dadurch die oben gegebene Deutung nicht berührt.

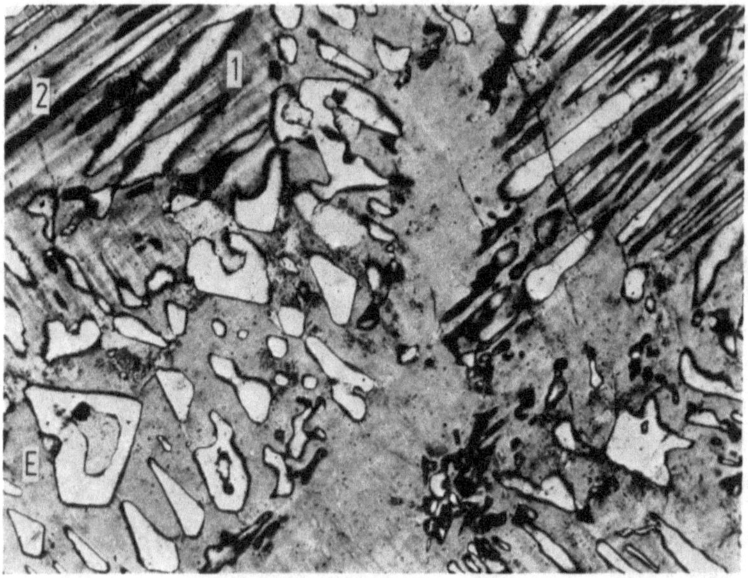

Abb. 74. Spindelgefüge im Übergang zu schriftgranitischen Formen. – Wirtkristall Mikroklin. – Breiteste Spindel (1): 0,057 · 0,41 mm. – Längste Spindel (2): 0,023 · 0,600 mm. – Größtes Schriftquarzkorn E: 0,207 · 0,218 mm. – Nic.+. – 72:1.
Leukokrater Gang, Schwarzwasser bei Friedeberg, CSSR

dd) Quarzspindeln und ihr Verhalten zu jungen Albitfüllungen auf Rupturen

Eine relative Altersdatierung des Quarzspindelwachstums in den Mikroklinen wäre allein aufgrund des bisherigen Tatsachenmaterials solange nicht möglich, wie es nicht gelingt, wenigstens einen wichtigen Vorgang in der späteren Entwicklung der Mikrokline zu den Quarzspindeln in Beziehung zu setzen. Das ist jetzt möglich geworden durch die Auffindung später Rupturen, die im Mikroklin auftreten und auf denen sich ein Albit-Wachstumgefüge angesiedelt hat. Dieses späte Albitgefüge wird nun ebenfalls von den Quarzspindeln durchsetzt, und zwar in genau der gleichen Weise wie die Früheinschlüsse der Altplagioklase. In beiden Fällen bleibt die Richtung der Spindelscharen erhalten. Abb. 75 zeigt einen Ausschnitt, der sowohl Altplagioklase wie Albitfüllungen später Rupturen enthält. In beiden treten die Spindeln in ganz gleicher Weise auf, so daß damit der Beweis geliefert ist, daß die Spindelbildung erst nach einer Albitisierungsphase des Mikroklins stattgefunden hat, also bedeutend jünger ist als bisher angenommen worden war. Und da, wie im vorigen Kapitel nachgewiesen werden konnte, Spindeln und Schriftquarze durch ihre Übergänge ineinander als gleichzeitig entstanden zu gelten haben, so muß auch das Alter des Schriftquarzes in diesen Mikroklinen als postalbitisch angesehen werden. Es ist hier wohl zum ersten Mal gelungen, das relative Alter der Schriftquarze in einem Kalifeldspat – mit Hilfe der Beziehung zu den gleichaltrigen Spindelscharen – mit jünger als eine albitisierte Rupturenfüllung dieses Feldspates sicher zu bestimmen.

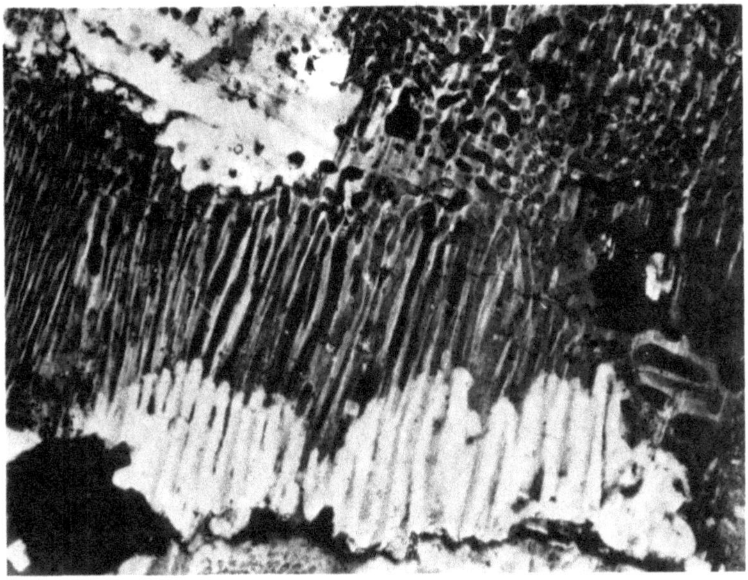

Abb. 75. Auf der Ruptur – am unteren Bildrand – eines Mikroklins ist ein spätes Albitgefüge gewachsen, das von Quarzspindelscharen ebenso durchsetzt wird, wie der Altplagioklas-Einschluß (oben) im Mikroklin. – Zum Vergleich s. das normale Albitgefüge Abb. 62. – Nic.+. – 85:1.
Leukokrater Gang, Schwarzwasser bei Friedeberg, CSSR

In Abb. 76 ist der Übergang der Quarzspindeln in die Albitkristalle besonders deutlich und scharf entwickelt. Es zeigt sich dabei, daß an der Eintrittsstelle der Spindeln von diesen – bzw. von ihren Begleitlösungen – eine kreisförmige Korrosionswirkung gegen den Albit ausgeht, so daß dieser eine sehr unregelmäßige, warzige Oberfläche erhält. Auf Abb. 75 kommt es sogar zu Korrosionserscheinungen, welche im Horizontalschnitt kammartige Bilder ergeben. Betrachtet man zum Vergleich Abb. 62 mit dem in einen Kalifeldspat einwachsenden normalen Albitgefüge mit anschließender Myrmekitisierung, so muß man feststellen, daß dort alle stärkeren korrosiven Eingriffe fehlen, wie sie beispielsweise an myrmekitisierten älteren Einschlüssen in Kalifeldspat-Wirtkristallen (infolge des genetisch bedingten starken Abbaues der Oberfläche) häufig auftreten (s. Granitprobleme, 1969, S. 204, 205).

Zweifellos macht die Vorstellung Schwierigkeiten, derartige Reaktionen, die man gewohntermaßen in den Beginn des Bildungsabschnittes einer Kornart verlegte, nun als Spätbildung nach Abschluß des Kristallisationsvorganges registrieren zu müssen. Es wird sich im weiteren Verlauf unserer Ausführungen jedoch zeigen, daß sehr späte Umformungen in einem Gestein – z. T. von radikaler Wirkung, wie die späten Kalifeldspat-Blastesen – erst lange nach der Konsolidierung des Gesteins eintreten.

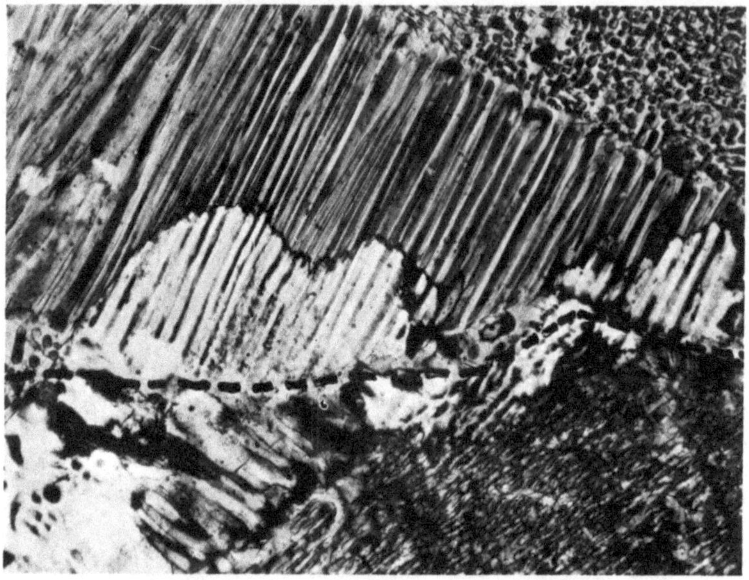

Abb. 76. Spätes Albitgefüge auf der Ruptur eines Mikroklins gewachsen, wird von Quarzspindeln durchsetzt. (Der Verlauf der Ruptur ist nachgezeichnet.) – Nic.+. – 86:1.
Leukokrater Gang, Schwarzwasser bei Friedeberg, CSSR

d) Symplektitische[1]) Randgefüge an im Aplit eingeschlossenen Bruchstücken des Nebengesteins

Die im vorigen Kapitel besprochenen Quarz-Spindelgefüge erlaubten einige wichtige Einblicke in die Beziehungen der Spindeln zu Primäreinschlüssen des Wirtkristalls, zu späten Albitneukristallisationen auf Rupturen und zu Schriftgranit-Quarzkörpern, bei welchen der Übergang in die Quarzspindeln einwandfrei zu beweisen war. Nicht zu beweisen war indessen das Herkunftsgebiet der Quarzspindeln, insbesondere die Stelle oder die Grenzflächen, von denen aus die Entwicklung der Spindeln eingesetzt hat.

In den folgenden Abbildungen werden einige Beispiele gebracht, bei denen die Bildung von Quarzstengelzonen in Abhängigkeit von einer Grenzfläche erkennbar wird. In der Abb. 77 handelt es sich um einen sehr feinkörnigen Baveno-Aplit, der eine große Menge von aufgenommenen Granitbruchstücken enthält. Diese Bruchstücke sind in manchen Bereichen des Aplits unangegriffen und zeigen noch scharfe Grenzflächen. In anderen Ganggebieten werden die Grenzflächen stark korrodiert unter randlicher Ausbildung von Reaktionsgefügen. Der große Kalifeldspat in der Mitte der Abb. 77 ist randlich in dieser Weise verändert. Es ist keine Frage, daß in solchen Fällen der Grenzfläche eine wichtige Rolle zukommt, da von ihr aus die Reaktionen ins Kristallinnere hinein erfolgen.

Wenn man den großen Kalifeldspatkristall der Abb. 77 betrachtet, so könnte man ohne Kenntnis der lokalen Gegebenheiten ohne weiteres zu der Meinung kommen, der Kalifeld-

---

[1]) Symplektit vom Griechischen συμπλεκτός, verflochten, hier also Quarzkornverflechtung.

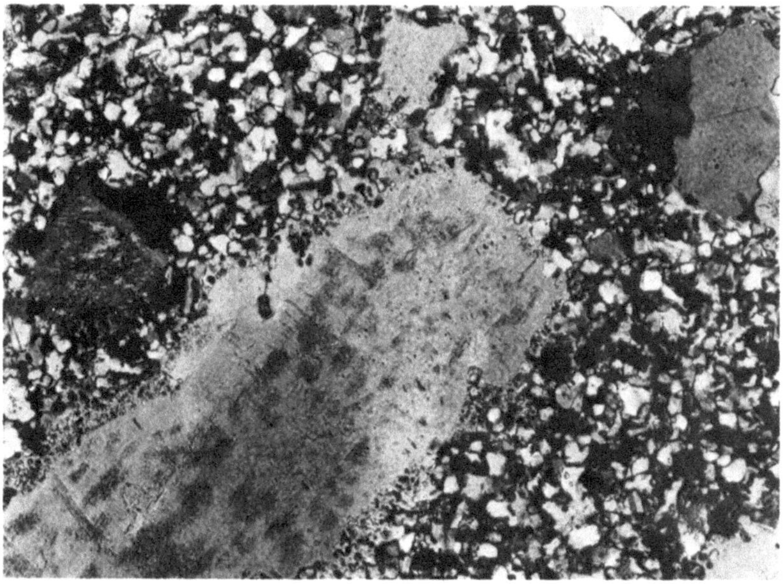

Abb. 77. Ein aus dem Granit stammender Kalifeldspat wird zusammen mit anderen Bruchstücken (rechts oben Quarz) in der Aplitfüllung eingebettet. Das in der Außenzone des K-Feldspates entstandene Quarz-Reaktionsgefüge ist in der Korngröße (1–12 μ) vielmals kleiner als die Quarze der Aplitfüllung. – Nic.+. – 73:1. Aplit, Baveno, Oberitalien

spat sei als Großblast in der Aplitgrundmasse gewachsen und seine randlichen, sehr kleinen Einschlüsse (2–12 μ) seien Reste der abgebauten Grundmassekornarten. Man wird diese Ansicht auch schon deshalb zunächst für richtig halten, weil diese kleinen Randeinschlüsse völlig von Kalifeldspatsubstanz umgeben sind, nicht in quarzerfüllte Kanäle übergehen, sondern kleine Randeinschlüsse bleiben. Die örtlichen Verhältnisse lassen indessen eine Deutung dieser Einschlüsse als Grundmassereste nicht zu. Der Aplit ist auf weite Strecken hin von kleinen Bruchstücken des umgebenden Granits erfüllt, die nur selten als isolierte Großkristalle, überwiegend als komplexe Bruchstücke aus mehreren Kornarten auftreten, die natürlich keine Blasten sein können.

In Abb. 78 ist die Weiterentwicklung der Randsymplektite schematisch wiedergegeben. Der links dargestellte Kalifeldspat gehört bereits dem Granit an. Die randlichen Grenzzonen der Granitkornarten haben gegen den Aplit allgemein symplektitische Reaktionsgefüge ausgebildet, und zwar sowohl Kalifeldspäte wie Plagioklase. Jedoch unterscheiden sich die beiden Feldspatarten durch die in ihnen entstandenen Quarzkörper; im Kalifeldspat sind es schlanke, kurze Spindeln, im Plagioklas aber rundliche, oblonge Formen. Während in der Quarzspindelzone des Kalifeldspates die Quarzkörper in einem anscheinend völlig unverändertem Feldspatmaterial liegen, zeigt die Quarzstengelzone des Plagioklases die gleichen Veränderungen, wie ich sie mehrfach bei Einschlußmyrmekiten als „Auslaugungszone“ beschrieben habe (z. B. Granitprobleme 1969, S. 206–216). Ich kam damals aufgrund eines umfangreichen Beobachtungsmaterials zu dem Schluß, daß Quarz-

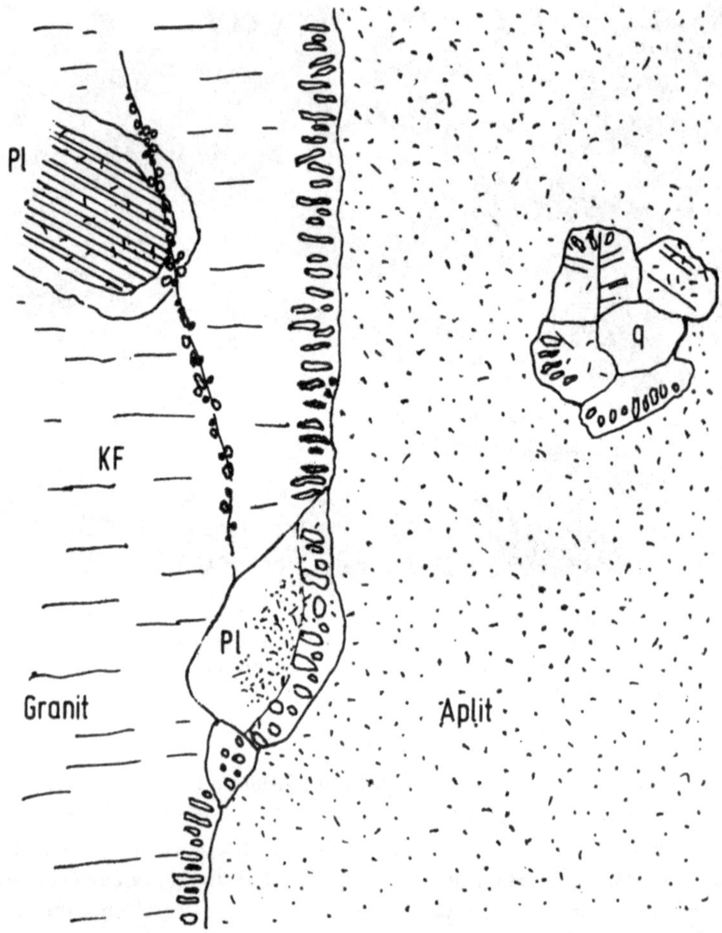

Abb. 78. Die Granophyrquarze in der Außenzone des Kalifeldspates sind ebenso wie diejenigen in den Feldspäten des im Aplit oben rechts eingebetteten Granitbruchstückes als Reaktion gegen die Aplitfüllung anzusehen. – Schematisch, nach Photographie. 45:1.

Aplit, Baveno, Oberitalien

stengel und Auslaugungszonen ursächlich nichts miteinander zu tun haben, was sich u. a. auch darin zeigt, daß Auslaugungszonen an Plagioklasen, die an sich schon einer Erhöhung des SiO_2-Gehaltes entsprechen, nicht auch noch die Kieselsäure für die Quarzstengelzonen geliefert haben können. Beides, Randauslaugung und Quarzstengelbildung sind zwar zwei voneinander unabhängige Vorgänge, sie können aber durchaus in einem einheitlichen Bildungsakt entstanden sein.

Daß Quarzstengelbildung in dem hier dargestellten Bereich der Abb. 78 auch in einem Plagioklas ohne alle Auslaugungserscheinungen möglich ist, geht aus den Verhältnissen des zonaren Altplagioklases im linken oberen Bildteil deutlich hervor. Dieser Plagioklas wird von einem dünnen Riß durchsetzt, der schon im Kalifeldspatgebiet auf beiden Seiten von kleinen Quarzkörnchen begleitet wird. Wohlgemerkt: Die Quarzkörner sind nicht auf dem Riß, sondern neben diesem im Feldspat entstanden. . . Sie sind auch im Plagioklas ausgebildet, ohne daß in dessen Innern auch nur das geringste Anzeichen eines Auslaugungsvorganges festgestellt werden kann.

Die allgemeine Situation dieser Granitbruchstücke im Aplit erfordert den Schluß, daß nach ihrer Einbettung in der Aplitfüllung Verhältnisse auftraten, die sich sehr erheblich vom Zustand des konsolidierten Granits unterschieden. Da der fertig auskristallisierte Granit im allgemeinen nicht mehr hoch temperiert gewesen sein kann (kaum über 200°), so kommt für die Aplite schon wegen ihrer Beziehung zu Zonen erhöhter Druckspannung weit eher die Möglichkeit eines Druckanstieges als höhere Temperatur infrage, der für die Ausbildung symplektitischer Quarzformen schon deswegen verantwortlich gemacht werden darf, weil bereits durch den künstlichen Versuch im Hochdruckautoklaven symplektitische Gefüge erzeugt worden sind (SCHLOEMER 1962).

Wenn wir also annehmen, Druckerhöhung erleichtere die Entstehung symplektitischer Gefüge, so wird die nächste Frage lauten müssen, ob das für alle Feldspatarten in gleicher Weise gilt. Abb. 79 zeigt dazu folgendes: In einer von Granitfragmenten erfüllten Aplitmatrix befindet sich auch ein komplexes Großkorn, das aus Albit-Oligoklas, Kalifeldspat und Quarz besteht. Beide Feldspatarten haben symplektitische Randzonen entwickelt, die etwa dieselbe Breite erreichen und in der Albitzone wieder als Randauslaugung[1]) ausgebildet sind (Abb. 80). Gleichbreite Randzonen wurden also in gleichen Zeiten und unter den gleichen ptx-Bedingungen ausgebildet, so daß die Empfindlichkeit des Kalifeldspates und des Plagioklases gegenüber der Neubildung eines symplektischen Gefüges etwa als übereinstimmend angesehen werden kann.

Abschließend ergibt sich noch die Frage, ob aus der Breite der randlichen Umwandlungszonen irgendwelche Schlüsse gezogen werden können. Auf jeden Fall ist der Schluß gerechtfertigt, daß mit Erreichung der heutigen inneren Grenze der Randzone die vorhandene Umwandlungsenergie aufgebraucht war. Ich habe bereits früher Fälle beschrieben, bei denen unter fortschreitender Randauslaugung schließlich der ganze Kristall umgewandelt wurde (1969, Abb. 166 und 168), so daß also die Möglichkeit, den ganzen Kristall auszutauschen, durchaus besteht, wenn nur die erforderliche Umwandlungsenergie vorhanden ist. Neben entsprechend ausgestatteten Lösungen wäre auch hier wieder an – mit den Bereichen wechselnder – Druckerhöhungen zu denken, deren Dauer gerade in einem aplitischen Gangsystem wegen Abdichtungsschwierigkeiten nur mäßig gewesen sein kann (vergl. Kap. V 2), so daß die entstandenen Randzonen schmal geblieben sind. Leider fehlen uns einstweilen auch noch die Möglichkeiten, wenigstens zu größenordnungsmäßig gesicherten Werten zu kommen. Autoklavenversuche könnten hier helfen.

---

[1]) In den Abb. 78 und 79 war im Kalifeldspat keine optische Randanomalie zu bemerken. Eine solche kommt aber in anderen Gangbereichen vor, wenn auch weit weniger häufig als beim Plagioklas. Ob es sich beim Kalifeldspat ebenfalls um eine Randauslaugung oder um eine Umlagerung in der Randzone der Quarzstengel handelt, war bei den zumeist recht schwachen optischen Anomalien und der geringen Breite der Randzonen einstweilen noch nicht festzustellen.

Abb. 79. Granitbruchstück in einem Granit, das aus zwei miteinander verwachsenen Feldspäten, einem Kalifeldspat (oben) und einem Plagioklas (unten) besteht. Beide Feldspäte zeigen randlich symplektitische Quarzspindeln. – Weißes Rechteck: Bildausschnitt der Abb. 80. – Abmessungen des Granitbruchstückes 1,0 · 3,2 mm. – Nic.+. – 26:1. Aplit, Baveno, Oberitalien

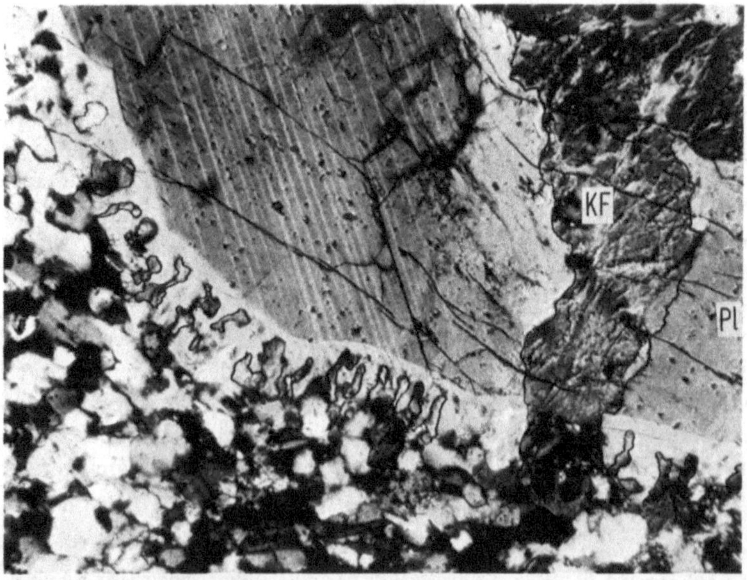

Abb. 80. Plagioklas mit randlicher Auslaugungszone, in welcher die Albitlamellen gerade noch erkennbar sind. Der den Plagioklas durchsetzende K-Feldspat (Primärverband!) enthält am Außenrande die gleichen aber gröberen Symplektitquarze wie der Plagioklas. – Nic.+. – 105:1. Aplit, Baveno, Oberitalien

4. Blastische Gefüge der Aplite

Das blastische Wachstum der Gefügekomponenten, welches bei kristallinen Schiefern, Gneisen und granitoiden Gesteinen jeder Art eine so beherrschende Rolle spielt, wird auch bei den Apliten in den verschiedensten Formen angetroffen. Da nun aber der Bildungsraum eines Aplites geometrisch wie materialmäßig – in der Ausbildung statischer Gefüge – überschaubar ist, wird man in einem solcherart begrenzten Gebiet die zu einer Blastese führenden Vorgänge in ihren Einzelheiten leichter verfolgen und eingrenzen können als etwa im zugehörigen Hauptmassiv.

Die Voraussetzung blastischen Wachstums ist das Vorhandensein einer Grundmasse[1]). Damit sich die neue Kornart darin bilden kann, müssen am Entstehungsort des neuen Blasten die alten Gefügekomponenten abgebaut werden, das heißt aber, daß sich alle verschiedenen Grundmassekornarten gegen die Lösungen, aus denen der neue Blast kristallisieren wird, einheitlich instabil verhalten. Der Umbau der Komponenten des Grundgewebes erfolgt aber keineswegs quantitativ. Fast immer bleiben zahlreiche, z. T. korrodierte Kornarten zurück, die als Interngefüge das Innere der Blasten erfüllen (Abb. 81, 82). Eines der wichtigsten Beispiele sind die großen Kalifeldspatblasten der Granit- und Gneismassive. (Es wird noch manchem Petrographen unserer Tage schwer, sich mit der späten Bildungszeit dieser Blasten zu befreunden.) Auf weitere allgemeine Vorgänge bei der Blastese, die für unsere vorliegenden Betrachtungen erst in zweiter Linie Bedeutung haben, bin ich in meinen Arbeiten 1927, 1948 und 1969 näher eingegangen.

Bei der Beurteilung blastischer Vorgänge in leukokraten Füllungen ist es zunächst wichtig, Anhaltspunkte dafür zu gewinnen, woher die das Blastenwachstum vermittelnde Lösung stammt. Sie muß, wie später Kap. V 3 genauer ausgeführt werden wird, aus dem Intergranularbereich des Nebengesteins zugeführt werden. Dieser an sich einfache Vorgang kann erheblich verwickelter werden durch das Auftreten mehrerer Lösungsschübe. Betrachten wir zunächst ein einfaches Beispiel: eine endliche tektonische Ruptur ist aus dem Intergranular-Netz des Nebengesteins heraus mit gelöstem Material gefüllt worden, kristallisiert unter statischen Verhältnissen und ergibt ein aplitisches (isometrisches) Normalgefüge. Entsteht nun im Anschluß an die Erstkristallisation ein blastisches Wachstum größerer Kornarten, so entsteht die Frage: Kann der Blastesevorgang von dem Lösungsrest der Erstkristallisation der Füllung herrühren oder ist ein neuer Lösungsschub nötig gewesen, der wiederum dem Intergranularraum des Nebengesteins entstammend, nunmehr ein fertiges Gefüge in der Gangfüllung vorfindet und in dieser blastogenetisch tätig wird. Für beide Möglichkeiten sind Beispiele vorhanden. In den bereits besprochenen Abb. 15 und 29 treten im Ganginnern Kalifeldspatblasten von besonderer Größe auf, die im unmittelbaren Nebengestein völlig fehlen, so daß die oben genannte Vermutung, das Blastenwachstum in der Gangfüllung sei aus ‚eigenem Lösungsbestand' produziert worden, zu recht zu bestehen scheint. Vergleicht man damit die Abb. 16 und 27, so zeigt sich, daß sowohl die Gangfüllung wie auch der umgebende Bereich des Nebengesteins die gleichen

[1]) Grundmasse und Grundgewebe sind in Fällen metasomatischer Gangbildung auch bei Apliten auseinanderzuhalten.

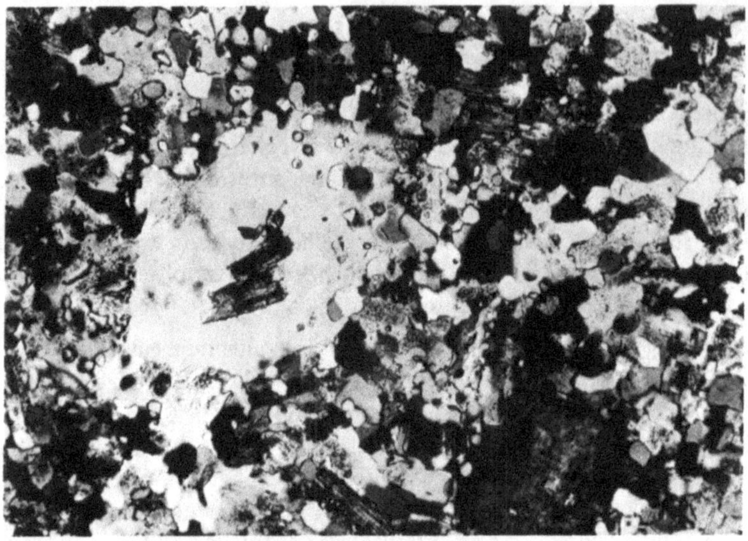

Abb. 81. Kalifeldspat-Blastese in einem feinkörnigen Aplit. Aus der Intergranulare des infiltrierten Grundgewebes entwickelt sich der K-Feldspat-Blast mit Interngefüge (0,8 · 1,2 mm). – Nic.+. – 44:1. Brixen, Südtirol

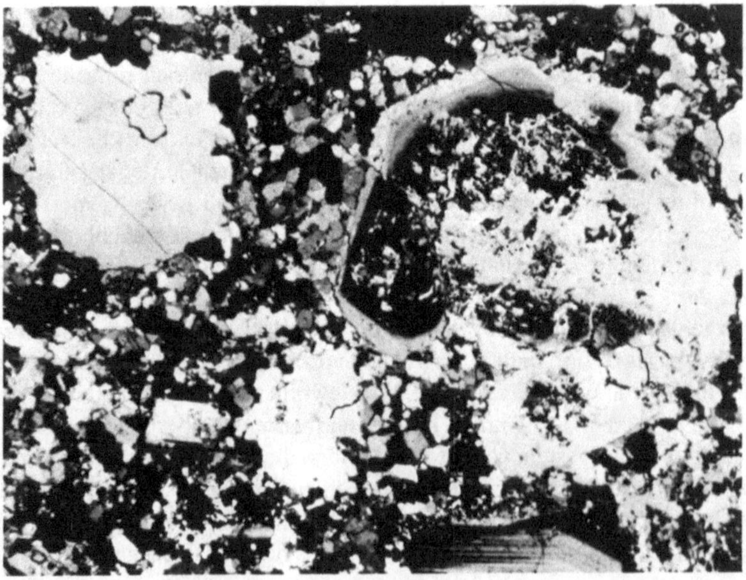

Abb. 82. Blastisches Aplitgefüge. Zonarer Plagioklas-Blast (2,02 · 2,14 mm) mit Interngefüge aus teilweise abgebauten Grundgewebseinschlüssen. – Nic.+. – 28:1. Monte Frerone, Adamello

Abb. 83. Zerfressenes Biotit-Großkorn in einem Baveno-Aplit. In der Umgebung des Biotitblasten ist ein komplexes K-Feldspat-Granophyrgefüge entstanden, dessen Wachstum so behutsam erfolgte, daß die bei der partiellen Verdrängung des Biotits entstandenen Anteile in ihrer ursprünglichen Lage homoachs zur Hauptmasse des Biotits am Ort geblieben sind. Ein Beispiel für mehrfache Lösungsschübe. – Nic.+. – 105:1. Baveno, Oberitalien

Kalifeldspatblasten enthält, so daß es den Anschein hat, als ob die KF-Blastese im Ganginnern nicht als spezielles Ergebnis von Reaktionen in der Füllmasse gelten kann, sondern daß der ganze Großbereich mit seinen Gängen einem allgemeinen Blastese-Vorgang anheimgefallen ist. (Als Spezialbeispiel s. Abb. 86–89.)

Daß mehrere Lösungsschübe auch im Ganginnern nachgewiesen werden können, zeigt Abb. 83. Hier ist ein Biotitblast mit etwa zwölffacher Größe der Komponenten des Grundgewebes entstanden. In einer späteren Entwicklungsphase wurde der Biotitblast unter Erzeugung eines granophyrartigen Gefüges wieder abgebaut, doch so behutsam, daß die im Abbaubereich verbliebenen Biotitreste – wenn auch ohne Verbindung zum Hauptkristall – ihre ursprüngliche Lage beibehalten haben und sich völlig homoachs zum Hauptbiotit erweisen.

Die gleichen Beobachtungen betreffs der Tätigkeit mehrerer Lösungsschübe im Ganginnern sind auch an Plagioklasblasten anzustellen. So lassen sich aus Abb. 84/85 die folgenden Vorgänge ableiten. Der KF-Blast der Abb. 84 enthält die korrodierten Anteile eines Oligoklases, der seinerseits bereits in der frühen Grundmasse Platz gefunden hatte. Seine heute im KF-Blast enthaltenen Reste betragen ca. ein Viertel der Masse des Kalifeldspates. Die Masse des Oligoklases war also ursprünglich (bei Anrechnung der Korrosionsverluste) noch erheblich größer als die heutigen Reste und betrug das Vielfache der Masse der Einzelkornarten des Grundgewebes. Die Abb. 85 dürfte das Ausgangs-Strukturbild des Primärgefüges mit einem Oligoklasblasten ziemlich genau wiedergeben. Bei der später folgenden zweiten Blastese enthielten die Lösungen wieder mehr Kalium. Es kam zur Kalifeldspatblastese mit ihrer Verdrängungswirkung auf den Oligoklasblasten, wie es in Abb. 84 bereits dargestellt worden ist.

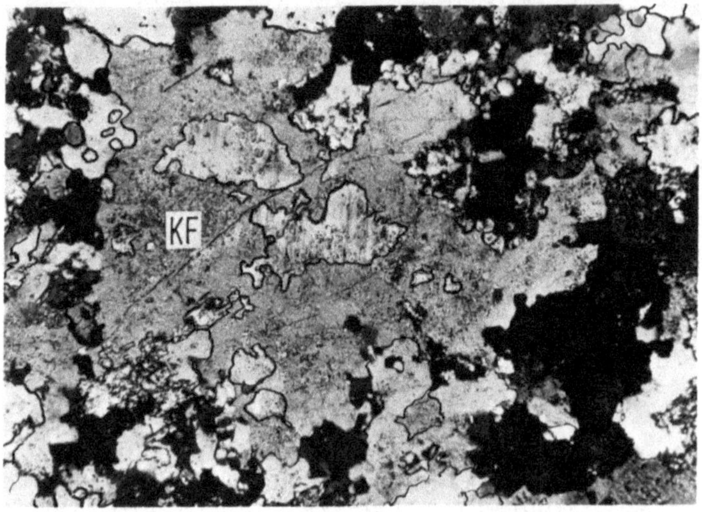

Abb. 84. Kalifeldspat-Blastese unter Verdrängung eines Oligoklas-Großkornes. (K-Feldspat 1,15 · 1,35 mm) in einem Aplit. – Nic.+. – 42:1. Monte Frerone, Adamello

Abb. 85. Protogin-Aplit mit Plagioklas-Blast (0,85 · 1,2 mm) in der Grundmasse. – Nic.+. – 44:1. Julierpaß, Schweiz

Diese Beobachtungen, die in allen Einzelheiten feststehen und immer wieder gemacht worden sind, führen sogleich zu der Hauptfrage: Wie ist es möglich, daß auf den Intergranularen eines fertigen und konsolidierten Gefüges Lösungen zirkulieren, gegen welche sich so gut wie alle Kornarten dieses Gefüges instabil verhalten? Nun haben Autoklavenversuche (DRESCHER-KADEN 1961, 1962, 1969 p. 348) erwiesen, daß in einem durchströmten Intergranularsystem ganz andere Löslichkeitsverhältnisse der Kornarten herrschen als im freien Raum. Bei den Versuchen wurde das Verhalten von Chalzedonkugeln- und -zylindern in einem losen Korngefüge untersucht (Arbeitsdaten: 370°C, 220 at, 80 h). Es ergab sich, daß die in dem Korngefüge – es wurde eine gereinigte Quarzsandschüttung benutzt – eingesetzten Chalzedonkörper stark abgebaut wurden, während ihre in die freie Lösung (H_2O, pH7) hineinragenden Teile unangegriffen blieben. Neuerdings sind die gleichen Vorgänge an einem Naturvorkommen beobachtet worden. In Bahia (Brasilien) wurde ein umfangreiches Bergkristallvorkommen gefunden, dessen z. T. sehr schöne und klare Kristallgruppen durch tektonische Bewegungen auf dem Gang teilweise in später verhärtende Quarzsandmassen hineingerieten. Die im Sandpolster zirkulierenden Lösungen bauten die Quarzkristalle z. T. wieder ab, so daß höchst bizarre Korrosions- und Fraßformen entstanden (Abb. 86), über die später an anderer Stelle eingehender berichtet werden soll. Für unser vorliegendes Problem der Blasten-Bildung aber sind die gebrachten

Abb. 86. Bei einer Quarz-Kristallgruppe sind die im Bild aufrecht gestellten Kristalle längs einer Ebene abgebaut und einheitlich ihrer Kopfregion beraubt worden. Das ist nur bei denjenigen Kristallen geschehen, die in ein Sandpolster eingebettet waren, dessen Reste auf den Kristallstümpfen des oberen Bildteiles sichtbar sind. Die Abbauwirkung der Lösungen im Kapillarsystem des Sandpolsters ist überall zu beobachten, wo Kristallteile mit der Sandschüttung Berührung hatten. – Die Kristallgruppe stellt das natürliche Gegenstück dar zu dem in Kap. III 4 erwähnten Autoklavenversuch, Drescher-Kaden 1962. Bahia, Brasilien

Beispiele – besonders auch das Bahia-Vorkommen – durchaus wichtig, weil sie einen Weg aufzeigen, auf dem es möglich sein wird, auch das Verhalten der Einzelkornarten eines Gefüges gegen die Lösungen der Intergranulare aufzuklären.

Eine weitere Beobachtung der Blastesierung eines größeren Bereichs, die ich wiederum Herrn Prof. KOARK (Uppsala) verdanke, soll alsbald noch folgen, weil hier mit vollkommener Klarheit die späte Entstehung der KF-Blasten in einem bereits fertigen Gestein – und über einen großen Bereich hin – bewiesen wird. Es handelt sich um einen bedeutenden Gneiskomplex der Zillertaler Alpen, der durch die Arbeiten des Zemmwerkes (Innsbruck–Mayrhofen) großzügig aufgeschlossen worden ist. Die Aufnahmen Abb. 87/89 entstammen dem Tuxstollen des genannten Werkes. Das Hauptgestein (Abb. 87) ist ein mittelkörniger Biotitgneis mit konkordanten leukokraten Bänken. Der ganze Gneiskörper mit seinen hellen und dunklen Lagen wird von einem tiefgreifenden Kalifeldspatwachstum blastisch durchwuchert. Bei der ersten Betrachtung des Hauptgesteins wird man geneigt sein, die Feldspatisierung als einen dem Gefügeaufbau des Gneises zugehörenden Vorgang anzusehen, mit dem die Entwicklung des Hauptgesteins im großen abgeschlossen war. Die Vergleichung mit anderen, altersverschiedenen Gesteinsgliedern, Gängen etc zeigt jedoch ein ganz anderes Ergebnis. Wäre der Aufbau des Hauptgesteins mit der Feldspatisierung beendet gewesen, so könnten spätere Gänge und Rupturenfüllungen nicht dieselben blastischen Feldspäte aufweisen wie das Hauptgestein – was sie in Wirklichkeit tun (Abb. 88/89). Die Art der Verteilung der Feldspäte im Hauptgestein und den (altersver-

Abb. 87. Leukokrate Zone in einem mittelkörnigen Para-Biotitgneis der Greiner Serie, Zillertaler Alpen. Die s-Flächen im Innern der Zone und im Gneis stimmen völlig überein. Der Gneis und seine leukokraten Lagen enthalten die gleichen Kalifeldspat-Neubildungen.
Aufnahme KOARK, 1971 Zemmwerk bei Mayrhofen, Tuxstollen

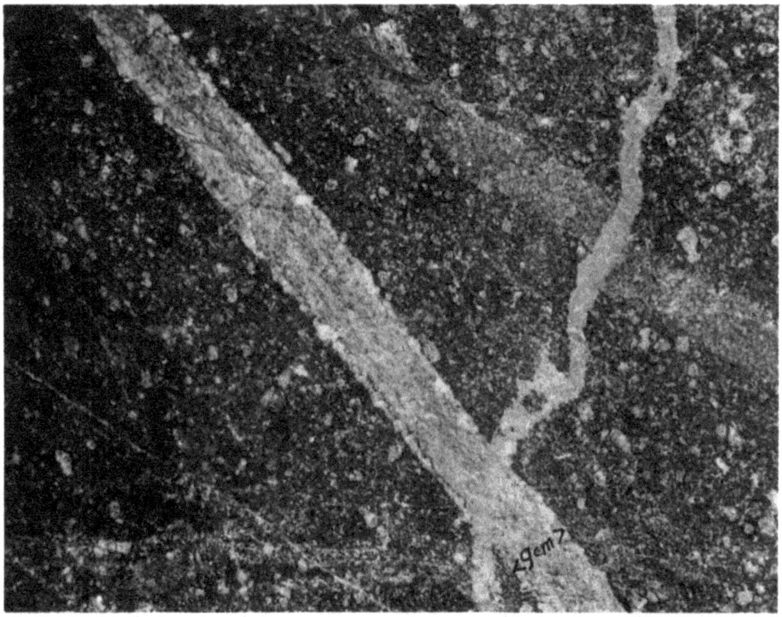

Abb. 88. Aplitgänge verschiedenen Alters, die in einem fein-mittelkörnigen Paragneis aufsetzen, werden gemeinsam mit diesem einer allgemeinen Kalifeldspat-Blastese unterworfen.
Aufnahme KOARK, 1971 Zemmwerk bei Mayrhofen, Tuxstollen

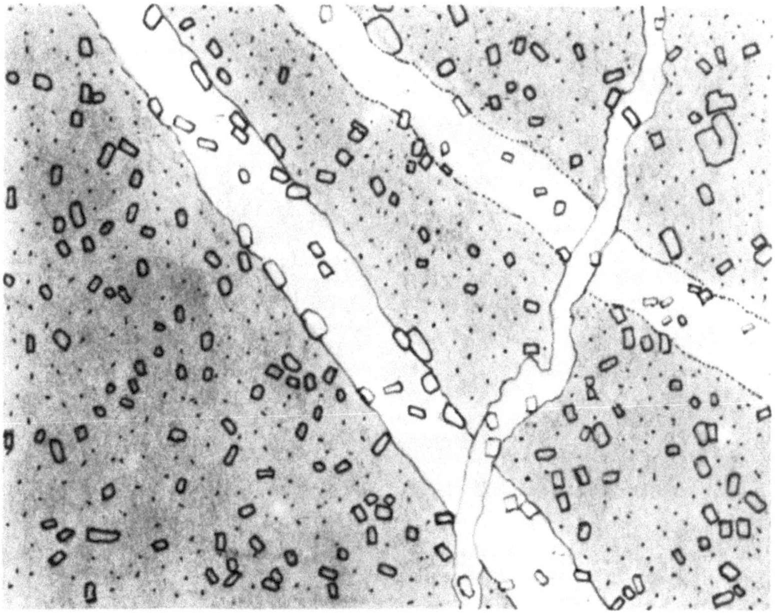

Abb. 89. Schematische Zeichnung der Photographie Abb. 88.

schiedenen!) Gängen zeigt außerdem zweifelsfrei, daß die Feldspatführung der Gänge kein auf diese beschränkter Spezialvorgang gewesen sein kann, sondern daß eine einheitliche Feldspatblastese den gesamten Bereich mit allen vorkommenden Gesteinsgliedern annähernd gleichzeitig erfaßt und umgestaltet hat! – Die Bereitstellung der dazu nötigen Lösungen wird in Kap. V 5 diskutiert.

Die Kalifeldspatblastese der Gneise des Zemmgrundes möge noch mit den blastischen Vorgängen in einem Granitgneis verglichen werden (Abb. 90). Auch hier treten Gänge auf, deren Verhältnis zur Kalifeldspatisierung eine relative Zeitangabe der letzteren ermöglichen soll. Bei diesem Beispiel sind die Feldspäte aber nicht blastisch im Gang verteilt, sondern längs den Grenzen des Ganges als Salband eingewachsen. Mit diesem Verhalten erweisen sich die Feldspäte wiederum als jünger als der Gang, denn ob sie als Blasten im Ganginnern oder als Belegung seiner Grenzflächen auftreten: In beiden Fällen muß der Gang vorhanden sein, damit sich die Feldspäte im Innern oder auf den vom Gang markierten Grenzen ausbilden können. Da zwischen den Salband-Feldspäten und den

Abb. 90. Die Salbänder des aplitgranitischen Ganges sind mit K-Feldspat-Kristallen ausgekleidet, die nachträglich in die Grenzflächen der Gangfüllung einwuchsen – unter Ausnutzung der größten Wegsamkeit. Diese Grenzflächen-Kalifeldspäte sind stofflich identisch mit den großen Kalifeldspat-Blasten aus dem Granitgneis des Bergeller Massivs und unterscheiden sich durch die Anordnung der Einschlüsse. – Gangbreite 14 cm.
Aufnahme KOARK — Albigna-Tal, Bergell, Schweiz

großen Blasten des Granitgneises bis jetzt kein stofflicher Unterschied aufgefunden werden konnte, dürften beide in die gleiche Feldspatisierungsphase gehören, und es liegt daher bei der Vergleichung der Abb. 89 und 90 nahe, auch für „Kristallgranite- und Gneise" dieser Art zu fragen, ob Feldspatisierungen vorkommen, die als blastische Phase noch nachträglich das Grundgewebe der primären Gesteinsbasis durchwuchern. Dann wären alle auftretenden Kalifeldspäte etwa gleichen Alters – die Gesteinsblasten wie auch die auf den Salbändern angesiedelten Grenzfeldspäte – und sie wären erst nach der Konsolidierung des Hauptgesteins durch blastische Umformungen im Gefüge entstanden (s. a. WEIBEL 1960).[1])

Das Ungewohnte dieser Auffassung liegt darin, daß man die Kalifeldspäte seit alters her als Frühbildungen – trotz ihrer Grundgewebseinschlüsse – angesehen und ihre Raumorientierung auf Fluidalvorgänge zurückgeführt hat, ohne zu berücksichtigen, daß nachträgliches Einwachsen von Blasten auf s-Flächen das raumgeometrische Bild echter Fluidalerscheinungen ergeben kann und ein Nachweis des wirklichen genetischen Vorganges auf anderem Wege erbracht werden muß.

Wenn aber, wie die Vorkommen aus der Greiner Serie des Zemmgrundes Abb. 87/89 zeigen, die nachträgliche Feldspatisierung eines ganzen Gneisbereichs einschließlich der leukokraten Gänge – und zwar nicht nur auf deren Grenzen! – möglich ist, so sollte dieses späte nachaplitische Blastenwachstum in der Lage sein, diesen Nachweis zu liefern.

In diesem Zusammenhang ist das blastische Wachstum zonar gebauter Plagioklase wichtig, die ebenfalls in Apliten auftreten und bei denen der Nachweis der Beteiligung von Kieselsäuregelen am primären Aufbau der Blasten auf Grund erhaltener Zonarstrukturen erbracht werden kann (s. Abb. 146, 147. Kap. V 4).

Ich halte es für erforderlich, zum Abschluß dieses Kapitels die Erwägungen wiederzugeben, die ich aufgrund einiger einfacher Berechnungen im Jahre 1948 über das Verhältnis des wachsenden Blasten zu seinem Nebengestein geäußert hatte. Da, wie mir scheint, diesem Problem seither nicht immer die notwendige Aufmerksamkeit geschenkt wurde, ist eine Erinnerung an einige wichtige Grundfragen dieses Forschungsgebietes vielleicht nicht nutzlos. Ich habe damals (1948, S. 212 ff.) das folgende geschrieben.

„Man kann rein rechnerisch durch Vergleichung des Stoffbestandes von Grundgewebe und gewachsenem Kristalloblast wahrscheinlich machen, ob die zum Aufbau des Kristalloblasten benötigten Stoffmengen durch Umlagerung der Grundgewebskomponenten oder allein durch Zufuhr von außen erklärt werden können.

Hierzu sollen zwei Beispiele natürlicher Gesteine mit einfachem Mineralbestand dienen. Es sind metamorphe, hornfelsartige Quarz-Biotit-Gesteine, welche durch Kristalloblastese stark umgeformt wurden. Die Blastese erzeugte in dem einen Gestein Kalifeldspäte, im andern Plagioklase als Neubildung.

Zur Beantwortung der Frage nach dem wirklichen Ablauf der Reaktionen soll 1. auf völlige Wegführung des Grundgewebsmaterials im Bereich des Kristalloblasten, 2. auf

---

[1]) WEIBEL gehört zu den ersten Forschern, welche die großen Feldspatporphyroblasten – wenigstens vereinzelt – als jünger, das heißt nach der Hauptkristallisationsphase entstanden, angenommen haben.

Umbau der vorhandenen Grundgewebsarten zu einem einheitlichen Großkristall geprüft werden.

Für 1. ergeben sich folgende Erwägungen. Zusammensetzung des Ausgangsgesteins (stark vereinfacht): 40% Quarz, 35% Biotit, 25% Oligoklas. – Ersetzt man diese Kornarten in dem vom Kristalloblasten eingenommenen Bereich durch Kalifeldspat, so erhält man folgende Zahlenwerte:

Tab. 1

	SiO_2	Al_2O_3	Fe_2O_3	FeO	MgO	CaO	Na_2O	K_2O	H_2O
40% Quarz	40,4								
35% Biotit	14,3	5,1	1,3	5,9	4,0			3,3	1,1
25% Oligoklas	15,5	6,0				1,3	2,2		
= 100% Grundmasse (abgeführt)	69,8	11,1	1,3	5,9	4,0	1,3	2,2	3,3	
Dafür im gleichen Bereich 100% Kalifeldspat zugeführt	64,8	18,3						16,9	

Es sind demnach in dem vom Kristalloblasten eingenommenen Bereich 40% Quarz, 35% Biotit und 25% Oligoklas verschwunden und dafür 100% Kalifeldspat neu zugeführt worden. Damit aber laufen zwei Vorgänge, bei denen großenteils die gleichen Stoffe in Zu- und Abführung verwendet werden, gleichzeitig nebeneinander her, woraus der Schluß zu ziehen ist, daß sich der Vorgang kaum in dieser Form abgespielt haben dürfte. Es ist nämlich durchaus nicht einzusehen, weshalb z. B. die zum Aufbau des Kristalloblasten benötigte Kieselsäure, die ja durch die Auflösung der Grundgewebskornarten im Überschuß (5%) zur Verfügung steht, nicht benutzt, sondern weggeführt und dafür fast die gleiche Menge fremder Kieselsäure neu hinzugebracht wurde. Man wird sich umsonst nach Transportwegen im Gestein umsehen, auf denen derartige Stoffmengen gleichartiger Ionen getrennt voneinander über größere Entfernungen hin und her transportiert werden können.[1])

Daß der Kristalloblast sehr wahrscheinlich Grundmassematerial zu seinem Aufbau verwendet hat, geht aus folgendem hervor: 1. Der Kristalloblast befindet sich an der Stelle, an welcher sich früher Grundgewebe befand. 2. Hohlräume, in welche Kristalloblasten hineinwachsen konnten, waren nicht vorhanden. 3. Der Kristalloblast umschließt häufig größere Mengen von Grundmassekornarten, deren Einzelkörner z. T. stark korrodiert sind und an Größe verloren haben. Daß Bestandteile dieser Kornarten in den neuentstandenen Kristalloblast eingebaut und nicht weggeführt wurden, zeigen Feinkorn-Restbestände und „Lösungswolken", die mitunter an Stellen, wo ehemals Grundgewebseinschlüsse lagen, im Kristalloblasten sichtbar werden.

[1]) Bei im Granit eingesunkenen Nebengesteinsschollen und der Kürze der Transportwege ist die eben erwähnte radikale Wegführung der Grundgewebskornarten vielleicht doch nicht völlig auszuschließen. Man findet häufig, daß Schollen verschiedenen Ausgangsmaterials unterschiedslos die normalen Feldspäte des Massivgranits zeigen. Diese werden anscheinend durch den gleichen Wachstumsvorgang in Einschlüssen durchaus abweichenden Ausgangsmaterials übereinstimmend erzeugt, ein Umstand, der unter anderem die Intensität der die mineralfazielle Gleichartigkeit erzwingenden Vorgänge beweist.

Diese Beobachtungen, welche im Einklang mit dem Fall 3 auf eine Mitverwendung des aus dem Grundgewebe mobilisierten Materials beim Aufbau des Kristalloblasten schließen lassen, werden durch die folgenden Zahlenwerte (Tab. 2) unterstützt.

Tab. 2 Kalifeldspat-Kristalloblast im Grundgewebe.

	SiO_2	Al_2O_3	Fe_2O_3	FeO	MgO	CaO	Na_2O	K_2O	H_2O
100% Kalifeldspat									
in Gew.-%	64,8	18,3						16,9	
Mol.-Quotienten	1079	180						180	
in Mol.-%	75,0	12,5						12,5	
100% Grundgewebe in Gew.-%									
davon: 40% Quarz	40,0								
35% Biotit	14,3	5,1	1,3	5,9	4,0			3,3	1,1
25% Plagioklas (26% An)	15,5	6,0				1,3	2,2		
Grundgewebe, Gesamtbestand									
in Gew.-%	69,8	11,1	1,3	5,9	4,0	1,3	2,2	3,3	1,1
Mol.-Quotienten	1162	109	8	82	99	23	36	35	61
in Mol.-%	72,3	6,8	0,5	5,1	5,7	1,4	2,2	2,2	3,8
Differenz Kalifeldspat gegen Grundgewebe									
in Mol.-%	+2,7*	+5,7	−0,5	−5,1	−5,7	−1,4	−2,2	+10,3	−3,8

			Leichtlösliche Bestandteile ($CaO \cdot Na_2O \cdot K_2O$)	Schwerlösliche Bestandteile ($SiO_2 \cdot Al_2O_3 \cdot Fe_2O_3 \cdot FeO \cdot MgO$)
Vom Stoffbestand des Grundgewebes am Ort der Kristalloblastenbildung geblieben und im Kalifeldspat eingebaut	SiO_2	72,3		
	Al_2O_3	6,8		
	K_2O	2,2		
		81,3		
Zur Kalifeldspatbildung benötigt und zugeführt	SiO_2	2,7		2,7 } 8,4
	Al_2O_3	5,7		5,7
	K_2O	10,3	10,3	
		18,7		
Dafür Grundgewebsbestandteile aus dem Raum der Kalifeldspatbildung abgeführt	Fe_2O_3	0,5		0,5 } 11,3
	FeO	5,1		5,1
	MgO	5,7		5,7
	CaO	1,4	1,4 } 7,4	
	Na_2O	2,2	2,2	
	H_2O	3,8	3,8	
		18,7	+2,9	−2,9

* Zugeführte oder abgeführte Bestandteile in Tabelle 2 erhalten Plus- oder Minuszeichen.

Bei der Berechnung waren folgende Erwägungen maßgebend. Alle chemischen Bestandteile, welche sowohl in den Kornarten des Grundgewebes wie in den entstehenden Kristalloblasten vorkommen, werden als am Ort geblieben angesehen. Bestandteile, welche in der Grundmasse in größerer Menge vorhanden sind als im Kristalloblasten, werden aus dem Raum der Kristalloblastenbildung als abgeführt (–), Bestandteile, welche im Grundgewebe nicht vorhanden, zur Kristalloblastenbildung aber benötigt sind, als zugeführt (+) angesehen. Die Vergleichung erfolgt auf der Grundlage der Molprozente.

Aus den hierbei erhaltenen Zahlen ergibt sich, daß bei der Kalifeldspatbildung 81,3% der Grundgewebsbestandteile am Ort geblieben sind und zum Aufbau des Kristalloblasten verwandt wurden. Weiterhin waren zur Feldspatbildung notwendig, aber nicht vorhanden – und mußten infolgedessen zugeführt werden – 18,7%, wofür die entsprechenden Mengen nicht verwendbarer Bestandteile – Fe und Mg aus Biotit, Ca und Na aus Plagioklas – entfernt wurden.

Vergleicht man schließlich die Gesamtbilanz der leichtlöslichen mit derjenigen der schwerlöslichen Bestandteile, so zeigt diese ein Überwiegen der ersteren um rund 3%. Bei der Kristalloblastese herrscht also im Endeffekt eine Vermehrung der leichtlöslichen Komponenten vor auf Kosten der schwerlöslichen Bestandteile. Wenn auch die Gesamtverschiebung an Material nicht sehr erheblich ist, da jedesmal über 80% des vorhandenen Stoffbestandes in der neuentstehenden blastischen Kristallart untergebracht werden kann, so deutet gerade das Überwiegen der leichtlöslichen Komponenten in der Endbilanz auf hydrothermale Einflüsse bei der Metamorphose, welche den Stoffbestand des ursprünglichen Materials durch die Abfuhr schwerlöslicher Anteile dem Eruptivgesteins-Chemismus annähert.

Betrachten wir nun nach den mitgeteilten überschlägigen Rechnungen die verschiedenen Möglichkeiten, die für die Platznahme der Kristalloblasten im Gefüge in Betracht kommen.

1. Der Kristalloblast wächst gewissermaßen als Einzelfall eines rekristallisierten Kornes durch Aufzehrung des unter Spannung stehenden Gefügebereiches, hierdurch dessen Energieinhalt verringernd (Sonderfall der Rekristallisation, Umlagerung des vorhandenen Stoffbestandes, keine Zufuhr). Es bleibt die Art der Beanspruchung zu erklären sowie die regelmäßige Verteilung der „Spannungsfelder" im Grundgewebe.

2. In dem unter Spannung stehenden Bereich – im „Spannungsfeld" – ist die Löslichkeit der vorhandenen Korngemeinschaft größer als in dem angrenzenden spannungsfreien Gefüge mit geringerem Energieinhalt. In diesem Gebiet können daher die Kornarten abgebaut und metasomatisch unter Stoffzufuhr durch einen einheitlichen Großkristall ersetzt werden.

Die unter Fall 1 und 2 geschilderten Möglichkeiten verlangen für das kristalloblastische Wachstum ebenso wie Rekristallisationsgefüge das Vorhandensein von Spannungsfeldern, welche in Deformationsvorgängen irgendwelcher Art begründet sind. Demgegenüber steht als weitere Möglichkeit:

3. Die Kristalloblastenbildung ist nicht vom Deformationszustand der Einzelbereiche abhängig, sondern geht auf eine von außen eingedrungene, das Porenvolumen des Gesteinsgefüges erfüllende Lösung höherer Temperatur und deren Einwirkung auf das vorgefundene Gefüge in strenger Abhängigkeit von der Wegsamkeit zurück.

Der Vorgang nach Fall 3 kann folgendermaßen gedeutet werden. Der neuentstehende Kristalloblast enthält – wie soeben wahrscheinlich gemacht wurde – wesentliche Mengen des Stoffbestandes der Grundgewebskornarten. Ein Teil dieses Materials wurde also von der eingedrungenen Lösung – welche ihrerseits wichtige Stoffe mitbringt – durch Auflösung der Grundmassekomponenten mobilisiert. Er kann bei sinkender Temperatur an geeigneten Stellen des Gefüges wieder ausgefällt werden. Der mittlere Abstand der auf diese Weise entstandenen Kristalloblasten voneinander kann durchaus glaubhaft dadurch erklärt werden, daß der ionare Gehalt der Lösung bezirksweise, zentrisch, um die Keimpunkte der neuentstehenden Kristallart herum zu deren Aufbau verbraucht wird. Damit tritt eine vom Keimpunkt radial nach außen abnehmende Verarmung der Lösung ein, bis nach Durchschreiten des verarmten Gebietes wieder ein Bereich einer zu weiterem Kristallwachstum genügenden Konzentration erreicht ist. Der hierdurch bedingte mittlere Abstand der Kristalloblasten steht in direktem Zusammenhang mit der Konzentration der das Porenvolum des Gefüges erfüllenden Lösung. Der ganze Vorgang mit Auflösung und Wiederauskristallisation ist einer partiellen Pseudomorphosierung des Gefüges zu vergleichen und dürfte als „Lösungs-Fällungs-Ablauf" auch deswegen Wahrscheinlichkeit für sich beanspruchen, weil die Annahme so regelmäßig verteilter Spannungsfelder, wie sie die Beobachtung mittlerer Abstände bei den Kristalloblasten eines Gesteins ergibt, einstweilen nicht ausreichend begründet werden kann. Haben wir schließlich mit der soeben entwikkelten Darstellung der Genese eines Kristalloblasten auf die Annahme von präkristalliner Verformung als entscheidender Grundlage der Blastese im wesentlichen verzichtet, so ist damit eine klare Abgrenzung gegenüber der Rekristallisation erreicht, bei welcher die vorhergegangene Deformation die notwendige Bedingung darstellt."

5. Die Restkieselsäure und ihr Verhalten in aplitischen Gefügen als selbständige Gefügeeinheit - Parablastese

Bei den im vorigen Kapitel besprochenen Vorgängen der allgemeinen Blastese spielte eine entscheidende Rolle die Beziehung des wachsenden Blasten zum Grundgewebe seines Bildungsraumes. Die Wiederverwendung des ausgebauten Grundgewebsmaterials im Kalifeldspatblasten ließ sich durch eine Bilanzaufstellung der vorhandenen zu- und abgeführten Stoffe wahrscheinlich machen. Die Bildung des gleichen KF-Blastentyps über ein größeres Gebiet hin – der auch in Fremdschollen geringer Korngröße mit größenverschiedenen Intergranularräumen in der gleichen Weise entsteht – läßt auf ein sehr großes Bildungsintervall beim hydrothermalen Kalifeldspat schließen.

Gegenüber derartigen Blastesevorgängen, die zu Silikaten als Blasten führen, stehen nun Verdrängungsvorgänge in einem Aplitgebiet, bei dem es nicht zur Ausbildung silikatischer Großblasten kommt. Es entstehen vielmehr im bereits fertigen Gesteinsgefüge Quarzkornarten, deren Größe oft das Mehrfache der Kornarten des Grundgewebes beträgt. Wie kommt es zu diesen späten Quarzinfiltrationen?

Abb. 91. In einem Plagioklas-Kalifeldspat-Gefüge werden gruppenweise Kornbereiche abgebaut und mit Quarz (dunkel) aufgefüllt. Die noch erhaltenen Korngrenzen der einzelnen Feldspäte sind „zahnstangenartig" korrodiert. – Nic.+. – 28:1.
Aplit aus Lagrev-Protogin, Sils-Baseglia, Schweiz

Hierzu zeigt Abb. 91 den Gefügeausschnitt eines Protogin-Aplits, in dem gruppenweise von den Korngrenzen aus Kalifeldspäte und Albite abgebaut und die Abtragungsdefekte mit Quarz ausgefüllt werden. Die korrodierenden Phasen müssen eine sehr aggressive Wirkung gehabt haben, denn einmal sind die abgebauten Massen nicht unbeträchtlich, und dann sind die erzeugten Lösungsspuren sehr intensiv und gleichen sägezahnähnlichen Formen. Es ist natürlich nicht so, daß die Quarzfüllung in ihrer heutigen Form die raumschaffenden Abbauvorgänge erzeugt hätte. Es sind vielmehr dem Quarz vorhergehende aggressive Lösungen gewesen, deren Reaktionsfähigkeit im gleichen Maße abnehmen mußte, als die ausgebaute Kieselsäure zunahm, um schließlich nach vollständigem Verlust der Lösungsenergie als Quarz zu kristallisieren. Diese Vorstellung mag im Großen richtig sein, im Einzelnen bleiben noch viele Fragen offen. Eins der wichtigsten Probleme: Weshalb sind die Feldspatbestandteile Tonerde, Kalzium und Alkalien so gründlich abgeführt worden, daß es nicht zur Bildung eines echten Blasten kommen konnte? Die starke Korrosionswirkung auf die Gemengteile des Grundgewebes durch eine Lösung von zunächst noch unbekannter Zusammensetzung ist auch bei einem anderen Vorkommen deutlich zu erkennen (Abb. 92). Doch tritt hier noch ein weiteres Problem auf. Die Quarzfüllung als Restbildung enthält eine Anzahl korrodierter Gemengteile des Gefüges. Diese Kornarten sind z. T. schwebend in der Quarzmasse enthalten, d. h. die Viskosität des Einbettungsmittels kann zu keiner Zeit so gering gewesen sein, daß die Einschlüsse hätten absinken und eine Unterschicht mobilisierter und korrodierter Grundgewebskomponenten bilden können. (Es ist dabei an die Möglichkeit zu denken, daß schon in

Abb. 92. Einheitlich als Quarz kristallisierte Restkieselsäure mit „schwebend" erhalten gebliebenen Kornarten des Altgefüges. – Nic.+. – 33:1. Aplit, Silbergrube bei Waidhaus, Oberpfalz

Abb. 93. Größerer Korrosionsdefekt des Grundgewebes wird durch Muskowit ausgefüllt, der „schwebend" eingeschlossene, z. T. stark korrodierte Kornarten des Altgefüges enthält. (Kein Durchgreifen des Untergrundes im Dünnschliff!) – Nic.+. – 52:1.
Aplit, Silbergrube bei Waidhaus, Oberpfalz

einem frühen Zeitabschnitt der Umwandlungsvorgänge die Viskosität der hydratischen Kieselsäure zu hoch war, um bei der herrschenden geringen Temperatur noch Reaktionen zu ermöglichen.

Bei den beiden bisher beschriebenen Vorkommen handelt es sich um echte Rückstandskieselsäure eines Vorganges, der nicht mehr bis zur Bildung eines Feldspatblasten durchgeführt werden konnte. Trotzdem ist der aus der Restkieselsäure kristallisierte Quarz ein Blast – nach der Begriffsbestimmung des Blasten als ein im Gefüge gewachsener Einzelkristall – und könnte zur Unterscheidung gegenüber einem ganz zu Ende geführten Blastenwachstum als „Parablast" bezeichnet werden.

In demselben, Quarz-Parablasten führenden Aplitbereich der Abb. 92 kommen außer den mit Restkieselsäure ausgefüllten Blasten, ausgereifte Einzelkristallisationen von Silikaten vor, deren äußere Formbegrenzung große Ähnlichkeit mit den Quarzparablasten zeigen. Es sind das große Muskowitkristalle, die im Innern die gleichen Grundgewebsreste enthalten wie die großen Quarze. Da beide Blastarten im selben Gestein vorkommen, erhebt sich sofort die Frage nach dem relativen Altersverhältnis beider. Eine Untersuchung ergab eindeutig das höhere Alter des Muskowits, der häufig im Innern der Großquarze als Einzeleinschluß oder als Interngefüge auftritt und dessen Grenzbeziehungen zum Quarz ebenfalls ein höheres Alter beweisen. Um den Entstehungsvorgang solcher Blasten aufzuklären, ist es notwendig, ihn in seine Einzelphasen zu zerlegen. Denn daß nicht ein Muskowit als solcher in ein Gefüge eingedrungen sein kann, um dort die primären Kornarten abzubauen, bedarf keiner Erläuterung. Man kann vielmehr den Reaktionsvorgang so darstellen, daß die – in derselben Weise wie später beim Quarz – angreifenden Lösungen zunächst einmal den Raum schufen, in dem sodann durch fortschreitende Änderung des Lösungscharakters unter Zuführung der erforderlichen Ionen es zum Wachstum von Muskowit kommen konnte. Die Tatsache des höheren Muskowitalters läßt wiederum die folgende Deutung zu: Da der Muskowit früher entstanden ist als der Quarz, so dürften die ptx-Bedingungen zu einer Silikatbildung damals noch günstiger gewesen sein als später zur Bildungszeit des Quarzes. Die durch das Eindringen reaktionsfähiger Lösungen und ihre Korrosionsarbeit freigesetzten Ionen wurden dementsprechend im Muskowit eingebaut. In der späteren Abbauphase einzelner Gefügebereiche dagegen wurden die ausgebauten Ionen der Kornarten nicht mehr verwendet, sondern aus dem Gefügebereich abgeführt. Zu einem neuen Blastenaufbau reichte die vorhandene Bildungsenergie zu dieser Zeit nicht mehr aus. So blieb die Kieselsäure als Restquarz übrig und die mobilisierten Ionen gingen ihrem ursprünglichen Einbaugebiet verloren.

Zweifellos hat diese hypothetische Darstellung der Muskowit- und Quarz-Blastese ihre Lücken. Sie zeigt jedoch eine auffallende Übereinstimmung mit der normalen Platznahme des Quarzes in granitoiden Gesteinen überhaupt, die bis heute noch nicht voll geklärt ist. Die ersten Schritte zur Lösung dieses Problems haben wir BUNSEN zu verdanken, der in seinem berühmten Brief an STRENG die Frage aufgriff, weshalb der Quarz als Mineral mit dem höchsten Schmelzpunkt im Gestein sich als letzter der Granitgemengteile ausscheide, und der die Antwort darauf fand, nicht die Schmelzpunkte, sondern die Löslichkeiten seien entscheidend. (Über die Bildung des Granits. Z.D.Geol.Ges.B.13,1861,61)

Wenn wir aber die Quarzkristallisation in einem granitischen Gestein genau betrachten, so ist es zwar so, daß der Quarz die Reihe der Konsolidierungen im Gefüge abschließt – falls keine späteren Blastesen dazukommen –, daß aber die ganze Quarzverfestigung keine einfache Kristallisation (aufgrund sinkender Temperatur) sondern einen mehraktigen Vorgang darstellt. Zur Zeit der Rosenbuschschen Regel – und auch noch lange nachher – war man überzeugt, daß der Quarz als letzte Ausscheidung mit den „offen gebliebenen" Räumen zwischen den Kornarten „vorlieb" nehme, eine Annahme, welche z. B. völlig außer acht ließ, die Frage zu klären, in welche Form denn der Quarz vor seiner Platznahme vorgelegen habe (als Schmelze, als hydratische Lösung, als Gel).

Betrachtet man den Verlauf der Korngrenzen zwischen Quarz und den andern Gemengteilen, so fällt sogleich auf, daß eine so gut kristallisierende Verbindung wie die Kieselsäure als Quarz im Gefüge mit andern Kornarten niemals eigene Kristallflächen zur Geltung bringt. Die genauere Verfolgung der Korngrenzen zeigt in der großen Mehrheit der Fälle, daß die vor dem Quarz entstandenen Gemengteile stark korrodiert wurden und vor der Quarzbildung z. T. erheblich größere Flächenräume einnahmen als danach (Abb. 91, 92, 93). Es muß also ein beträchtliches, bereits in den fertigen Kornarten fixiertes Material (Alkalien, Kalk, Tonerde, Kieselsäure) wieder ausgebaut, fortgeführt und nur die Kieselsäure als Quarz in den Korrosionsdefekten wieder fixiert worden sein. Der Quarzerzeugung ist daher das Eindringen aktiver Lösungen vorhergegangen, seien es nun aktivierte Restlösungen aus dem Gefüge des sich bildenden Gesteinsbereichs oder von

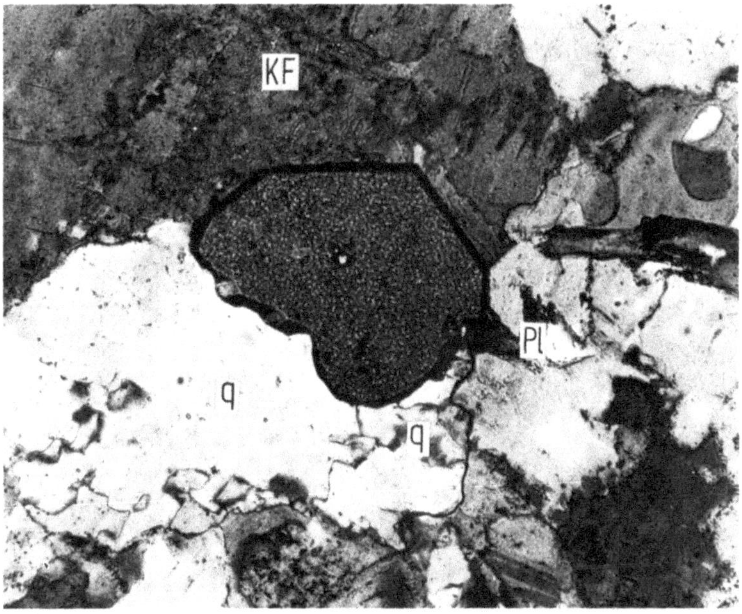

Abb. 94. Granat grenzt mit scharfen, unveränderten Kristallflächen gegen Kalifeldspat und Albit. An seiner Unterseite zeigt der Granat starke Korrosionsspuren gegen Quarz, der als Restprodukt aggressiver Spätreaktionen anzusehen ist. – Nic.+. – 90:1.

Aplit, Novate, südl. Chiavenna, Oberitalien

außen zugeführte neue flüssige Phasen. Die Ermittlung der Zusammensetzung solcher aktiver Lösungen steht noch aus, insbesondere kann man über die vorhandenen pH-Werte höchstens Vermutungen äußern.

Daß die Korrosionsleistungen der Lösungen, welche die bereits gebildeten Silikate wieder angriffen und in den meisten Fällen nur die Kieselsäurekomponente bestehen ließen, häufig beträchtlich sein kann, ist Abb. 94 zu entnehmen, wo eine Korrosionszone – kenntlich an der unregelmäßig begrenzten Quarzmasse (q) – die Komponenten Kalifeldspat, Plagioklas und Granat stark korrodiert und abbaut. Die Verhältnisse im Korrosionsbereich (q) sind besonders auffällig, wenn man die gekrümmten Konturen zwischen Quarz und Granat mit den scharfen Kristallflächen vergleicht, die der Granat gegen Kalifeldspat und Plagioklas ausgebildet hat.

In Kap. III 4 S. 107 habe ich auf Autoklavenversuche hingewiesen, welche ergeben hatten, daß Lösungen in einem unter Druck stehenden Kapillarsystem in der Lage sind, bereits fertige Quarz- und Chalzedon-Bereiche wieder abzubauen. Ähnliche Versuche auf das vorstehende Problem angewendet, dürften hier mit Sicherheit zu neuen Erkenntnissen führen.

IV. Metasomatische Gefüge

1. Metasomatische Verdrängungsgefüge in Großkristallen

Die Vorgänge bei der Blastese der Kalifeldspäte, wie sie im vorigen Kapitel besprochen worden sind, erfordern Lösungen, welche ein Intergranularnetz durchströmen, einen Blasten aber nur an bestimmten Punkten aufbauen können. In den Zwischengebieten haben die erzeugenden Lösungen keine erkennbaren Spuren hinterlassen. Die Blastenbildung ist demnach ein „intermittierender" Vorgang, bei dem es zur Herausbildung einer ‚mittleren Weglänge' zwischen den einzelnen Blasten kommt, die besonders dann klare Werte ergibt, wenn die Blastenbildung möglichst einaktig erfolgte und die Einzelblasten nur geringe Unterschiede in ihrer Größenentwicklung zeigen. Erstreckte sich der Blastesevorgang über einen größeren Zeitraum und erfolgten mehrere Lösungsschübe, so ändern sich zumindest die Dimensionen der Einzelindividuen und die Feststellung einer ‚mittleren Weglänge' hätte nur dann noch einen Sinn, wenn es gelänge, gleichaltrige Blasten mit Sicherheit zu erkennen.

Die nunmehr zu behandelnden metasomatischen Gefüge unterscheiden sich gegenüber den in breiter Front vorrückenden Einzel-Blastesen durch ihre Beschränkung auf Rupturen

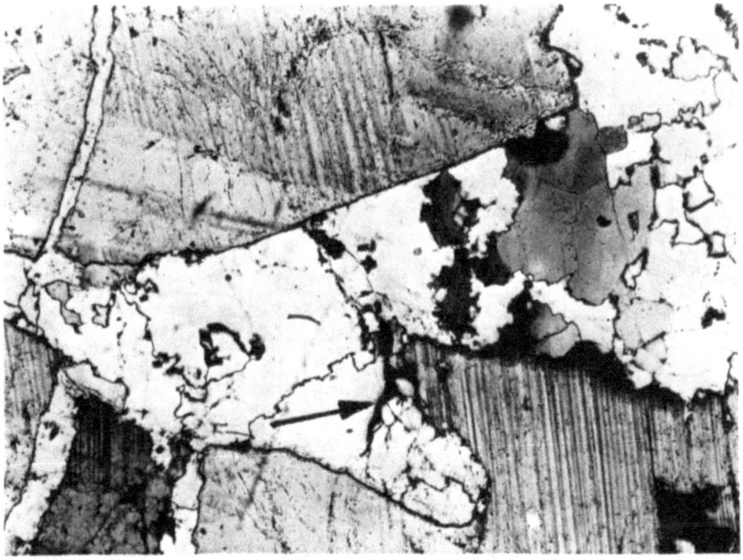

Abb. 95. „Restquarz" im Albit eines leukokraten Ganges. Bemerkenswert ist der unterschiedliche Angriff der späten hydrothermalen Phase: Oben links wird eine Spalte unter Schonung ihrer Grenzflächen nur gefüllt, das rechte untere Albitkorn aber metasomatisch kräftig angegriffen und in unregelmäßigen Buchten abgebaut. – Nic.+. – 28:1.

Bergeller Massiv, Badilegebiet, Schweiz

und Rupturensysteme, von denen sie ausgehen. Bereits die photographische und zeichnerische Darstellung solcher Großvorgänge in Abb. 22–33 hat gezeigt, daß die metasomatische Verdrängung in einem schon konsolidierten Gestein sich von einer – oder mehreren – „effektiven" d. h. wirksamen Rupturen – also solchen, die nicht blockiert sind und Lösungs-Transporte gestatten – ausgehend entwickelt. Es ist schon einmal die Frage gestellt worden, welche Eigenschaften denn eine solche „effektive" Ruptur haben müßte, wenn die auf ihr zirkulierenden Lösungen in ihrer Umgebung metasomatisch wirksam werden sollen, – oder ob der Zustand der Ruptur und ihre Durchlässigkeit dabei überhaupt keine Rolle spielt.

Bei der Betrachtung der Abb. 95 fällt auf, daß ein großes Albit-Oligoklas-Korn durch quarzgefüllte Rupturen verschiedener Eigenschaften zerlegt wird. Links oben und links unten befinden sich Risse, mit annähernd parallelem Verlauf der beiden Grenzflächen und nur wenig (links unten) metasomatischer Nacharbeitung. Der ganze mittlere Teil des Bildes besteht aus einer Quarzmasse, die sich anscheinend ganz unregelmäßig in den unteren Teil des Plagioklases „hineingefressen" hat, während sie gegen den oberen Teil des Feldspates durch einen scharfen primären Riß begrenzt wird. Es ist zunächst kein Grund zu finden, weshalb die einzelnen Bereiche des Plagioklases abweichende Löslichkeitsverhältnisse haben sollten: Daß aber der untere Teil weit stärker korrodiert und abgebaut worden ist als der obere, steht außer Frage. Als Hauptabbaurichtung scheint hier – wie zumeist – die Richtung ⊥ (010) infrage zu kommen (Pfeil). Weshalb aber ist dann kein Abbau seitwärts der schmalen Ruptur links oben erfolgt, wozu die Möglichkeit durch die Öffnung dieses Risses vorhanden war?

Abb. 96. Neubildung einer bandförmigen K-Feldspatzone (0,35 mm), welche Reste (R) des primären, perthitisierten K-Feldspates einschließt. Die optische Orientierung der beiden K-Feldspäte (Wirtkristall und KF-Band) ist deutlich verschieden. – Nic.+. – 66:1.

Aplit, Waldsteingebirge, Weißenstadt, Bayern

Die durch den metasomatischen Vorgang verdrängten Teile des Plagioklases wurden durch Kieselsäure ersetzt. Alle übrigen Bestandteile des Plagioklases wurden quantitativ entfernt. Es blieb danach eine Restkieselsäure in Gelform übrig, die zu dem dargestellten Quarzkornaggregat der Abb. 95 kristallisierte, wobei ein vorhandenes Defizit aus dem Gefüge heraus ergänzt wurde. Die Frage bleibt zunächst offen, ob die verschiedenen Einzelreaktionen innerhalb eines Lösungsschubes abgelaufen sind oder ob mehrere Einzelvorgänge in Anspruch genommen werden müssen, etwa der Angriff auf den Plagioklas getrennt von der Wiederauffüllung der Kieselsäure. Ich glaube, schon die Stellung dieser Frage entscheidet schon für den unitarischen Vorgang!

Wenn es sich bei der Kieselsäure der Abb. 95 auch mit Sicherheit um wieder mobilisierte Restkieselsäure handelt, so liegt bei dem folgenden metasomatischen Vorgang (Abb. 96) ein einfacher Umbau vor, bei dem ein großer perthitisierter Orthoklas längs einer Umwandlungszone umgeformt und das Material als ‚palingene' Bildung zusammen mit erhaltenen Resten (R) des Altfeldspates in einer nicht homoachsen Kalifeldspatfüllung wieder eingebaut wurde. In den Resten sind die Perthitpartien des Primärorthoklases schattenhaft zu erkennen.

Die beiden Abb. 95 und 96 unterscheiden sich also grundsätzlich voneinander. In Abb. 95 sind bei dem metamorphen Vorgang alle ausgebauten Ionen fortgeführt und nur Quarz als Restbestand übrig geblieben. – In Abb. 96 wird eine Umwandlungszone umgebaut. Die neue Gangzone besteht aus dem gleichen Material wie die ursprüngliche Kornart. Die Zuführung neuer Komponenten ist nicht nachweisbar: Die ganze Reaktion verlief daher im wesentlichen materialkonstant.

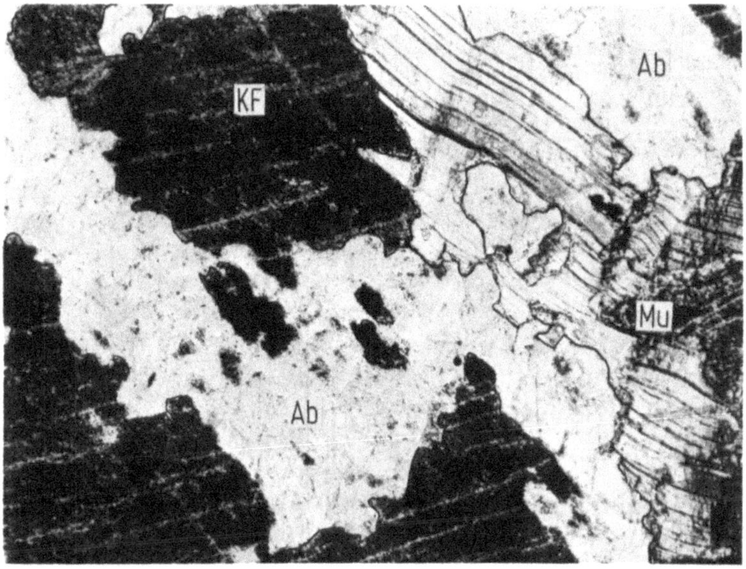

Abb. 97. Kalifeldspat und Muskowit werden in breiter, unregelmäßiger Zone von Albit verdrängt. Bei der Platznahme des Albits wurden die Kalifeldspatreste unverlegt eingebettet und bis zu sehr kleinen Kornarten herab abgebaut. – Nic.+. – 52:1. Aplit, Hagendorf, Bayern

Das ist bei einem weiteren Beispiel (Abb. 97) nicht der Fall gewesen. Hier handelt es sich vielmehr um einen Kalifeldspat-Großkristall, der ebenso wie ein benachbartes Muskowitgroßkorn von einer breiten, sehr unregelmäßig begrenzten Albitmasse durchsetzt wird. In der Albitmasse eingebettet befindet sich eine Anzahl Kalifeldspat-Bruchstücke, welche die Trennung von ihrem Hauptkristall völlig unverlegt überstanden haben. (Wiederum ist es hier sehr auffällig, daß bei einem derart weitgehenden metasomatischen Vorgang, der große Partien eines Kalifeldspates quantitativ entfernt, keine Mittelprodukte – d. h. Übergangsbildungen zwischen Kalifeldspat und Albit – entstehen.) Bei diesem Beispiel war die Neubildung von Albit nur mit Hilfe einer nicht unerheblichen Zuführung von Na möglich, unter entsprechender Wegführung von K. Die neuen Grenzen zwischen den beiden Hauptkornarten sind im allgemeinen sehr unregelmäßig und variabel, im einzelnen aber scharf und nicht verwaschen ausgebildet, wenn auch die Korngröße, bis zu der herunter der Kalifeldspat abgebaut wurde, auffallend gering ist. – Ob eine Ruptur des Kalifeldspates die Veranlassung zu der Albitverdrängung gegeben hat, ist bei der voluminösen und formlosen Ausbreitung des Albits im Kalifeldspat nicht mehr festzustellen.

Eine ähnliche Albit-Kalifeldspat-Beziehung zeigt Abb. 98, nur ist hier der ehemalige Rupturencharakter der ersten Anlage der Reaktionszone viel deutlicher erhalten, wenn auch die Füllungsgrenzen im Innern des Kalifeldspates sehr unregelmäßig und zweifellos metasomatisch nachgearbeitet sind. Die Albitfüllung im Mittelteil der Ruptur hat die wahren Abmessungen 0,14 × 0,64 mm, anschließend verquarzt sie nach beiden Seiten. Die Füllung ist also nicht homogen. Die Raumschaffung für das Füllmaterial ist nicht durch mechanische Öffnung eines Spaltes erfolgt, sondern durch metasomatische Ver-

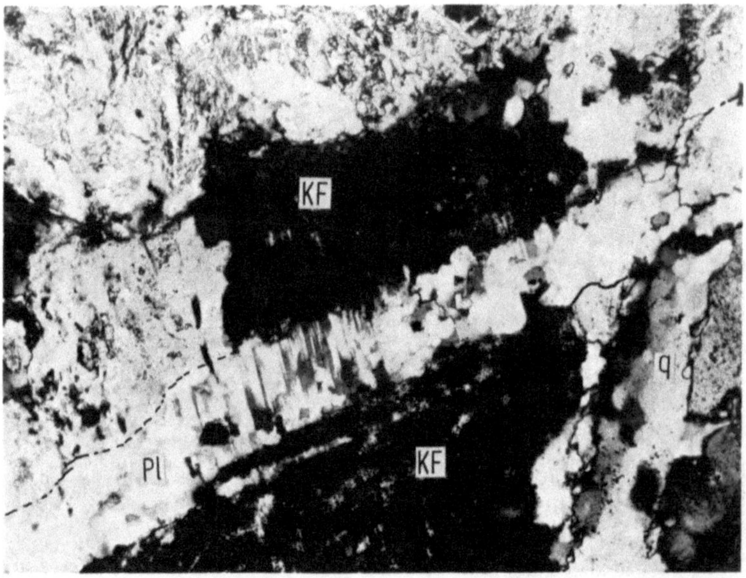

Abb. 98. Quarz- und Plagioklasfüllungen auf metasomatisch erweiterten Rupturen. Durchmesser der Füllung 0,14 mm. – Nic.+. – 88:1. – Aplit aus Protogin.
Pavillon de Trèlatête, Mont Blanc-Gebiet

drängung. Der neuentstandene Albit ist klar und ungetrübt und enthält nicht die Zoisit-Serizit-Mikrolithen, wie sie für Protogin-Plagioklase charakteristisch sind, ein Zeichen für die späte Entstehung dieser Neubildung.

Im allgemeinen wird bei späteren Füllungsvorgängen in Großkristallen ein anderes Material neu eingebaut, als das, aus dem der Wirtkristall besteht. Doch gibt es auch hier Abweichungen und zwar in dem Sinne, daß in einem Wirtkristall Neubildungen aus dem gleichen Material wie er selbst entstehen. Das ist zunächst um so schwerer verständlich, als der Wirtkristall als Hauptkornart partiell instabil geworden, teilweise abgebaut und dann anschließend wieder zur alten Form mit neuem Material aufgefüllt worden wäre, wobei die Frage nahe liegt, weshalb der Kristall erst instabil wird, wenn er anschließend wieder in der alten Form ausheilt. Stellt man sich den Vorgang aber als Einbruch aktiver Lösungen vor, gegen die sich der Wirtkristall instabil verhält und sieht die spätere Ausheilung als Wiederherstellung des alten Zustandes an, so ist doch noch eine zutreffende Auslegung möglich. Abb. 99 zeigt einen solchen Fall. In einem mit Primärkornarten durchsetzten Kalifeldspat I ist eine höchst unregelmäßig begrenzte Neubildung eines gangartig auftretenden Kalifeldspates II entstanden. Dieser KF II füllt zwar den rupturellen Defekt im KF I aus, kann ihn aber nicht selbst verursacht haben. Da er in seinem Innern fast unangegriffene Plagioklase des Primärgefüges enthält, sind diese von dem Vorgang, welcher den primären KF I abgebaut hat, nicht verändert worden. Die Lösungen, welche für den Abbau des KF I verantwortlich zu machen sind, haben in dem betrachteten Bereich also tatsächlich nichts anderes angreifen können als nur den KF I. Die Neubildung des KF II ist dann abschließend als der den alten Zustand wiederherstellende „Ausheilungsvorgang" anzusehen.

Abb. 99. Eine neugebildete, sehr unregelmäßig ausgebildete Gangfüllung (0,35 mm) durchsetzt einen großen K-Feldspat-Blasten, der selbst ältere Einschlüsse des Grundgewebes enthält. Die kristallographische Orientierung des Ganginnern ist verschieden von der des Wirtkristalls. – Nic.+. – 68:1. Aplit aus Waldsteingranit, Weißenstadt, Bayern

Bei den bisher gebrachten Beispielen war es schwierig, in einem, metasomatischen Reaktionen unterworfenen Großkristall, die Zufuhrwege für die reagierenden Lösungen nachzuweisen. Denn entweder waren die Zufuhrwege durch die Reaktionsprodukte verlegt und unkenntlich geworden, oder der Vorgang des Lösungstransportes erfolgte überhaupt nicht über sichtbare Diaklasen, sondern mit Hilfe interleptonischer Diffusionen. Das Problem stellt sich noch einmal bei den „Umwandlungszonen" Kap. IV 3, welche durch gleitende Übergänge mit den metasomatischen Vorgängen in Großkristallen, wie sie hier und in den nächsten Kapiteln beschrieben werden, verbunden sind.

Die folgende Abb. 100 zeigt am Beispiel eines Quarz-Überindividuums mehrere sekundäre Umwandlungsvorgänge, die im Gebiet eines Großquarzes zonenweise auftreten: Eine dünne Ruptur (oben), z. T. unterbrochen, durchsetzt in horizontaler Richtung das Quarz-Überindividuum eines Aplites. Die Ruptur ist mit Quarz-Einzelkörnern gefüllt, die wegen ihrer Größe nicht durch mechanischen Transport in die Ruptur hineingelangt sein können, sondern durch Umlagerung am Ort entstanden sein müssen.

Abb. 100. Dünne Rupturen durchsetzen in horizontaler Richtung ein Quarz-Überindividuum. Die obere Ruptur ist mit gröberen Einzelkörnern ausgefüllt, die wegen ihrer Größe durch Umlagerung am Ort entstanden sein müssen. – Das untere Band (0,08 mm) ist in der Hauptsache als diffuse „Umlagerungszone" ausgebildet, ohne daß eine primäre Ruptur noch erkennbar wäre. – Nic.+. – 28:1. Aplit aus Waldsteingranit, Weißenstadt, Bayern

Das untere schmale Band besteht aus runden, sehr kleinen Quarzkörnern, die nicht auf einer erkennbaren Ruptur, sondern nebeneinander in einer „Umwandlungszone" angeordnet sind. Da der ersten Ausbildung einer solchen Zone sehr wohl eine Kleinstruptur – deren Dimensionen unterhalb der Lichtwellenlängen anzunehmen sind, zugrunde liegen kann, so ist man auch wegen des gleichsinnigen Verlaufs des oberen echten Spaltrisses zur unteren Parallelzone – Abstand 0,7 mm – durchaus berechtigt, eine Ruptur als

Entstehungsgrund auch für die untere Zone anzunehmen. Diese sollte aber, da nur mittelbar erwiesen, als „Krypto-Ruptur" bezeichnet werden.

Es ist nun nicht so, daß Quarzmetasomatosen nur in Quarzbereichen auftreten. Man findet dagegen häufig, daß von SiO_2-Bereichen aus in Großfeldspäte hinein Invasionen erfolgen in der Art, wie sie aus Abb. 101 zu entnehmen ist. Hier sind zunächst zwei Rupturen, – als „Krypto-Rupturen" – in einem Kalifeldspat ausgebildet, die im Abstand von ca. 0,2 mm nebeneinander herlaufen. In dem von den Rupturen eingeschlossenen Raum erfolgte ein starkes aber ziemlich ungleichmäßiges Quarzkornwachstum, zumeist auf Kosten des Kalifeldspatwirtes. In das Quarzkorn (q) hat sich eine unregelmäßige, hybride Quarzkorngruppe eingefressen, ohne jede laterale Begrenzung durch eine Ruptur. Die durch die metasomatische Quarzneubildung auf der Zone freigemachten KF-Bestandteile wurden nicht weiter verwendet: im näheren Gefügebereich konnten keine Neubildungen wie Muskowit etc angetroffen werden. Die ausgebauten Bestandteile müssen also abgeführt worden und dem Gefügebereich verloren gegangen sein.

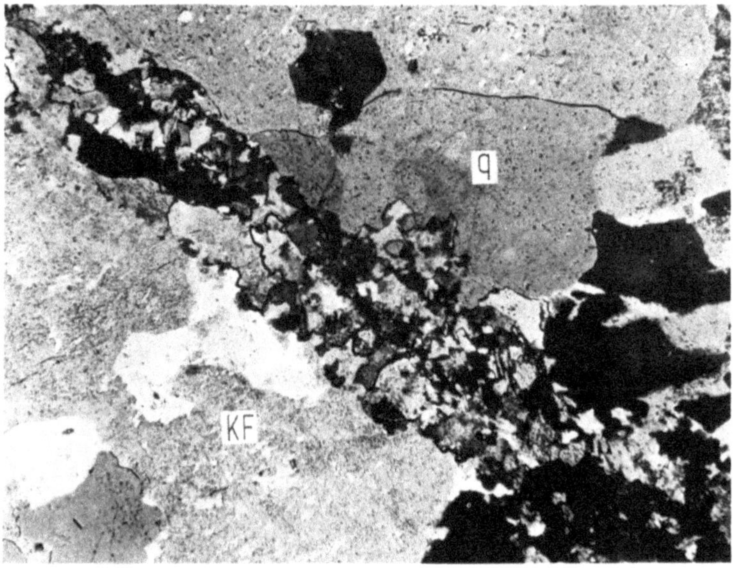

Abb. 101. Durch laterale Verdrängung, ausgehend von zwei parallelen „Krypto-Rupturen" wird allmählich eine Umwandlungszone UZ aufgebaut. Von den Krypto-Rupturen aus beginnend, wird durch aufeinander zuwachsende Quarzkornarten der K-Feldspat-Wirtkristall in der Rupturenzone sowie der Quarz (q) verdrängt. – Nic.+. – 87:1.

Aplit, Franzensfeste, Südtirol

Abschließend möge noch auf eine wichtige Tatsache hingewiesen werden. Die metasomatischen Zonen, wie sie in den vorstehenden Beispielen beschrieben worden sind, traten insgesamt in Verbindung mit Rupturen oder Krypto-Rupturen auf, also auf jüngeren mechanischen Linien. Hierbei war es sehr bedeutungsvoll (vergl. Abb. 100), daß gegenüber den – häufig weitreichenden – Rupturen die Korngrenzen im Gefüge als Transportwege offenbar überhaupt keine Rolle mehr spielen und auch auf kurze Strecken hin nicht benutzt werden. Das ist in der Entwicklungsgeschichte des Gesteins nicht immer so gewesen. Es darf daran erinnert werden, daß zu einer Zeit, wo die Ausbildung der Gefügegroßkörner noch nicht abgeschlossen war, der Um- und Neubau an wichtigen Gefügeelementen von den Korngrenzen aus erfolgte. So zeigt Abb. 102 die komplizierte Korngrenze zwischen zwei Kalifeldspäten, deren jeder eine Albitzone entwickelt hat, ein Vorgang, der mit starken metasomatischen Resorptionen an den Kalifeldspäten verbunden war.

Abb. 102. Die gewundene Grenzfläche zwischen zwei Kalifeldspäten trägt nicht wie sonst bei gefüllten Rupturen der Feldspäte eine einzige Füllung sondern zwei: in jeden der angrenzenden K-Feldspäte ist ein zusammenhängender Albitsaum mit „reziproker" Orientierung eingesenkt. Beide Albitfüllungen sind in der Mitte (dunkles und helles Band) durch eine kapillare Grenzfläche getrennt. – Nic.+. – 172:1. Aplit, Tierstall bei Rattenberg, Bayer. Wald

2. Quarz als metasomatischer Verdränger auf Umwandlungszonen

Das im vorigen Kapitel in Abb. 95 gezeigte Gefüge war in der Hauptsache eine echte Rückstandsbildung. Da Quarzgefüge und Quarz-Rupturenfüllungen aller Art unter den metasomatischen Gefügen eine bedeutende Rolle spielen, erhebt sich die Frage, ob Rückstandsmaterial von Zufuhrmaterial überhaupt mit Sicherheit zu unterscheiden ist, und wenn nicht, ob aus spezifischen Eigenschaften eines Gefügebereichs die Herkunft der Kieselsäure zutreffend bestimmt werden kann.

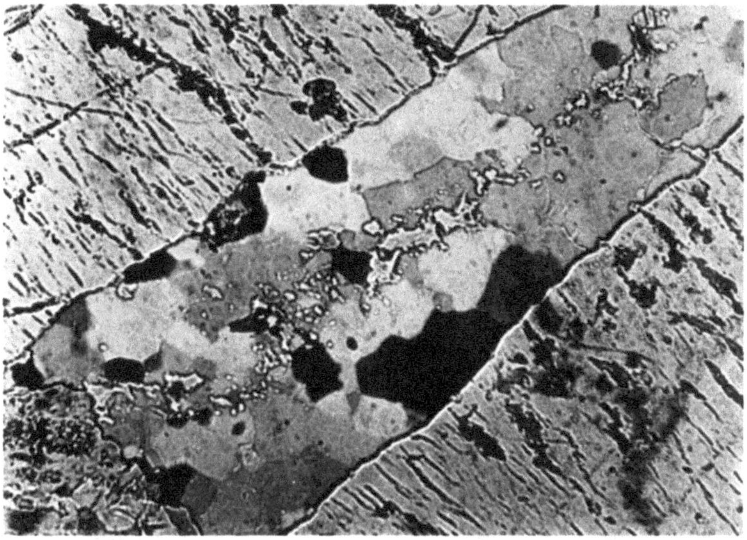

Abb. 103. Keilförmig begrenzte, stumpf endende Quarzzone (unten links) durchsetzt Orthoklas. Innerhalb der Quarzfüllung sind zahlreiche Orthoklasreste am Ort verblieben. Da diese in der Mittelzone der Quarzfüllung liegen, muß zur Deutung dieser Rupturenfüllung von der Annahme einer Verdrängungsreaktion ausgegangen werden, die von den beiden begrenzenden Haarrissen nach der Mitte zu vorgeschritten ist. – Nic.+. – 43:1.
Aplitische Zone in einem Biotitschiefer, Mont Blanc-Tunnel, ca. 3600 m ab Südportal

In diesem Sinne ist der Abb. 103 folgendes zu entnehmen. In einem perthitisierten Orthoklas befindet sich eine keilförmige Quarzzone, deren eines Ende, rechts oben im Bilde, stumpf gegen das Grundgewebe – in gleicher Höhe mit dem Orthoklas – abstößt. Diese Quarzzone hat, wie sich aus der Erhaltung der ursprünglichen Form des Orthoklases ergibt, nicht durch mechanische Öffnung einer Ruptur des Wirtkristalls Platz gefunden, sondern durch metasomatischen Abbau. Genau in der Mitte der Quarzzone ist nämlich ein Restbestand von stark korrodierten Orthoklasrückständen erhalten geblieben, dessen Auftreten gerade an dieser Stelle entscheidende genetische Bedeutung hat. Die Besetzung der Mittelzone des Quarzbereichs mit am Ort verbliebenen Orthoklasresten zwingt zu den folgenden Schlußfolgerungen. 1. Der Eintritt metasomatisch wirksamer Lösungen ist nicht von einer zentralen Spalte aus erfolgt, da die Mittelzone des Quarzbereichs durch die Orthoklasrückstände besetzt ist. Die Lösungen müssen vielmehr von zwei seitlichen Haarrissen ausgegangen sein. 2. Da die Orthoklasreste der Mittelzone unverlegt geblieben sind, muß der metasomatische Umbau unter größter Behutsamkeit erfolgt sein. 3. Der Abbau geschah bis zum Kieselsäureanteil des Orthoklases. Anschließend – oder gleichzeitig! – kristallisierte der SiO_2-Anteil so schonend und vorsichtig als Quarz, daß – wie auch eingeschlossene Primärarplagioklase – die Orthoklasreste der Mittelzone ihre ursprüngliche Ortslage beibehalten haben. 4. Aus der Unverlegtheit der Einschlüsse ergibt sich auch für den SiO_2-Anteil die Folgerung, daß dieser heute als Quarz vorliegende Bestandteil des ehemaligen Wirtkristalls metasomatisch unter Wegführung der Kationen ausgebaut wurde.

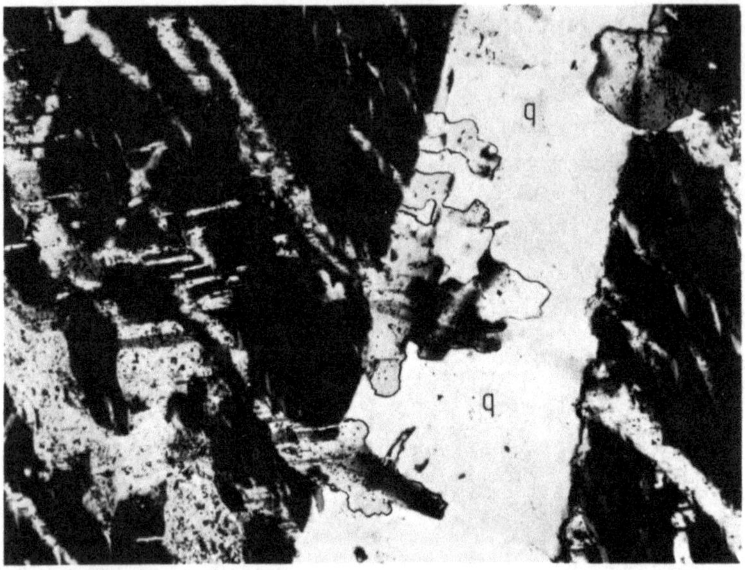

Abb. 104. Sekundäre Quarzfüllung als Rest eines metasomatischen Vorganges, welcher die Perthitpartien eines Orthoklas-Blasten aus ihrem Verband herausgelöst und dabei nur ganz geringfügig korrodiert hat. Die Albitsubstanz des Perthits ist somit im Gegensatz zum Kalifeldspat erhalten geblieben. – Nic.+. – 90:1.
Aplitische Zone in einem Biotitschiefer, Mont Blanc-Tunnel, ca. 3600 m ab Südportal

Die Lösungen, gegen welche – solange sie von Haarrissen aus wirkten – der Orthoklas-Wirt sich sehr instabil verhielt, vermochten auffallenderweise gegenüber den Perthiteinlagerungen des Wirtes sich weit weniger durchzusetzen: Während in der metasomatischen Zone der KF-Wirtkristall bis auf den Quarzanteil abgebaut wird, bleiben Alplagioklas-Einschlüsse (Abb. 104, oben rechts) und Perthitgruppen weitgehend unangegriffen.

Die Quarzzonen waren in den bisherigen Beispielen gegen ihren Wirtkristall äußerlich scharf begrenzte Bereiche. Es schien auch denkbar, daß die den Quarzbereich begrenzenden Haarrisse die Lieferwege für die metasomatisch wirksamen Lösungen abgaben. Weitere Beobachtungen zeigten, daß normale tektonische Rupturrisse hier keinesfalls infrage kommen können. Sie hätten alle Gefügekomponenten ihres Bereichs durchsetzt und nicht zahlreiche frühe Grundgewebskornarten oder die Perthitbildungen ‚ausgespart'. So sehen wir auf Abb. 104 eine breite Quarzzone, in die von der linken Seite mehrere Perthitkomplexe bis weit über die Mittelzone hineinreichen. Wäre die Quarzzone durch Ausfüllung eines klaffenden mechanischen Risses entstanden, so hätten die Perthitaggregate niemals bis über die Gangmitte hinaus in das Innere der Füllung hineinragen können: Die Perthite wären an der (jetzigen) Grenze Quarz-Kalifeldspat – oder bei zentral liegender Ruptur von dieser in der Mitte – durchschnitten worden. Aber weder die rechte noch die linke Grenze der Quarzzone kann durch einen mechanischen Vorgang als Ruptur entstanden sein, weil in diesem Falle die seitwärts in die Füllung hineinragenden Einschlüsse und Perthitleisten von der Ruptur durchsetzt worden wären. Betrachten wir

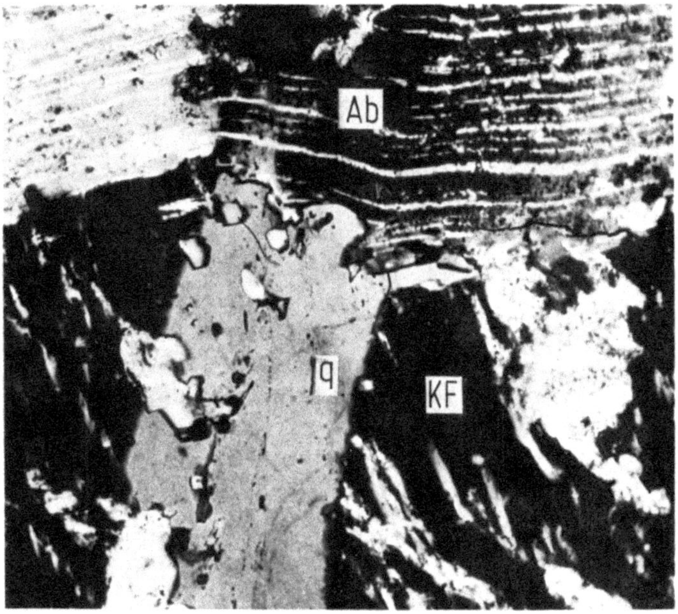

Abb. 105. Der im Kalifeldspat liegende Quarzkörper (0,3 mm) endet stumpf gegen Albit mit stark korrodierten und buchtig zerfressenen Grenzen. Es ist auffallend, daß dieser Großalbit offenbar stärker angegriffen wird – in Richtung ⊥ (010) – als die Primärperthite des befallenen Kalifeldspat-Blasten, die doch ebenfalls aus Albit bestehen. – Nic.+. – 108:1. Aplitische Zone in einem Biotitschiefer, Mont Blanc-Tunnel, ca. 3500 m ab Südportal

hierzu noch Abb. 105. Hier ist einwandfrei entschieden, daß die Begrenzungsflächen der Quarzfüllung keine mechanisch entstandenen offenen Risse gewesen sein können. Diese hätten nicht am Albit (oben) der Abb. 105 halt gemacht, sondern als tektonische Spalten auch noch die anschließenden Kornarten durchsetzt. Wenn die Grenzen der Quarzzone aber nicht auf mechanische Rißbildung zurückgehen, durch welchen anderen Vorgang ist dann die Materialgrenze Quarz-Kalifeldspat entstanden? Möglicherweise kann man durch Untersuchung der beiden Grenzflächen der Quarzzonen hier weiterkommen. In den Abb. 104 und 105 überschritten die Perthitaggregate nur die linke Grenze der Quarzzone; die rechte Grenze blieb frei von Perthitzügen. Ein Altplagioklas-Einschluß (Abb. 104 rechts oben) ragt über die Grenzfläche in die Quarzzone hinein, doch ohne daß die Grenzfläche ihn durchsetzt. In einer weiteren Abb. 106 sind diese Beobachtungen noch einmal zusammengefaßt: Zwei Quarzzonen q^l und q^r laufen schräg aufeinander zu. Die rechte q^r enthält die herausgelösten Perthitaggregate des Kalifeldspates fast unbeeinflußt; an der linken Quarzzone q^l stoßen die gleichen Perthitzüge ab. Die Feststellung ist demnach wichtig, daß sich erstens die einzelnen Quarzzonen als ganzes gegen ihre Perthiteinschlüsse verschieden verhalten und daß zweitens auch die Begrenzungsflächen einer Quarzzone sehr unterschiedliche Eigenschaften haben können, wie es sich an ihrer Verhaltensweise gegen Perthiteinschlüsse deutlich erkennen läßt.

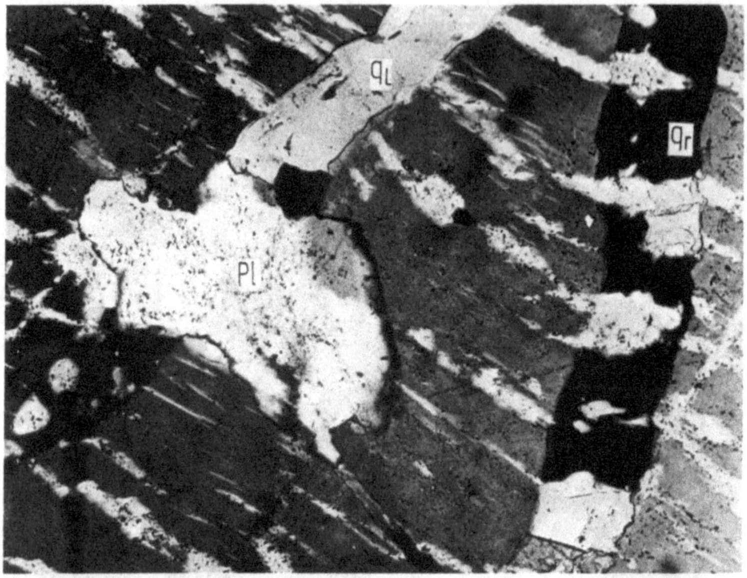

Abb. 106. Perthitisierter Kalifeldspat (KF) mit Plagioklas-Einschluß (Pl) wird von zwei Quarzadern (ql und qr) durchsetzt, in deren Bereich der Kalifeldspat metasomatisch entfernt, der Altplagioklas (Pl) aber nicht angegriffen wurde. – Die Behandlung der Perthite ist im linken und rechten Quarzzug deutlich verschieden: der rechte (qr) läßt die Perthite auf ihrem Wege völlig unangegriffen, der linke (ql) baut sie weitgehend ab. – Nic.+. – 90:1.
Aplitische Zone in einem Biotitschiefer, Mont Blanc-Tunnel, ca. 3600 m ab Südportal

Diese Beobachtungen zeigen wiederum völlig überzeugend, daß es keineswegs immer sichtbare Risse in Wirtkristallen – oder auch Gefügebereichen – sind, auf denen aktive Lösungen wirksam werden. HELLER und GERLACH konnten bereits 1966 in ihren Untersuchungen am Steinsalz nachweisen, daß auch unter den Lichtwellenlängen liegende Diaklasen zu Lösungstransporten infrage kommen. (Ich habe 1969 in meinem Buch „Granitprobleme“ diese Beziehungen diskutiert, S. 172, 276, 279.) Die damaligen und die heutigen Vorstellungen ähneln sich weitgehend. Doch ist eine Beobachtungsreihe hinzugekommen, die das Gesamtbild nicht unbeträchtlich erweitert und die Entwicklung neuer Deutungen nötig machen wird.

Zunächst aber sei noch einmal zu dem bisher Erkannten zurückgekehrt, zu der Wirkungsweise gewisser, mehr oder weniger übersehbarer Zonen als Lösungsbringer. In der Abb. 107 ist ein größeres Gebiet eines Kalifeldspat-Wirtkristalls mit einer diagonalen Umwandlungszone q–q dargestellt. Die Einschlüsse im Kalifeldspat bestehen aus Altplagioklasen und Perthitlamellen. Es wird gefragt, ob diese Einschlüsse am Ort geblieben oder durch die Umwandlungszone verschoben worden sind. Sowohl die Vermessung der Perthitlamellen innerhalb und außerhalb der Umwandlungszone sowie der Lage der Altplagioklase ergab einwandfrei, daß die ‚Verquarzung‘ innerhalb der Umwandlungszone sehr behutsam erfolgte und daß die aus dem ursprünglichen Verband mit dem Wirtkristall herausgelösten Einschlüsse völlig unverlegt an ihrem Ort belassen wurden.

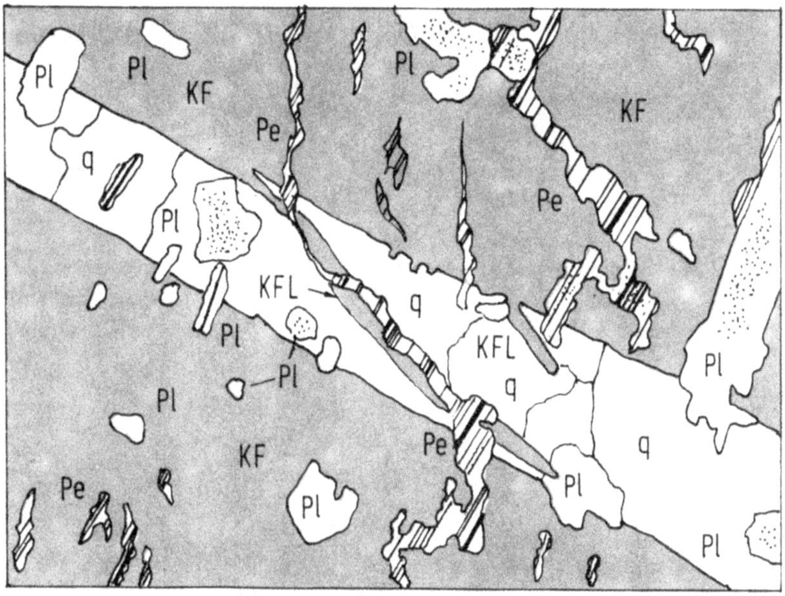

Abb. 107. Diagonale Quarzfüllung (q), als Rest eines metasomatischen Vorganges, umschließt herausgelöste Kornarten des Primärgefüges (Pl) sowie eine schrägliegende Lamelle des Kalifeldspates (KFL), längs der eine – nur teilweise freigewordene – Perthitader (Pe) verläuft. Sämtliche Altplagioklas-Einschlüsse (18 Stück) sind an ihrem Ort geblieben. – Die Grenzflächen der Quarzzone (q) sind keine durchgehenden Haarrisse! – Nach Photographie. 85:1. Aplitische Zone in einem Biotitschiefer, Mont Blanc-Tunnel, ca. 3500 m ab Südportal

Verfolgt man die beiderseitigen Grenzen der U-Zone gegen den Kalifeldspat, so kommt man zu dem Ergebnis, daß 1. beide Grenzzüge sich ähnlich verhalten, und daß 2. die zahlreichen, die Grenzfläche überschreitenden Einschlüsse (Altplagioklase oder Perthite) niemals von dieser durchtrennt werden: Die Grenzfläche setzt vielmehr an der einen Seite des Einschlusses ab, um an seiner anderen Seite wieder zu beginnen. Damit aber ist es sicher, daß es keine normalen mechanischen Rißsysteme sein können, welche die Veranlassung zur Ausbildung der U-Zone gewesen sind. Die Geradlinigkeit im Verlauf, die Einhaltung bestimmter Richtungen aber zeigen uns, daß trotzdem tektonische Spannungen und ihre Auslösung im Spiel sein müssen, daß jedoch eine geradezu ‚embryonale' Anlage nur an Bereichen leichter Teilbarkeit manifest wird, dagegen an durch Einlagerung fremder Einschlüsse verstärkten Stellen nicht zur Entwicklung kommt. Einen entscheidenden Beitrag zur Deutung solcher Umwandlungszonen bringt Abb. 108. Der Mittelteil dieser Abbildung wird beherrscht durch einen großen Albitkristall, der zu den Primäreinschlüssen des perthitisierten Kalifeldspates gehört. Auffallend ist die starke Pigmentbildung im Innern des Albits. Der Bereich oberhalb und unterhalb des Albits wird von mehreren Quarzzonen durchzogen: Einer verhältnismäßig breiten (q–q), in der Mitte und fünf schmalen, welche allesamt an der Außenseite des Albits absetzen, ohne in ihn einzudringen oder ihn zu durchqueren. Der Einfluß der Quarzzonen macht sich aber trotzdem auch im Innern des Albits bemerkbar: Die scheinbare Fortsetzung der Quarz-

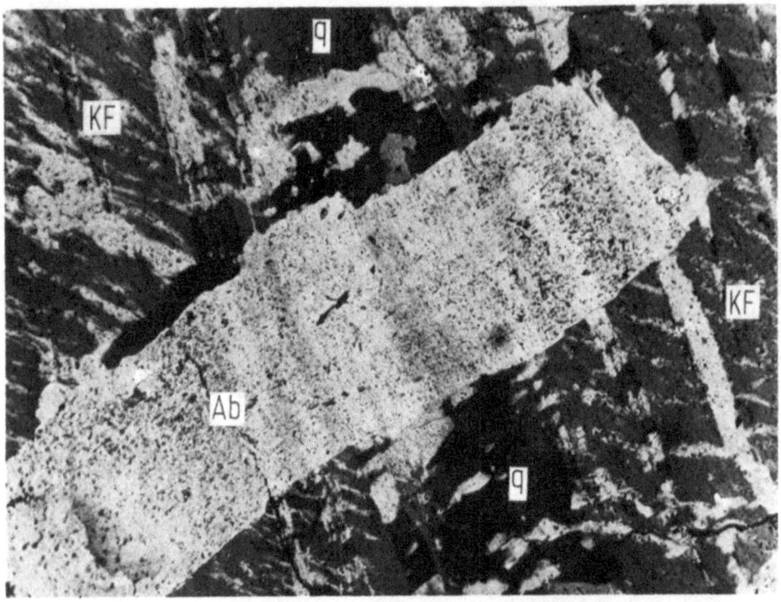

Abb. 108. Eine Quarzzone (q–q) endet beidseits an einem breiten Albit-Primäreinschluß (0,6 · 2,0 mm) eines K-Feldspat-Wirtkristalls. Außer der Hauptzone (q–q) enden noch fünf weitere Neben-Quarzfüllungen an dem Albiteinschluß, ohne in diesen einzudringen. Doch ist die Pigmentierung im Innern des Albits in der Richtung der Quarzfüllungen stark verringert, so daß damit ein scheinbarer Weiterweg der Quarzadern im Albit markiert wird! – Nic.+. – 55:1.

Aplitische Zone in einem Biotitschiefer, Mont Blanc-Tunnel, ca. 3600 m ab Südportal

züge im Albit dokumentiert sich durch einen deutlichen Verlust der Pigmentierung in der Breite der zugehörigen Quarzzone. Damit ist ein Einfluß der Quarzzonen auch dort erwiesen, wo sie nicht in der Lage waren, metasomatisch wirksam zu werden, sondern nur eine diffuse Infiltration zuwege bringen konnten in einem Material, das äußerlich völlig frei von Haarrissen und Diaklasen jeder Art erscheint.

Aus diesen Beobachtungen lassen sich folgende Schlüsse ziehen. Die zahlreichen, in den Abb. 103–108 gezeigten Quarzzonen ergeben einwandfrei, daß der Vorgang, der zu derartigen gangähnlichen Formen geführt hat, keine einfache Füllung einer Spalte gewesen sein kann, daß vielmehr eine Reihe komplizierter Austauschvorgänge in Zonenbreite eingewirkt haben muß, um als Endergebnis eine Restquarzfüllung zu erzeugen, aber nur im Kalifeldspat-Bereich! Im Albitgebiet kommt es dagegen nur zu Abbaureaktionen der Pigmentierung, ohne jede nachweisbare Veränderung der Kristallsubstanz des Albits. Da jedoch die Spurbreite der veränderten Zone im Albit gleich oder ganz unwesentlich größer ist als die zugehörige Quarzzone im Kalifeldspatgebiet, so muß für jede dieser Kornarten ein eigener Vorgang angenommen werden, der in der jeweiligen Zonenbreite im ganzen Gefügebereich – in allen entsprechenden Kornarten – wirksam wird (vergl. in Abb. 108 den Zonenverlauf zwischen Kalifeldspat und Albit). Bestände der Vorgang nur in einer mechanischen Öffnung von Rupturen, die anschließend gefüllt werden, so würden

Risse entstehen, die unabhängig von der Kornart, die sie durchlaufen, überall das gleiche Füllmaterial enthalten.

Um zu einer Deutung der Zonen, auf denen die Umwandlungs-Reaktionen stattfinden, zu gelangen, geht man am besten zunächst davon aus, was sie bestimmt nicht sein können. Wie wir soeben gesehen haben, kann man sie nicht als einfache mechanische Rupturen ansprechen. Da sie andererseits aber zweiseitige scharfe Grenzen gegen ihren Wirtkristall entwickeln, müssen flächig ausgebildete Elemente vorhanden sein, durch deren gehäuftes Auftreten die Zone entsteht. Da es bisher nicht gelungen ist, ein derartiges System gehäufter Kleinstrisse aufzufinden, liegt die Vermutung nahe, daß es sich um HELLERsche Diaklasen mit Dimensionen unterhalb der Wellenlängen des sichtbaren Lichtes handelt. Wenn, wie es sicher zu sein scheint, derartige Krypto-Diaklasen gehäuft in einer Zone vorkommen können, so müssen wir demgegenüber unser Unvermögen erklären, mangels Kenntnis der in solchen Feinstrissen auftretenden Kräfte, überhaupt etwas über den physiko-chemischen Zustand und die zu erwartenden Vorgänge auszusagen. Wir sind ja noch nicht einmal in der Lage, die Löslichkeitsänderungen gegen die kristallinen Wandungen einer Kapillare bei Temperatur-Druckschwankungen gegenüber der Löslichkeit des gleichen Materials im offenen Raum anzugeben! Die Kleinheit der Dimensionen derartiger Diaklasen legt zudem den Gedanken nahe, ob zu Transportvorgängen in solcher Umgebung nicht ein erheblicher Druckanstieg im lösungserfüllten Kapillarsystem des fraglichen Gesteins notwendig ist. Bei den Spindelgefügen war eine solche Vermutung bereits aufgetaucht. Im folgenden Kapitel werden weitere Beispiele zonarer Neubildungen diskutiert, die vielleicht auch in dieser Frage weiterführen können.

Die zu Beginn dieses Kapitels gestellte Frage, ob Rückstandskieselsäure von zugeführter Kieselsäure überhaupt mit Sicherheit unterschieden werden könne, läßt sich jetzt dahin beantworten, daß in Bereichen, in denen die Kieselsäure-Anreicherung so behutsam erfolgte, daß Fremdeinschlüsse und Internkornarten völlig unverlegt ihre primäre Orientierung beibehalten haben, die Quarzbildung in der Hauptsache aus Rückstandskieselsäure erfolgt sein muß. Im Gegensatz dazu stehen ehemals klaffende Risse, die eine Fremdfüllung mit sehr verschieden orientierten Quarzindividuen aufgenommen haben.

Bei der Frage, woher das SiO_2-Defizit gedeckt worden sei, das bei volumgleicher Verdrängung eines Kalifeldspates durch Quarz rechnerisch entstanden sein muß, sei daran erinnert, daß die den Porenraum eines Gesteins durchwandernden Lösungen wohl immer eine gewisse Menge hydratischer Kieselsäure transportieren.

3. Metasomatische Rupturenfüllungen und ihre Beziehung zu Umwandlungszonen

Umwandlungszonen, deren Kornarten jeweils mit den unmittelbar berührenden Kornarten des Wirtgesteins in Chemismus und Raumorientierung übereinstimmen – Umwandlungszonen mit im Verlauf wechselnder Füllung

Die bisher besprochenen Gefügeneubildungen der Aplite betrafen Vorgänge, die im wesentlichen innerhalb des Bildungsabschnittes der leukokraten Gangfüllungen abliefen, zu einer Zeit also, in der das Nebengestein der Gänge, bereits vollständig verfestigt und nur noch ganz gering temperiert war. Die Entstehungstemperaturen der aplitischen Gefüge konnten daher auch nur gering gewesen sein.

Nun gibt es aber Gefügeneubildungen, welche nun wiederum die Aplitfüllungen nach deren vollständiger Konsolidierung betroffen und teilweise umgeformt haben, zu einer Zeit also, wo von irgend einer beachtliche Temperaturhöhe im Gesteinskomplex überhaupt nicht mehr die Rede sein konnte. Diese Umformungen treten im Gefolge später Rupturen auf, die sich als allerletztes Ereignis im Werdegang der aplitischen Gänge dokumentieren.

Äußerlich zeigen sich diese Neubildungen zumeist als dünne Diaklasen, die mitunter zu parallelen Bündeln zusammengefaßt, mit teilweise beträchtlicher Epidotführung Aplite und ihr Nebengestein durchziehen. Die erste Anlage einer solchen Zone dürfte im Grunde auf eine tektonisch bedingte Ruptur zurückgehen, die aber in ihrem Verlauf keineswegs überall als mechanischer Riß auftritt, sondern ineinander übergehend mechanische Diaklasen, Infiltrations = Umwandlungsbereiche sowie kryptorupturelle, vor allem an der fehlenden Pigmentierung zu erkennende Zonenbereiche ausbildet.

In der Abb. 109 sind zwei dieser Ausbildungsformen dargestellt. Die von rechts kommende Ruptur ist dort, wo sie mehrere Mikroklinkornarten durchsetzt, mit Epidot-Pistazit ausgefüllt. Beim Erreichen der linken Grenze des zentralen Mikroklins hört die

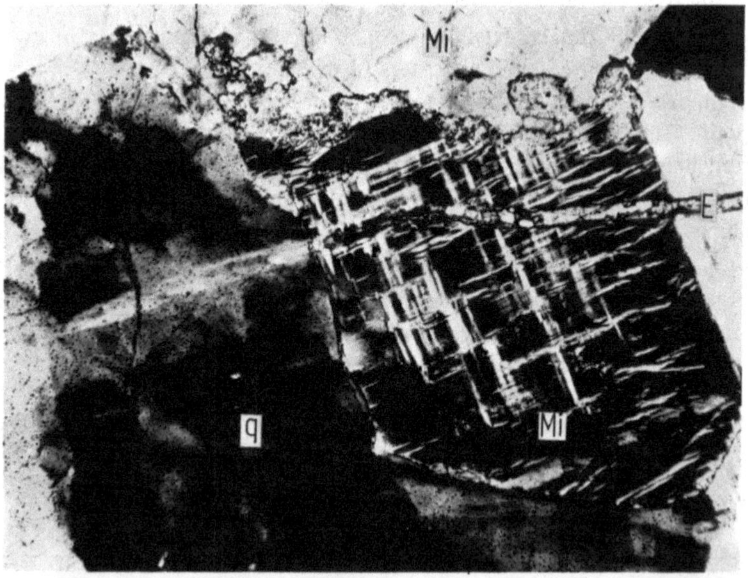

Abb. 109. Eine Ruptur durchsetzt das Korngefüge eines Aplits. Sie ist in den einzelnen Kornarten unterschiedlich ausgebildet. In Feldspäten – auch Mikroklinen – zeigt sie zumeist Epidotfüllung. In primären Quarzkornarten (q) tritt sie dagegen als mechanisch vorbereitete Infiltrationszone auf, in der es zur Umlagerung des primären Quarzes (q) kommt. – Nic.+. – 52:1. Aplit aus Lagrev-Protogin, Sils-Baselgia, Schweiz

Epidotführung übergangslos auf. Anstatt der Epidotfüllung durchsetzt ein diffuser hellerer und weniger pigmentierter, ebenfalls aus Quarz bestehender schmaler Bereich die angrenzende Quarzkornart q.

Quert eine solche schmale Zone ein Plagioklaskorn, so entwickeln sich ganz spezielle Reaktionsformen, zu deren Auffindung vor allem die Tatsache beigetragen hat, daß die Plagioklase der alpinen paläozoischen Massivgranite zu den „gefüllten Feldspäten" gehören und zumeist reichlich Zoisit und Serizit-Mikrolithe enthalten. Der Einfluß der Zone zeigt sich nun darin, daß dort, wo sie im Plagioklas verläuft, die Mikrolithenfüllung verschwunden ist. Auf diese Weise wurde der Verlauf des Zonenbereichs in den Plagioklasen sichtbar und daher leicht zu verfolgen, was in mikrolithenfreien Plagioklasen nur schwer möglich gewesen wäre. Betrachtet man den Verlauf einer derartigen Zone im Plagioklas (Abb. 110), so fällt zunächst der Mangel irgend einer erkennbaren Grenze zwischen dem kristallinen Innern der Zone und ihrem Wirtkristall auf: Beide gehen stufenlos in einander über, die Zwillingslamellen zeigen keine Unstetigkeit in ihrem Verlauf, und daß überhaupt ein Unterschied zwischen Zone und Umgebung besteht, wird nur durch das Fehlen der Mikrolithe im Zonenbereich bemerkbar, denn auch die Optik ist in beiden – mit ganz geringen Abweichungen – die gleiche geblieben.

Es bieten sich zunächst zwei Deutungsmöglichkeiten für die Entstehungsweise der Zonen an. Die erste Erklärung sieht eine totale Umlagerung des Plagioklasmaterials im Zonen-Bereich vor, bei welcher die vorhandenen Mikrolithen abgebaut werden, mit dem Ergebnis einer vollkommenen Wiederherstellung des ursprünglichen Materials sowohl chemisch wie

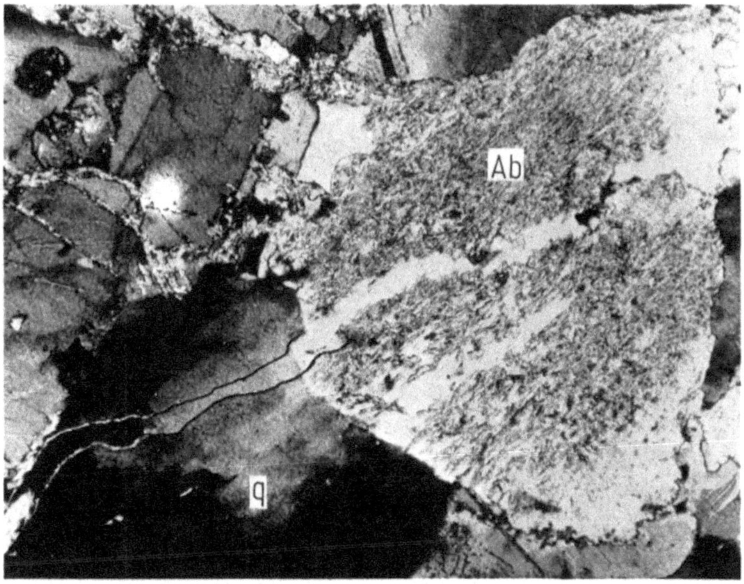

Abb. 110. Durch mehrere Kornarten (Plagioklas, Quarz, Kalifeldspat – letzterer nicht mehr im Bilde) hindurch, zieht eine dünne Zone, längs der es in den Kornarten zu einer Umlagerung und Neukristallisation des Kornmaterials kommt unter fast vollständigem Abbau des Serizits. – Nic.+. – 52:1. Aplit aus Lagrev-Protogin, Sils-Baselgia, Schweiz

raumgeometrisch, so daß kristallographisch zwischen dem Plagioklas der Zone und dem des Wirtkristalls kein – oder fast kein – Unterschied besteht, insbesondere die optischen Vektoren in beiden Bereichen übereinstimmen. Die zweite Erklärung sieht die Einwirkung der Zone nur im Abbau der Mikrolithe und der Pigmentierungen, während das Plagioklasgitter innerhalb der Zonen das alte bleibt, nicht umgebaut wird und die geringfügigen, hier und da vorkommenden, sehr schwachen optischen Differenzen auf die Veränderungen beim Abbau der Mikrolithe zurückgeführt werden.

Betrachtet man hierzu wieder Abb. 110, so ist die Entscheidung im Gebiet des Plagioklases rechts kaum sicher zu finden: Denn für die beiden möglichen Erklärungen sind Anhaltspunkte vorhanden. Man muß die Entscheidung anderswo suchen. In diesem Sinn führt Abb. 111 weiter. Auch hier durchsetzt eine diagonale, entpigmentierte Umwandlungszone zwei Mikrolithen-erfüllte Plagioklase, deren Zwillingslamellierungen mit denen des Plagioklases der Zone völlig übereinstimmen. Diese Plagioklasfüllung der Zone enthält als weitere Kornart grobe, unregelmäßig begrenzte Stücke von Pistazit, der in dieser Form allein auf die Zone beschränkt ist. Damit aber ist die Wahrscheinlichkeit, daß die ursprüngliche U-Zonenbildung nur im Abbau der Mikrolithe bestanden hätte, sehr gering geworden (Erklärung 2, s. o.). Denn es ist kaum vorstellbar, daß Epidotkornarten in dieser eckigen Form in einem festen Plagioklasgitter nachträglich entstehen können!

Abb. 111. Zwei Plagioklase eines Protogin-Aplites werden von einer unpigmentierten, mit Epidot gefüllten Zone (0,24 mm) durchzogen. Das Feldspatmaterial der Zone besteht aus Albit der gleichen Zusammensetzung wie das angrenzende, Mikrolithen-erfüllte, Material in vollkommen homoachser Orientierung. Die Zwillingselemente in Zone und Wirtkristall stimmen daher in ihrer Raumlage überein. – Nic.+. – 72:1.

Aplit aus Lagrev-Protogin, Sils-Baselgia, Schweiz

Bei einer Umwandlungszone von der Art der Abb. 111 liegt das Hauptgewicht ersichtlich auf der Charakteristik des Zonenbereichs, seiner Richtung, Begrenzungsart und der Konstanz seiner Breite. Die weitere Untersuchung zeigt, daß Richtung und Breite der Zone zwar von einem übergeordneten Vorgang bestimmt wurden, daß aber jedes von der Zone durchsetzte Gefügekorn auf diesen Vorgang der Zonenbildung nach seiner Art spezifisch reagiert. Ein allgemeiner Füllungsvorgang, der eine vorgegebene Spalte mit einheitlichem Material füllt, ist also für derartige Umwandlungszonen völlig auszuschließen. Dieses wichtige Spezialverhalten der Kornarten erläutert Abb. 112, die dem nämlichen Vorkommen entstammt. Das Korngefüge wird wieder von derselben Umwandlungszone durchsetzt, wie in Abb. 111, nur verläuft sie diesmal innerhalb der Kornarten Plagioklas–Quarz–Plagioklas. Dabei zeigt sich die erstaunliche Tatsache, daß ein von der Zone gequertes Gefügekorn (Pl_2) bis zur Grenze gegen den Nachbarn einheitlich umgewandelt ist, daß jenseits der Grenze das ebenso einheitlich umgewandelte Nachbarkorn (q_2) liegt, ohne daß an der Berührungsfläche zwischen beiden Kornarten auch nur die geringste Übergangsbildung entsteht. Das einzige, was die verschiedenen Kornarten in den Zonenabschnitten gemeinsam haben, ist die Epidotführung. Diese erweist sich als weitgehend übereinstimmend in den beiden Kornarten Pl_2 und q_2 der Abb. 112, was zunächst

Abb. 112. Ein Korngefüge aus Plagioklas und Quarz wird von einer 0,24 mm breiten, rechts-links verlaufenden Zone durchsetzt. Die Kornarten dieser Zone stimmen mit dem angrenzenden Gefügekorn im Stoffbestand überein. Ist dieses ein Plagioklas (Pl_1), so besteht die Füllung an dieser Stelle ebenfalls aus Plagioklas (Pl_2). Für eine Quarzfüllung (q_1) gilt dasselbe (q_2). Aber nicht nur der Chemismus von Pl_1 und Pl_2 sowie von q_1 und q_2 ist der gleiche, sondern auch die Raumlage, wie die Übereinstimmung in der optischen Orientierung zeigt. – Die Eigenschaften der äußeren Gefügekörner kehren demnach in den Kornarten der inneren Füllung exakt wieder, mit Ausnahme der fehlenden Mikrolithen oder sonstiger Pigmentierung, die bei der Umformung des Gefügebereichs fast ganz verschwunden sind. – Nic.+. – 95:1. Aplit aus Lagrev-Protogin, Sils-Baseglia, Schweiz

mit der Vorstellung einer primären Epidot-Spaltenfüllung zu harmonieren scheint. Denn nur wenn der Epidot als ältere Kornart, z. B. als primäre Spaltenfüllung, vorgelegen hat, könnte sein gleichartiges Auftreten in den verschiedenen späteren Kornarten Plagioklas, Quarz und Mikroklin überhaupt verstanden werden.

Das Verhalten des Epidots erscheint so komplex und mehrdeutig, daß eine eingehendere Besprechung der Epidotgefüge notwendig wird. Die Epidot-gefüllten Rupturen, welche in den Apliten granitischer Gesteine aufsetzen, gehören sicher zu den jüngsten rupturellen Bildungen aplitischer Tätigkeit überhaupt. Die Frage ist nur: Welches Alter haben die metasomatischen Umwandlungszonen gegenüber den Epidotgefügen? Sind sie älter, gleichaltrig oder noch jünger als der Epidotisierungsvorgang?

Abb. 113 zeigt zwei verschieden orientierte, mit Epidot belegte Rupturensysteme. Das linke diagonale Hauptsystem spaltet in zwei aderartige Füllungen auf, von denen die linke, breitere in eine Quarzzone q übergeht, die, wie aus den Korrosionsgrenzen Epidot gegen Quarz zu schließen ist, entweder gleichaltrig oder jünger als die Epidotfüllung sein muß. Aus der Abb. 113 ist noch zu entnehmen, daß ein weiteres bedeutend schwächeres Rupturensystem vorhanden ist, das hier im wesentlichen der Spaltbarkeit des Mikroklins folgt. Es scheint jünger als das Hauptsystem zu sein, da manche seiner dünnen Rißfüllungen dieses queren oder in es hineinsetzen.

Wichtig aber ist vor allem der Übergang der linken Hauptruptur in eine quarzerfüllte Umwandlungszone. Man hat dabei zunächst den Eindruck, daß die Quarzzone jünger ist als die Epidotfüllung, denn das korrodierende Verhalten des ‚Quarzes' gegen die Endigung der Epidotader kann durchaus als Spätwirkung der Umwandlungszone gegen die Epidotführung aufgefaßt werden.

Weiteres Material zur Altersfrage des Epidots und der Umwandlungszonen liefern die Abb. 114–116, weil in allen drei Bereichen Umwandlungszone und Epidotkornarten eng miteinander verbunden auftreten, so daß sich schon daraus gewisse Beziehungen ergeben. In Abb. 114 durchkreuzen zwei verschieden starke Rupturen das Perthitsystem eines Kalifeldspates. Die obere breitere Zone I enthält ziemlich grobe Epidotkörner in einer Quarzmatrix von wechselnder Breite. Die untere sehr dünne Zone II läßt keinen Zweifel an ihrer rupturellen Herkunft. Auch sie führt Quarz, zumeist perlschnurartig aufgereiht. Genetisch von Bedeutung ist das große dunkle Epidotkorn unterhalb der Bildmitte. Seine Form zeigt, daß es nicht als Füllung eines Haarrisses, sondern durch metasomatische Verdrängung des Kalifeldspates in Zone II seinen Platz gefunden hat. Betrachtet man in diesem Sinne die obere Zone I, so findet man auch in dieser an mehreren Stellen – vor allem am oberen und unteren Ende – selbständige Epidotkornarten, die offenbar ebenfalls von einem Haarriß aus metasomatisch gegen Kalifeldspat oder seine Perthitbildungen entstanden sind. Der ganze mittlere Teil der Zone I aber ist von Quarz ausgefüllt, der hier als metasomatisches Restprodukt der Zonenbildung auftritt: So wie das große Epidotkorn E der Zone II sich in direktem Kontakt gegen Kalifeldspat entwickelt hat, ohne daß es zur Ausbildung eines irgendwie beachtlichen Quarzanteils kam, so ist es auch durchaus denkbar, daß die Epidote der Zone I sich ebenfalls zunächst als erste Kornarten auf einer dünnen Ruptur gebildet haben und es erst anschließend unter SiO_2-Transport auf der Zone zur Ausbildung von Quarzbereichen kommt. Die Frage nach dem Altersverhältnis

Abb. 113. Späte Epidotneubildung auf lang hindurchsetzenden Rupturen. Die linke Füllung bricht im oberen Bildteil ab und wird als Quarzfüllung fortgeführt. – Dünne Querrisse sind ebenfalls mit Epidot gefüllt und ragen mitunter in die Hauptrupturen hinein. – Analysator um 30° gedreht. – 54:1. Aplit aus Lagrev-Protogin, Sils-Baselgia, Schweiz

Abb. 114. Perthitisierter Kalifeldspat wird von zwei Quarz- und Epidotführenden Rupturen durchsetzt. Die linke untere Ruptur (II) hat an ihrer engsten Stelle eine Breite von 2 μ. – Nic.+. – 170:1. Aplit aus Lagrev-Protogin, Sils-Baselgia, Schweiz

zwischen Epidot und den Kornarten der Umwandlungszonen läßt sich also dahin beantworten, daß die Epidotisierung entweder älter oder gleichaltrig mit den Zonenkornarten sein muß, da sie niemals als späte Rupturenfüllung nach dem Abschluß der Zonenmetasomatose angetroffen worden ist.

Ich hatte noch 1972 angenommen, daß die Epidotbildung auf Spalten – außer ganz späten Serizitisierungen – der jüngste strukturverändernde Vorgang in der Entwicklung eines granitischen Gesteins sei. Nachdem aber die Bedeutung der Umwandlungszonen mit ihren Gefügekorn-verändernden Eigenschaften einerseits und ihrer Beziehung zum Epidot andererseits erkannt war, sind die letzten Veränderungen eines (granitoiden) Gefüges dort zu suchen, wo die Epidotkristallisation gleichzeitig mit der Umformung der Kornarten in einer Umwandlungszone erfolgen kann.[1])

Als Beispiel hierzu zeigt Abb. 115 eine Umwandlungszone, welche die Gefügekomponenten eines Aplites (Mikroklin, Quarz) durchsetzt. Überall, wo die Zone ein Mikroklinkorn quert, entsteht als Neubildung Epidot, häufig auch Quarz (q_n), der sich als eine, durch die Zone veranlaßte, Neubildung deutlich von Quarzkornarten des primären Gefüges unterscheidet. Dort, wo die Zone ein primäres Quarz-Gefügekorn durchsetzt (in Abb. 115 das

[1]) Das gilt natürlich nur dort, wo Epidotisierung und die Bildung von Umwandlungszonen zusammen auftreten. Einfache Epidotspaltenfüllungen können selbstverständlich auch den letzten strukturverändernden Vorgang überhaupt darstellen.

Abb. 115. Eine Umwandlungszone (UZ) mit Epidot und Quarz gefüllt, durchsetzt mehrere Gefügekomponenten eines Aplits (Mikroklin, Quarz). Das von der Umwandlungszone gequerte Quarzgefügekorn (q_1 q_1) wird in Zonenbreite entpigmentiert (q_2). – Nach der Umwandlung ist die Gitterorientierung von (q_1) und (q_1) wieder übereinstimmend. – (q_n) neugebildeter Quarz. – Analysator um 45° gedreht. – 72:1.

Aplit aus Lagrev-Protogin, Sils-Baselgia, Schweiz

Korn q_2 in der Bildmitte) treten keine scharfen Grenzen auf. Der Bereich, in dem die Zone im Quarzkorn q_1 q_1 verläuft, ist zwar umgelagert, – wobei die Pigmentierung fast ganz verloren gegangen ist – die Gitterorientierung im umgelagerten Anteil q_2 wurde jedoch sehr weitgehend derjenigen des Hauptkornes q_1 angepaßt.

Die Bindung der Epidot- und Quarzkristallisation an Feldspat-Gefügekörner (Mikroklin, Albit) zeigt, daß gerade die Feldspäte sich anfällig gegen Lösungsschübe mit CaO-Führung verhalten. Der Vorgang einer Mikroklin-Umlagerung unter Verwendung von auf der Zone zugeführten Ca-Ionen würde dann schematisch folgendermaßen ablaufen:

Mikroklin Epidot Quarz

$$3[K_2O \cdot Al_2O_3 \cdot 6\,SiO_2] + 4\,CaO + H_2O = [H_2O \cdot 4\,CaO \cdot 3\,Al_2O_3 \cdot 6\,SiO_2] + 12\,SiO_2 + 3\,K_2O$$

Entsprechend lautet die Gleichung für Albit, nur daß als Restanteil dann nicht K- sondern Na-Ionen („$3Na_2O$") übrig bleiben und den Kreislauf der Alkalien im Gestein fortsetzen, etwa bei der Ausbildung einer späten Serizitisierungsphase.

Die bisherigen Beispiele der Vorgänge in den Umwandlungszonen haben gezeigt, daß es verschiedene Möglichkeiten gibt, um von einem mechanisch vorbeanspruchten Gebiet aus (Ruptur, Haarriß, auch unterhalb der Lichtwellenlängen liegend) reaktionsfähige Lösungen zu Umwandlungsvorgängen auf interleptonischen Transportwegen heranzuführen. Dabei war es sehr bedeutsam, daß oftmals der Zonenverlauf dort, wo die Zone durch Feldspat oder Quarzkörner hindurchsetzt, keine scharfen Grenzen sondern diffuse Übergänge zeigt (Abb. 109–112, 115). Ich wies schon einmal kurz darauf hin, daß hier in der konstanten Breite einer diffusen Zone ein echtes Problem vorliegt. Man kann sich einen geradlinigen gefüllten Riß von gleichbleibender Breite ohne weiteres vorstellen, denn die seitlichen Grenzflächen der Ruptur bestimmen den Verlauf der Füllung. Man kann sich aber nicht vorstellen, daß eine gleichbleibend breite Zone ohne jede starre Grenzführung die Kornarten eines Gefüges durchsetzt, denn es ist zunächst nicht einzusehen, weshalb beim Fehlen vorgegebener starrer Grenzen nicht unregelmäßige Infiltrationen in die Seitenbereiche hinein erfolgt sind. Man wird zu dem sehr einfachen Schluß – zunächst als Arbeitshypothese – gedrängt, daß auch sehr feine, sich der direkten Beobachtung entziehende, Diaklasen gegenüber Lösungen abdichtend auftreten und somit als Zonengrenze wirksam werden können.

Ein weiteres Beispiel (Abb. 116) faßt die genannten Einzelheiten noch einmal zusammen. Ein großes, ringsum von Mikroklinkornarten umgebenes Quarzkorn (q) wird von einer Umwandlungszone UZ durchsetzt, die in ihrem Mittelteil aus Quarz, an ihren Enden aus Epidot besteht. Im Innern des Quarzkornes ist der Verlauf der Zone an ihrer gegenüber dem Quarzkorn verringerten Pigmentierung noch ausreichend deutlich zu erkennen. Die beidseitige Fortsetzung der Zone außerhalb des Quarzkornes (q) besteht zunächst noch aus Quarz, doch ist dieser Quarz – wie seine Optik zeigt – übereinstimmend mit dem Hauptkorn (q) orientiert. Zwischen beiden, dem Füllquarz der Zone und dem Quarz des Hauptkornes (q) sind äußerst feine Grenzrupturen zu erkennen, die sich in Abb. 116 (oben) gerade noch bemerkbar machen. Sind diese Haarrisse echte Materialgrenzen? Da wir diese Frage bejahen können, so haben die beiden Quarzbereiche, das Großkorn (q) und seine beiden Quarz-„Fortsätze" stofflich nichts miteinander zu tun. Die „Fortsätze" sind also nicht vom Großkorn aus gefüllt worden, sondern gehören zu den Reaktionsprodukten der Zonenlösungen, die – wie wir gesehen haben – im Bereich von Mikroklinkornarten Epidot und Quarz innerhalb ihres zonalen Reaktionsgebietes erzeugen können. Es ist eine sehr bedeutungsvolle Tatsache, daß – die später entstandenen – „Fortsätze" und das Hauptkorn (q) völlig gleiche Gitterorientierung haben, wie es das optische Verhalten eindeutig zeigt. Da es keine Zufälle gibt, muß für dieses Verhalten ein Grund vorhanden sein. Diesen in einer „Induktion (FERSMANN) der großen Quarzmasse des Hauptkornes (q) zu sehen, liegt nahe, läßt sich aber vorerst nicht beweisen.

Wir hatten schon früher die Frage nach den Altersbeziehungen der Quarz-Epidotfüllungen auf einer UW-Zone gestellt und waren zu dem Ergebnis gekommen, daß der Epidot entweder älter oder gleichalt mit dem Quarz sein müsse. Nach den nunmehr vorliegenden

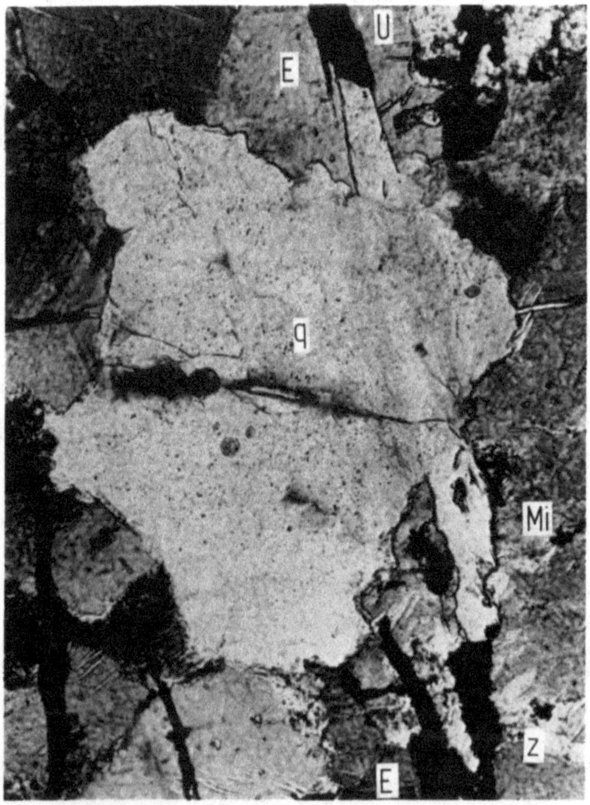

Abb. 116. Ein großes Quarzgefügekorn (q) wird von einer Umwandlungszone UZ mit Epidot- und Quarzführung durchsetzt. Im Innern des Quarzkornes ist der Verlauf der Zone an der geringeren Pigmentierung des Zonenquarzes zu erkennen. Die aus dem Quarzkorn (q) herausragenden ‚Fortsätze' der Umwandlungszone sind übereinstimmend mit dem Hauptkorn (q) orientiert. (Erzwungene Gitteranpassung einer Spätkristallisation?) – Epidotfüllungen im Bild schwarz. – Analysator um 28° gedreht. – 90:1.

Aplit aus Lagrev-Protogin, Sils-Baselgia, Schweiz

Ergebnissen kommen beide Möglichkeiten vor. Nur ist die jedesmalige Feststellung, welcher Fall vorliegt, zumeist mit Schwierigkeiten verbunden, denn wie wir gesehen haben, liegen in den U-Zonen ja nicht die einfachen Verhältnisse einer normalen Rupturenfüllung vor, die über größere Bereiche hin in vertikaler und horizontaler Richtung dieselbe bleibt, sondern hier sind die einzelnen Gefügekornarten selbst mit ihren spezifischen Reaktionen am Zustandekommen des Zoneninhaltes beteiligt. Da nun aber die einzelnen Kornarten in einem Gefüge nur relativ geringe Abmessungen haben, entsteht hierdurch ein dauernder Wechsel in der Zusammensetzung der Füllung, und zwar nicht nur in horizontaler, sondern auch in vertikaler Richtung. (So können UW-Zonen entstehen, deren Gefügeelemente in der Vertikalen nur eine sehr geringe Ausdehnung haben und im darunterliegenden tieferen Niveau – das Millimeterbruchteile entfernt sein kann – eine ganz andere Kornausstattung zeigen.)

Das in der Zone entstehende Reaktionsprodukt benötigt an Ausgangsmaterial: Die umzuwandelnden Gefügekörner und die eindringende Lösung mit ihren reaktionsfähigen Ionen. Die Wegsamkeit im Korngefüge entscheidet, ob ausreichendes Material an den Reaktionsort herangebracht werden kann. Sie wechselt in einem solchen Gefüge im allgemeinen stark, da von Umwandlungs-Diffusionszonen ausgehend – die auf Rupturen mit Dimensionen unter den Lichtwellenlängen zurückgehen – über erkennbar dünnste Haarrisse bis zu groben Rupturen hin alle Möglichkeiten des Stofftransportes vertreten sind. Selbstverständlich ist nicht in allen metasomatischen Gefügen eine so weitgespannte Skala der Transportmöglichkeiten vorhanden, insbesondere fehlt bei den meisten Gefügen die Ausbildung von Umwandlungs- und Diffusionszonen, die hier wohl erstmalig – ich konnte keinen entsprechenden Hinweis im Schrifttum finden – beschrieben worden sind. Die Frage ist, unter welchen Voraussetzungen solche Diffusionszonen entstehen; bei ihrer Seltenheit müssen besondere Zustände in den betroffenen Gesteinen geherrscht haben, welche in anderen Bereichen fehlten. Schon bei der Besprechung der Spindelgefüge war die Vermutung aufgetaucht, ob bei den notwendigen interleptonischen Transportvorgängen im Innern der Wirtkristalle nicht Druckerhöhung im Kapillarsystem eine Rolle gespielt haben können. Das Gleiche scheint hier für die Diffusionszonen zu gelten, bei denen unter Normalverhältnissen kaum mit einer erhöhten interleptonischen Wegsamkeit gerechnet werden kann. (Über die Möglichkeit derartiger Drucksteigerungen s. Kap. V 2.)

Ich habe bereits vor langer Zeit (1948, S. 231–240) bei der Besprechung des Muskowit-Zoisit-Zerfalls der Feldspäte auf interleptonische Wanderungen bei Umwandlungs- und Zerfallsvorgängen aufmerksam gemacht und die Ansicht vertreten, daß auch bei Reaktionsvorgängen im interleptonischen Gebiet Transportmittel für die Ionen angenommen werden müßten, als welche nur hydrothermale Lösungen infrage kommen könnten.
Da nun unter normalen druckfreien Verhältnissen Gitterdiffusionen mit anschließenden Reaktionseffekten nicht wohl vorzustellen sind, ist die Meinung, daß durch Druck derartige Vorgänge erst ermöglicht werden, keineswegs irrig, zumal in vielen Fällen am Gestein selbst die Merkmale erhöhter Druckbeanspruchung nachgewiesen werden können.

Das Problem möge in zwei weiteren Abbildungen (117, 118) kurz zusammengefaßt werden. Das große Quarzkorn in der Mitte der Abb. 117 wird von einer unscharfen, sehr ungleichmäßig ausgebildeten sekundären Zone SZ durchsetzt, die im linken Teil ihres

Abb. 117. Eine sekundäre Zone SZ verläuft durch ein Quarzkorn (q) eines Granites unmittelbar neben und parallel der Grenze gegen einen Aplit (A). Im Innern des Quarzkornes ist die Zone als Umwandlungszone ausgebildet, im linken Teil ihres Wirtes durch winzige Neubildungen nur soweit angedeutet, daß ihr Verlauf gerade noch zu erkennen ist und eine rupturelle Entstehung mit Öffnungsbetrag ausgeschlossen werden kann. Im rechten Teil des Quarzkornes sind im Zonenbereich Neukristallisationen von Kalifeldspat und Albit entstanden. – Nic.+. – 28:1. Aplit aus Waldsteingranit, Weißenstadt, Bayern

Wirtkristalls als homoachse Umwandlungszone, begrenzt durch winzige Neubildungen, im rechten als Kalifeldspat-Albitfüllung ausgebildet ist. Damit ist bereits erwiesen, daß die Zone im Quarzkorn nicht durch Füllung einer geöffneten Ruptur, sondern durch volumkonstante Verdrängung und Neukristallisation entstanden ist. Außerhalb des Quarz-Großkornes setzt sich die Zone beidseitig in den Kornarten des Gesteins fort, erzeugt dort jedoch keine homoachsen Umkristallisationen angrenzender Kornarten, sondern ein am Ort metasomatisch entstandenes Kleinkorngefüge aus Kalifeldspat, Albit und Quarz, das wie Abb. 117 (links oben bei S) zeigt, sehr feinkörnig ist. Als wichtig erscheint, daß, wie sich auch am Verlauf der Korngrenzen großer Gefügekörner einwandfrei feststellen läßt, sich die mit Kleinkorngefügen gefüllten Abschnitte der Zone (bei S und Z der Abb. 117) keineswegs aus geöffneten und anschließend gefüllten Rupturen entwickeln, sondern in einem als Umwandlungs- und Diffusionszone angelegten Bereich, dessen Umkristallisation für das betroffene Gefügekorn volumkonstant verlief, entstanden sind.

Um hier zu einem besseren Verständnis zu kommen, müssen die örtlichen Gegebenheiten dieses Gefügekomplexes berücksichtigt werden. Das in Abb. 117 gezeigte Groß-Quarzkorn liegt gerade noch im Bereich eines Granits, gegen den – in der Abbildung links unten – ein feinkörniger Aplitgang angrenzt. Dieser Aplit ist erfüllt von zahllosen Bruchstücken, in welche der Granit durch die Einwirkung vieler, parallel der Aplitgrenze verlaufender, Rupturen zerlegt worden ist. Damit ist auch zugleich der Grund für den soeben zu interleptonischen Transporten als nötig erachteten Druckanstieg gefunden, denn bevor die Zerlegung des Granits durch Rupturen stattfinden konnte, mußte die Druckspannung im Gestein bis zur Festigkeitsüberschreitung ansteigen. Ich glaube, daß die dabei auf die Intergranularräume übertragenen Drucke ausreichen, um interleptonische Transportvorgänge zu erleichtern, denn immer dort, wo Reaktionen im Korninnern vorliegen (z. B. beim Plagioklaszerfall der Protogine und seine Erklärung durch WEINSCHENKS Piezometamorphose), können Druckwirkungen nachgewiesen werden.

In dem vorstehenden Beispiel ist noch folgendes zu berücksichtigen. Schreitet man von der Aplitmitte in den Granit hinein fort, so durchquert man die Randzone mit ihren Bruchstücken und Rupturen, die in das Ganginnere hinein immer seltener werden. Sind sie in der Randzone noch als echte Rupturen mit Aplitfüllung zwischen Bruchstücken zu erkennen (Abb. 118), so bilden sich in den Granit hinein in der gleichen Richtung Umwandlungs-Zonen (UZ) aus, mit einem Umkristallisations-Gefüge von Kalifeldspat und Albit. Es ist hier ausdrücklich zu betonen, daß dieses neue Gefüge nicht durch Füllung geöffneter Rupturen entstanden ist. Vielmehr haben metasomatische Ereignisse in der Zonenrichtung unter Volumenkonstanz zu einer Kleinstgefügebildung geführt, deren Alter unmittelbar vor der Aplit- und der Rupturenbildung im Granit anzusetzen ist.

Man kann also durch die beiden letzten Beispiele Abb. 117 und 118 zeigen, daß 1. Umwandlungszonen mit metasomatisch erzeugtem Inhalt, 2. gefüllte Rupturen und 3. mecha-

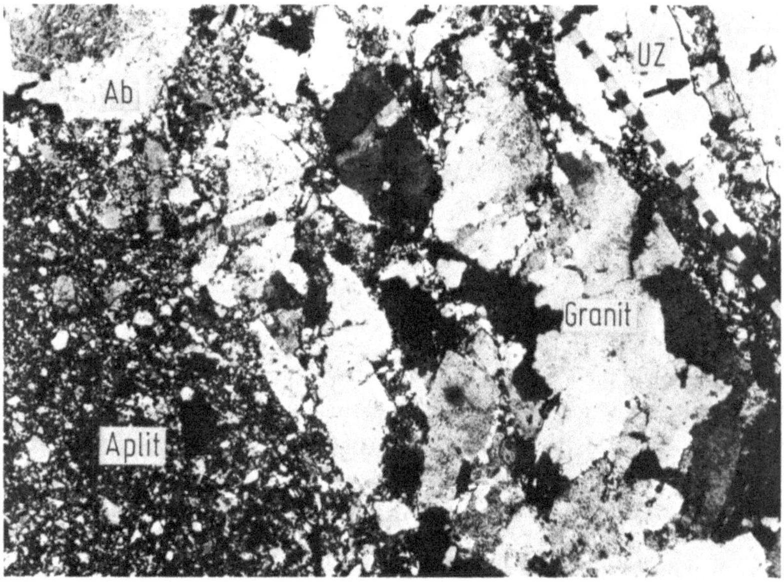

Abb. 118. Granit mit mechanischer Auflösungszone gegen Aplit, der bereits viele Granitbruchstücke enthält. Der noch nicht durch Rupturen zerlegte Granit rechts oben (die Grenze gegen die Bruchzone ist schwarzweiß strichliert) enthält eine Umwandlungszone UZ (schwarzer Pfeil) mit Neukristallisationen, die sich grundlegend von der Aplitfüllung unterscheidet. – Nic.+. – 28:1. Aplit aus Waldsteingranit, Weißenstadt, Bayern

nische Risse nahe beieinander liegen und trotz geringer Altersunterschiede zur selben tektonischen Phase gehören können. Abb. 118 beweist dazu deutlich die Übereinstimmung der Grundmasse des Aplits mit den Rupturenfüllungen, die sich ihrerseits mit der sich auf weite Strecken gleichbleibenden Zusammensetzung deutlich von den gedrungenen, mitunter kurz auslaufenden Umwandlungszonen mit einwandfrei metasomatischem Gefügebestand unterscheiden (Abb. 119).

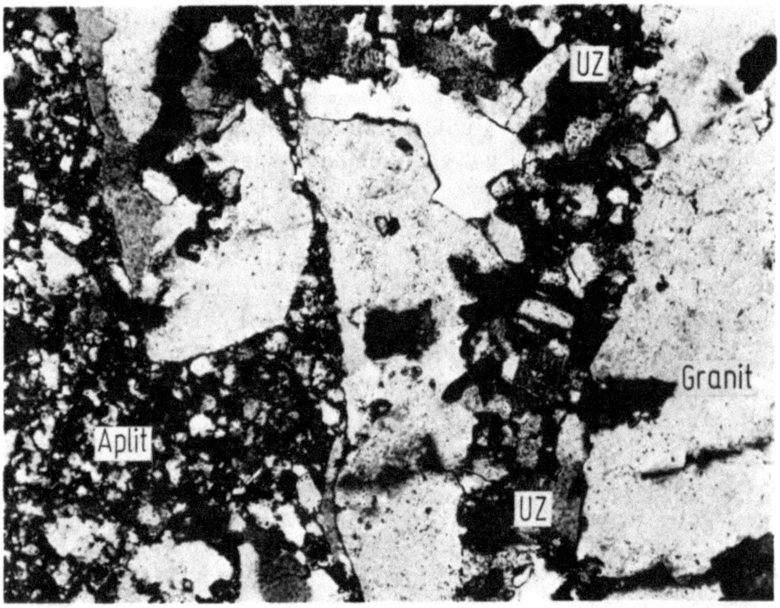

Abb. 119. Grenzzone zwischen Granit und Aplit. Der von links eindringende Aplit baut den Granit in Bruchstücken ab, zwischen denen die feinkörnige Aplitmatrix an ihrem scharfkantigen Inhalt erkennbar ist. – Die vom Aplit-Abbau noch nicht erreichte Umwandlungszone UZ (rechter Bildteil) mit Albit und K-Feldspat-Kristallisationen gehört dem Granit an und ist ein Umformungsvorgang, deutlich älter als die Aplitkristallisation. – Nic.+. – 78:1.
Aplit aus Waldsteingranit, Weißenstadt, Bayern

Die Reihenfolge, in der die Vorgänge 1–3 ablaufen, beginnt mit den Umwandlungszonen, da zu ihren interleptonischen Reaktionen Druckspannungen erforderlich sind. Die sich anschließenden gefüllten Rupturen in den gezeigten Beispielen Abb. 117 und 118 erhalten ihre Füllung aus der Grundmasse des sich bildenden Aplits. – Den mechanischen Zerfall eines Granits in einer tektonisch beanspruchten Aplitzone und das Eindringen aplitischer Grundmasse in die Rupturen der Bruchstücke zeigt Abb. 119, die zugleich den Gegensatz im Gefügeaufbau der Aplitmatrix mit ihren zahlreichen kleinen und kleinsten Bruchstücken sowie der älteren Umwandlungszone UZ im Granit deutlich erkennen läßt.

Um mit der Aufklärung dieser Gefüge, vor allem der Umwandlungszonen, weiter zu kommen, ist die Untersuchung nur mit Hilfe normaler Dünnschliffe nicht mehr ausreichend. Da sich die Zusammensetzung der Füllung einer Umwandlungszone im Einzelfall von Gefügekorn zu Gefügekorn ändert, müßte dieser Änderung mit Hilfe einer Anzahl möglichst dicht übereinander liegender Niveau-Schnitte nachgegangen werden. Ich habe eine solche Arbeitsmethode mehrfach, bisher jedoch erfolglos versucht, weil die Gefüge, in denen Umwandlungs-Zonen auftreten, zu kleinkörnig und unsere derzeitigen Präpariermethoden noch zu grob sind. (Ein „Gesteins-Mikrotom" fehlt bislang. . .) Es ist aber dringend notwendig, subtilere Arbeitsmethoden zu entwickeln, um die engeren Beziehungen der Kornarten zueinander besser aufklären zu können und eine „Histologie" der Gesteine zu entwickeln, welche in der Lage ist, die geometrischen und topologischen Beziehungen der Kornarten zueinander einwandfrei zu bestimmen. Der Ausdruck „Histologie der Gesteine" wäre dabei gar nicht so abwegig, da „Histologie" (vom Griechischen *ιστός*) „Gewebekunde" bedeutet und unsere Gesteine ja ebenfalls ein Grundgewebe besitzen. . . Die Verwendung des Ausdruckes Histologie in der Biologie braucht dabei nicht zu stören: Es kommen eben auf verschiedenen Gebieten dieser Erscheinungswelt Gewebe vor. . .

4. Quarzwachstumsgefüge mit Umwandlungszonen als Gangfüllung

Die Umwandlungszonen verschiedenen Alters haben sich in den letzten Kapiteln als wichtige aber z. T. sehr komplizierte Neubildungen erwiesen. Es ist daher angezeigt, einfachere Systeme aufzuzeigen, bei denen Füllmaterial des Ganges und Material der Umwandlungszone möglichst ähnlich sind, da es sich alsdann um gleichartige aber altersverschiedene Bestandteile handelt. Fast in jedem Granitbereich entstehen späte Gänge, in denen wenig oder keine Feldspatsubstanz mehr erzeugt wurde, dafür aber Quarz, und in diesem Fall entweder in der Form von Tektoniten oder von im wesentlichen postdeformativen Wachstumgefügen.

Man könnte nun einwerfen, daß derartige Quarzfüllungen in der Art von Wachstumgefügen so spezielle Formen leukokrater Gänge vertreten, daß sie nicht in eine Darstellung der Aplite hineingehören. Doch gerade diese Sonderform einer Gangmasse zeigt – gerade wegen ihres einfachen Aufbaues – Verhaltensweisen ihrer Kieselsäurefüllung, die zur Kenntnis leukokrater Gangbildungen sowie darüber hinaus des Verhaltens hydratischer Kieselsäure bei metasomatischen Vorgängen entscheidend beitragen können.

Zur Erläuterung dieser Fragen stehen mehrere Vorkommen zur Verfügung. Abb. 120 zeigt einen Quarzgang aus der Phyllitschieferzone südlich anschließend an den Hauptgranit von Baveno. Der im rechten unteren Bildteil sichtbare Phyllitschiefer wird von einer unregelmäßigen Ruptur durchsetzt, auf der sich ein gut geregeltes Quarzstengelgefüge angesiedelt hat. Die Wachstumsrichtung folgt der linken Diagonale des Bildes. Senkrecht zur Richtung des Stengelwachstums verläuft eine Umwandlungszone UZ (links oben im Bild) mit unerwarteten Eigenschaften. Sie ist daran kenntlich, daß in ihrem Bereich die primäre Pigmentierung der Quarzstengel – im wesentlichen Serizitstaub – verschwunden oder stark verringert ist, daß ihre Grenzen scharf und nicht verschwommen sind und daß sie – in der Art einer Ruptur – eine größere Anzahl von Quarzstengeln durchläuft. Der wich-

Abb. 120. Mäßig geregeltes Quarz-Wachstumgefüge entwickelt sich im Innern einer klaffenden Ruptur der Quarzphyllitschiefer (im Bild rechts unten). Parallel dieser Ruptur wird das Quarzstengelgefüge von einer Umwandlungszone UZ (0,5 mm) durchsetzt, in der die optische Orientierung der einzelnen Stengel im wesentlichen beibehalten, die Pigmentierung des Primärgefüges aber weitgehend vernichtet wird. Die Umwandlungszone ist keine später mit Quarz ausgefüllte Ruptur, da die von ihr durchsetzten Quarzstengel ihre ursprüngliche Lage und Ausdehnung streng beibehalten haben. – Nic.+. – 34:1.

Quarzgang in Phyllitschiefern, Baveno, Oberitalien

tigste Befund ist aber, daß die Gitterorientierung des Quarzmaterials im Bereich der Umwandlungszone sehr genau der Orientierung des jeweils von der Zone durchsetzten Quarzstengels entspricht. (Nur selten finden sich geringfügige Abweichungen.) Abb. 121 zeigt diese Beziehungen in stärkerer Vergrößerung. Man kann durchaus die Frage stellen, ob nicht die zonengebundene Entpigmentierung als Sondervorgang aufgefaßt werden muß, bei dem nur das Pigment verschwindet, das Quarzmaterial als solches aber in der ursprünglichen Gitterorientierung erhalten bleibt. Da aber deutliche Abweichungen in der Orientierung der Quarzkornarten im Zoneninnern beobachtet werden, dürfte der Schluß auf einen allgemeinen Umlagerungsvorgang in der Zone nicht zu umgehen sein. Bei dem bereits besprochenen Beispiel der Abb. 112–115 war das gleiche Verhalten des Quarzes festzustellen, wobei über Umlagerung und Neubildung des Quarzes im Zoneninnern im Vergleich zu den unveränderten Nachbarkornarten kein Zweifel bestehen konnte.

Das Auftreten solcher Umwandlungszonen in Quarzstengel-Wachstumgefügen ist an mehreren Stellen beobachtet worden: Fichtelgebirge, Bayerischer Wald, Baveno, Comer See. Ihre Entstehungsweise kann einstweilen noch nicht sicher gedeutet werden. Die zunächst naheliegende Vorstellung, daß in dem Quarzstengelgefüge von sehr feinen Rupturen aus ein streifenweiser Abbau der Pigmentierung – im wesentlichen eine Ent-Serizitisierung – mit anschließender Umformung des kristallinen Materials, zunächst

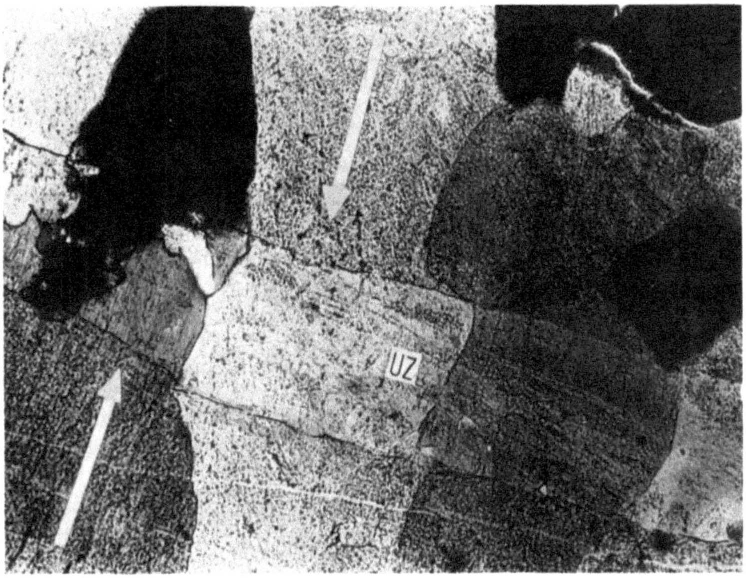

Abb. 121. Ein Quarzstengel-Wachstumgefüge (Stengelrichtung weiße Pfeile) wird von einer diagonalen Umwandlungszone UZ (0,35 mm) durchsetzt. Die Umwandlung erfolgt volumkonstant und bezüglich des Kristallgitters der Stengel lagekonstant. Nur die Dichte der Pigmentierung ist innerhalb der Umwandlungszone geringer geworden. – Nic.+. – 67:1.
Quarzgang in Phyllitschiefern, Baveno, Oberitalien

homoachs zu seiner Umgebung, dann auch heteroachs mit umorientiertem Rekristallisationsgefüge, erfolgt sei, sagt noch nicht viel über die wirklichen Vorgänge bei der Umformung aus. Es ist jedoch sicher, daß auch sie zu denjenigen interleptonischen Reaktionen gehören, wie sie von HELLER (mit GERLACH) 1966 als unter den Lichtwellenlängen liegende Diffusionserscheinungen in NaCl-Kristallen beschrieben worden sind.

Weitere Einzelheiten dieser Vorkommen geben die Abb. 122 und 123. Abb. 122 zeigt drei senkrecht zur Wachstumrichtung der Quarze streichende Umwandlungszonen verschiedener Stärke, mit z. T. recht unregelmäßigem und gewundenem Verlauf bei scharfer Ausbildung der Grenzflächen. Immerhin ist der Gesamtverlauf und das Einzelverhalten der Umwandlungszonen – etwa die strenge seitliche Begrenzung der optisch abweichenden Teilglieder (schwarz) im Zoneninnern – noch derart, daß als ihre erste Anlage eine Mikro-Rupturen-Zone im interleptonischen Bereich, also zunächst nicht sichtbar, angenommen werden kann. Noch nicht zu deuten ist das Auftreten mehrerer, ganz verschieden starker Zonen, die sich aber gegenüber den in ihren Räumen vorhandenen Pigmenten vollkommen gleich verhalten, d. h. unabhängig von ihrer Raummasse die Pigmentierung überall auf die gleiche Teilchendichte abbauen. Weiterhin ist bemerkenswert, daß die Zonen, obwohl nicht miteinander in unmittelbarem Zusammenhang (bis auf einige lokale Kleinbereiche) die Optik ihrer jeweiligen Quarz-Umgebung beibehalten haben.

Das wird noch deutlicher in Abb. 123. Hier durchsetzt ein dünnes Bündel (1,0 mm) von etwa zwölf Umwandlungszonen verschiedener Stärke die Quarzstengel senkrecht zu deren

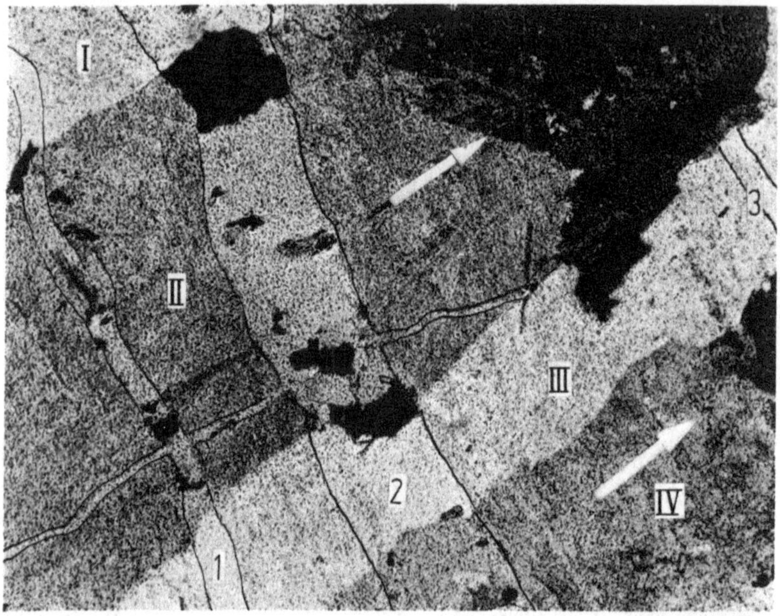

Abb. 122. Quarzstengelgefüge in einem Quarzgang. Pfeilrichtung: Wachstumsrichtung der Stengel I–IV. – Drei ungleich starke Umwandlungszonen 1–3 vernichten viele Pigmentteilchen innerhalb ihrer Reichweite in den einzelnen Quarzstengeln. Im Innern der Quarzkristalle I–IV bleibt die Gitterorientierung des Quarzes innerhalb der Umwandlungszone exakt die gleiche wie die des nicht umgewandelten Kristallteils. – Nic.+. – 26:1.
– Aplit aus Waldsteingranit, Weißenstadt, Bayern

Wachstumrichtung unter den erwähnten Ent-Pigmentierungs-Erscheinungen. Zur Deutung dieser Zonen liegt auch hier wieder die Annahme primär interleptonischer, ursprünglich nicht sichtbarer – nur durch Folgeerscheinungen erschließbarer – Krypto-Rupturen nahe.

Als bisher noch nicht beobachtet tritt eine deutliche Korrosionswirkung der Umwandlungszonen auf. Der in Abb. 123 dunkel gestellte Quarzstengel II (in der Mitte des Quarzstengels III), wird dort, wo ihn die ca. sieben Umwandlungszonen queren, stark korrodiert und abgebaut, so daß er im Zonenbereich weitgehend „angefressen" erscheint. Der Korrosionsvorgang ist aber keineswegs ein einseitiger Prozeß. Denn was am Materialbestand des Quarzstengels II abgetragen wurde, wird am Quarzstengel III im Bereich der Umwandlungszonen – und nur in diesen – wieder angebaut, so daß sich als Endergebnis ein Materialumbau im Bereich der U-Zonen ergibt. Dabei ist festzuhalten, daß die starken Korrosionsangriffe nur den Quarzstengel II betroffen haben, während z. B. der unmittelbar benachbarte Quarzstengel IV in seinen glatten Konturen überhaupt nicht verändert worden ist.

Die beschriebenen Umwandlungszonen sind zu einer Zeit entstanden, als die kristalline Konsolidierung des Ganginhaltes schon abgeschlossen und ein fertiges Wachstumgefüge vorhanden war. In diesem befand sich das Serizit-Pigment mehr oder weniger gleichmäßig verteilt, bedurfte also einer vorkristallinen Füllung von ausreichender Viskosität, um die

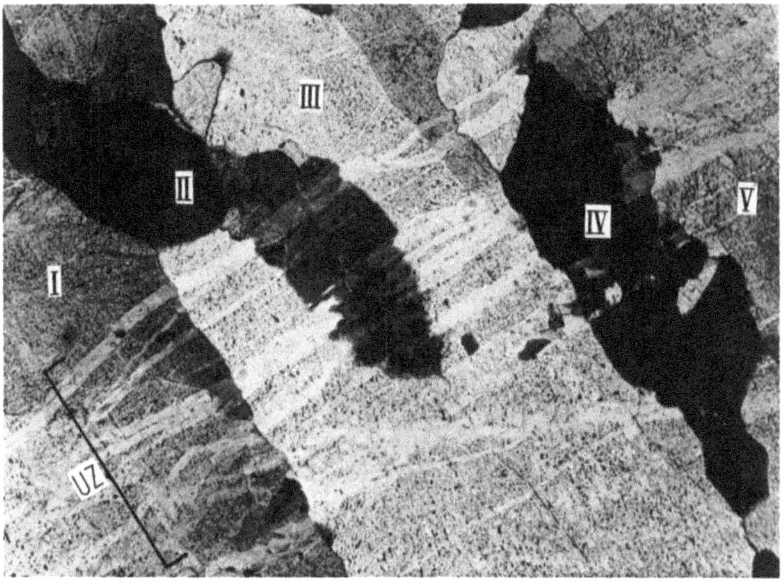

Abb. 123. Die Umwandlungszonen UZ der diagonalen Feinrupturenschar, welche die Stengel senkrecht zu deren Wachstumsrichtung durchsetzt, haben die gleiche oder fast die gleiche optische Orientierung mit dem umgebenden Quarz-Großkorn. Der gezackte, dunkel gestellte Stengel II in der Bildmitte wird von den Umwandlungsvorgängen randlich stark korrodiert, d. h. sein Material wird partiell in die Raumorientierung des Hauptquarzstengels III umgeformt. – Breite der Umwandlungszone ca. 1 mm. – Nic.+. – 32:1.
Quarzgang in Phyllitschiefern, Baveno, Oberitalien

Pigmentteilchen in der Schwebe zu halten, in der sie durch die nachfolgende Kristallisation des Quarzgefüges fixiert worden ist.

Die Viskosität dieser ersten Füllung darf man nicht zu gering ansetzen. Es finden sich nämlich auch noch größere Gefügereste in Gestalt zahlreicher Kalifeldspat-Bruchstücke (Abb. 124), welche dem Nebengestein entstammen und sich im Innern der Gangmasse gehalten haben, ohne abzusinken. Diese Kalifeldspatreste werden von den U-Zonen ebenfalls durchsetzt, die hier, im Bereich des Feldspatkornes, als dünne mit Quarz gefüllte Rupturen auftreten. Diese Beobachtung ist wichtig, weil sie uns die Möglichkeit gibt, solche, die Kalifeldspatreste durchquerende Rupturen nun auch als primäre Entstehungsursache der U-Zonen in den Quarzkornarten dort als Ursache anzunehmen, wo sie sich wegen ihrer geringen Dimensionen der direkten Beobachtung entziehen.

Verfolgt man die Umwandlungszonen weiter, so wird man finden, daß sie in vielen Fällen erst spät zu einem Gleichgewicht gekommen sind und zwischenzeitlich erneut umgewandelt wurden. In solchen Fällen kann es zur Ausbildung selbständiger Quarzkorngruppen kommen, die von wenigen abweichend orientierten Einzelkörnern bis zu einem, die Umwandlungszone völlig ausfüllenden Keimwachstumgefüge reichen können (Abb. 125).

Abb. 124. Kalifeldspat-Einschlüsse (0,54–0,67 mm) in einem Quarz-Wachstumgefüge. Eine rechts-links verlaufende Umwandlungszone UZ durchsetzt auch die Kalifeldspäte KF und zeigt in diesen deutlichen Rupturencharakter mit ganz geringer Quarzfüllung. – Analysator um 50° gedreht. – 52:1. Quarzgang in Phyllitschiefern, Baveno, Oberitalien

Abb. 125. Quarzstengelgefüge mit anfänglich homoachser Umwandlungszone UZ (0,3 mm), welche gebietsweise in rekristallisierte Gefügekomplexe übergehen. Signatur (h): noch erhaltene homoachse Bereiche der Umwandlungszone. Weißer Pfeil: Wachstumsrichtung der Quarzstengel. – Nic.+. – 70:1. Quarzgang in Phyllitschiefern, Baveno, Oberitalien

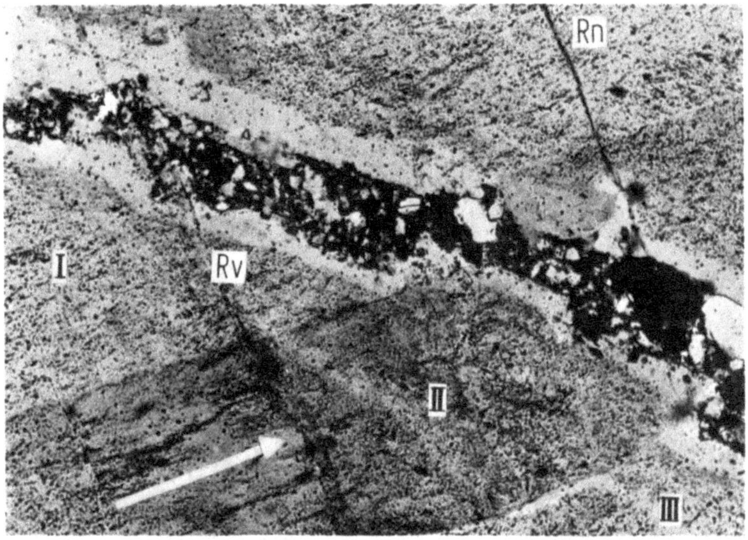

Abb. 126. Diagonale Umwandlungszone (0,22 mm) in einem Quarzstengelgefüge schräg zur Stengel-Wachstumsrichtung (Pfeil). Im Innern der durch stark verringerte Pigmentierung kenntlichen Umwandlungszone ist ein Quarz-Rekristallisationsgefüge entstanden. – Die Quarzstengel I, II, III sind in der Ebene der Umwandlungszone geringfügig verschoben, Stengel II auch in seiner Wachstumsrichtung. – Der Bereich wird von zwei Rupturen Rv und Rn im Abstand von 0,6 mm gequert, von denen Rv durch Neubildungen verheilt, Rn aber leer geblieben ist. – Nic.+. – 90:1. Quarzgang in Phyllitschiefern, Baveno, Oberitalien

Hier ist ein erheblicher Bereich der Zone in Quarz-Körnergruppen mit z. T. sehr großen Lageunterschieden übergegangen. Daß der neuerliche Umformungsvorgang eine bereits vorhandene und ausgearbeitete U-Zone betroffen hat, geht aus den noch verbliebenen Anteilen an (mit den angrenzenden Quarzen) homoachsen Bereichen der Zone (h in Abb. 125) sehr deutlich hervor.

Es ist demnach erwiesen, daß die Umwandlungszonen Richtungen erhöhter Durchlässigkeit für umformende Lösungen sind. Das ergibt sich noch aus einem weiteren Beispiel. In Abb. 126 durchsetzt eine stark entpigmentierte U-Zone die Quarzstengel eines Wachstumgefüges. Im Innern ist diese Zone in einem breiten Gürtel zu einem feinkörnigen Quarzpflaster mit scharfer Abgrenzung gegen die beidseitigen, fast klaren Randbereiche umkristallisiert. Der Grenzverlauf dieser inneren Rekristallisationszone entspricht sehr genau der äußeren Grenze, wie sie die Umwandlungszone gegen den primären Quarzstengelbereich ausgebildet hat und macht Richtungsänderungen dieser Grenze exakt mit (linke obere Ecke) d. h. die äußere Grenze bestimmt durch ihren Verlauf auch das räumliche Verhalten der inneren Zone. Als Grund könnte man ein in der Medianlinie der Umwandlungszone liegendes (Krypto-)Rupturen-Bündel annehmen, von dem aus der Rekristallisationsvorgang eingeleitet wurde, der dann anschließend durch Lösungsstau an einer zur Grenzfläche der U-Zone parallelen Ebene zum Stehen kam.

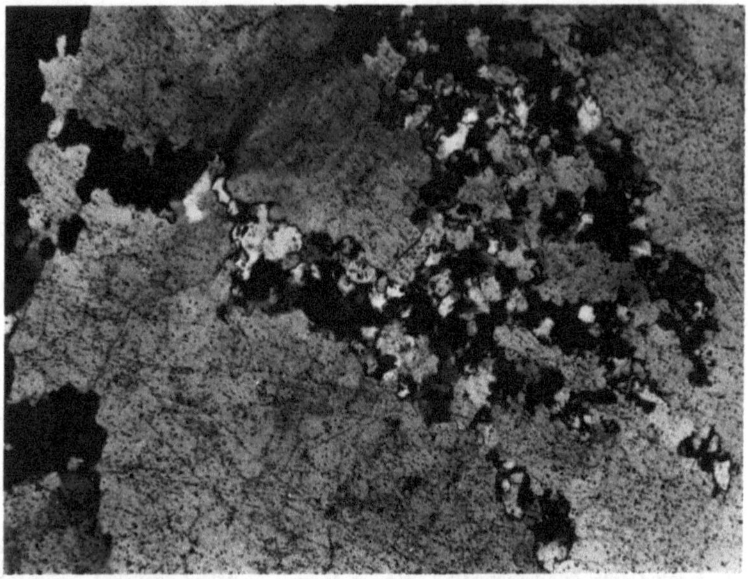

Abb. 127. Rekristallisations-Gefüge in einem Groß-Quarzkorn. Rupturen oder Haarrisse, welche den Rekristallisations-Vorgang ermöglicht haben könnten, sind auch mit starken Vergrößerungen nicht sichtbar zu machen. – Nic.+. – 68:1.
Quarzlage aus Phyllitschiefern, Sils-Baseglia, Schweiz

Bemerkenswert ist in Abb. 126 auch noch das Verhalten zweier Zugrisse, welche die Quarzstengel I und II sowie die Umwandlungszone durchsetzen. Der rechte Riß R_n ist als neutrale Ruptur ohne Füllung geblieben. Der linke R_v ist in seinem ganzen Verlauf wieder verheilt und am aufgenommenen Pigment kenntlich. Beide Risse haben durchaus ihre Bedeutung, denn sie zeigen, daß schon auf einer Strecke von 0,6 mm – der wahre Abstand der beiden Rupturen – sich die Möglichkeiten für Lösungstransporte auf Diaklasen sehr geändert haben können.

In dem soeben gezeigten Beispiel ist am Verlauf der Zone und ihrer scharfen Abgrenzung gegen den zentralen Rekristallisationsbereich das Vorhandensein effektiver, wenn auch in der Abb. 126 noch nicht deutlicher Rupturen wahrscheinlich gemacht: Der Verlauf der Umwandlungszone deutet ja bereits an, in welcher Richtung ‚effektive' Diaklasen im Untergrund überhaupt zu erwarten sind. In solchen Fällen bestehen fast immer Anhaltspunkte, wo die Zufuhrrichtungen für aktive Lösungen zu suchen sind.

Es gibt aber zahlreiche Fälle, wo kein Merkmal das Vorhandensein eines Transportweges für Lösungen anzeigt. Das sind die regellos verteilten Rekristallisations-Korngruppen in Quarzgefügen. Zwar liegen derartige Sekundär-Kornarten häufig hintereinander angeordnet wie „Perlen auf einer Schnur", aber dünne Haarspalten, welche die Einzelkörner miteinander verbinden, sind nicht zu erkennen. Trotzdem muß man bei Betrachtung der Abb. 127 zu dem Ergebnis kommen, daß in Richtung der Kornreihen (linke Diagonale) die Wegsamkeit für Lösungen größer gewesen ist als senkrecht dazu. Das Fehlen sichtbarer

Rupturen könnte möglicherweise auf spätere homoachse Verheilung der mechanischen Risse im Wirtkristall („Heilungsrisse" der Gemmologen) zurückzuführen sein.

Alles in allem muß nach den gezeigten Beobachtungen ein lebhafter intergranularer und interleptonischer Lösungsumlauf in den sekundären Gefügen eines aplitischen Systems stattgefunden haben, denn wir stoßen immer wieder auf Umformungsvorgänge auch in Kleinstbereichen.

V. Zur Genesis der aplitischen Gänge

1. Die Temperaturverhältnisse in der Gangmasse und im Nebengestein

Die vielfach gemachte Beobachtung, daß aplitische Bildungen allseits auskeilen, keine direkte Verbindung mit tiefer liegenden Gesteinsbereichen besitzen und ihre Füllung über das Porensystem ihres Muttergesteins erhalten haben müssen, verbietet die Annahme eines eigenen Wärmehaushaltes für solche späteren Gänge. Denn Aplite, deren Stoffbestand aus dem umgebenden Gesteinsbereich stammt und die auf endlichen Rißsystemen des primären Gesteins als jüngere Bildung angesiedelt sind, müssen im ganzen Verlauf ihrer Entwicklung temperaturgleich mit ihrer Umgebung gewesen sein. (Das gilt nicht für aplitische Massen mit tektonischer Platznahme fremden eingepreßten Materials (z. B. Rieserferner, östliche Rahmengesteine) und dabei auftretenden Reibungsvorgängen mit Wärmeproduktion.)

Der Füllungsvorgang – zunächst in einer sehr vereinfachten Form dargestellt – hat sich so abgespielt, daß in einem tektonisch erzeugten Riß – und in das entstandene Vakuum hinein – flüssige Anteile aus den Porenräumen eingewandert sind, zumeist unter Mitwirkung starker mechanischer Druckfelder einer tektonischen Phase –, worauf die entstandenen Rupturen, auf denen die Aplite liegen, selbst schon hinweisen (Kap. IV 2).

Das auf diesen Rupturen eingewanderte Material kann, da es ein Bestandteil des die Füllung umgebenden Nebengesteins ist, keine andere Temperatur haben als eben dieses Nebengestein auch.

Wie hoch ist nun diese Temperatur des umgebenden Gesteins zur Zeit der Aplitgenese anzusetzen? Haben wir irgend eine Möglichkeit zu gültigen Zahlenangaben zu kommen? Die Rupturenbildung des Massivgranites betraf ein fertiges Gestein, dessen Gemengteile in abgeschlossenen Strukturverbänden ausgebildet vorlagen und dessen Material sich nur wenig von dem heutigen nachaplitischen unterschied. Nimmt man einen granitoiden Gesteinskomplex in einer Tiefe von 10 000 m an, so ist die dort herrschende Temperatur bei einer geothermischen Tiefenstufe von ca. 30 m pro 1°C mit 300°C anzusetzen – nach Abklingen aller exothermen genetisch bedingten Reaktionen im Hauptmassiv. Diese Temperatur ist also unter allen Umständen vorhanden. Ob zur Zeit der Aplitentstehung der zugehörige granitoide Komplex noch einen genetisch bedingten Wärmeinhalt hatte, durch welchen die während der Aplitgenese herrschende geothermische Tiefenstufe beeinflußt wurde, – das festzustellen entzieht sich noch völlig unseren Möglichkeiten. Für die nachgranitischen, leukokraten Gänge ergibt sich aber eine andere aufschlußreiche Betrachtungsweise.

Die uns gemeinhin zugänglichen Granit- und Gneismassive stammen aus den verschiedensten Tiefenniveaus mit ihrer jeweiligen, der zugehörenden geothermischen Tiefenstufe entsprechenden Temperatur. Vergleicht man die leukokraten Gänge einiger Granit- und

Gneisvorkommen miteinander, so findet man weitgehende Übereinstimmung in Ausbildung, Stoffbestand und Struktur trotz sicher vorhandener Unterschiede in der Entstehungstemperatur. So kann den in Abb. 109–116 gezeigten Beispielen einer nachaplitischen Umformung mit Neubildung von Albit, Mikroklin, Quarz und Epidot überhaupt keine irgendwie beachtliche Temperatur zugesprochen werden, da der ganze Vorgang erst nach Abschluß der letzten aplitischen Förderung und im Gefolge einer neuen tektonischen Rupturenzerlegung stattgefunden hat.

Man kommt damit zu dem wichtigen Ergebnis, daß die Bildungsintervalle der leukokraten Silikate genügend groß sind, um trotz unterschiedlicher Entstehungstiefe und abweichender Temperaturen der einzelnen Vorkommen übereinstimmende Silikatformen zu erzeugen.

Wenn man die Tiefenlage granitischer Massive und damit auch die Genesis leukokrater Gänge zwischen 25 000 m und 2500 m einordnet, so erhält man als zugehörige geothermische Temperaturen Werte zwischen 750° und 75°C, wobei das Schwergewicht auf den niedrigeren Werten liegen dürfte. Innerhalb dieser Temperaturskala sind die gleichen Silikatformen entstanden; man kann das Auftreten der beteiligten Minerale also nicht zur Temperaturbestimmung verwenden. Anders verhält es sich dagegen mit Gefügestrukturen, insbesondere mit Reaktionsgefügen. Hier liegen Syntheseergebnisse von SCHLOEMER vor, der bereits 1962 schriftgranitartige Strukturen (bei 400°C, 1000 atü) erzeugt hat. Weitere Untersuchungen sollten vor allem auf dem Gebiet der Spindelgefüge vorgenommen werden (beginnend mit Homogenisierungsversuchen), die fraglos zu wichtigen neuen Ergebnissen führen werden.

Nun hat jedes granitoide Gestein zumeist mehrere Entwicklungsstufen, in denen die Produktion leukokrater Gemengteile in verstärktem Maße erfolgt. Das ist in erster Linie der Fall im Gefolge tektonischer Phasen, die dem Gestein Zerlegungen in einzelne Rupturensysteme gebracht haben, auf denen anschließend leukokrate Lösungsanteile aus dem Bestand des Wirtgesteins kristallisierten. Angesichts des Mangels einer zuverlässigen Methode der Temperaturbestimmung – auch die Weiterentwicklung der WRIGHT-LARSEN-Methode der Temperaturmessung am Quarz hat uns hier noch nicht weiter geholfen – soll die derzeitige Situation am Beispiel eines granitoiden Gesteins diskutiert werden, das im Laufe seiner Entwicklung mehrfach leukokrate Phasen erzeugt hat.
Es handelt sich um das in Kap. III 4 bereits kurz erwähnte, von KOARK in der Greiner-Serie der Zillertaler Alpen aufgefundene Gesteinsvorkommen. Das primäre Wirtgestein ist ein Para-Biotitgneis mit leukokraten Laminationslagen. Dieses Grundgestein erlebte zwei weitere Leukokratisierungsphasen, eine ältere als Rupturenfüllung und eine jüngere als diskontinuierliche Feldspatblastese des Biotitgneises. Diese späte, universelle Feldspatblastese durchwuchert sowohl den komplexen Gneisbereich wie auch die diesen durchsetzende Aplitgeneration. Wie der Augenschein lehrt, war diese Aplitgeneration z. Z. der Blastese schon fertig ausgebildet, was durch die Kornstrukturen der Füllung, ihren Grenzverlauf und die Verbandsverhältnisse zum Muttergestein überzeugend bewiesen wird.

Der vorliegende Para-Biotitgneis der Greinerserie hat also während seiner Entwicklungszeit (mindestens) drei verschiedene Feldspatisierungen durchgemacht: Die erste bei der Metamorphose des primären Biotitgneises selbst, als dessen Korngefüge entstand. Die zweite bei der Füllung aplitischer Rupturen und die dritte bei der allgemeinen Kalifeldspat-blastese, welche den gesamten Gesteinskomplex einheitlich erfaßt hat. Diese drei Haupt-feldspatisierungen überdecken die ganze Entwicklungsperiode des Gesteins. Damit ist zugleich erwiesen, daß die Bildungstemperaturen dieser Feldspatisierungen Unterschiede aufweisen müssen, denn es ist nicht anzunehmen, daß das Gestein während seiner ganzen Entwicklungszeit die gleiche Temperatur gehabt hat. . .

Da noch keine Erfahrungen darüber vorliegen, welche Wärmeenergien bei Faltungs-vorgängen eines Rindenstücks erzeugt werden, ist bei ersten Betrachtungen über diesen Gegenstand von der wahrscheinlichen Tiefenlage des Gesteinskomplexes und der dort anzunehmenden Temperatur auszugehen, um zu einer Vorstellung des Temperatur-Bereichs zu kommen, in dem die einzelnen Feldspatisierungsperioden nacheinander entstanden sind. Nimmt man für die Greiner-Serie bei ihrer primären Metamorphose eine Tiefenlage von 15 000 m an, so wäre von einer Temperatur von max. 500°C auszugehen, die gegen den Schluß der Gesteinsentwicklung und der abnehmenden Tiefenlage bei der Auffaltung kaum mehr als 200°C betragen haben kann.

Für die Höhe der Entstehungstemperatur der letzten Kalifeldspat-Blastese haben wir zunächst noch keinen direkten Anhaltspunkt und wir können nur sagen, daß bei diesem dritten und sehr späten Feldspatisierungsvorgang in der Geschichte des Gesteins die Temperatur stark abgesunken sein muß. (Feldspatblastesen scheinen ganz allgemein mit dem Auftreten höherer Drucke verbunden zu sein, s. Kap. V 2.)

Als Ergebnis dieser Betrachtungen ist jedenfalls festzuhalten, daß wir wohl noch lange nicht über zutreffende Temperaturwerte bei der Metamorphose[1]) verfügen werden, daß aber die Feststellung des bedeutenden Temperaturintervalls, in dem die Genese der leukokraten Gemengteile, insbesondere der Feldspäte abläuft, von sehr großer Bedeutung für die allgemeine Kenntnis der Genesis granitoider und leukokrater Systeme geworden ist. Dabei ist davon auszugehen, daß Wärmeenergie durch Zeit kompensiert werden kann, ein geringer Wärmeinhalt also durch die lange Dauer der Exposition zu ersetzen ist, eine Beziehung, die zunächst noch die Aussage, bei welcher Temperatur eine Kornart entstanden ist, entscheidend erschwert.

2. Die Druckbeanspruchung während der Gangbildung und das Problem der lunkerfreien Füllung

Geht man von dem Vorgang der einfachen Spaltenfüllung aus, so ergeben sich zunächst zwei Möglichkeiten des Füllungsablaufes: 1. Die Füllung der Spalte ist im wesentlichen drucklos, durch einfaches Aussickern aus dem Kapillarnetz der Umgebung erfolgt. 2. Das Füllmaterial ist mit Hilfe erhöhter Drucke in die Spaltensysteme eingepreßt worden.

[1]) Auf dem magmatischen Gebiet ist von BUDDINGTON und LINDSLEY 1964 der Versuch der Temperaturbestimmung mit Hilfe des O_2-Partialdruckes und des TiO_2-Gehaltes im System Magnetit-Ulvit-Ilmenit-Haematit gemacht worden (S. CORRENS, 1971, S. 324). Es ist die Frage, ob und inwieweit sich diese wichtigen Ergebnisse auf metamorphe – und hydrothermale – Verhältnisse übertragen lassen, wobei die Hauptschwierigkeit in der großen Anzahl verschieden alter Reaktionsketten im metamorphen Geschehen sowie in der Unkenntnis der Wirksamkeit des Zeitfaktors allgemein bestehen dürfte.

Beide Möglichkeiten scheinen zunächst reell zu sein und in Beispielen vorzuliegen. Eine nähere Betrachtung zeigt jedoch, daß es fast unmöglich ist, allein aus den Eigenschaften der Gangfüllungen und ihrer Struktur den Füllungsmodus zu erschließen. Es ist vielmehr nötig, die Grundvoraussetzungen für die Materialzuführung im speziellen Fall herauszufinden und festzustellen, wie weit diese mit den Möglichkeiten 1 und 2 vereinbar sind. Eine dieser Grundvoraussetzungen, die immer wieder beobachtete Tatsache der hohlraumfreien Ausfüllung der Rupturen – die bei metasomatischem Ersatz vorgangsbedingt ist – erfordert bei geöffneten Rupturen eine ganz spezielle, im Vorgang selbst liegende Erklärung, die wir anschließend versuchen werden.

Die zweite dieser grundsätzlichen Beobachtungen betrifft die direkt feststellbaren Merkmale stattgefundener, im wesentlichen postkristalliner Deformationen an Gesteinen, welche leukokrate Bildungen enthalten. Sie zeigen an, welchen symmetriegemäßen Verformungen der spezielle Bereich (Korngefüge und Kapillarräume) während der Entwicklung leukokrater Anteile ausgesetzt gewesen ist.

Die allgemeine Situation eines Gesteinsbereichs, der einem Druckspannungsfeld ausgesetzt wird, kann nur aus den feststellbaren, finalen Gefügeveränderungen erschlossen werden, wie sie am Ende des Beanspruchungsvorganges eingetreten sind. So ist aus Abb. 128 zu entnehmen, daß bei der primären rupturellen Zerlegung des Gangraumes ein breites laterales Trümmerfeld entstand, das z. T. durch Einwanderung aus dem Innern der Gangfüllung wieder verkittet wurde. Vereinzelte Querspalten werden von der Quarzfüllung her in charakteristischer Weise gefüllt (Abb. 129): Die Schieferung in der Hauptmasse des Quarzganges setzt sich ins Innere der Querspalte hinein fort, aber nicht durch fluidale Anpassung einer einströmenden Füllmasse, sondern mit Hilfe der Druckspannung, unter der die Gangfüllung stand und die sich hydrostatisch in die Spalten hinein durch übergangslose Parallelstellung der Kornarten auswirkte. Daß tatsächlich im Gangraum zeitweise ein erhöhter Druck bestanden haben muß, geht daraus hervor, daß die Füllmasse keineswegs nur auf die Gangzone beschränkt geblieben ist, sondern in die Kapillarräume des Nebengesteins eingepreßt wurde und dort als Quarz-Rekristallisations-Gefüge erstarrte (Abb. 130). Dieser Vorgang kann nicht allein durch Ausfüllung von Hohlräumen im Porensystem des Gneises erfolgt sein. Bei der Erweiterung der Kapillarräume sind vielmehr neben der mechanischen Durcharbeitung metasomatische Vorgänge beteiligt, wie aus der Umformung der Glimmer hervorgeht. Da sich im Gneis des Nebengesteins zahlreiche Gleithorizonte (mit Biotit und Muskowit belegt), durchmischt mit conform eingepreßten Quarzanteilen des Ganges gebildet haben, muß dieser ganze Bereich einschließlich der primären Gangfüllung (Abb. 130) unter einer sehr starken Druckspannung gestanden haben, die sich am Zustand des Gefüges mit vollkommener Deutlichkeit ablesen läßt. Durch diese Druckspannung und ihre Einwirkung auf das Porensystem des Gesteins wurden die Wanderungen der beweglichen Anteile in entscheidender Weise aktiviert.

Denselben Eindruck erhält man bei Betrachtung aplitischer Gefüge, welche zahlreiche Bruchstücke ihres granitischen Nebengesteins enthalten. Die Kornarten dieser Bruchstücke finden sich häufig aus ihrem Gefügeverband herausgelöst: Auf ihren Korngrenzen ist feinkörniges Aplitmaterial eingewandert, das mit Hilfe seines aktiven Lösungsanteils die einzelnen Kornarten getrennt und das Granitbruchstück zum Zerfall gebracht hat

Abb. 128. Kataklastisch zerdrückter Plagioklasgneis mit teilweise gebogenen Zwillingslamellen auf der Grenze gegen feinkörniges Quarz-Rekristallisationsgefüge mit deutlich ausgebildeter Schieferung (s). - Nic.+. – 27:1. Leukokrater Gang, Val Bondasca, Bergell, Schweiz

Abb. 129. Grenze eines stark geschieferten und rekristallisierten Quarzganges (q) gegen Plagioklasgneis, in den die Quarzfüllung auf einer sich verschmälernden Spalte eindringt. Die Schieferung des Quarzgefüges (s) bleibt im Innern der Spalte (0,80 mm, Bildmitte) noch erhalten. – Nic.+. – 27:1. Quarzgang in Biotitgneis, Novate, s. Chiavenna, Oberitalien

Abb. 130. Zweiglimmergneis-Gefüge, unmittelbar neben einem Quarzgang. Die Kapillaren zwischen den Kornarten sind zusätzlich von einem sehr feinkörnigen Quarz-Rekristallisationsgefüge erfüllt, dessen Material vom Quarzgang her eingepreßt wurde. – Nic.+. – 35:1.
Quarzgang in Biotitgneis, Novate, s. Chiavenna, Oberitalien

(Abb. 131). Hier erhebt sich die Frage: Muß ein aus mehreren Kornarten bestehendes Nebengesteinsbruchstück, das in die Aplitfüllung gerät, dort in seine Bestandteile zerfallen? Doch offenbar nur dann, wenn die Einzelkornarten nicht mehr fest miteinander verbunden sind, so daß die unter Druckspannung stehenden Lösungen auf den Korngrenzen eindringen können.

Nun zeigen aber alle Proben von Nebengesteinsbruchstücken in Apliten bei näherer Untersuchung Kapillarsysteme mit sehr verschiedenen Eigenschaften: Offene (leere) Kapillaren, gefüllte Kapillaren mit fester Füllung, gefüllte Kapillaren mit flüssiger Füllung, geschlossene – abgedichtete – Kapillaren mit Gasfüllung. Gerät ein Granitbruchstück mit solchen verschiedenartigen Kapillaren in eine unter abweichendem – zumeist höherem – Druck stehende Aplitfüllung, so werden diejenigen unter den Kapillaren, die „leer", d. h. frei von festen oder hochviskosen Stoffen sind und daher unter geringerem Druck stehen als die Aplitfüllung, bevorzugt Aplitmaterial aufnehmen, das in Porenbereiche vorhandenen Unterdrucks eingepreßt wird.

Wie Abb. 132 deutlich macht, hängt die jeweilige Größe der auf den Spalten gewachsenen Kornarten von den Dimensionen ihrer Kapillare ab und beweist damit, daß solche Kornarten erst nach der Füllung mit kristallisationsfähigem Material vom Aplitbereich her gewachsen sind. Das muß nicht immer so sein. Grobe Risse können im weiteren Verlauf des Aplitisierungsvorganges mit fast fertigem aber noch beweglichem Aplitmaterial ausgefüllt werden, wie wir aus den Abb. 128–133 ersehen, so daß in den meisten Fällen

Abb. 131. Granitbruchstücke, Quarz, Kalifeldspat, Plagioklas in feinkörniger Aplitgrundmasse. – Nic.+. – 28:1. Granitbruch an der Silberstraße, Wunsiedel, Fichtelgebirge

fast jedes in einer Aplitmatrix eingebettete Granitbruchstück in seinen verschiedenartigen Kapillartypen auch abweichende Füllungsmodalitäten zeigt, von der einfachen Füllung einer offenstehenden Spalte mit kristallinem Material bis zu den Infiltrationsvorgängen an geschlossenen, unter Unterdruck stehenden Kapillaren.

Bei den bisherigen Betrachtungen handelte es sich ausschließlich um Rupturenfüllungen, welche ihren Stoffgehalt im Laufe des Füllungsvorganges gegenüber dem neuen Wirt nicht durch Angriff auf den Bestand eben dieses Wirtes verändern. Es ist aber möglich und geschieht auch sehr oft, daß Füllmaterial und Wirt miteinander in Reaktion treten.
So zeigt Abb. 133 das Eindringen von Aplitmasse in die – in der Abbildung horizontale – Grenzfläche zwischen zwei Kalifeldspäten. Das Bemerkenswerteste an diesem Beispiel ist die Stelle, an der dieses stattfindet, nämlich dort, wo bereits ein älteres Albitgefüge eine Grenzfläche zwischen zwei Kalifeldspäten benutzend, von dieser aus in die KF-Wirte – besonders den oberen, dunkel gestellten – eingewachsen ist. Die Vermutung, daß das Albitwachstum ebenfalls auf die Einwirkung der Haupt-Aplitmasse zurückzuführen sei, wird durch eine Untersuchung der Korngrenzen des Granits entkräftet. Es zeigt sich nämlich, daß albitkornbesetzte Grenzflächen zwischen den Feldspäten des Granits sehr häufig vorkommen und die entstandenen Albitkornarten die gleichen Eigenschaften besitzen wie das Albit-Einwachsgefüge der Abb. 133. Man muß daher als sicher ansehen, daß das Material des Kleinst-Korngefüge des Aplits in eine bereits von Albitkornarten benutzte Ruptur infiltriert worden ist und diese zusätzlich auffüllt. Es ist selbstverständlich, daß solche Vorgänge, insbesondere Infiltrationen in vorhandene Kornarten hinein wie hier, mit Hilfe eines Druckgefälles leichter ablaufen als ohne ein solches. Daß der

Abb. 132. Großes Quarzkorn im Granit mit metasomatisch erweiterten Rupturen, in welche aplitisches Füllmaterial eingewandert ist. – Grobe Spalten im Quarz (schwarze Pfeile) enthalten die gleiche Füllung. – Infiltrationsvorgänge auf Haarrissen (weiße Pfeile) zeigen keine Verbindung mit den übrigen, vom Aplit her gefüllten Rupturen. – Zahlreiche leere, nicht benutzte Korngrenzen und Bruchlinien. – Nic.+. – 54:1.

Aplit aus Waldsteingranit, Weißenstadt, Bayern

Bereich auch später noch unter den gleichen Druckspannungen, welche die Rupturen der Aplitfüllungen erzeugten, gestanden haben muß, geht aus den späten, ungefüllten Rissen hervor, welche in der gleichen Richtung wie der Grenzverlauf Aplit–Granit diesen letzteren durchsetzen (Abb. 133 links), und zu deren Füllung das Material fehlte.

Bei weiterem Suchen wird man feststellen, daß es noch zahlreiche (und gar nicht so schwer erreichbare) Beispiele zur Auswirkung erhöhter Drucke vor und während des Füllungsvorganges aplitischer Gänge gibt. Einige wenige seien noch genannt, bei denen stattgefundene Druckbeanspruchungen den mechanischen Status der Kornarten kontrollierbar verändert haben. So zeigt Abb. 134 einen durch postkristalline Pressung in gegeneinander verdrehte Einzelstücke zerlegten Kalifeldspat, dessen Beanspruchung so stark gewesen ist, daß der Beginn einer Linsenbildung im Kristallinnern durch Gleitebenen bereits sichtbar wird. Der Deformationsvorgang wirkte jedoch nur solange, bis die Füllung der Rupturen mit einem beweglichen Medium – hier hydratische Kieselsäure – beendet war. Die beanspruchungsfreie Kristallisation des Quarzgefüges auf den Rupturen zeigt deutlich, daß die Deformationsphase dieses Bereichs ihr Ende erreicht hatte und die Kristallisation der Raptureninhalte nunmehr verformungsfrei erfolgte.

Ähnliche Verhältnisse finden wir in einem Beispiel Abb. 135 aus dem Montblanc-Gebiet, das einen deformierten Plagioklas-Großkristall und die spätere Infiltrations-

Abb. 133. Feinkörnige aplitische Füllung zwischen zwei Kalifeldspäten des Baveno-Granits. Beide Kalifeldspäte werden von der Querruptur aus angegriffen. In den oberen, dunkelgestellten Kalifeldspat wächst ein älteres voraplitisches Aplitgefüge ein, in das später vom Aplit her Grundmasse der Gangfüllung mit sehr kleinen Korngrößen eindiffundiert. Ungefüllte Längsrisse im linken Granitteil zeigen, daß der primäre Beanspruchungszustand des Bereiches auch nachaplitisch im gleichen Sinne erhalten geblieben ist. -- Nic.+. – 44:1.
Aplit, Baveno, Oberitalien

Abb. 134. Aplitische Grundmasse dringt zwischen zerdrückte und teilverstellte Kalifeldspäte ein und bildet nach Abschluß des Deformationsvorganges bei der folgenden Kristallisation ein Keimwachstumgefüge, nunmehr ohne die Spuren stattgefundener Beanspruchung. – Nic.+. – 33:1. Protogingneis, Aiguille de Charmoz, Mont Blancgebiet

phase zeigt. Doch stellen sich hier wieder neue Probleme durch das Auftreten einer „Umwandlungszone", welche im Innern ihres Wirtes abrupt endet und als neutraler Riß fortgesetzt wird. Das auffallendste genetische Merkmal dieser Umwandlungszone ist die weitgehende Übereinstimmung ihres Inhaltes mit der anschließenden Aplitfüllung, so daß man sich zunächst zu dem Schluß berechtigt hält, die Umwandlungszone habe ihr Füllmaterial zum größten Teil aus dem angrenzenden Aplit bezogen. Wenn dem so ist, so folgt als weitere Schlußfolgerung, daß das ausgebaute Material des Plagioklaswirtes höchstens in der Form einiger Epidotkörner und beim SiO_2-Anteil in der Umwandlungszone Verwendung gefunden hat, im übrigen aber quantitativ aus dem Raume des Wirtkristalls abgeführt worden ist. Dabei darf natürlich nicht angenommen werden, daß der Raum der Umwandlungszone einmal „leer" gewesen und vom Aplit her gefüllt worden sei. Die Entwicklung einer Zone des Plagioklases in der Form einer metasomatischen Umwandlung hat vielmehr gleichlaufend mit der Entwicklung im Aplitraum ein Material erzeugt, dessen Kristallisation in beiden Bereichen (Aplit und Plagioklaswirt) verwandte Formen ergeben hat. Bei diesem Vorgang bleibt zu erwägen, ob beim Vorhandensein einer Ruptur deren Kapillarkräfte ausgereicht haben können, um dauernd – d. h. über eine gegebene Zeit hin – aktive Lösungen heranzuschaffen, um die metasomatischen Vorgänge in Gang zu halten. Das mag für den allerersten Anfang der metasomatischen Reaktionen der Fall gewesen sein. Mit der erfolgten Erweiterung der Ruptur aber verschwanden die Kapillarkräfte, eben mangels Vorhandensein einer Kapillare. . . Eine Nachlieferung der benötigten Lösungen erforderte nunmehr einen Überdruck im Außenbereich, durch dessen Wirkung bewegliche Phasen in die inneren Teile des Korngefüges transportiert werden konnten. Da nun aber bei den geringen Dimensionen eines Korngefüges und dessen Porensystem das letztere immer sehr schnell aufgefüllt wird, so wären die metasomatischen Umformungen schon nach kurzer Zeit zum Stillstand gekommen, wenn nicht die Möglichkeit neuen Lösungseinzuges und neuer Raumschaffung bestanden hätte: Eine Fortdauer der tektonischen Beanspruchung des untersuchten Bereiches erzwingt die deformative Vergrößerung des Porenvolumens, veranlaßt zugleich den Druckanstieg zu weiterem Lösungstransport im Korngefüge und erreicht auf diese Weise die Fortsetzung der Umformungsvorgänge, die damit in direkter Beziehung zum Deformationsablauf stehen.

Die letzten Beispiele Abb. 134 und 135 betrafen die Platznahme von quarzreichen Korngefügen in einem beanspruchten Bereich, wobei vor allem die Neubildung und Anordnung metasomatisch erzeugter Restbestände wichtig war. Denselben Typus Korngrenzen- oder Rupturen-abhängiger kristalliner Gefügeformen trifft man nun auch in Einschlüssen, die im Innern leukokrater Gänge eingebettet sind, nur daß es sich hier bereits um silikatische Formen der neugebildeten Korngemeinschaft handelt. So enthält Abb. 136 in einem aus Plagioklasen bestehenden Großgefüge Spätbildungen neuer Kornarten, die durch metasomatische Verdrängung von den Korngrenzen aus entstanden sind. Es ist zu beachten, daß sich der Bildungsvorgang der Kalifeldspäte von dem der Albitgefüge grundlegend unterscheidet, obwohl beide Neubildungen zur Feldspatgruppe gehören und Gefügekorngrenzen als Wachstumbasen benutzen. Die Kalifeldspatgenese erfolgte von Gefügekorngrenzen aus, die sich gegen die eindringenden Lösungen instabil verhielten und abgebaut wurden. Dadurch entstanden lösungserfüllte Räume, deren angereicherte Füllung in toto

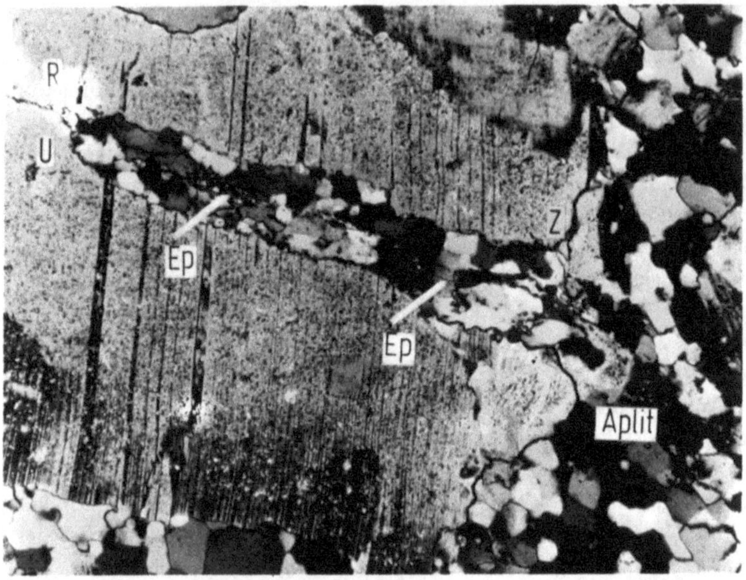

Abb. 135. Die aplitische Füllmasse mit vorherrschend Quarz und wenig Epidot (Ep) dringt längs einer Ruptur metasomatisch in einen Albit-Oligoklas ein und erzeugt eine Umwandlungszone UZ. Der Öffnungsbetrag dieser Zone im Feldspat ist nicht mechanisch, sondern durch Verdrängung erzielt worden, worauf der Rest der Ruptur (R) links oben im Bild deutlich hinweist. Die verbogenen Zwillingslamellen des Wirtplagioklases zeigen, daß dieser praeaplitisch (zumindest paraaplitisch) deformiert worden ist. – Nic.+. – 52:1.
Aplit im Zweiglimmergneis, „Les Grands", Mont Blanc-Gebiet

als Kalifeldspat kristallisierte, im Gegensatz zu den Einzel-Wachstumsaktionen, wie sie die spätere Albitgeneration mit ihren perlschnurartigen Klein-Kristallisaten auf den Korngrenzen erzeugt hat (Abb. 136).

Die Größe des einheitlichen Kalifeldspat-Areals zeigt an, daß dessen produktive Lösungen höchstens zu Beginn des Kristallisationsvorganges mit Hilfe von Kapillarkräften zugeführt sein können. Mit dem Materialabtrag an den Wirtkornarten und der Vergrößerung des Porenraumes verringerten sich die Kapillarkräfte. Weiterer Lösungsdurchfluß mit Antransport benötigter K-Ionen erforderte entsprechende Druckunterschiede im inneren und äußeren Bereich (Einschluß und umgebender Aplit).

Auch das Auftreten der jüngeren Albitwucherungen auf – anscheinend – prädestinierten Korngrenzen, die sich äußerlich kaum von anderen unbenutzten Rissen unterscheiden, erschwert die Vorstellung eines einfachen drucklosen Lösungsaufstiegs nur allein mit Hilfe von Kapillarkräften. Der feste Kornverband und die geschlossenen Korngruppen des Gefüges scheinen viel eher darauf zu deuten, daß die zu Reaktionen führenden Lösungen unter Druck eingepreßt worden sind. Sonst wären die Transporte über längere Strecken hin, die Überwindung schwer durchlässiger Korngrenzen sowie die mitunter beträchtlichen Korrosionsleistungen nicht zu erklären.

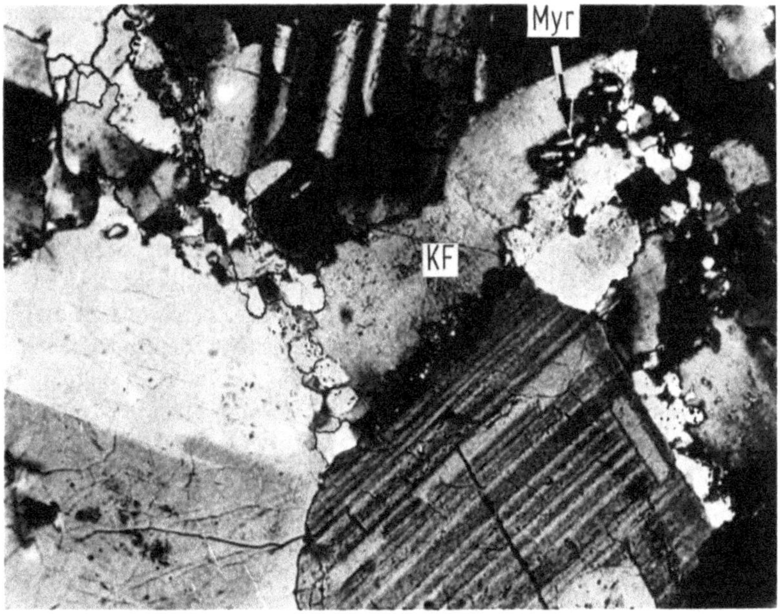

Abb. 136. Unter randlichen Verdrängungserscheinungen dringt Kalifeldspat auf Grenzflächen zwischen Großplagioklase ein. (Im oberen Teil der K-Feldspatzunge befindet sich ein myrmekitisierter Altplagioklas-Rest mit Quarzspindeln (Myr).) Die neuen Grenzen zwischen K-Feldspat und Plagioklasen werden partiell von einem jüngeren Albitkorngefüge benutzt, das in K-Feldspat und Plagioklas hineinwuchert unter größerem Raumgewinn im K-Feldspat. – Nic.+. – 72:1. Aus einem Einschluß im Aplit, Antholzer See, Rieserferner-Gebiet, Osttirol

Bei der in mehreren Beispielen geschilderten Ausnutzung von Druckunterschieden in der Ausgestaltung von Gangfüllungen und ihrer Gefüge ist das auffallendste Merkmal des Grundprozesses die immer wieder beobachtete Tatsache der vollständigen Ausfüllung des Rupturraumes, der immer im ganzen und niemals in Teilräumen gefüllt wird, so daß primäre Lunkerbildungen in leukokraten Gängen bisher ganz unbekannt geblieben sind.

Das Auftreten von Lunkern = Hohlräumen im Guß ist wohl zuerst aus der Gießtechnik der Metalle bekannt geworden. Nicht voll ausgefüllte, leere Stellen entstehen dort, wo Gas- oder Luftreste zurückgeblieben sind, so daß die eindringende Schmelzmasse die Form nicht mehr voll ausfüllen konnte. In der Kunst des Metallgusses spielte daher von Anbeginn an die Entlüftung der Formen mit Hilfe von Kanülen eine ausschlaggebende Rolle. Denn selbst bei Anwendung hoher Drucke in den Gußformen – etwa beim technischen Spritzguß – können verbliebene Gasreste nicht überwunden werden. Das gelingt nur durch Eröffnung von Abströmwegen für das Gas durch Einsetzen von Abzugskanälen.

Wenn nun in der Welt der Aplite bisher keine Lunkerbildungen bekannt geworden sind, so können dafür besonders zwei Gründe vorliegen: 1. Die zur Lunkerbildung erforderliche Gasphase fehlte, 2. Die vorhandene Gasphase konnte jederzeit in Spalten und Rupturen abströmen. Es ist nicht ausgeschlossen, daß beide Möglichkeiten – etwa mit wechselnder Tiefenlage der Massive – vorkommen. Insbesondere ist Fall 2 in späten und hochliegenden Aplitsystemen wohl immer anzunehmen. Wie wäre es sonst zu erklären, daß unter den leukokraten Gängen immer nur hohlraumfreie Formen gefunden werden, obwohl aplitische Ganggefüge vorkommen, deren Entstehungsweise die Ausbildung von Hohlräumen zunächst sogar nahezulegen scheint. Das sind aplitische Gefüge, die in kataklastisch stark beanspruchten Bereichen mylonitartig auftreten, wobei die mechanisch stark zerkleinerten Gefügekomponenten nur mäßig und keineswegs überall durch Rekristallisationsvorgänge wieder homogenisiert worden sind.

Schon die einfache Betrachtung solcher Füllungen lehrt, daß derartige Strukturen nicht durch Wachstumsvorgänge am Ort entstanden sind, sondern durch mechanische, dabei lunkerfreie, Vereinigung verschiedenster Gesteinsbruchstücke von oft ganz unterschiedlicher Größe und Formgebung, die keine genetische Beziehung zueinander haben. Die Verteilungsweise ähnelt vielmehr einer natürlichen Mylonitbildung – mitunter auch einem künstlichen „Blasversatz". Damit ist aber nicht gesagt, daß die Bruchstückverteilung auf die Ausdehnungsenergie einer Gasfüllung zurückgeführt werden muß. Auch Lösungstransporte des zerkleinerten Materials bis zum vollständigen „Spülversatz" aller Korngrößen sind denkbar. Es soll versucht werden, die Entscheidung zwischen den beiden Möglichkeiten: ‚Transport in Gas- oder Lösungsphase' durch Beobachtungsmerkmale aufzufinden. – Abb. 137 zeigt die Mylonitfüllung einer dünnen Ruptur, die mit sehr feinem Gesteinsdetritus ausgefüllt ist. Linealförmige Längssplitter von Kalifeldspäten liegen fest verpackt in einer Füllung von mittleren Kornfragmenten und Gesteinsmehl. Im Innern der Ruptur sind keine Neubildungen zu sehen, die Einzelbruchstücke liegen nur zufällig nebeneinander und sind nicht zu einer nachweisbaren Reaktion gekommen.

Abb. 137. Mylonit-erfüllte Ruptur in einem Aplit: Größere abgespaltene Längssplitter von Kalifeldspäten liegen festverpackt in einer Füllung von mittleren Kornfragmenten und Gesteinsmehl. – Keine Anzeichen von Neubildungen im Rupturinhalt. – Nic.+. – 32:1.
Aplitvorkommen Silbergrube, Waidhaus, Oberpfalz

In dem Füllmaterial der Hauptruptur der Abb. 137 überwiegen weitgehend kleinste Korndimensionen. Einige wenige mittlere Größen sind zwar vorhanden, doch fehlen – mit einer Ausnahme – große Kornarten, welche Einfluß auf die Durchlässigkeit der Ruptur hätten nehmen und eine Sperrung veranlassen können. Das ist in dem Aplit der Abb. 138 anders. Hier wurde das durch die rupturelle Beanspruchung mobilisierte Material zwar bewegt, aber nicht weit transportiert unter Einhaltung eines ziemlich groben Zerkleinerungszustandes, bei dem mehrfach Stücke erzeugt wurden, deren Größe zu einer wirksamen Sperrung der Ruptur genügte. An einzelnen groben Füllstücken läßt sich deren geringer Transportbetrag gegen das feste Nebengestein sichtbar machen. Der Überschuß an groben Bruchstücken gegenüber dem geringen Rest an mittleren und kleinen deutet auf eine nur kurzzeitig wirkende Zertrümmerungsenergie, welche den Rupturenbereich grob zerlegt und – nach Überschreitung der Elastizitätsgrenze – wieder zusammengeschoben hat.
Wir hatten oben die Frage gestellt, ob die Materialbewegung auf den Rupturen unter Beteiligung von Lösungen oder mit Hilfe von Gasphasen erfolgt sei und Beobachtungen zu dieser Entscheidung in Aussicht gestellt.

Hierzu zeigt Abb. 139 nun folgendes. Eine mit Bruchstücken gefüllte, scharf begrenzte Ruptur durchzieht parallel zu einem Aplit die äußeren Bereiche eines Granits. Die Bruchstücke zeigen wieder sehr unterschiedliche Abmessungen: Sehr große Individuen – deren Inhalt das Kleinstmaterial um das Tausendfache übersteigen kann – dazwischen verhält-

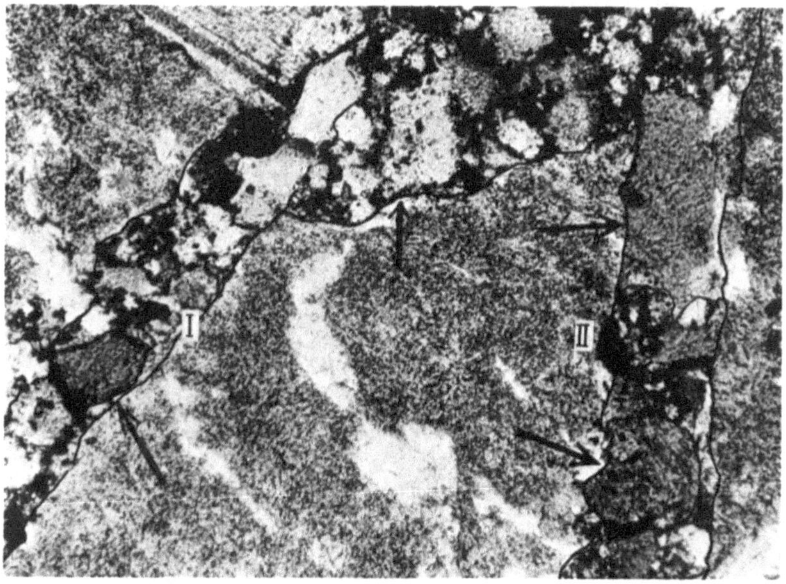

Abb. 138. Aplitrupturen mit groben Granitbruchstücken gefüllt (I, II), „Mikromylonite". – Die Kornfragmente in den Rupturen sind z. T. so groß, daß sie die Rißbreite vollständig ausfüllen (II, oberer Pfeil). Kleinstkörner und Gesteinsdetritus werden dazwischen eingepreßt und bilden eine feste Füllung. Neubildungen zwischen den Kornarten des Rupturengefüges fehlen. – Nic.+. – 72:1. Granit, Silberstraße bei Wunsiedel, Bayern

nismäßig geringe Mengen Mittelkorn. In der Bildmitte teilt sich der Hauptstrang der Ruptur in drei Arme. Der linke – wenn auch bedeutend dünnere – Arm setzt die Hauptmasse fort, der rechte Arm bleibt ungefüllt, der mittlere, gerade fortsetzende Arm enthält mylonitisierte Bestandteile in das Material einer ‚Umwandlungszone' eingebaut, das seinerseits homoachs zur Masse des Hauptquarzkorns (q) eingeregelt wird, und zwar in ähnlicher Weise, wie es bereits schon in anderen Beispielen als Neubildung beschrieben worden ist (Abb. 100, 117, 119, 135). In gleicher Weise zeigt auch Abb. 139 in ihrer Umwandlungszone eine durch Lösungen geschaffene Quarzfüllung, die sich zum Wirtkorn q

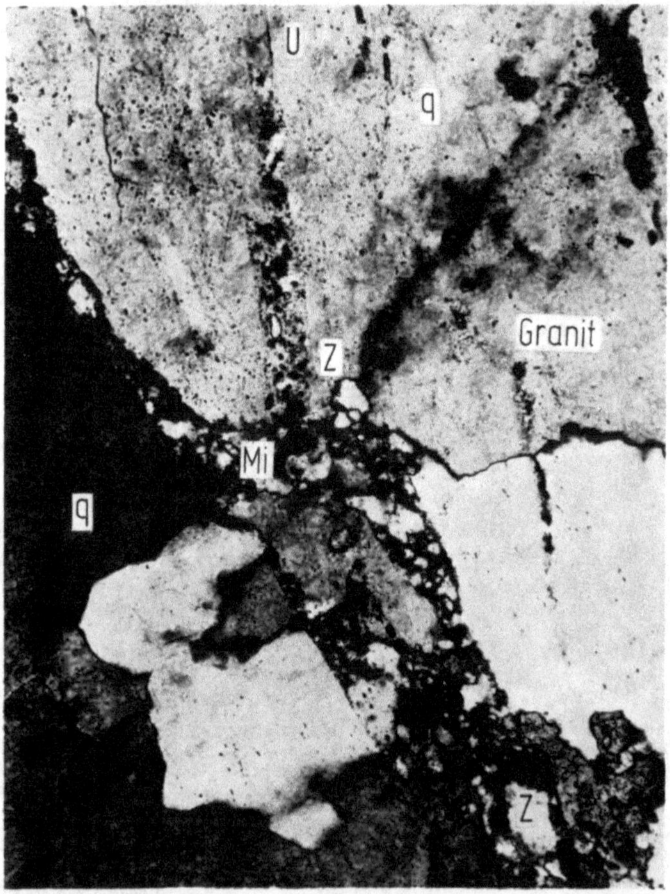

Abb. 139. Mikromylonit-Zone MiZ endet in einem komplexen Quarzindividuum eines Granites. Der Hauptstrang des Mylonitzuges zerschlägt sich in der Bildmitte in drei dünne Äste, deren rechter Ast ungefüllt geblieben ist. Von den beiden anderen ist der linke Ast mit Granitfragmenten mechanisch gefüllt. Der mittlere Ast aber zeigt kleinste Kornarten von Quarz, Kalifeldspat und Muskowit, die als Neubildungen im Verlauf einer immer schmäler werdenden Umwandlungszone entstanden sind. Die Richtung dieser U-Zone verläuft parallel zu einem Aplitgang links außerhalb des Bildes. – Nic.+. – 100:1.

Granit des Waldsteins, Weißenstadt, Bayern

streng homoax verhält. Ihr feinkörniger Fremdkorninhalt läßt sich mit Sicherheit z.T. als Neubildung im Innern der Quarz-Füllmasse bestimmen.

Fassen wir kurz zusammen, welche Ergebnisse die letzten Beobachtungen, vor allem Abb. 139 gebracht haben. Die Füllungen der im Granit-Randgebiet aufgebrochenen aplitischen Rupturen (bis hin zu Mylonit-Zerkleinerungen) standen unter Druckeinwirkungen. Nachgewiesene Transportvorgänge lassen Rückschlüsse auf die erreichten Arbeitsleistungen zu. Bei diesen Prozessen waren Lösungen anwesend und wirksam, wie sich an den mit dem Wirtkristall homoachsen umkristallisierten späten Kieselsäure-Füllungen deutlich erkennen läßt.

3. Der Wassergehalt und das Porenvolumen granitischer Gesteine

Der Wassergehalt der Granite liegt zwischen 0,60 und 1,30% (Extremzahlen 0,30 und 1,70%). Für die folgenden Überschlagsrechnungen wird ein Mittel von 1% Wasser angesetzt. Bei den Glimmergneisen steigt der Wasserwert entsprechend: 20 Gneisanalysen ergeben als Durchschnitt 1,52% H_2O, eine andere Serie 1,7%.

Bei diesen Zahlen handelt es sich um den Wassergehalt allein der Granit-Kornarten, ohne die Wasserfüllung des Porensystems der Gesteine, da dieses bei der Pulverisierung des Analysenmaterials zerstört und ein in den Poren vorhandener Wasserbestand bei der Trocknung des Pulvers ausgeheizt worden wäre.

Die ersten umfassenden Bestimmungen des Porenraumes der Gesteine mit Hilfe der Wasseraufnahme im Vakuum an frischen Granitproben (in Gewichtsprozenten des Gesteins) stammt von Hirschwald (1908 und 1912). Seine Tabelle der Wasseraufnahme der Granite im Vakuum[1]) möge hier Platz finden (1912, S. 670).

Tab. 3 Wasseraufsaugung im Vakuum.

Jannowitz, Schlesien	0,50 Gew.%	Striegau	1,13 Gew.%
Zobtengranit		Weinberg bei Fulda	0,83
1. Am Zobten	1,07	Trusental	0,59
2. Blücherdenkmal in Breslau	1,19		9,45
Nimptsch, Schlesien	0,98		
Strehlen, Schlesien		Im Durchschnitt 0,95 Gew.%	
1. Frisches Bruchmaterial	1,05		
2.	0,99	= 9,5 Liter pro Tonne Gestein	
3.	1,12		

[1]) Die Wasseraufnahme von Proben der gleichen Granitvorkommen wurden auch bei langsamen Eintauchen in Wasser sowie bei einem Druck von 150 atü untersucht (HIRSCHWALD) und ergaben i. D. 0,82 und 1,12 Gew.% Wasseraufnahme. Der Vakuumwert der Tabelle 3 liegt mit 0,95 Gew.% etwa in der Mitte.

Die z. T. starken Schwankungen der Wasseraufnahme-Zahlen lassen Rückschlüsse auf den beträchtlichen Wechsel von Korngröße und Gesteinsstruktur und damit auf das Porenvolumen bei den untersuchten Gesteinsproben zu.

Der Gesamtwassergehalt der Granite besteht 1. aus dem Wassergehalt der Gefügekomponenten (Chemisch gebundenes Wasser, Kristallwasser) mit im Durchschnitt 1,0 Gew. %, und 2. aus dem Wasser- oder Lösungsgehalt des Porensystems des Gesteins mit im Durchschnitt 0,95 Gewichtsprozent (Tabelle 3). Das Porenwasser ist selbstverständlich ganz unabhängig von der Menge des chemisch gebundenen Wassers eines Gefüges und muß für jeden Gesteinsbereich gesondert bestimmt werden.

Bezieht man die Wassergehalte auf eine Tonne Gestein, so erhält man für chemisch gebundenes Wasser 10 Liter/t, für Porenwasser 9,5 Liter/t, zusammen 19,5 Liter/t Gesamtwasser.

Bezieht man diesen Wassergehalt anstatt auf die Tonne, auf einen Kubikmeter Gestein, so ergibt sich ein Gesamtwassergehatl von 52 l/m^3.

Von diesem Gesamtwasser ist als „arbeitsfähig" im Sinne von Transport- und Reaktionsleistungen zunächst nur das Porenwasser mit ca. 9,5 l/t = 25,5 l/m^3 anzusehen.

Zur rechnerischen Bestimmung des Wassergehaltes eines Kubikmeters Gestein aus dem Prozentgehalt ‚Wasser/t' kann man folgenden Weg einschlagen: Man bestimmt zunächst den Rauminhalt J eines Granitwürfels vom Gewicht p = 1000 kg mit einer durchschnittlichen Dichte von 2,68 g/cm^3 und erhält 0,373 m^3. Das Differenzvolumen gegen 1,00 m^3 beträgt somit 0,627 m^3.

Die Kantenlänge x des Ausgangswürfels mit dem Inhalt 0,373 m^3 ergibt sich zu 0,72 m.

Man kann auch aus dieser Kantenlänge die Volumenzunahme des Ausgangswürfels bei einer Kantenvergrößerung auf 1,00 m nach der Formel

$$\Delta V = 3x^2 \cdot \Delta x + 3x(\Delta x)^2 + (\Delta x)^3$$

bestimmen, worin x die Kantenlänge des Ausgangswürfels, in unserem Beispiel 0,72 m, Δx die Zunahme seiner Kantenlänge um 0,28 m auf 1,00 m bedeutet und erhält für die Volumenzunahme ΔV 0,627 m^3.

Da im Ausgangswürfel (Kantenlänge 0,72 m) mit dem Inhalt 0,373 m^3 9,5 Liter Porenwasser vorhanden sind, muß das Differenzvolumen gegen 1,00 m^3 mit 0,627 m^3 16 Liter Porenwasser enthalten, der Kubikmeter also 9,5 + 16 = 25,5 Liter Porenwasser.

Wir haben also unter Zugrundelegung früherer Meßwerte Hirschwalds einen Porenwassergehalt der granitischen Gesteine von ca. 25,5 Litern im Kubikmeter anzunehmen, abgeleitet aus dem Mittelwert 0,95 %/Tonne (Tab. 3). Es ist dies ein Wert, der aus unzusammenhängenden Einzelmessungen erhalten wurde, auf den man jedoch noch zurückgreifen muß, solange nicht entsprechende Meßreihen aus genügend zahlreichen Bereichen von Einzelvorkommen (mit Angaben über ortsgebundene Schwankungen) zur Verfügung stehen.

Tab. 4

		Chem. gebund. Wasser			Porenwasser		
	Dichte	Gew.%	l/t	l/m³	Gew.%	l/t	l/m³
Schieferton	2,8	5	50	85			
Tonschiefer	2,8	4,3	43	73			
Chloritschiefer	2,6	4,3	43	73	2,5	25	67
Glimmerschiefer	2,8	3,7	37	63	2,0	20	55
Phyllit	2,5	3,7	37	63			
Glimmergneis	2,8	1,5	15	40	1,8	18	39
Granit	2,68	1,0	10	26,5	0,95	9,5	25,5
Dichte Kalke und Dolomite	2,6–2,8	0–0,3	3	8			
Quarzsandstein	2,0–2,6		12	34			

In der Tab. 4 sind die Wasserwerte außer für den Granit auch noch für einige metamorphe Gesteine, die häufig in Verbindung mit ihm aufteten, angegeben. Die Werte für die Wasseraufnahme entsprechend der Porengröße sind wiederum nur als allgemeine Richtwerte zu betrachten. Sie lassen aber erkennen, daß in den Porenräumen der metamorphen Gesteine im allgemeinen die gleichen, mitunter – wie beim Serizit-Chloritschiefer – auch größere Lösungsanteile unterzubringen sind. Es ist also in diesen Gesteinen gegebenenfalls mit zumindest der gleichen Menge an leukokraten Bildungen zu rechnen wie im Granit.

4. Herkunft und Bereitstellung des Füllmaterials – Der „Zwischenzustand"

Bleibt ein granitischer Komplex in Ruhe, so ändert sich am Porensystem und dessen Füllung zunächst nichts. Die in den Kapillaren aufgenommenen Lösungen werden in dauernder Berührung mit den Kornarten ihrer Umgebung zwar einem Sättigungsmaximum zustreben, ihren Zustand jedoch lange Zeit beibehalten und erst bei eintretender Abwanderung der Lösungsmittel aufgeben und kristallisieren. Entstehen jedoch im Laufe einer tektonischen Phase das Gestein durchsetzende Spannungsrisse und Rupturen, so ist die Möglichkeit der Verlagerung des Inhalts der Porenraumfüllung gegeben.

Ein Gehalt von 26 Liter/m^3 Wasser im Porenraum eines granitischen Gesteins ist ohne weiteres in der Lage, ein Nachschubsystem von Apliten zu liefern[1]). Eine solche Aplitfüllung besteht notwendigerweise aus dem Lösungsmittel und dem gelösten Stoff, Wasser und hydratischer Kieselsäure, zuzüglich der zur Feldspat- und Glimmerbildung erforderlichen Ionen. In der fertigen Aplitfüllung einer Ruptur ist vom primären Lösungsmittel aber nichts mehr erhalten: Die ehemalige geringe Viskosität und höhere Beweglichkeit des Materials, mit dem Rupturen und Spalten gefüllt wurden, war ein „Zwischenzustand", der nach Abzug des Lösungsmittels in den Rupturen eine feste aplitische Füllung hinterlassen hat. Es ergeben sich daraus die wichtigen Fragen: 1. Wohin sind die zweifellos ehemals vorhandenen Lösungen nach Beendigung ihrer Transportleistungen abgezogen, und 2. Ist in einem granitischen Bereich mehrmals ein beachtlicher Wechsel in der Füllung und Entleerung der Porenräume mit Lösungen anzunehmen?

Zur Beantwortung dieser beiden Fragen muß zunächst auf die Veränderungen und ihre Folgen eingegangen werden, die der Gesteinsbereich im Laufe seiner Entwicklung mitgemacht hat – soweit sie noch erkennbar sind. Denn wie jede Abwandlung eines gegebenen Zustandes muß auch die Aplitisierung eines granitischen Bereichs aus gegebenem Grunde erfolgt sein. Ihre Voraussetzungen sind: 1. Eine stoffliche – die Anwesenheit (und Mobilisierbarkeit) leukokraten Materials im Gesteinsgefüge, 2. Eine mechanisch-deformative: Die tektonische Phase des Gesteinsbereichs, in dem sich der betreffende granitische Komplex befindet und welche zunächst zu Gefügedeformationen und bei Überschreitung der Festigkeitsgrenzen zu Rupturen führt.

Die erste der erwähnten Voraussetzungen verlangt den Nachweis des Vorhandenseins und der Verwendungsfähigkeit leukokraten Materials in einem beweglichen Zustande zur Füllung mechanisch erzeugter Raumdefekte. Aus den heute vorhandenen kristallisierten Gefügekomponenten kann auf den Materialzustand geschlossen werden, in dem sich dieser Gefügebereich vor seiner Kristallisation befunden hat. Aus Form und Begrenzung der Kornart (z. B. Abb. 59) oder aus der Ausbildung ihrer Grenzflächen im Vergleich zu anderen Kornarten (Abb. 136) könnte man entnehmen, daß in einer bestimmten Entwicklungsstufe des Gesteins kapillare Bereiche vorhanden waren, die, wenn sie durch eine tektonische Ruptur angerissen worden wären, ihre eigene Füllung als leukokrate

---

[1]) In den meisten Fällen wird der Lösungsinhalt des Porenraumes zur Bildung aplitischer Füllungen gar nicht voll verbraucht. Es gibt Granitbereiche ohne jede Aplitisierung.

Auskleidung abgegeben hätten, die dann auf der Ruptur als aplitische Lage kristallisiert wäre. In den Abb. 44b, 49, 50, 57, 91, 93 u. a. sind verschiedene Kornarten enthalten, die klar erkennen lassen, daß, falls sie – d. h. ihr Bildungsraum – während ihrer Wachstumperiode von einer scharfen hindurchsetzenden Ruptur getroffen worden wären, ihre Entwicklung eben diesen Weg genommen hätte. Wir haben daher ganz allgemein in den Gesteinen der obersten Erdkruste – besonders in den Graniten und Gneisen – ein Porennetz anzunehmen, das als „negatives Zwischengefüge" das Gestein durchzieht und das mit hydratischen Lösungen von zunächst unbekannter Zusammensetzung ausgefüllt ist. Treten in einen solchen Gesteinsbereich tektonisch erzeugte Spannungsrisse auf, so ist damit infolge der Einwirkung kapillarer Kräfte die Möglichkeit des Ausströmens der Porenfüllung auf die entstandene Ruptur und damit die Entstehung einer leukokraten Gangbildung gegeben.

Die zweite, die mechanisch-deformative Voraussetzung für die Entstehung aplitischer Gänge liefert die tektonische Phase eines Rindenteils, in der Gefüge und Porenräume der Deformation unterliegen: Bei Festigkeitsüberschreitungen entsteht hier der zur Füllung der Rupturen benötigte Raum. Wie hat man sich die Einzelheiten dieses Vorganges vorzustellen?

Zunächst ist davon auszugehen, daß ein unter mechanischer Überspannung sich öffnender endlicher Riß (in einem unter einseitigem Druck stehenden Bereich) in kürzester Zeit, in einem Augenblick, entsteht. Damit muß aber bei der Tiefenlage und Abgeschlossenheit der Ruptur gegen oberflächennahe Bereiche sich in dieser ein Vakuum[1]) bilden, das bis zur Ausfüllung des Risses bestehen bleibt und mit dessen Hilfe der Übertritt der Porenlösung aus dem Kapillarnetz in die Ruptur hinein infolge des Energiegefälles schneller erfolgt. Wie DAUBRÉE schon 1879 nachgewiesen hat, vermag sich eine Porenlösung infolge der Kapillarkräfte auch gegen einen in ihrem Einströmungsraum herrschenden Druck durchzusetzen; ein Vakuum wird diesen Vorgang besonders begünstigen.

Wir hatten in Kap. IV 3 die Lunkerfreiheit der Aplite und ihre Gründe besprochen: Man wird kaum einen Fehler machen, wenn man die scharfen tektonischen Rupturen genügend tief liegender granitischer Bereiche im Augenblick ihrer Entstehung als Vakuum-erzeugend ansieht.

Von den soeben genannten beiden Voraussetzungen für den Eintritt einer Aplitisierung verlangte die erste die Bereitstellung aplitischen Füllmaterials. Dieses aber ist seinerseits an das Vorhandensein von Wasser als Lösungs- und Transportmittel gebunden. Durch die Feststellung des Wasseraufnahmewertes eines granitischen Gesteins läßt sich eine Angabe darüber erhalten, mit welchen möglichen Mengen an kapillaren Lösungen im betreffenden Bereich – und entsprechend auf den späten Rupturen – gerechnet werden kann. Dabei sind die folgenden Überlegungen evident zu halten: Von der Entwicklungsgeschichte eines Gesteins ist die Berücksichtigung seines Wasserhaushaltes nicht zu trennen. Die Aufklä-

[1]) Wer jemals in einem alpinen Tunnel während des Baues oder in einem Bergwerk einen „Bergschlag" erlebt und den Knall der explosionsartig in den sich bildenden Riß einströmenden Luft gehört hat, dem wird die Annahme eines Vakuums überzeugend erscheinen.

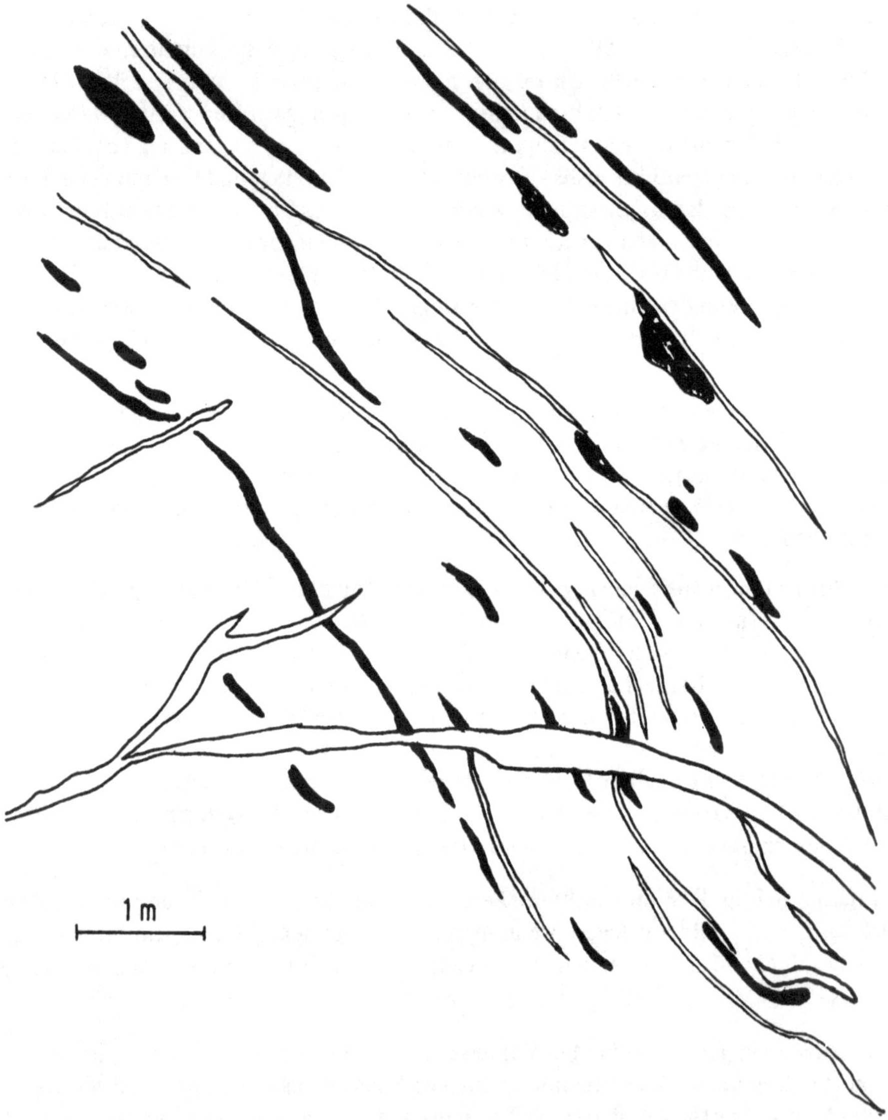

Abb. 140. Aplitische Gänge verschiedenen Alters durchsetzen einen zahlreiche Xenolithe und Fremdschollen enthaltenden Granitgneisbereich. Die Gänge werden gemeinsam mit ihrem Nebengestein und seinen Einschlüssen plastisch deformiert.
Bergeller Massiv, Trubinasca-Gebiet, Schweiz

rung aber, wann und wodurch die Porenräume eines Gesteins mit wässerigen Lösungen gefüllt wurden, liegt einstweilen noch jenseits unserer Aufgabe. Wir müssen zunächst von der Diagnose eines Gesteins ausgehen, dessen Porenräume mit Sicherheit eine bewegliche Lösung enthielten und außerdem tektonische Beanspruchungen auf Gefüge und Porennetz aufzuweisen haben.

Zur Erläuterung möge Abb. 140 dienen, welche einen in drei tektonischen Phasen unterscheidbar beanspruchten Bereich eines Granitgneises darstellt. In der ersten – der fließend ineinander übergehenden Deformationsvorgänge – überwogen laminare Auswalzungen, in der zweiten entstanden Rupturen mit anschließendem Füllungsprozeß, in der dritten wurde der ganze Bereich mit seinen inzwischen entstandenen Aplitgängen nochmals plastisch deformiert. Bei der Erzeugung der Quer-Rupturen und ihrer Füllung erfolgte die Entleerung der Porenräume des Nebengesteins. Wann sie durch Neuaufnahme von Lösungen wieder gefüllt wurden, entzieht sich einstweilen noch völlig unserer Kenntnis.

Aufgrund des Beispiels der Abb. 140 ist nicht nur der Zusammenhang von tektonischer Beanspruchung und Aplitbildung erwiesen, sondern auch – in der Faltung der Aplitgänge – die Fortdauer der tektonischen Phase klargestellt. Die Wirkung einer mechanischen Gesteinsbeanspruchung auf den differenzierten Gefügekomplex besteht im wesentlichen in der Vergrößerung des Porenvolumens durch Sperrausdehnung und damit als Folge in einer Lösungszuwanderung aus der Umgebung in die mechanisch beanspruchten vergrößerten Bereiche.

Damit aber ist die Möglichkeit einer erneuten Lösungszuwanderung, veranlaßt durch spätere tektonische Phasen und die mechanische Beanspruchung der Gefüge, zweifellos gegeben. Die Frage 2 zu Anfang dieses Kapitels, ob in einem granitoiden Bereich mehrmals ein beachtlicher Wechsel in dem Lösungsinhalt der Porenräume erwartet werden kann, ist daher mit dem Hinweis auf die Wirksamkeit weiterer tektonischer Phasen und ihrer Faltungsvorgänge durchaus zu bejahen. In solchen Fällen wird die Frage nach dem ausgleichenden Vorgang bedeutsam, der die in andere Bereiche – hier die aplitischen Rupturenfüllungen – abgewanderten Porenlösungen wieder ersetzt. Man ist berechtigt, sogar gezwungen, Wanderungen des Lösungsanteils in den Poren anzunehmen. Das zeigt das folgende Beispiel: Die gegenwärtige Füllung eines aplitischen Ganges besteht aus normalen kristallinen Komponenten. Das ehemalige Lösungsmittel ist auch in Resten völlig verschwunden. Überlegungen nach seinem Verbleib führen zunächst auf die einfache Vermutung, daß das Lösungsmittel von den Porenräumen seines Nebengesteins wieder aufgenommen worden ist. (Es gibt nämlich tatsächlich keine andere Möglichkeit, den Verbleib der Lösungen zu erklären. Ein Absinken auf der eigenen Ruptur würde spätestens in ihrer – der Ruptur – ausgehenden Endzone in der Tiefe den Übertritt der Lösungen in das Nebengestein nötig machen.)

Fragen wir angesichts der Tatsache, daß das Lösungsmittel aus den Rupturenfüllungen wieder entfernt wurde, nach der ursprünglichen Beschaffenheit, dem „Zwischenzustand" des Füllmaterials zur Zeit des Füllungsvorganges und kurz danach, so sind wir durchaus in der Lage, eine Antwort zu geben. Es stehen mehrere Beispiele zur Verfügung.
Abb. 141–145 zeigen die Entwicklung eines Kieselsäuregels aus seinem „Zwischenzustand" zu einem Quarz-Wachstumgefüge. Ich habe gerade dieses Beispiel gewählt, weil es bei diesem Vorkommen sicher ist, daß das heute ein Quarzstengelgefüge bildende ehemalige Füllmaterial in seinem vorkristallinen Zustand als Gel der hydratischen Kieselsäure vorgelegen hat und verschiedene charakteristische Einzelheiten aus dieser Frühzeit noch besitzt. Das Hauptgestein dieses Vorkommens sind die Quarzphyllite von Baveno, Oberitalien, welche stark durchbewegt, mit Laminations-Entmischungen, in rhythmisch

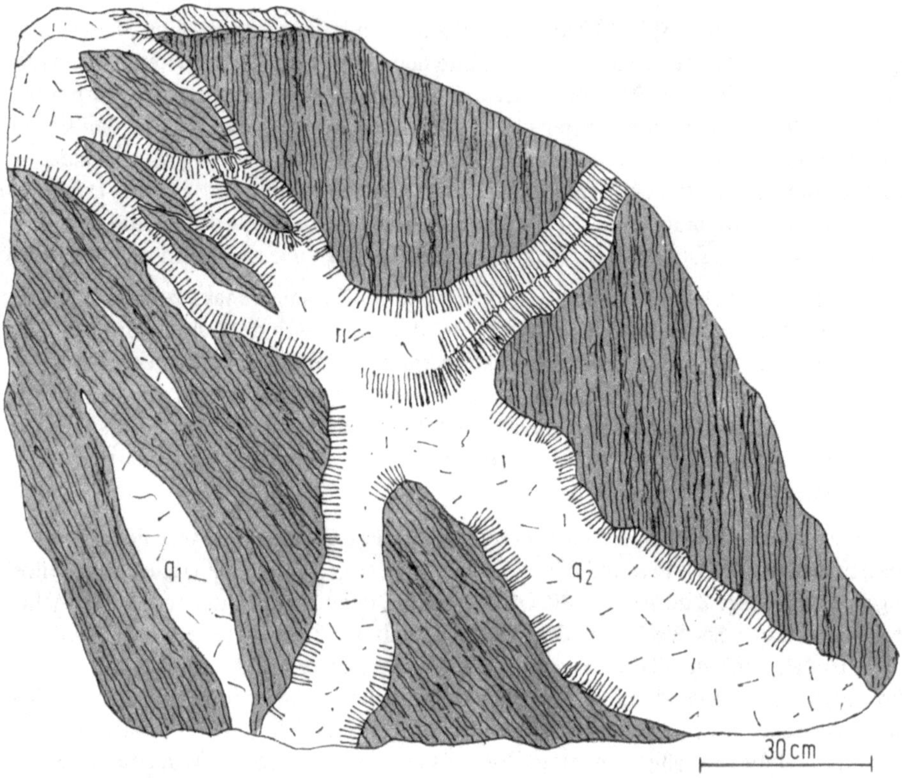

Abb. 141. Zwei tektonisch stark dislozierte Schollen eines Quarzphyllits werden von einem System sekundärer Quarzgänge (q_2) durchsetzt, die besonders am Rande und an den Engstellen Wachstumgefüge (strichliert) ausbilden, in denen primäre Pigmentzüge vorkommen. – q_1 sind ältere laminare Entmischungen eines dichten Quarzmaterials von einer ganz anderen Ausbildung als q_2. Baveno, Oberitalien

wechselnden Quarz-Feldspat- und Muskowitlagen, zusammen mit groben Einschaltungen eines dichten Primärquarzes (q_1, Abb. 141) auftreten. Sie haben nach einer bruchtektonischen Phase – offenbar in engem Anschluß an die Aufpressung des Baveno-Granites – ein System sekundärer Quarzgänge ausgebildet, das neben der Füllung offenstehender Klüfte auch beachtliche Korrosionsleistungen aufzuweisen hat. (Vergl. die Grenzkonturen von q_1 und q_2, Abb. 141).

Diese sekundären Quarzfüllungen q_2 zeigen häufig eine Tendenz zur Ausbildung von Quarz-Stengelgefügen, die überwiegend an den Ganggrenzen auftreten. Diese Quarz-Wachstumgefüge enthalten verschieden alte Pigment-Vorzeichnungen eines präkristallinen Zustandes, deren Beziehung zum Kristallisationsvorgang des Quarzgefüges einen wichtigen Beitrag zur Entwicklungsgeschichte des „Zwischenzustandes" leistet.

Über die Natur der Pigmente ist insofern das letzte Wort noch nicht gesprochen, als die sehr schwierige Abtrennung der Teilchen vom Quarz die Materialgewinnung zu einer Mikroanalyse bisher verhindert hat. Optisch verhalten sich die Teilchen in ihrer überwiegenden Mehrheit wie Serizitreste in runden Schüppchen oder in länglichen z. T. splitterähnlichen Formen. Daneben treten, zumeist nur in geringer Menge, rundliche, längliche, auch eckige opake Stäube auf, die wahrscheinlich Eisenhydroxid sind. Gasblasen, z. T. mit Libellen, konnten an verschiedenen Stellen der Quarzmatrix nachgewiesen werden.

Aus der Abb. 141 ist zu ersehen, daß die Quarzgänge Bruchstücke des phyllitischen Nebengesteins enthalten. Da diese Bruchstücke nicht an der Gangwand aufliegen, sondern ‚schwebend' die Gangmitte einnehmen, muß die Viskosität der Gangfüllung so bedeutend

Abb. 142. Ein ca. 4,75 mm breiter Quarzgang wird durch die von den Ganggrenzen aus einsetzende Kristallrasen-Entwicklung mit einem Quarzstengelgefüge mäßiger Wachstumsregelung ausgefüllt. Im Ganginnern befinden sich zwei äußere (breite) und zwei innere (schmale) Pigmentbänder, die im ‚Zickzack', nach jeder Korngrenze die Richtung ändernd, dem Gangverlauf folgen. – Nic.+. – 17:1. Quarzgang aus Quarzphylliten, Baveno, Oberitalien

gewesen sein, daß die Nebengesteinsreste nicht absinken konnten. Die Vorstellung eines hydratischen Kieselsäuregels, in welchem Serizitpigment in wechselnden Mengen verteilt war, dürfte demnach zutreffen.

Das Pigment in der Gangfüllung kommt in mindestens drei verschiedenen Formen vor: 1. In gleichmäßig breiten Bändern verschiedener Stärke, die angenähert auf kristallographischen Flächen des einschließenden Quarzes liegen, 2. in unregelmäßigen Zügen wechselnder Stärke und gesetzloser Orientierung, z. T. in schwacher Raumpigmentierung als formlose Wolkenhaufen, 3. in pigmenterfüllten späteren „Heilungsrissen" (EPPLER, 1973). In Abb. 142 ist ein Quarzgang dargestellt, der vier parallel der Gangrichtung verlaufende, scharf begrenzte Pigmentbänder enthält, zwei breitere Bänder in den Außenzonen, zwei schmale im Innenbereich der Füllung. Die Anordnung der Bänder im Ganginnern ist damit symmetrisch.

Das auffallendste Merkmal dieser Bänder ist ihr regelmäßiger „Zick-Zack"-Verlauf, der vor allem an den Korngrenzen dann entsteht, wenn diese durch die Bänder unter einem von 90° abweichenden Winkel getroffen werden. Der Deutung dieser Erscheinung kann man näher kommen, wenn es gelingt, Beziehungen der Bänder zu kristallographischen Richtungen und Flächen des einschließenden Quarzes nachzuweisen. Da die Grenzfläche des Bandes gegen seine pigmentfreie Umgebung trotz rauher Oberfläche im U-Tisch als Ebene eingestellt werden kann, wurde versucht, den Normalenwinkel φ einzelner gerader Bandabschnitte mit der c-Achse des einschließenden Quarzstengels zu vermessen. Es ergaben sich die folgenden Werte: $\varphi = 34°, 34°, 34°, 31°$. Demgemäß beträgt der Winkel der c-Achse mit der Fläche des zugehörenden geraden Bandabschnitts $(90°-\varphi) = 56°, 56°, 56°, 59°$ im Durchschnitt 56° 45′. Damit sind die geraden Bandabschnitte ausreichend genau als in der Fläche eines stumpferen Rhomboeders $\alpha = (01\bar{1}2)$ liegend bestimmt, dessen Winkel mit der c-Achse 57° 13′ beträgt. Außer diesem stumpferen Rhomboeder haben Messungen im gleichen Bereich, d. h. in anschließenden Bandabschnitten, die Lage des Pigmentbandes auf dem Grundrhomboeder $(01\bar{1}1)$ ergeben mit $c/\perp(01\bar{1}1) = 54°$ (36°) und 51° (39°, im Durchschnitt 37° 30′). Der exakte Winkelwert $c/(01\bar{1}1)$ beim Quarz beträgt 38° 13′, abgeleitet an den Flächen r:m.

Nach diesen Messungen besteht zweifellos die Tendenz, das vorhandene Pigmentmaterial auf einfachen Kristallflächen anzuordnen. Die Frage der Einordnung trübenden Materials auf kristallonomisch möglichen Flächen ist damit im bejahenden Sinn beantwortet. – Doch kann hier die allgemein übliche Vorstellung eines in einem lösungserfüllten Hohlraum wachsenden Quarzkristalls, der trübendes Material auf seinen Flächen einordnet, keinesfalls aufrecht erhalten werden. Denn alle Merkmale eines gegen das umgebende Gefüge abgegrenzten Hohlraumes, in dem das Wachstum mit Pigment-Anreicherungen auf den äußeren Kristallflächen vor sich gegangen sein könnte, fehlen und dürfen auch bei den hier vorliegenden Gefügemerkmalen nicht erwartet werden. Die Kristallisation der Gangfüllung ist kaum in einzelnen, voneinander trennbaren Phasen, sondern in einer einheitlichen Masse erfolgt. Somit ist eine verstärkte Zufuhr an trübendem Material im Raum einzelner Großkristalle gar nicht möglich: Jeder in der Gelfüllung anschießende Kristall verarbeitete vielmehr die vorhandenen trübenden Pigmente seines Bereiches.

Das frühe Vorhandensein dieses Pigmentmaterials in der Füllung – das nicht erst dem wachsenden Kristall aus der Lösung zugeführt wurde – zeigt sich überzeugend auch darin, daß auf inneren Kristallflächen großer Quarzkristalle angeordnete Pigmentbänder in Pigmentzüge der Umgebung übergehen und benachbarte Klein-Gefügekörner verschiedener Orientierung geradlinig durchsetzen. Dadurch wird bewiesen, daß das Pigment in einer frühen Füllung des „Zwischenzustandes" bereits vorhanden war und durch das Wachstum der Einzelkristalle konzentriert und auf Kristallflächen eingeregelt wurde. Das folgende Beispiel Abb. 143 zeigt die Entstehung solcher Pigmentzüge in nebeneinander liegenden Kristalliten und die Einregelung der Bänder auf virtuellen Kristallflächen. Die beiden Hauptkristalle in der Bildmitte sind sehr angenähert ⊥ der c-Achse geschnitten. Jeder von ihnen hat in seiner Außenzone in gleichbleibender Schichtdicke und Konzentration von innen nach außen ein Pigmentband entwickelt, dessen Verteilungsdichte und Größe der Pigmentkörper für jeden der Quarzwirte verschieden und in seinen Eigenschaften charak-

Abb. 143. Zwei angenähert senkrecht zur c-Achse geschnittene Quarzkristalle enthalten scharf begrenzte randliche Trübungszonen, die das hexagonale Prisma markieren. Die beiden mittleren Großkristalle sind in einem Gefüge viel kleinerer Individuen gewachsen, die ebenfalls Pigmente der Trübungszonen einschließen. Ein Wachstum der Großkristalle im offenen Bereich – mit randlicher Einlagerung von Trübungspigment ist daher auszuschließen. – Nic.+. – 27:1. Quarzgang Baveno, Oberitalien

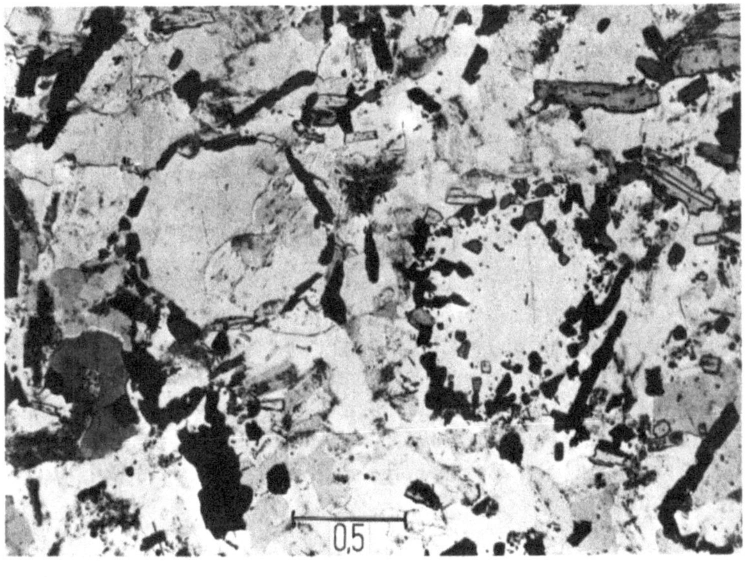

Abb. 144. Quarzkornarten ⊥ c geschnitten, mit ringsum angeordneten, verstellten Biotiten des Grundgewebes, die mit unterschiedlicher Schärfe das Prisma (10$\bar{1}$0) markieren. – Analysator um 60° gedreht. – 28:1. Granit, Gefrees, Fichtelgebirge

teristisch ist. Daraus ergibt sich der sichere Schluß, daß die einzelnen Kristallisationszentren in einem Kieselsäuregel 1. nicht die gleichen Ursprungsbedingungen haben und 2. mit dem ihnen in ihrem Bereich zur Verfügung stehenden Pigmentmaterial eigenständig verfahren. (Es ist zu erwarten, daß die örtliche Micellengröße und -verteilung (s. u.) dabei eine Rolle spielt.) Möglicherweise kann man aus diesem Verhalten überhaupt den Schluß ziehen, daß die Kristallisation in einem Gel erfolgte. . . Im offenen Raum und in freier Lösung wäre es nicht zu erklären, weshalb zwei nebeneinander wachsende Kristalle mit unterschiedlichen Pigmentmengen und Korngrößen beliefert würden.

Im Fall der Abb. 143 war in einem Kieselsäuregel sehr feinkörniges Fremdmaterial suspendiert, das bei Konsolidierung der Füllung auf virtuellen Kristallflächen in wechselnder Weise angereichert wurde. Es gibt aber auch Fälle, wo größere, plattige Kornarten (Biotit) in einem wachsenden Quarzkristall auf Kristallflächen eingeregelt werden, so daß ganz ähnliche, aber viel gröbere Bilder entstehen. So zeigt Abb. 144 in dem Einschluß eines Granits Quarzkornarten, die als Spätbildung des Gefüges normalerweise keine Kristallfächen ausgebildet haben: Ältere Biotite sind im Innern unregelmäßig begrenzter Quarzkörner auf virtuellen Prismenflächen angeordnet und machen so hexagonale Formen sichtbar. Doch kommen auch hier Unterschiede im Kristallisationsverhalten der einzelnen Kornarten vor. Während der linke Quarzkristall plattige Biotite, die auf einem hexagonalen Prisma ziemlich genau mit (001) eingeregelt sind, aufweist, findet sich im benachbarten Quarzkorn eine breite Außenzone mit zahlreichen, oft isometrischen, nur selten mit (001) eingeregelten, kleinen Glimmern gefüllt.

An diesen Beispielen der eingeregelten Biotite sowie an den Quarzdurchschnitten $\perp$ c der Abb. 143 wird es deutlich, daß das Fremdmaterial – Biotite und Pigmentdetritus – sehr früh in der Kieselsäurefüllung vorhanden war und durch lokale Kristallisationsvorgänge auf virtuellen Flächen eingebaut wurde. Das kann sogar in mehreren parallelen Zonen geschehen. In diesem Sinne ist die Abb. 145 von Bedeutung, die folgendes zeigt: Im rechten oberen Bildteil befinden sich vier Quarzstengel-Durchschnitte, deren c-Achse annähernd senkrecht auf der Schliffebene steht. Diese Durchschnitte enthalten 1–3 Pigmentzonen nach dem hexagonalen Prisma $(10\bar{1}0)$. Das Pigment erscheint in diesem Fall deutlich geregelt. Die auch hier überwiegend länglichen Pigmentteilchen sind in Reihen angeordnet, die deutlich senkrecht stehen zur Längsrichtung der Flächenbelegung.

In den Außenzonen dieser vier Quarzstengel mit fast senkrechter c-Achse erscheinen die Pigmentteilchen sichtlich aufgelockert und unschärfer verteilt als auf der Innenseite der Belegungen, wo sie ziemlich genau auf Prismenflächen liegen. In den inneren Kristallbereichen ist demnach die Einregelung des Pigments auf virtuellen Kristallflächen schärfer durchgeführt als in den Außenzonen gemäß dem Fortschreiten der Kristallisation von innen nach außen. Man hat den Eindruck, als ob die wachsenden Prismenflächen die vorhandenen Verunreinigungen vor sich hergeschoben haben, bis eine Einbaumöglichkeit erreicht war.

Außer den in Bändern vereinigten Pigmentteilchen kommen – bedeutend seltener – Pigmentzüge vor, die deutlich erkennen lassen, daß sie als Schlieren in der Füllmasse frühzeitig mitbewegt sein müssen, aber keine Beziehungen zu Kristallflächen in dem werdenden Gefüge aufweisen.

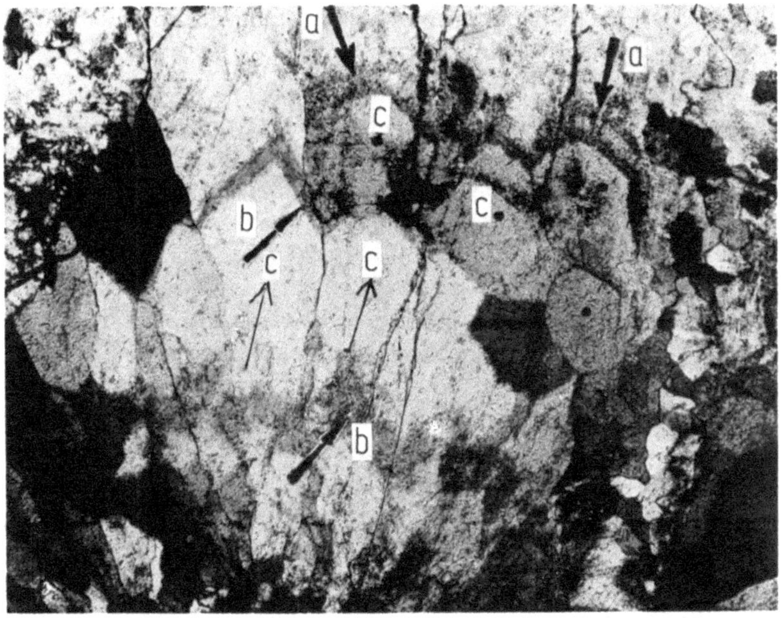

Abb. 145. Quarzstengelgefüge mit Pigmentbändern, die deutlich das Bestreben zeigen, auf virtuellen Kristallflächen des Wirtes angereichert zu werden. Die oberen Bänder (Pfeile a) sind streckenweise diffus und unregelmäßig ausgebildet. Ihre Unterseite ist eben und entspricht im Gebiet senkrechter c-Achsen einer Prismenfläche ($10\bar{1}0$) des Quarzes. Im Gebiet horizontal liegender c-Achsen erfolgt die Einregelung des Bandpigmentes ungefähr nach einer Rhomboederfläche (Pfeil b). – Nic.+. – 34:1. Quarzphyllitschiefer, Baveno, Oberitalien

Durch welchen Vorgang die Pigmentwolken eines Füllungsbereiches zu einem Band vereinigt werden, wie es weiter möglich ist, daß unabhängig von der Dicke des Bandes immer zwei, streng parallele, scharfe Grenzflächen (trotz bisweilen unregelmäßiger Pigmentverteilung im Ausgangsmaterial) erzeugt werden, schließlich die Tatsache, daß im allgemeinen – und von wenigen Fällen abgesehen, wo es sich um primäre Pigmentschlieren handelt – der Raum um das Band von Pigmentteilchen so gut wie vollständig frei geworden ist und alles Pigment in den Bändern angeordnet wurde, das entzieht sich – neben der undeutbaren gleichbleibenden Stärke der Bänder in den verschiedenen Quarzstengeln – einstweilen noch jeder Erklärung.

Trotzdem konnte an diesem speziellen Vorkommen ein Tatbestand nachgewiesen werden, von dem ausgehend eine Beantwortung der zu Beginn dieses Kapitels gestellten Fragen nach dem Wassergehalt, dem „Zwischenzustand" und dem Verbleib der Lösungen aus den Rupturfüllungen – wenigstens in erster Annäherung – möglich sein wird.

Es ließ sich an dem Vorkommen der Baveno-Quarzphyllite zeigen, daß die aus einem Gestein mobilisierte Kieselsäure, bevor sie auf Spalten zu Quarzgefügen verfestigt wird, einen gelartigen „Zwischenzustand" durchläuft. Aus dessen Pigmenteinschlüssen sowie aus den im Gang verteilten und nicht abgesunkenen Nebengesteinsbruchstücken konnte auf die Viskosität der primären hydratischen Kieselsäure geschlossen werden. Der sich in der Gelfüllung abspielende Wachstumsvorgang eines Quarzstengelgefüges führte schließlich zu den folgenden Überlegungen über den Verbleib des Lösungsmittels.

Der Kristallisationsvorgang in einem Kieselsäuregel verläuft in wesentlichen Punkten anders als in einer normalen, beweglichen Lösung. Die vorkristalline Verfestigung eines Kieselsäuregels wird durch die Annahme erklärt, daß die „Gelatinierung der Kieselsäure auf den Einschluß von Lösung durch die gebildeten Micellen zurückzuführen ist". (Treadwell und König, 1933, S. 57). Es liegt demnach bei der Kieselsäure der Füllung ein System vor, bei dem kolloide Teilchen oder Micellen Lösungsanteile einschließen, mit deren Menge die Viskosität stark ansteigt. In einem solchen System ist die Verschiebbarkeit der Kolloid-Teilchen zunächst noch vorhanden, so daß auch die Anreicherungsvorgänge der Pigmente in den Bändern erfolgen konnten. Jedoch besteht ein prinzipieller Unterschied im Kristallisationsvorgang aus erwärmter leichtbeweglicher Lösung und einem gering – oder praktisch gar nicht temperierten Gelsystem – gemessen gegen das Nebengestein, bei dem nicht die sinkende Temperatur der Lösung, sondern die fortschreitende Entwässerung den Kristallisationsvorgang verursacht und im einzelnen steuert. Kristallisation und Entwässerung bedingen sich gegenseitig, so daß am Ende des Kristallisationsprozesses auch der Austritt des Lösungsmittels beendet ist.[1])

Der Entwässerungsvorgang des Gelmaterials in den Gängen mußte nach dieser Darstellung zu einer Wiederauffüllung des Porennetzes mit Lösung im Nebengestein führen. (Vielleicht wird man einmal in der Lage sein, aus der Kenntnis der Zeitdauer der Viskositätszunahme von Gelen der hydratischen Kieselsäure auf den Kristallisationsablauf des Systems und damit auf die Zeitdauer der Wasserabgabe und der Wiederauffüllung des Porennetzes im Nebengestein zu schließen.)

In dem vorliegenden Beispiel aus den Baveno-Quarzphylliten war die Entstehung von Quarz-Gangfüllungen aus Gelen der hydratischen Kieselsäure sicher nachzuweisen. Aus Kieselsäurergelen kann aber unter normalen Bedingungen nur Quarz gebildet werden, und es erhebt sich die Frage, ob Beobachtungen darüber vorliegen, daß auch Silikate als Gemengteile aplitischer Füllungen aus dem Gelzustand hervorgegangen sind.

Es gibt eine Reihe von Silikaten, deren Neigung zu zonalem Innenbau – „isomorpher Schalenstruktur" – auffällig ist. Bevorzugt tritt ein solcher Schalenbau bei Turmalin, Epidot-Orthit, Vesuvian, Granat, Augit, Hornblende und besonders bei den Feldspäten auf. Selbstverständlich ist die isomorphe Schichtung nicht schon an sich ein Beweis des Vorhandenseins kolloider Phasen. Denn es ist durchaus möglich, Schichtungen mit unterschiedlichen Ionengehalten aus echten Lösungen aufzubauen. Bei Anwesenheit von Kieselsäure kompliziert sich der Vorgang durch ihre Neigung, im hydrothermalen Gebiet Sole mit erheblichen Teilchengrößen zu bilden. So gut man heute über den ionaren Abbau der Feldspäte bei laufend erneuertem Lösungsmittel durch die Arbeiten von Correns

---

[1]) Hier besteht das gleiche Problem, welches ich bereits bei der Verkieselung organischer Gebilde, besonders der Hölzer, beschrieben habe (Granitprobleme, 1969, S. 531/49) und welches die Tatsache unerklärt läßt, daß die Zellen der Hölzer lunkerfrei mit Kieselsäure ausgefüllt sind. Es liegt bisher keine Beobachtung vor, auf welche Weise die der austretenden Wassermenge entsprechende Kieselsäureanteile zugeführt worden sind, um die vollständige Füllung von Holzzellen und Ganglumina mit Kieselsäure zu erreichen.

Abb. 146. Schalenbau zweier zonarer Oligoklase. Die Schalen werden in die (a und b) sich ausbildenden Kristallflächen häufig nur unvollkommen eingeordnet. Das ist ein Beweis der präkristallinen Existenz des Schalenmaterials. – Nic.+. – 55:1.
Aplitische Lage im Granitgneis, Naasdorf/Neisse

und von ENGELHARDT (1938) Bescheid weiß, so wenig kennt man die eigentlichen Vorgänge, die den Ionen-Einbau in ein Silikatgel hervorrufen und dieses zur Kristallisation veranlassen. Das Material der Ausgangs- und Endstufe ist zwar gut bekannt, das Einzelgeschehen in der Zwischenstufe des Ionen-Einbaues in das Gelgerüst erfordert aber noch eingehende Spezialuntersuchungen.

Bei der mikroskopischen Bearbeitung zonar gebauter Silikate wie der Plagioklase erscheint die Einzelkornart fast immer in allen ihren Teilen kristallisiert. Amorphe Gelreste sind auch dort kaum mit Sicherheit zu bestimmen, wo der unregelmäßige Grenzverlauf und die wolkige Beschaffenheit der Zonenbänder den ehemaligen Gelcharakter sicherstellt. Die Abb. 146 und 147 zeigen solche Beispiele. Vor allem der Abb. 147 ist zu entnehmen, daß der Nachweis eines Gel-Bereichs, in dem sich der spätere Kristallisationsvorgang abgespielt hat, sowohl aufgrund geregelter Pigmente (z. B. bei den Quarzvorkommen der Baveno-Phyllite Abb. 141–145) erfolgt, wie auch durch die Feststellung von Diffusionsvorgängen in den vorhandenen Gelkomplex hinein. Es ist dabei höchst wichtig, daß eine Beteiligung primärer Pigmente beim Aufbau der Zonen beobachtet werden kann, und zwar in der Form von Pigmenteinlagerungen auf der Grenze zweier Zonen, durch welche die fünf Haupt-Zonengrenzen der Abb. 147 markiert werden. Diese Pigmentzüge der Zonengrenzen sind unter allen Umständen präkristallin entstanden, zu einer Zeit, als sich der Gesamtbereich des Blasten noch im Gelzustand befand und Diffusionen von außen, aus dem schon vorhandenen Grundgewebe heraus, rhythmisch erfolgten. Da der Bereich durch die Pigmentzüge in einzelne Lagen gegliedert wird, wäre die Annahme gleicher chemischer Zusammensetzung der Lagen widersinnig, da die Aufteilung eines einheitlichen Bereichs in unterscheidbare Zonen eben nur durch deren Verschiedenheiten zu begründen ist. Es soll aber noch einmal betont werden, daß die primäre Zonenbildung von außen, durch Diffusionsvorgänge in den Gelbereich des Blasten hinein, erfolgt ist und Lagen unterschiedlicher Zusammensetzung erzeugt hat. Ob die anschließende Kristallisa-

Abb. 147. Plagioklas-Blast mit zahlreichen unregelmäßigen Zonenbändern in seinem Innern (die Grenzen der Zonen sind z. T. nachgezogen). Wichtig ist das Auftreten einer Zwillingslamellierung nach n = $(0\bar{2}1)$, welche vorhandene Bandgrenzen durchsetzt, ohne ihren Verlauf zu beeinflussen. Die Kristallisation fand also die Gelstruktur bereits vor. – Die Diffusion des ionaren Materials in den Gelkomplex hinein mußte demnach vor der Kristallisation stattfinden, um einen Plagioklas erzeugen zu können. – Nic.+. – 40:1.

Aplitgang, Monte Frerone Südseite, Adamello

tion des Bereichs Materialverschiebungen in den Zonen gebracht hat, kann zur Zeit nicht mit Sicherheit beantwortet werden, doch spricht die folgende Beobachtung dafür. Die Diffusionsbänder des Blasten-Bereichs sind in der ersten Anlage konzentrisch schalige Gebilde, mit unregelmäßiger Grenzführung gegeneinander. Durch den später einsetzenden Kristallisationsvorgang wird der Versuch gemacht, ein ringsum geschlossenes System von Kristallflächen zu erzeugen, wobei häufig die Spuren zahlreicher scharfer Flächen in den zumeist viel breiteren Zonen entstehen.

Daß der Kristallisationsvorgang wirklich später erfolgte und die Gliederung des Blastese-Bereichs durch die Zonen mit ihren Pigmentzügen voraussetzt, zeigt eine entscheidende Beobachtung, die infolge der Seltenheit der auftretenden Verzwillingung nicht oft zu machen ist. In der Abb. 147 befindet sich in der linken, dunkel gestellten Hälfte des Oligoklases eine Gruppe von Zwillingslamellen nach n = $(0\bar{2}1)$. Diese Zwillingslamellen queren vier der dünnen Pigmentschnüre, welche den Kristall durchziehen in einer Weise, daß an der späteren Bildung der Zwillingslamellen gegenüber den Pigmentzügen kein Zweifel bestehen kann. Während die Pigmentzüge ohne jede Beeinflussung mit ungestörter Teilchenanordnung und Verteilung den Kristall durchziehen, ist bei den Zwillingslamellen eine deutliche Rücksichtnahme auf die eingebauten Pigmentteilchen wahrzunehmen, die sich zunächst in einer Breitenabnahme der Lamelle am Teilchen äußert. – Es ist also auch

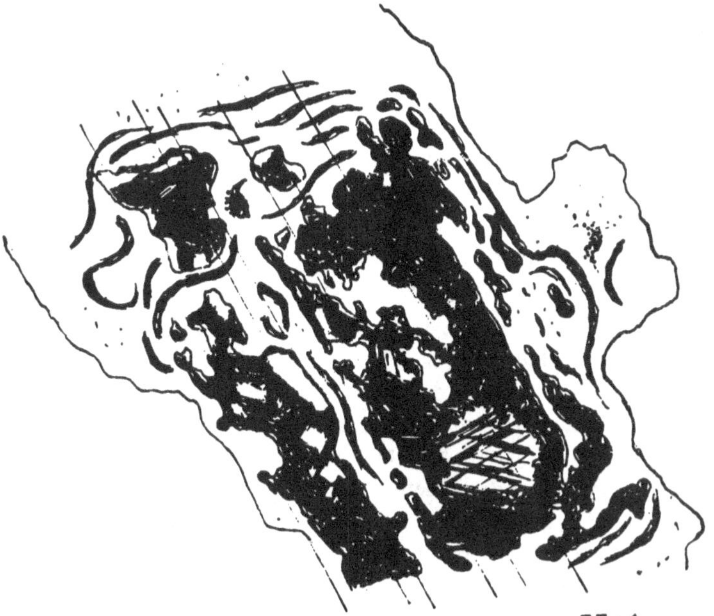

55:1

Abb. 148. Ein in Bildung begriffener Plagioklas-Blast führt Reste einer aufgearbeiteten Hornblende, deren ehemalige Spaltbarkeit noch erhalten ist. Diese Hornblendereste sind stark ausgelaugt und können nicht mehr „als aus Hornblende bestehend" angesprochen werden. In dem entstehenden Plagioklas haben sich zahlreiche schlierige Gelzonen gebildet. – Schematisch nach Photographie. – Nic. – 55:1.

Leukokrater Bereich aus metamorphem Perm. Malga Macesso, Val di Salarno, Adamello

dieses Beispiel ein vollgültiger Beweis dafür, daß die Kristallisation einen Gelkomplex mit bereits vorhandener – durch Pigmentzüge angedeuteter – Zonenstruktur betroffen hat.

Der primäre Zonenbau wurde im wesentlichen durch rhythmische Diffusionen der zur Plagioklasgenese in einem Gelkomplex benötigten Ionen vorgebildet. Die Ausarbeitung scharfer Flächen wird dabei zunächst nicht erreicht. Die entstandenen bandartigen Formen sind vielmehr häufig sehr unregelmäßig gestaltet und zeigen Bänder von wechselnder Stärke mit einseitigen Ausbuchtungen und unharmonischem Faltenverlauf (Abb. 146). In der sich anschließenden kristallographischen Phase ist das Bestreben nach Ausbildung der wichtigsten Kristallflächen des Plagioklases unverkennbar.

Die Abb. 146 und 147 zeigten die blastische Entstehung von Plagioklas-Großkristallen in einem primären Grundgewebe unter Umständen, welche über die Herkunft des erforderlichen Baumaterials für den Kristall keine direkten Beobachtungen am Ort der Entstehung erbrachten, da insbesondere über die Zuführung der benötigten Kieselsäure keine Aussagen gemacht werden konnten. Es war nur festzustellen, daß ein Kieselsäure-Gelkomplex mit ausgeprägter Innenstruktur als Ausgangsmaterial zur Bildung eines Plagioklases gedient hatte. Demgegenüber liefert die Abb. 148 ein Beispiel, das den Abbau eines Altbereichs zeigt, bei dem es über einen lagen-struierten Gelkomplex mit den Resten eines Altkristalls zum Neuaufbau eines Plagioklases kommt. Der Altkristall war eine grüne Hornblende, deren Spaltbarkeitsrichtungen noch einwandfrei erhalten sind. Der Abbau der Hornblende erfolgte so gründlich, daß alle färbenden Ionen verschwanden und nur noch schwach doppelbrechende Gerüstteile übrig blieben, die ungefähr den ehemaligen Bereich des Hornblendekristalls erkennen lassen. Zusammen mit diesen Bruchstücken treten zahlreiche bandartige Reste auf, die in der Art typischer Gelzonen den Plagioklas aufbauen. Diese Gelbänder entstammen ohne Zweifel dem Stoffbestand der Hornblende und sind, wie sich aus ihrem Zusammenhang mit weniger aufgearbeiteten Hornblenderesten ergibt, aus diesen entstanden. Damit ist es erwiesen, daß die zur Neubildung des Plagioklases benötigte Kieselsäure samt den erforderlichen Ionen (ohne Alkalien) auf den Abbau präexistierender Kornarten eines Gefüges zurückgeht.

Fragen wir nun mit den Erfahrungen der letzten Beispiele allgemein nach der Herkunft des Materials leukokrater Bildungen, so sehen wir, daß diese immer aus dem eigenen Gesteinsbereich hervorgehen, wobei den Umformungsvorgängen, welche aus bereits konsolidierten Bereichen neue Formen entstehen lassen, eine ausschlaggebende Rolle zukommt. Die zu diesen Vorgängen benötigte Energie wird im letzten Grunde durch tektonisch-mechanische Ereignisse geliefert, die den gesamten Gesteinsbereich betroffen haben, d. h. die Tektonik ist für die Platznahme der Gangfüllungen durch Bereitstellung der Rupturen verantwortlich. Die Füllung der Rupturen erfolgte aus dem Kapillarsystem des umgebenden Bereichs.

Über die Bereitstellung von Füllungsmaterial wurde schon in Kap. V 2 kurz gesprochen. Hier möge noch auf die Schwierigkeiten hingewiesen werden, welche sich bei der Deutung der Transportvorgänge des leukokraten Materials (Kieselsäure, Wasser und Ionen) einstellen. Um sie zu beheben, hatte ich bereits früher versucht (Granitprobleme, 1969, p. 531–49), das Verhalten der Kieselsäure in anderen, leichter überschaubaren, natürlichen Kapillarräumen zu bestimmen und war dabei auf vergleichbare Vorgänge während der Versteinerung der Pflanzen und Hölzer gestoßen. Hier ergab sich das gleiche Raumproblem, das schon bei den leukokraten Gängen der Gesteine keine befriedigende Lösung gefunden hatte: Die Tatsache der Lunkerfreiheit der mit Nachschubmaterial erfüllten Gebiete (S. 169). Bei den Hölzern zeigte es sich in der Form der hohlraumfreien Ausfüllung jeder einzelnen Zelle mit Kieselsäure, die heute als Quarz oder Chalzedon vorliegt. Da die Verwitterungslösungen nur geringe SiO_2-Mengen enthalten, erscheint es durchaus unmöglich, daß aus einer solchen Lösung geringer Konzentration nach Abzug des Lösungsmittels eine vollständig mit SiO_2 gefüllte Zelle zurückbleibt. Die Vorstellung eines die Zelle passierenden Lösungsstromes, der laufend SiO_2 im Zellinnern absetzt, kann angesichts der – zunächst nicht zu beantwortenden – Frage nach dem Energiegefälle, das eine solche Zirkulation in Bewegung erhält, nicht genügen. Es bleibt jedoch die sichere Beobachtung bestehen, daß Verwitterungslösungen schwacher SiO_2-Konzentration, auf Kapillaren eines Holzkörpers aufsteigend, dessen Zellen quantitativ mit SiO_2 auszufüllen vermögen (Abb. 149). In den Gesteinen aber liegt ebenfalls ein Kapillarsystem vor, auf dem die Bewegung SiO_2-haltiger Lösungen erfolgte. Auch hier kennen wir nicht den Grund des wirksamen Energiegefälles, dessen Ablauf sich noch dadurch kompliziert, daß die Lösungen den Stoff, den sie transportieren und später absetzen aus der Kapillarwandung beziehen, während sie ihn im Falle der Hölzer bereits mitbringen. Die Löslichkeiten der Silikate in Kapillaren sind zudem unbekannt. Schon die Bestimmung von Silikatlöslichkeiten unter normalen Bedingungen in reinem Wasser ist nach EITEL (1941, S. 508) aussichtslos, da als wahres Endstadium der Gleichgewichte nur eine völlige Aufspaltung infrage kommt und sich eine alkalische Lösung ergeben würde, welche sehr geringe Mengen von Al_2O_3 und SiO_2 enthielte. Als Bodenkörper würden wiederum nur amorphe Gemenge von Tonerde und Kieselsäuregelen entstehen. Im Falle der Kapillarlöslichkeiten ist die Lage insofern anders, als es sich hier allgemein nur um partielle Abbau- und Auslaugungsvorgänge handelt, deren Bedingungen im einzelnen erst noch aufgefunden werden müssen. Daß die Löslichkeitsverhältnisse in Kapillaren andere sind als im freien Raum ließ sich qualitativ in Autoklavenversuchen bereits früher zeigen (DRESCHER-KADEN, 1962, s. a. Kap. III 4 S. 107). Neuerdings ist ein natürliches Vorkommen bekannt geworden (Bahia, Brasilien), das diese Vorversuche voll bestätigt (Abb. 86, S. 107). Der Abbau bereits konsolidierten Materials in den Gesteinen und damit seine Bereitstellung zu neuen Reaktionen erweist sich immer mehr als ein allgemeiner Vorgang, dessen quantitative Grundlagen erst noch erarbeitet werden müssen.

Nicht weniger wichtig als die Frage nach Herkunft und Bereitstellung des Stoffbestandes ist diejenige nach dem Transportmittel, d. h. den Lösungen, welche das zu den leukokraten Füllungen benötigte Material aus dem Nebengestein abbauen und im Innern der Ruptur absetzen.

Diese Überlegungen gelten aber nur dem im Porenraum vorhandenen Lösungsmittel und sagt nichts aus über die mitgebrachten gelösten Stoffe. Solche auf einer Ruptur einziehenden Lösungen haben weder höhere Viskosität noch Konzentration, weil sonst Transportbewegungen im Kapillarraum unmöglich wären. Der Gehalt solcher Lösungen an gelösten Stoffen kann also nicht erheblich sein. Die hohen Konzentrationen der Füllungen, die durch kontinuierlichen Entzug des Lösungsmittels kristallisieren, können demnach nur durch mehrfache Überlagerung gering konzentrierter Lösungstransporte

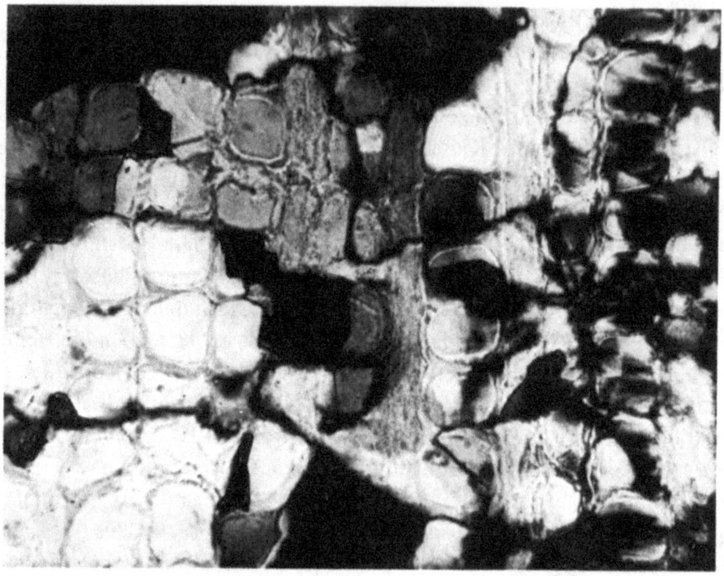

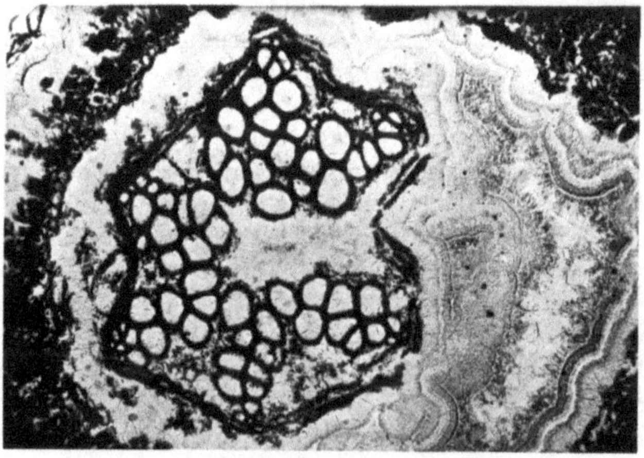

Abb. 149a. Verkieseltes Zellgefüge einer Konifere (Araucarites stellaris). Zellen und Zellverband sind trotz des Inkrustationsvorganges fast unbeeinflußt geblieben: die Grenzen der Quarzkörner schneiden zumeist scharf durch die Zellwände hindurch, ohne diese zu verletzen. – Die Zellen sind immer lunkerfrei und vollständig mit Quarz oder Chalzedon ausgefüllt. – Nic.+. – 210:1.

Abb. 149b. Querschnitte quarzerfüllter Gefäßbündel von Psaronius infarctus. Daneben ein größerer Defekt, der nach außen zu mit Kieselgel-Lagen, z. T. aus Chalzedon, nach innen mit Quarz wieder hergestellt ist. – Mit Polarisator. – 22:1.
Aufnahme EPPLER Unteres Perm, Hilbersdorf, Sachsen

bewirkt werden, was auf einen Kreislauf der Lösungen schließen läßt. Der Vorgang im einzelnen, insbesondere seine Energiequelle, entzieht sich einstweilen – gerade wie beim Verkieselungsproblem der Hölzer – noch weitgehend unserer Kenntnis.

Die Rückführung des Füllungsvorganges nach der mechanischen Rupturenbildung auf die Einwirkung tektonischer Phasen mag in Einzelfällen zutreffend sein (Kap. V 4), kommt jedoch zur Erklärung zahlreicher hintereinander erfolgender Lösungsschübe wohl kaum infrage.

Was sich ebenfalls noch der Nachprüfung entzieht, ist die für die Genesis granitoider Gesteine wichtige Frage: Auf welche Weise erfolgt eine Wiederauffüllung der in die Rupturen abgewanderten Lösungen in den geleerten Porenräumen des Nebengesteins? Haben wir auch hier mit einem Kreislauf zu rechnen und welche Kräfte halten ihn im Gang?

Bei der Weiterbearbeitung dieser Probleme könnte gerade die Aufklärung der Silifizierungsvorgänge der Hölzer weiter helfen, wenn dadurch die Problematik „Kieselsäure: Transportmittel in vorgegebenem Raum" gelöst und auf Gesteinsverhältnisse angewendet werden kann. Auf diese Weise würde dann die wichtigste Frage, die nach dem Abwanderungsmodus der Lösungen und ihrer Wiederverwendung im Gefüge einer Klärung näher gebracht werden.

5. Der Füllungsvorgang – Die Raumschaffung für das Füllmaterial auf mechanischen, metasomatisch erweiterten und auf Rupturen gemischter Entstehung

Nach dem Aufreißen einer Ruptur kann deren Raum mit leukokratem Material gefüllt werden, ein Vorgang, zu dessen Ablauf eine große Zahl von Einzelprozessen nötig ist, die heute – wie die Transportvorgänge in Kapillaren – erst zu einem kleinen Teile bekannt sind. Da es in einem granitoiden Gestein zahlreiche ungefüllte Klüfte gibt, ist die Aufklärung, weshalb diese leer geblieben sind, nicht weniger wichtig als das Problem der Gangbildung selbst. (Rutschstreifen und Harnische auf den Kluftwänden zeigen häufig an, daß diese früh „verschmiert" und gegen Lösungsaustritte aus den Porenräumen abgedichtet worden sind. Doch ist das offensichtlich nicht der einzige Grund.)

Ich habe 1969 (Granitprobleme, p. 466) den Lösungstransport aus dem von einer Ruptur angeschnittenen Porennetz in den Gangraum hinein auf Kapillarkräfte zurückgeführt und zur Begründung das Experiment DAUBRÉES aus dem Jahre 1879 herangezogen. Dieses zeigt einwandfrei die Überwindung der in einem Gangraum vorhandenen Gasdrucke durch die Kapillarkräfte des Nebengesteins, der Art, daß aus einem angeschnittenen Intergranularsystem die Porenlösung auch gegen einen im Gangraum herrschenden Gasdruck austreten kann. Diese Ergebnisse stehen fest. Sie sind 1914 erneut durch JOHNSTON und ADAMS mit Hilfe ihres ‚Atmometers' bestätigt worden. Man kann sie also nicht (LÖFFLER

1973) beiseite schieben und durch ein einfaches Druckgefälle ersetzen. Dieses wird nämlich in seiner Wirkung – zudem wenn es als Vakuum im Rupturenraum auftritt – sich erst bei sehr großporigen Gesteinsstrukturen den Kapillarkräften überlegen zeigen. Wenn in feinkörnigen Porenräumen nach den DAUBRÉE-JOHNSTON-ADAMSschen Versuchen die Kapillarkräfte etwa vorhandene Gasdrucke in den Rupturen überwinden, so ist das durchaus ein Grund, diesen Kapillarkräften neben den Druckwirkungen im Gestein Bedeutung zuzumessen und ihre Eigenschaften näher zu untersuchen.

Es sei hier aber betont, daß das Auftreten eines Gasdruckes in einer Ruptur nur als möglicher Fall, als ein casus eventualis, anzusehen ist, keinesfalls aber als Normalzustand. Solange wir uns in den niedrigen Temperaturgebieten befinden, wie sie für den hydrothermalen Bereich gelten, ist mit wirksamen Gasdrucken, die ihren Ursprung im eigenen Gesteinskomplex haben – bei 150°C beträgt der Wasserdampfdruck 4,85 atü – und nicht aus tieferen Etagen stammen, kaum zu rechnen. Wir sollten aber im Auge behalten, daß wir uns hier auf einem sehr komplexen und wenig bekannten Gebiet befinden, wo die verschiedenartigsten Überschneidungen möglich sind. Bei allen diesen Vorgängen muß der Zeitbedarf einstweilen noch unberücksichtigt bleiben.

Und damit ergibt sich eine neue Schwierigkeit: Die Einschätzung der Dauer solcher Vorgänge, für die wir nur sehr wenig Anhaltspunkte haben. Gehen wir wieder zurück auf den einfachen Füllungsvorgang und versuchen, Vorstellungen über seine Dauer zu entwickeln, so könnte man eine gedankliche Anleihe bei echten Schmelzen und ihrem zu erwartendem Verhalten machen und auf eine Bemerkung SALOMON-CALVIs betreffs der Injektionsdauer der zahlreichen südalpinen Lamprophyre eingehen, denen bis heute eine hohe Schmelztemperatur zugesprochen wird. Danach müßte das Eindringen dieser Schmelzen in das kalte Nebengestein sehr schnell, fast momentan, erfolgt sein, da bei einer längeren Dauer des Vorganges sich die erkaltende Schmelze ihren Weiterweg selbst verstopft und keine Gänge mit einer Erstreckung über viele hundert Meter hin erzeugt haben würde. SALOMON-CALVI hält daher einen sehr kurzzeitigen Füllungsvorgang des Gangmaterials für erforderlich, besonders dann, wenn wie hier bei den Lamprophyren, das Füllmaterial in ausreichender Menge vorhanden ist. Das kann aber für die leukokraten Bildungen nur selten angenommen werden, denn diese zeigen fast immer den allmählichen, sukzessiven Füllungsvorgang (Abb. 12, 13, 15, 16, 17, 29, 31 u. a.). Die Gewißheit, daß das Füllmaterial der Spalten häufig in einer Reihe von Einzelschüben eingebracht worden ist, erfordert den weiteren Schluß, daß die in Anreicherung begriffenen Rupturenfüllungen – soweit es sich nicht um metasomatische Vorgänge handelt – „längere Zeit", eben bis zu ihrer vollständigen Füllung, geöffnet gewesen sein müssen.

Bedeutsam, im Hinblick auf die genetischen Vorgänge ist der oft sehr inhomogene Aufbau der Rupturenfüllungen, die nicht selten einen, mitunter stark wechselnden, Lagenbau der Füllung parallel der Rupturwand zeigen. Eine derartige Lagenstruktur kann durch schichtweise Anordnung des eindringenden Füllmaterials zustande kommen. Ähnliche Strukturen sind aber auch durch rhythmische Füllungen in einem die Ruptur vollständig ausfüllenden, einheitlichen Gelkomplex möglich, wenn in ihn hinein aus den umgebenden Porenraum Lösungen verschiedener Zusammensetzung einwandern und rhythmische Füllungen erzeugen (Abb. 12, 15, 17). In beiden Fällen sind keine Anhaltspunkte für die Zeitdauer der Füllungsprozesse vorhanden.

Außerdem besteht noch eine weitere Schwierigkeit. Ich habe schon darauf hingewiesen, daß die scharfen Grenzen einer Ruptur keineswegs metasomatische Prozesse ausschließen. In sehr vielen Fällen kann man mikroskopisch Verdrängungsreaktionen zwischen den Kornarten des Füllungsgefüges und dem angrenzenden Nebengestein nachweisen, so daß man zu der Auffassung kommen muß: Bei jedem Füllungsvorgang sind metasomatische Prozesse in oft sehr wechselnder Stärke am Abbau des Nebengesteins mitbeteiligt. Die schon früher erwähnte (Abb. 8), auch bei metasomatischen Prozessen auftretende Parallelität der Rupturengrenzen ist gegenüber einer tektonisch entstandenen Ruptur eine ‚Konvergenzerscheinung', die zwar in erster Anlage aus einem mechanischen Riß hervorgegangen ist, im weiteren Verlauf ihrer Ausbildung aber eine völlig andere Entwicklung genommen hat. Das Hauptproblem bei metasomatischer Entstehung besteht vor allem in dem übereinstimmenden, conformen Zustand der Ganggrenzen, die nicht nur über lange Strecken gleiche Abstände einhalten, gleiche Stoffbestände an beiden Grenzen entwickeln und schließlich eine homogene Aplitfüllung über den ganzen Bereich hin trotz des stark wechselnden Nebengesteins erzeugen.

Die Problematik in der Zuordnung der Rupturen zu einer der genannten Typen (mechanisch-tektonische, metasomatische oder gemischte Rupturen) soll an zwei Beispielen gezeigt werden. Zunächst Abb. 150. Hier durchsetzt eine leukokrate Gangfüllung von 5 cm Durchmesser einen stark durchbewegten, höchst inhomogenen Paragneis mit materialmäßig sehr verschiedenartigen Einlagerungen. Trotz des in der Zusammensetzung vielfach wechselnden Nebengesteins ist die Aplitfüllung selbst sehr homogen und über die ganze Länge gleichmäßig ausgebildet. Das zwingt zu dem Schluß, daß der vorkristalline Zustand der Füllung ebenfalls homogen gewesen sei, also eine Homogenisierung des497 Rupatureninhaltes voraufgegangen sein muß, was erstens eine Öffnung der Spalte auf Zeit (zur Aufnahme der Füllung) und zweitens eine gewisse Beweglichkeit des Materials voraussetzt. Eine sich langsam und sukzessive öffnende Spalte mit – dem jedesmaligen Öffnungsbetrag entsprechenden – Füllungen wird mit großer Sicherheit inhomogen aufgebaut, da kaum eine Möglichkeit besteht, Füllmaterial gleicher Zusammensetzung über längere Zeitabschnitte hin zu liefern. (Um die letztere Aussage sicher beweisen zu können, müßte eine größere Anzahl eindeutiger Beobachtungen vorliegen, was z. Z. noch nicht der Fall ist.)

Da in dem Bereich der Abb. 150 keine Anhaltspunkte für eine metasomatische Platznahme der Füllung zu finden waren, muß man zunächst noch die zeitweise Öffnung der Spalte zur Aufnahme der Füllung als den charakteristischen Vorgang annehmen. Man wird in dieser Stellungnahme durch den höchst unregelmäßigen Gesteinsverband bestärkt, der von dem Gang geradlinig und mit sehr gleichmäßiger Füllung durchsetzt wird. Wären hier im wesentlichen metasomatische Vorgänge wirksam gewesen, so hätte sich das rechts und links des primären Haarrisses vorhandenen unterschiedliche Gesteinsmaterial viel nachhaltiger durch seine Einflußnahme auf die Ausbildung der Gangfüllung durchgesetzt.

Wir hatten gesehen, daß die Füllungsanteile sukzessive sich öffnender Spalten mit anschließenden Verweilzeiten durch die unterschiedliche Zusammensetzung der Füllung inhomogen ausgebildet werden. Inhomogene Produkte, wenn auch anderer Art, entstehen

Abb. 150. Aplit (ca. 5 cm) mit homogener Füllung durchsetzt höchst unregelmäßig gegliederte und metamorph veränderte Paragneise, ohne daß ein Einfluß der verschiedenartigen Nebengesteinspartien auf die Zusammensetzung der Füllung erkennbar wäre.
Aufnahme KOARK
Metamorpher Paragneis des Bergeller Massivs, Masino Bagni, Oberitalien

aber auch bei metasomatischen Verdrängungsvorgängen, und es ist notwendig, Unterscheidungsmerkmale für beide Arten leukokrater Füllungen zu entwickeln.

Die metasomatische Aufarbeitung eines Gangbereichs läßt sich in überzeugender Weise an einem weiteren Beispiel (Abb. 151) demonstrieren, bei welchem man in der glücklichen Lage ist, durch das Auftreten eines älteren einheitlichen Gangsystems (1) und dessen Beziehung zu der jüngeren metasomatischen Füllung (2) bessere Einsicht in die Vorgänge bei der Umformung von Nebengesteinsmaterial zu erhalten. Bei dem gleichen Vorkommen war schon (Abb. 11) der Versuch gemacht worden, die Füllung des hier vergrößert wiedergegebenen Hauptaplits G durch einen sukzessiven Öffnungsvorgang als Folge einer periodischen Verschiebung des mittleren oberen Schollenteils zu erklären. Da jedoch keine effektive Schubfläche nachzuweisen war, kann diese nicht der Anlaß zu einem Öffnungsvorgang gewesen sein. Die Füllung des aplitischen Hauptganges G besteht aus abwechselnden dunklen und hellen Lagen. Sollte dieser Lagenbau durch aufeinander folgende Öffnungsvorgänge einer Ruptur mit jedesmal anschließendem Füllungsprozeß entstanden sein, so wäre – muß man bei Betrachtung des Hauptganges folgern – dessen dunkles und helles Material abwechselnd aus dem Nebengestein mobilisiert und in Lagen abgesetzt worden. Zu einer solchen Annahme aber wird man sich wohl kaum entschließen

Abb. 151. Wirtgestein: grober Para-Biotitgneis. Das ältere Gangsystem (1) verläuft vertikal, das jüngere, mächtigere (2) von links oben nach rechts unten. Es ist in seinem Innern sehr inhomogen aufgebaut und stößt am rechten Vertikalgang stumpf ab. Der Füllungsvorgang für die Gangsysteme 1 und 2 war durchaus verschieden.
Metamorpher Paragneis des Bergeller Massivs, Masino Bagni, Oberitalien

wollen! Als Füllungsmechanismus kommt dann nur die metasomatische rhythmische Verdrängung des Nebengesteins von Haarrissen aus infrage, die im vorstehenden Beispiel an dem rechten primären Aplit (1) ihr Ende findet. Diese Haarrisse folgen anscheinend genau der Schieferungsebene des Paragneises, von der ausgehend die Umwandlung des Hauptbereichs ihren Anfang genommen hat und durch verstärkte Belieferung einzelner Haarrisse mit leukokratem Material das Bild einer rhythmisch gegliederten Gangfüllung hervorruft. Der so entstandene Gangabschnitt macht auch keineswegs vor dem linken Primäraplit (1) halt, sondern durchsetzt diesen auf Gangbreite, d. h. im Aktionsbereich der metasomatisch wirksamen Lösungen und baut ihn ab, ein Vorgang, dessen Verbreitung auch noch durch andere Beispiele (Abb. 29/31) belegt werden kann.

Der Nachweis des Hauptaplits G der Abb. 151 als Ergebnis metasomatischer Vorgänge hat aber noch eine wichtige und für die Deutung der Genese entscheidende Folgewirkung. Da die Öffnung des Hauptganges G aus Gründen der Schollenmechanik nicht als Momentanvorgang mit Vakuumwirkung erfolgt sein kann, weil die Ganggrenze des Aplites 1 rechts (r in Abb. 11) keine Schubfläche ist, konnte die Förderung der Füllung aus dem Porensystem des Nebengesteins heraus nicht durch Druckunterschiede im System eines Hohlraumvakuums erfolgen, sondern mußte durch Umwandlung am Ort unter der Wirkung von Kapillarkräften metasomatisch entstanden sein.

Abb. 152. Ein Granodiorit enthält zahlreiche herausgewitterte Aplitgänge, die keine scharfe Flächenbegrenzung gegen ihr Nebengestein zeigen, sondern eng mit ihm verwachsen sind. Sie müssen als metasomatische Verdrängungsbildungen von Haarrissen ausgehend angesehen werden. Passo Paradiso, Adamello

Damit ließ sich zeigen, daß in diesem Beispiel das System eines Hohlraumvakuums gegen einseitig geöffnete Porenräume und daher die Wirkung eines Druckgefälles nicht infrage kommt, sondern daß allein Transportvorgänge im Kapillarbereich und seinen Gesetzen für die metasomatische Gefügeumwandlung und die Neuanordnung des Stoffes verantwortlich sind.

In den voraufgegangenen Darlegungen wurde mehrfach auf die Wirksamkeit von Haarrissen Bezug genommen, ohne daß diese – mit Ausnahme der mikroskopischen Bereiche in Kap. IV 3 – realiter vorgewiesen werden konnten, da es bei den von den Haarrissen antransportierten und dem Gefüge vermittelten Lösungsschüben sowie durch die damit eingeleiteten Umkristallisationen sehr häufig zu einem völligen Verschwinden der primären Mikrorupturen kommen mußte. Doch gibt es Fälle, wo die ehemaligen Strukturen im natürlichen Gestein noch soweit erhalten sind, daß sie durch den differenzierenden Angriff der Verwitterung erkennbar gemacht werden können. Ein solches Beispiel zeigt Abb. 152. Ein fein-mittelkörniges, mäßig dunkles, granodioritisches Gestein wird an einer exponierten Stelle des Gebirgszuges der Verwitterung ausgesetzt. Hierbei werden die feinkörnigen Aplite des Granodiorits weniger stark angegriffen als dieser selbst. Die Aplite ragen als helle Rippen aus ihrer Umgebung heraus. Dabei zeigt sich, daß die Aplite nicht durch Primärrisse gegen ihr Muttergestein abgegrenzt, sondern beidseitig so eng mit diesem verwachsen sind, daß auch die, alle Schwächelinien herausarbeitende Verwitterung keine Spalten bloßlegen konnte. D. h. aber, daß keine Spalten vorhanden waren, die Füllung also nicht in eine geöffnete Ruptur mit Hilfe eines Druckgefälles eingebracht wurde, sondern unter Mitwirkung eines Haarrisses in das Nebengestein eindiffundierte mit gleichzeitiger Auslösung metasomatischer Reaktionen. Die Mikroruptur, welche die dem Nebengestein entstammenden Lösungen auf die Reaktionsgebiete verteilte, ist in ihrer Anlage in jedem der Aplitzüge noch erhalten geblieben und von der Verwitterung freigelegt worden: Diese Feinrupturen lassen sich in mehreren Apliten der Abb. 152 in der Mitte der Füllungen noch deutlich erkennen. Daß es sich bei diesen nicht um gefüllte Klüfte handelt, geht aus der ganz unregelmäßigen Ausbildung der Wandungen hervor, die keine tektonisch glatten Risse gewesen sein können. Hier liegt also ein weiteres Beispiel für metasomatische Umformungen durch Kapillarenergie im Sinne DAUBRÉES vor.

In Betrachtung der Tatsache, daß die Transportleistung einer Feinruptur, also eines Haarrisses, nur sehr unbedeutend sein kann, wäre noch an die erheblich größere Wirkung gefüllter Querrisse, nämlich als Stau-Bereich zu denken, welche Kapillarströme im Nebengestein parallel zur Rupturebene ablenkt und nur Vertikalbewegungen gestattet, eine Hypothese, zu deren Bestätigung oder Ablehnung noch zahlreiche Untersuchungen nötig sind.

VI. Schlußbetrachtungen

Die Befassung mit den leukokratischen aplitischen Gängen der granitischen Gesteine hat mit großer Deutlichkeit gezeigt, daß die Variabilität der ‚sauren Rupturenfüllungen' über alle Erwartung groß ist, so groß, daß man kaum verstehen kann, wie in einem energetisch so gleichartigen, physikalischen Zustandsgebiet mit den geringen Temperaturschwankungen des hydrothermalen Bereichs so große Unterschiede in Struktur und allgemeiner Erscheinungsweise der Komponenten entstehen können. So sind in dem gleichmäßigen Gesteinscharakter etwa eines Biotitgneises keine Veränderungen erkennbar, aus welchen die Variabilität seiner Rupturenfüllungen zu begründen wäre (Abb. 21, 28, 31).

Dabei ergibt sich sogleich die Frage: Ist die Aplitisierung ein Vorgang, der das kausal gebundene Schlußglied in der Entwicklung des Hauptgesteins darstellt und somit zwangsläufig als Endphase eines jeden granitoiden Zyklus eintreten muß? Oder ist sie ein accessorisches Ereignis, das mit dem eigentlichen Entwicklungsvorgang des Hauptgesteins genetisch nicht zusammenhängt, sondern jederzeit, wenn die Verhältnisse des Gesteinsbereichs einer Aplitisierung günstig sind, diese eintreten lassen ohne Rücksicht auf die Vorgeschichte. In letzterem Fall würde der Anstoß zu einer Aplitisierung von außen kommen und die mechanische Komponente des Vorgangs zu liefern haben. Die stoffliche Komponente wäre dann von der Zusammensetzung des granitoiden Gesteins abhängig, welches das Material für die Füllungen bereitzustellen hätte.

Für welche der genannten beiden Möglichkeiten sprechen nun die vorgelegten Beobachtungen? Sind die Aplite mit den granitischen Gesteinen zwangsläufig verbundene genetische Phasen? Oder sind es durch zusätzliche, accessorische Vorgänge im Außenbereich der Gesteine – wenn auch unter ihrer stofflichen Mitwirkung – erzeugte Neubildungen? Betrachten wir die Abb. 12, 14, 25, 26, 46, so wird deutlich, daß die Gangbildung ein bereits völlig fertiges Gestein betroffen hat, dessen Bestandteile in der jüngeren Gangfüllung als selbständige, mehr oder weniger umgearbeitete Einschlüsse auftreten (Abb. 14). Auch die mikroskopischen Beobachtungen der Abb. 108–116 lassen erkennen, daß es durch tektonische Vorgänge im Außenbereich des Gesteinskomplexes zu Rupturen kommen kann, deren Füllungsvorgang mit den Reaktionen aus der eigentlichen Entwicklungszeit des Primärgesteins nichts mehr zu tun hat.

Solche Fälle, die auf eine Neubelebung der Reaktionstätigkeit im Gesteinsbereich zurückgehen können, sind gegenüber frühen Bildungen in der ausklingenden primären Bildungsphase (vergl. Abb. 3) durchaus in der Überzahl – mit Ausnahme der laminaren Gesteine. Bei diesen gehört die durch den Walzvorgang erzeugte Materialtrennung des leukokraten Anteils und seine Anordnung auf Flächen zum primären, das spezielle Bild des Gesteins prägenden Reaktionsablauf – das Aufreißen von Rupturen und ihre Füllung zu einem späteren, nicht unbedingt zur Charakterisierung des Gesteins gehörenden Vorgang.
Es wird demnach in jedem Fall notwendig sein, festzustellen, welches Alter dem Aplitsystem gegenüber seinem Muttergestein zukommt, dies sowohl als relative Altersbestimmung auf geologischer Grundlage wie auch als Messung des wahren Alters gegenüber dem

Nebengestein. Die Beachtung der Beziehung der Gangsysteme zu tektonischen Phasen des Großbereichs ist dabei Voraussetzung.

Unter den bisherigen Beobachtungen überwiegen weit die aplitischen Gangbildungen in dem Zeitraum nach der Konsolidierung des Muttergesteins. Da Rupturen und Spalten tektonisch bedingt sind, ist eine rupturelle Aplitphase also immer mit tektonischen Vorgängen genetisch verbunden. Aber auch andere leukokrate Gefügebildungen, welche als diffuse Durchwachsungen und nicht an Spalten gebunden auftreten, waren an manchen Gesteinen nachweisbar. Derartige Bildungen haben mit Gangfüllungen nichts zu tun, sie zeigen aber, daß Leukokratisierungsvorgänge auch in der Form von Blastesen in einem bereits ‚fertigen' Gestein auftreten können. Das hierzu gebrachte, in den Abb. 87–90 ausgewiesene Beispiel aus dem Zemmgrund (Zillertaler Alpen), das ich Herrn Prof. Koark–Uppsala verdanke, läßt zweifelsfrei erkennen, daß Leukokratisierungserscheinungen im Gefüge eines Gesteins auch nach Abschluß der letzten Aplitphase und ihrer Rupturenfüllungen eintreten und spätere Kalifeldspatblasten im Grundgewebe des Hauptgesteins wie in den bereits konsolidierten aplitischen Gängen im fertigen Gefüge erzeugen können. Wie ich schon 1948 ausgeführt hatte, kann die Bildung blastischer Feldspäte nicht allein aus der Umformung vorhandener Gefügekomponenten bestritten werden, sondern bedarf noch zusätzlich der Zuführung von ca. 18% neuer Bestandteile (diese Arbeit, S. 113). In dem erwähnten Beispiel aus dem Zemmgrund ist ein bedeutender Gesteinskomplex der K-Feldspatblastese unterworfen worden. Dabei stellt sich als weiteres Problem die Aufklärung der Zufuhr-Modalitäten der benötigten Lösungen, darunter die Frage, ob in einem solchen Fall infolge der Einbeziehung des gesamten Gesteinskomplexes in die alpine Auffaltung nicht mit einer allgemeinen Erhöhung der Druckspannungen für die in den Porenräumen der Gesteine vorhandenen Lösungsanteile gerechnet werden muß. Im bejahenden Fall wären damit die leukokraten, blastischen Neukristallisationen als „Infiltrationseffekte" nun ebenfalls in ihrer Abhängigkeit von tektonischen Vorgängen im weitesten Sinne nachgewiesen.

So deutlich sich die tektonische Vorarbeit bei Rupturenfüllungen abzeichnet, so schwierig kann die Erkennung mechanischer Komponenten in metasomatisch stark veränderten Bereichen werden. (Auf einschlägige Beispiele wurde in den Abb. 22, 23, 25, 30, 152 hingewiesen.) Es sind keineswegs nur einfache, leukokrate Einschaltungen, die hier entstehen. In Gebieten mit weitreichenden Granitisationsvorgängen im Untergrund großer Schieferkomplexe finden sich häufig in den oberen Gesteinshorizonten leukokrate und granitische Bereiche von zungen- und linsenartigen Formen, die ohne direkte Verbindung mit tieferliegenden Granitvorkommen als selbständige, abgeschlossene Einheiten auftreten. Beispiele dieser Art sind in überzeugender Klarheit im Atlas-Werk von H. und G. Termier, 1971, enthalten (Massiv von Tichka, westl. Atlas). Insbesondere zeigen die Übersichtsbilder Fig. 47, S. 168 (Panorama d'Akoui-n'Timengarine bis Akoui-n'Oumska), und Fig. 48 (Panorama Timichi-Akoui-n'Oumska-Takoucht) – 2,5 und 5 km Luftlinie – in besonders deutlicher und klarer Weise die Neubildung leukokrater und granitischer Körper mit stark wechselnden Abmessungen. Dieses Alternieren großer und kleiner Granitkörper ist auch aus anderen Granitgebieten bekannt aber noch nicht deutbar.

Die von H. und G. Termier aufgenommene geologische Karte 1:50000, N° = 216 Edition du Service Géologique du Maroc, zeigt einen granitoiden Massivkomplex granito-dioritischen Stoffbestandes, dessen metamorpher Aufbau höchst inhomogen und wechselnd erscheint. Trotzdem sind die alten Leitlinien der primären Gesteine gut erhalten und noch erkennbar. Ich habe keinen Zweifel, daß dieses Massiv von Tichka mit seiner minutiösen kartographischen Erforschung durch H. und G. TERMIER unsere Kenntnisse der Granitisationsvorgänge entscheidend beeinflussen wird. Das dargestellte Massiv hat an der Erdoberfläche die ungefähren Abmessungen von 23 · 18 km = 414 km^2, mit der N-S-Achse als Längsachse. Bei der Kartierung wurde großer Wert auf eine Erfassung der leukokraten Gänge (filons acides) gelegt. Dabei ergab sich die bemerkenswerte Tatsache, daß diese Gänge nicht, wie es zu erwarten wäre, über das gesamte Massivgebiet verteilt sind, sondern sich fast ausschließlich nur im O- und NO-Teil des Massivs und seines östlichen Nebengesteins entwickelt haben. (Die Gesamtfläche des Vorkommens aplitischer Gänge – granitoide Gesteine und metamorphe Primärgesteine – beträgt 112 km^2, davon entfallen auf die eigentliche Massivfläche ca. 62 km^2.) Die aplitischen Gänge in den metamorphen Primärgesteinen – z. B. auch in unreinen metamorphen Kalken – finden sich auf einer Fläche von ca. 50 km^2. Ihre Verbreitung ist damit erstaunlich groß. Wie aus der Kartierung des Tichka-Massivs mit Sicherheit zu entnehmen ist, haben bei der Platznahme der aziden Gangfüllungen in ihrem Entstehungsbereich beträchtliche Verdrängungsvorgänge stattgefunden, wenn auch aufgrund der zahlreichen, unter sich parallelen Gangscharen sicher ist, daß die erste Anlage der Gänge auf tektonisch bedingte Rupturen zurückgeht. Die mehrfachen unregelmäßigen Verbreiterungen verbunden mit unscharfen Übergängen und „Verschmelzungen" mehrerer Rupturenfüllungen zeigt deutlich, daß es sich nicht allein um einfache Füllungen offener Spalten, sondern um metasomatische Vorgänge innerhalb eines bedeutenden Bereichs handeln muß. H. und G. TERMIER haben festgestellt (a. a. O. p. 195), daß die Aplitgänge besonders häufig in der Umgebung der großen Granit-Dykes auftreten. Die Bereitstellung der Lösungen könnte also mit dem Granitisationsprozeß zusammenhängen. Da die aplitischen Gänge aber auch in den umgebenden metamorphen Gesteinen vorkommen, wird als übergeordneter Lieferungsvorgang für Lösungen die tektonische Beanspruchung des Bereichs angesehen werden müssen, auf die sowohl die Granitisierung wie auch die Bildung mechanischer Spalten im Nebengestein zurückgehen.

Möglicherweise sind alle besprochenen Vorgänge in der Phase der Gangbildung als direkte Folgen der Deformation des beanspruchten Gesteinskomplexes anzusehen. Die Bewegung der Lösungen im Porensystem gehören dann ebenfalls in das tektonische Gesamtgeschehen mit hinein. – Soviel über das Massiv von Tichka.

Ein anderes sehr viel einfacheres Beispiel aus der alpinen metamorphen Trias führt zu den gleichen Vorstellungen. Schon im Jahre 1878 wurde von LEPSIUS ein Gangvorkommen beschrieben (Das westliche Südtirol, S. 215), dessen Eigenschaften im Vergleich zu anderen Gängen infolge besonders guter Aufschlußverhältnisse klar erkennbar waren.
Es sind dies die auch von SALOMON-CALVI (Adamellowerk I, 1908, S. 76) erwähnten und neuerdings vom Verfasser wieder untersuchten Vorkommen der metamorphen Werfener Schichten im Gebiet des Lago di Campo, oberhalb der Val Daone im Adamello. Die dortigen Werfener Schichten (Unterste Trias) sind hochmetamorph und bilden häufig „Fleckenfelse", die auch in ähnlicher Form im metamorphen Perm auftreten. Diese steilstehenden und O-W streichenden Werfener Schichten nördlich des Lago di Campo

enthalten zahlreiche allseits auskeilende Quarz-Turmalin-Orthoklas-Muskowit führende leukokrate Gänge, aus deren Auftreten sich die folgenden genetischen Schlußfolgerungen ergeben. 1. Die Gänge sind allseits begrenzt und zeigen keine erkennbare Verbindung zu tieferen Niveaus. 2. Ihre Zusammensetzung gleicht durchweg den leukokraten turmalinführenden Gängen eines granitischen Gesteins. 3. Das Nebengestein der Gänge ist aber im Fall der Lago di Campo-Gesteine ein hochmetamorphes marines Sediment. 4. Daraus ergibt sich zwingend, daß auch metamorphe Sedimente Gangfüllungen gleicher oder ähnlicher Zusammensetzung liefern können wie die granitischen Gesteine.

Dem Einwand, der unweit entfernte Tonalit (zwischen ihm und den Werfenern liegt noch Perm!) sei für die Gangfüllung in den Werfener Schichten verantwortlich, ist die Frage entgegen zu halten, weshalb nur in diesem Falle der Tonalit in den Werfenern über das Perm hinweg saure Gänge erzeugt habe, an anderer Stelle aber nicht. Zudem kann man mit Sicherheit die prätonalitische Metamorphose der Trias sowie die prätonalitische Entstehung dieser leukokraten Gänge nachweisen. Es sind vergleichsweise dieselben Verhältnisse wie an der Ostseite des den Rieserferner-Tonalit umgebenden Gneismantels bei St. Johann, Osttirol, wo die Turmalin-Pegmatite des Gneisrahmens vom Tonalit durchsetzt werden, also älter als dieser sind. Wären am Lago di Campo vom Tonalit herrührende Lösungen für die Gangbildung in den Werfener Schichten verantwortlich, so ist die Frage zu beantworten, weshalb die Auffüllung des Ganginhaltes nicht schon im Permgebiet zwischen Tonalit und Werfener Schichten erfolgte.

Es kann kein Zweifel sein, daß die Frage nach den Lösungen, ihrer Menge, ihrem physikalischen Zustand, der Viskosität, den Bewegungen im Gesteinsgefüge etc eines der Hauptprobleme der Aplitgenese darstellt. Nicht weniger wichtig aber sind die Eigenschaften der Lösungen selbst, das Verhältnis von Lösungsmittel zu gelöstem Stoff sowie Art und Menge des transportierten Materials.

In diesem Zusammenhang wäre die Untersuchung der Bewegungsrichtung der Lösungen in einem in Umwandlung begriffenen Bereich von großer Bedeutung. Im Falle von Rupturen mit gleichbleibender Streichrichtung erfolgt Füllung und Nachschub wohl immer aus der Richtung ⊥ zum Rupturenverlauf, der ja bei Quer- und Diagonalklüften das Porensystem annähernd senkrecht durchschneidet. Es gibt jedoch noch eine weitere Möglichkeit, die man bei Untersuchungen dieses kaum bearbeiteten Gebietes nicht außer acht lassen sollte. Im Jahre 1878 hatte Lepsius (a. a. O.) darauf hingewiesen, daß im Adamello die Schichten des Muschelkalks (mu) an mehreren Stellen in Tonalitnähe aus den primären, unveränderten Kalken im Wechsel mit hochmetamorphen Marmoren (Val Buona und Val Bondol) bestehen. Diese Beobachtung wurde von Salomon-Calvi 1908–10 erneut bestätigt, auf den rhythmischen Wechsel von metamorphen und nichtmetamorphen Lagen hingewiesen und für die Umwandlungsvorgänge der Tonalit verantwortlich gemacht. In meiner Arbeit „Granitprobleme" 1969 hatte ich (S. 559 ff.) zu diesen Fragen Stellung genommen, insbesondere zu zwei Punkten: a) Die metamorphosierenden Lösungen können bei der horizontalen Lagerung der Schichten nicht aus einem in der Tiefe darunter liegenden Eruptivgestein stammen. b) Der Tonalit kann nicht die unmittelbare und direkte Zuführung der metamorphosierenden Lösungen allein veranlaßt haben. – Da unsere Erfahrungen aufgrund weiterer Geländebegehungen inzwischen größer geworden sind, ist die Behauptung unter a) nicht mehr in vollem Ausmaß aufrecht zu erhalten. Es haben sich nämlich Anhaltspunkte dafür ergeben, daß Lösungstransporte auch quer zur Gesteinsschichtung möglich sind, und zwar auf dem Wege rhythmischer geologischer Diffusionen, wie sie bereits von LIESEGANG 1913/15 beschrieben worden sind. Man sollte also auch im vorliegenden Fall diese Möglichkeit prüfen und Anhaltspunkte dafür suchen, selbst wenn die spezifische Durchlässigkeit der Muschelkalkbänke einen Erfolg zunächst nicht wahrscheinlich macht. Doch zeigen gerade die von LEPSIUS beschriebenen Vorkommen (Val Buona, Val Bondol, Corno Vecchio, Val Aperta, Monte Bruffione) mit dem rhythmischen Aufbau metamorpher und unmetamorpher Schichten das typische Verhalten periodischer Reaktionsvorgänge senkrecht zum Weg der Lösungen.

Zum Punkt b) betreffs der Wirksamkeit des Tonalits bei der Metamorphose der Schichten sind noch die folgenden Gesichtspunkte nachzutragen. Bereits LEPSIUS hat aufgrund vieler Beobachtungen gezeigt, daß der Tonalit erst in einem verhältnismäßig späten Stadium seiner Entwicklung in schon verfestigtem Zustand durch die Faltung emporgehoben und mit dem umgebenden Gesteinsbereich zusammen in seine heutige Stellung gebracht wurde (a. a. O. p. 76). Die ihm von LEPSIUS zugestandene Temperaturhöhe von ca. 200°C hätte aber kaum für eine Metamorphosierung des benachbarten Schichtkomplexes ausgereicht, da dieser, wie die unmetamorph gebliebenen Muschelkalkbänke zeigen, nicht die gleiche Temperaturhöhe wie der Tonalit gehabt haben kann, falls der Temperatur überhaupt die entscheidende Bedeutung bei der Metamorphose zukommt und nicht die Wegsamkeit für Lösungen die ungleich wichtigere Bedingung ist. Temperaturunterschiede auf kleinem Raum – mitunter nur innerhalb weniger Meter – sind bei der langen Dauer der Vorgänge aber kaum vorstellbar, noch dazu, wenn sie in rhythmischem Wechsel auftreten sollen. So sind in der Umgebung des Monte Cadino (Südadamello) in unmittelbarer Tonalitnähe ganz verschiedene Auswirkungen der Metamorphose festzustellen, was deshalb besonders auffallen muß, weil die Entfernung der einzelnen Vorkommen von einander recht gering ist. Die meisten Marmorschollen gehören dem Esinokalk (= Wettersteinkalk) an, doch finden sich, besonders auf der Westseite des Monte Cadino, einige graue Muschelkalkbänke im Tonalit, die noch deutlich ihren primären Zustand erkennen lassen (Abb. 153). Daß gerade sie von der Umwandlung in Marmor verschont geblieben sind, ist bei der großen Nähe der Esinokalk-Marmorschollen besonders auffallend.

Der rhythmische Wechsel metamorpher und nichtmetamorpher Kalkbänke läßt nun in der Beziehung zum Tonalit wichtige Schlußfolgerungen zu. Sowohl LEPSIUS wie SALOMON-CALVI haben in den Triasablagerungen Grenzen der Reichweite metamorpher Einwirkungen vom Tonalit her gemessen und auf diese Weise die Ausdehnung des Kontakthofes zu bestimmen versucht. Nun wechselt aber die Reichweite der Kontakterscheinungen sehr stark, auch in gleichbleibender Gesteinsausbildung (vergl. SALOMON-CALVI, Geolog. Karte (G) des Adamello 1:75 000, Abh. K. u. K. Geol. R. A. Band XXI). Zudem ist die rhythmische Gliederung umgewandelter und nicht umgewandelter annähernd horizontal liegender Schichten durch die metamorphe Einwirkung eines seitwärts aus dem Untergrund aufragenden Tonalitkomplexes überhaupt nicht zu erklären. Hätte der Tonalit den metamorphen Rhythmus der Schichten verursacht, so müßte er in seinem eigenen Aufbau horizontale Gliederungen mit unterschiedlichen Energiegehalten aufweisen.

Abb. 153. Graue Muschelkalkbänke (mu) liegen ohne deutliche Kontakterscheinung über dem Tonalit, der seinerseits bis zur Grenze homogen bleibt und nur eine ganz schmale Reaktionszone am Muschelkalk ausbildet. Monte Cadino, Westseite, Süd-Adamello

Betrachtet man ein solches horizontal liegendes Schichtpaket der Trias in seinem Verhalten zum Tonalit, so ergeben sich noch weitere Komplikationen: Die Gesteinsbänke beginnen mit Annäherung an den Tonalit ihren Fallwinkel zu vergrößern und immer stärker unter den Tonalit einzufallen (Ethmolit – Trichterstruktur SALOMON-CALVIS). Die metamorphen Schichten mit ihren dazwischen liegenden unmetamorphen Bänken machen diese Umbiegung einheitlich mit und zeigen so, daß ihre metamorphe und nichtmetamorphe Aufgliederung bereits vortonalitisch durchgeführt worden ist (Benecke-Kar, südl. Monte Boja östl. P 2368 m, Val Bondol, Val Daone u. a. O.). Es dürfte kaum gelingen, die Metamorphose der bis zu 2,5 km vom Tonalit entfernten Marmorbänke (angesichts ganz unmetamorph gebliebener Muschelkalkschollen im Tonalit selbst) allein auf dessen Einwirkung zurückzuführen. Dazu kommt das charakteristische Verhalten des Tonalits, der bereits von LEPSIUS als „passives Gebirgsglied, . . . welches zu gleicher Zeit mit allen umliegenden Formationen aus der Tiefe im festen Zustand emporgehoben worden ist“ (a. a. O. p. 75) aufgefaßt wurde.

Angesichts einer derartigen geologischen Situation ist es gar nicht zu erwarten, daß die verfestigte Tonalitmasse als solche eine Lösungsmenge mitgeführt hätte, die ausgereicht haben würde, um in einem Abstand von 2,5 km von der Tonalitmasse das Nebengestein metamorph zu verändern, – eine Lösungsmenge, die nach ihrer Abgabe ins Nebengestein wieder ersetzt werden mußte! Welches Energiegefälle vermochte bei einer Temperaturhöhe von ca. 200°C die Lösungen in das, ja bereits gefüllte, Kapillarsystem des Nebengesteins zu überführen, um dort metamorphe Umformungen zu erzeugen? Ist es nicht vielmehr so gewesen, daß die bei der Platznahme des Tonalits – wie bei einer jeden eingepreßten, diskordanten Eruptivmasse – entstandenen Grenzflächen, Zerrüttungszonen und Rupturen als Aufstiegwege weiterer Lösungen dienten, die nunmehr von diesen Diskontinuitätsflächen aus unter Druck in das Nebengestein eindiffundierten und es partiell metamorphosierten?

Auf solche Weise werden die Grenzflächen Tonalitmasse–Nebengestein als eine Schar bedeutender Unstetigkeitsflächen lange Zeit hindurch als Aufstiegs- und Ausbreitungsebenen für Lösungen gedient haben, so daß die von dort in die benachbarten Schichten eindringenden Lösungen mit ihren metamorphen Wirkungen nunmehr als vom Tonalit mitgebracht und von ihm herrührend angesehen wurden.

Es sollten daher bei allen Kontaktbildungen auf der Grenze Eruptivgestein:Nebengesteinsmantel Untersuchungen darüber angestellt werden, ob die entstandenen Umwandlungsformen und Neubildungen mit der Platznahme der Eruptivmasse gleichzeitig anzusetzen sind, oder ob sie infolge der Wegsamkeit der Grenzflächen durch spätere Lösungsschübe zu dem heute vorliegendem Mineralbestand aufgebaut worden sind (was natürlich auch für Aplitfüllungen Geltung hat). Bisher hatte man fast immer alle Mineralveränderungen an der Grenze Tonalit-Nebengestein als spezielle Kontakterscheinung aufgefaßt und diese damit auf die geologisch kurze Zeitspanne der Platznahme des Eruptivgesteins beschränkt.

In den letzten Beispielen wurden Marmoreinlagerungen in unmetamorpher Umgebung zur Kennzeichnung der Wirksamkeit von Lösungen aus in Umwandlung begriffenen Gebieten benutzt. Das Gleiche gelingt mit Hilfe von Aplitgängen, deren Entstehung ebenfalls auf die Einwirkung von Lösungen in einem tektonisch beanspruchten Gesteinsbereich zurückgeht. Wir hatten bereits bei der Besprechung der Gesteine am Lago di Campo (Adamello) auf die Quarz-Turmalingänge in den Werfener Schichten hingewiesen. Dort entstanden leukokrate Gangfüllungen bereits vor der Bildung des Tonalits.

Was bringen nun die allgemeinen Ergebnisse der Beobachtungen an den Apliten? Vor allem die Erkenntnis, daß die Temperaturen bei der Entstehung aplitischer und granitischer Gesteine offenbar keine ausschlaggebende Rolle spielen, die leukokraten Gänge sich vielmehr in fertigen und in ihrer Ausbildung abgeschlossenen Muttergesteinen entwickeln. Das Gleiche konnte auch für nicht an Spalten gebundene leukokrate Blastesen nachgewiesen werden, die als metasomatisches Blastenwachstum im Gefüge oftmals bedeutender Gneisareale auftreten. Diese Gneise hatten in ihrer primären Form als ungefeldspateter Gesteinstyp mit aplitischem Ganggefolge bereits einen vorläufigen Abschluß ihrer Entwicklung erreicht (Abb. 87–90). Da es unmöglich erschien, daß große, fertig ausgebildete Gneisareale nachträglich wieder beträchtlich aufgeheizt wurden – weil keine Beobachtungen auf einen Temperaturanstieg deuteten – blieb nur der Schluß auf Beibehaltung des erreichten geringen Temperaturniveaus, aber auf starken Anstieg der Druckwerte in dem feldspatisierten Gesteinskomplex übrig. Der Grund zu diesem Druckanstieg war in einer neuen tektonischen Phase zu suchen, die – unterstützt durch die Kapillarenergie der Porenräume – einen höheren Lösungsdruck ermöglicht hatte.

Dieses Auftreten der gleichen Silikate, wie sie der Granit enthält, in gering temperierten Rupturenfüllungen macht es deutlich, daß der Temperaturbereich, in dem diese Silikate

– vor allem Feldspäte, Glimmer, Hornblenden – entstehen können, sehr weit gespannt ist. Es kommen sogar in einigen Apliten späte Rupturenfüllungen vor, deren Feldspäte noch während der letzten Phase der Spaltenbildung entstanden sind, zu einer Zeit also, wo im zugehörenden Aplitbereich überhaupt keine beachtliche Wärmeenergie mehr vorhanden war.

Auch auf dem Gebiet der Gefügestrukturen sind Übereinstimmungen zwischen Graniten und Apliten nachweisbar. Es konnte zwar eine charakteristische aplitische Gefügeform ermittelt werden, mit isometrischer Ausbildung der Kornarten (Kap. III 1), doch wurden auch noch andere Gefügearten mit Übergangsmerkmalen zur Granitstruktur angetroffen. Besonders auffallend ist die Übereinstimmung der Reaktionsgefüge in den Graniten und ihren leukokraten Gängen. Dies ist wieder ein Hinweis auf die späte Entstehung solcher Gefügeformen in den granitischen Gesteinen, ob es sich nun um Laminationsgesteine, Granite jeder Art oder um leukokrate Gänge handelt.

Aufgrund der Entstehungsweise der Aplite ist zu erwarten, daß sie als Gangfüllung (unter ± Beteiligung metasomatischer Reaktionen gegen das Nebengestein) einfachere Zusammensetzung zeigen, als das granitische Muttergestein, in dem sie liegen. Die leukokrate Ausstattung der Aplite hat eine große Ähnlichkeit mit derjenigen der Granite. Bei den farbigen Metallionen ändert sich das Bild: Der Gehalt an zwei- und dreiwertigem Eisen ist, wie die Diagramme I–III (Kap. II) gezeigt haben, durchwegs kleiner als im granitischen Hauptgestein. Dagegen steigt der Na_2O-Wert mäßig, aber immer gut erkennbar, der SiO_2-Wert beträchtlich an. Hierdurch stellt sich als besondere Regelmäßigkeit das Mengenverhältnis $SiO_2:\Sigma$ Oxide ungefähr auf 72:28 ein, so daß z. B. Quarzgänge (mit wenigen eingestreuten Feldspäten) immer seltener angetroffen werden als normale Aplite.
(Es ist nicht gesagt, daß hier ein Gesetz zugrunde liegt; es ist durchaus möglich, daß in den Fällen, wo die Quarzmenge weit überwiegt, die aus dem Nebengestein in die SiO_2-Füllung eindiffundierenden Lösungen sehr arm an einbaufähigen Ionen waren und daher nur wenige Silikate gebildet werden konnten.)

Nach allem muß man als sicher annehmen, daß granitoide Gesteine wie die Aplite mit Hilfe hydrothermal-hydatogener Lösungen entstehen, die ihren Materialgehalt dem von ihnen infiltrierten Gesteinsbereich entnommen haben. Damit aber erweist sich der Granitisierungsprozeß als ein Vorgang, der in allen Silikat-führenden Gesteinen mit durchlässigen Porensystemen in einem weiten pt-Bereich (der bei tiefer Versenkung des betreffenden Rindenstücks hohe Werte erreichen kann) möglich ist. Insbesondere sind die kristallinen Schiefer derartigen Umwandlungsvorgängen ausgesetzt gewesen, wobei Laminationsgesteine über die große Reihe der Gneise und Granitgneise bis hin zu normalen Graniten mit leukokratem Ganggefolge entstehen. Die Granitisierung ist somit der umfassendste Umwandlungsvorgang der obersten Erdkruste, dessen Eigenart sich auch darin zeigt, daß selbst sehr tiefliegende Granitkomplexe den aus ihren Primärgesteinen übernommenen Wassergehalt nicht verloren haben.

Zur weiteren Aufklärung dieser Vorgänge ist vor allem eine genauere Kenntnis des Lösungsverhaltens der hydratischen Kieselsäure in Kapillaren und ihre Transportmöglichkeiten in diesen nötig, als wir sie heute besitzen. Wir kennen zwar dank der Untersuchungen durch TREADWELL, WIELAND, KÖNIG, BACHMANN, BILTZ u. a. die Eigenschaften der hydratischen Kieselsäure, ihre Viskositätsverhältnisse, Molekelgröße, Mizellenbildung, Polymerisationserscheinungen etc recht genau. Trotzdem aber ist es noch nicht gelungen, den Verkieselungsvorgang der Hölzer hinreichend zu erklären, vor allem die beschädigungsfreie Durchdringung der pflanzlichen Zellmembran durch Kieselsäuresole und die restlose Ausfüllung des Zellinnern durch Quarz[1]) – bei völligem Verlust des zugleich mit dem Quarz im Zellraum vorhandenen Lösungsmittels – zutreffend zu deuten (S. 191). Ebensowenig wissen wir Genaueres über die SiO_2-Partikelgrößen, die im Porensystem der Gesteine transportiert werden. Daß solche Transportvorgänge offenbar unschwierig vor sich gehen, zeigt unter vielen anderen Beispielen die in den Gasblasenräumen mancher Eruptivgesteine erfolgte Achatbildung, deren Deutung im Einzelnen jedoch noch große Schwierigkeiten macht. In der überwiegenden Zahl der Fälle sind die Achaträume mit kolloidaler Kieselsäure vollständig und lunkerfrei ausgefüllt, was die Annahme nahelegt, die Füllung mit hydratischer Kieselsäure sei unter Druck in die Blasenräume des Gesteins eingewandert. Auf jeden Fall ist es zu beachten, daß so häufig gerade in basischen Eruptivgesteinen eine Wanderung hydratischer Kieselsäure in keineswegs geringer Menge auf den Gesteinskapillaren eingesetzt hat, die wohl fast immer alle vorhandenen Hohlräume erreichte.

In basischen Eruptivgesteinen ist das Auftreten kolloidaler Kieselsäure keine Seltenheit im Gegensatz zu granitoiden Gesteinen. Sie ist aber auch hier beobachtet worden. So hat SPEZIA im Simplontunnel, ca. 300 m vom Südportal, 1898 eine ca. 12 cm breite Gangfüllung beschrieben, die aus heller, viskoser („feuchter") Kieselsäure bestand, in der sich bereits kleine Quarzkristalle gebildet hatten. Ich halte diese Beobachtung SPEZIAS für außerordentlich wichtig, denn sie zeigt, daß die Bildung leukokrater Füllungen der Hauptmenge nach längst abgeschlossen, doch in einzelnen Fällen unter geeigneten Umständen auch heute noch wieder aufleben kann. Die Wasserführung der Simplongesteine erwies sich während des Tunnelbaues als sehr hoch. Bei den zahlreichen Wassereinbrüchen wurden Temperaturen bis 55°C gemessen.

Abschließend soll noch auf eine Verhaltensweise der Aplite hingewiesen werden, aus der zur Durchführung synthetischer Arbeiten brauchbare Gesichtspunkte gewonnen werden können. Die aplitischen Gangfüllungen haben eine sehr wichtige Eigenschaft: der Beginn ihrer Bildungszeit läßt sich recht genau auf die Zeit nach der Konsolidierung des Hauptgesteins und der Entstehung seiner Rupturen festlegen. Damit ist ein Datum gewonnen, das nur in wenigen Fällen an natürlichen Gesteinen zu erhalten ist: die ungefähre Bestim-

---

[1]) In seinem umfassenden und höchst bedeutungsvollen Werk über Auftreten und Verhalten der Kieselsäure in der oberen Erdkruste „Itinéraires géochimiques et cycle géologique du silicium" 1973, kommt H. ERHART bei Besprechung dieser Fragen zu dem Ergebnis, daß die Radiolarien der Kieselschiefer (a. a. O. S. 132) nur monomere Kieselsäure in vollständiger Lösung (en solution vraie) oder als Sol in einem Zustand extremer Dispersion hätten verarbeiten können.

Damit darf wohl auch bei anderen organischen Zellmembranen eine Beschränkung der Durchlaßmöglichkeit auf monomere Kieselsäure angenommen werden, die über einen langen Zeitraum hin diesen Organismen zur Vergügung gestanden haben muß.

Für die Vorgänge bei der Holzverkieselung ist die Frage zu klären, auf welche Weise die Polymerisation der Monokieselsäure bis zur vollständigen Ausfüllung der Zellen verhindert wurde – eine Frage, die vice versa auch für die Porensysteme der Gesteine Geltung besitzt.

mung des Beginns der Entwicklung von Einzelkornarten und deren Reaktionen gegeneinander, z. B. in Form nachaplitischer Blastesen (Kap. III 4).

Im Gangraum eines Aplites liegt ein Bereich vor, dessen relative Altersbestimmung mit Hilfe der Festlegung des Zeitpunktes der ersten Rupturenbildung möglich ist, durchaus im Gegensatz etwa zu einer pegmatitischen Schlierenbildung in einem granitischen Gestein, bei der über Anfang, Ende, Dauer der Einzelreaktionen, Anzahl der Lösungsschübe in der hydrothermalen Periode und ihrer Druck- und Temperaturwerte gar nichts auszusagen ist. Nur das Eine ist bekannt: ein Schlierenbereich in einem granitischen Gestein hat die ganze Dauer wechselnder pt-Zustände durchlaufen, ohne daß die im jedesmaligen Entstehungsbereich gebildeten Silikate instabil geworden sondern mit sehr geringen Ausnahmen erhalten geblieben sind. Ähnlich liegen die Verhältnisse bei der Metamorphose kristalliner Schiefer. Auch hier besteht eine fortlaufende Kette von Reaktionen, deren Anfangszustand und Entwicklungsgang an den Eigenschaften des Endproduktes nur sehr angenähert bestimmt werden können. Bei der Vergleichung mit synthetischen Produkten wird so oft vergessen, daß bei den natürlich entstandenen Kristallen alle jene Daten unbekannt bleiben, deren Kenntnis im Fall der künstlichen Darstellung zur Voraussetzung des Versuchs gehört: Art und Menge der Ausgangsstoffe und des Lösungsmittels, Freihaltung des Reaktionsmaterials von fremden Beimengungen, pt-Bedingungen während der Versuchsdauer, Beginn und Ende des Versuchs. Zudem weiß der Experimentator stets, auf welche Weise sein Reaktionsgut in den Reaktionsraum gekommen ist: in der Natur ist das zumeist sehr ungewiß! Außerdem besteht immer die Möglichkeit des Hinzutretens von positiv oder negativ wirkenden Katalysatoren. Auch der wechselhafte Gang der pt-Bedingungen in der Natur ist im speziellen Fall nicht reproduzierbar. Da eine genaue Kontrolle solcher Ereignisse demnach fast unmöglich erscheint – man ist nur in seltenen Fällen, wie eben bei den Gangfüllungen, in der Lage, in dem natürlichen Reaktionsablauf einen Beginn festzulegen, denn die Reaktionskette in der Natur ist für uns praktisch anfangslos! – so sollte sich doch die Erkenntnis durchsetzen, daß das bisher auf synthetischem Wege gewonnene Datenmaterial nur als „Laboratoriums-Wert" Geltung haben kann und einstweilen noch nicht zu einer Übertragung auf genetische Fragen ausreicht.

Abschließend ist zu sagen: Die Beobachtung, daß das Füllmaterial aplitischer Gänge dem Stoffbestand des Muttergesteins angehört hat, enthält auch den Schlüssel zur Deutung der allgemeinen Granitisierungsvorgänge. Denn damit ist die primäre Existenz „granitoiden" Materials in den Krustengesteinen gesichert und es kommt nur auf die Umstände an, welcher Grad der Granitisierung erreicht wird. Die Annahme fremder, selbständiger Granitbereiche in der Kruste, welche Granitisierungsvorgänge von sich aus hervorrufen, ist schon aus Raumgründen unmöglich. Jedes geeignete Gestein der Kruste kann aus eigenen Beständen und den vagierenden, durch die Tektonik aktivierten Lösungen aus sich selbst heraus granitisiert werden. Fortdauernde tektonische Vorgänge können anschließend die granitisierten Komplexe zu selbständigen Granitmassiven umformen.

Bibliographie

Andreatta, C. Betrachtungen über die Unwahrscheinlichkeit stabiler Gleichgewichte bei der Metamorphose. – Nach einem hinterlassenen Manuskript mitgeteilt von G. Fischer. – Geologische Rundschau, **50**, 1960. „Aufsätze", 190–192.

Arribas, A. S. M. Sobre la genesis de los porfidos graniticos: una nueva interpretacion petrogenetica. – Rend. Soc. Mineralogica Italiana, XVII, 1961, 477–498.

Augustithis, S. S. Researches of blastic processes in granitic rocks and later graphic quarz in Pegmatites (Pegmatoids) from Ehtiopia. – Nova acta Leopoldina, Abh. d. Deutsch. Akad. d. Naturf., **25**, Nr. 156, 1962, 1–17.

Augustithis, S. S. Atlas of the textural patterns of Granites, Gneisses and associated rock types. – Elsevier Scientific Publishing Comp. Amsterdam, London, New York 1973, 687 Abb., 1–378.

Backlund, H. G. Zur Granitisationstheorie. – Geologiska Föreningens i Stockholm Förhandlinger, **60**, H. 2, 1938, 177–200.

Bachmann, W. Dampfspannungsisothermen von Körpern mit Gelstruktur. – Z. Anorg. u. Allg. Chemie, **100**, 1917, 40.

Barth, Tom. F. W. The Feldspar geologic thermometers. – Norsk. Geol. Tidskrift, **42**, 1962, 330–339.

Bearth, P. Über die Granitgneise des Monte Rosa (Mischabel-Decke). – Schweiz. Min. Petr. Mitt., **22**, 1942, 378.

Biltz, M. Über die Struktur von Metalloxydgelen. – Z. f. Phys. Chem., **126**, 1927, 356–68.

Buddington, A. F. and Lindsley, D. H. Iron-Titanium oxide minerals and synthetic equivalents. – Journ. Petrol. 5. 1964. 310–357.

Charpentier, Johann, G. F. Essai sur la constitution géognostique des Pyrenées. – Paris 1823, 158.

Christa, E. Zur Frage der Mikrolithenschwärme in Plagioklasen. – Schweiz. Min. Petr. Mitt., **16**, 1936, 290.

Cornelius, H. P. Zur Deutung gefüllter Feldspäte. – Schweiz. Min. Petr. Mitt., **15**, 1935, 4. – Ebendort, 17, 1937, 80.

Correns, C. W. Wie weit können Flüssigkeitseinschlüsse mit Gasblasen in Kristallen als geologische Thermometer dienen? – Nachr. Akad. Wiss. Göttingen, Math.-Phys. Kl. 1950, Nr. 5, 1–4.

Correns, C. W. u. von Engelhardt, W. Neue Untersuchungen über die Verwitterung des Kalifeldspates. – Chem. d. Erde, 1938, 1–22. – Die Naturwiss., **26**, 1938, 137.

Daubrée, G. A. Études synthétiques de géologie expérimentale, 1879. Deutsch von Gurlt, Braunschweig 1880.

Drescher-Kaden, F. K. Transportvorgänge in Intergranularen. – Die Naturwissensch., **48**, H. 7, 1961.

Drescher-Kaden, F. K. Versuche zur Hydrothermal-Synthese (Die Bedeutung der Intergranulare beim Kristallwachstum). – Ber. Geol. Ges. Berlin, Sdrheft 1, 1962, 115–116.

Drescher-Kaden, F. K. Granitprobleme, Akademie-Verlag, Berlin 1969, 1–586, 477 Abb.

Drescher-Kaden, F. K. Über homoachse Ausheilungen von Rupturen granitischer Gesteine in Abhängigkeit von den Kornarten des Nachbarbereichs. – Ber. Deutsch. Ges. Geol. Wiss. – B – Min. Lagst. Forsch., **16**, (1971), 2, 241–48. Berlin 1972.

Drescher-Kaden, F. K. u. Heller, S. Reibungswärme als Energiequelle hydrothermaler Vorgänge. – Ber. Geol. Ges. Berlin, **6**, H. 1, 1961, 3–17.

Ebert, H. Das granitische Grundgebirge der östlichen Lausitz. – Preisschr. d. Fürstl. Jablonowskischen Ges. Leipzig, 1943, Nr. 58, 1–119.

Eitel, W. Physikalische Chemie der Silikate. Leipzig 1941, Verlag J. A. Barth, 2. Aufl. 1–826.

Eppler, W. Praktische Gemmologie, Stuttgart 1973, Verlag Rühle-Diebener, 1–410, 450 Abb.

Erhart, H. Itinéraires géochimiques et Cycle géologique du Silicium. – Katamorphisme des Silicates primaires. – Doin, Editeurs, Paris 1973, 1–217.

Gallitelli, P. e Simboli, G. Petrological and geochemical Research on the rocks of Predazzo and Monzoni (North Italy). – Verh. Geol. Bundesanstalt, Wien, 1971, 326–343.

Günthert, A. Beiträge zur Petrographie und Geologie des Maggia-Lappens (NW-Tessin). – Schweiz. Min. Petr. Mitt., **34**, 1954, 1–159.

Gutzwiller, E. Injektionsgneise aus dem Kanton Tessin. – Eclogae Geologicae Helvetiae, **XII**, 1912, 5–64.

Harder, H. Experimente zur Ausfällung der Kieselsäure. – Geochim. Cosmochim. Acta, **29**, London 1965, 429–442.

Harder, H. Experimente zur Entstehung der Tonminerale und des Quarzes bei niedrigen Temperaturen. – Ber. Deutsch. Ges. Geol. Wiss. – B – Min. Lagst. Forsch., **14**, 1. Berlin 1969, 83–85.

Harder, H. u. Flehmig, W. Bildung von Quarz aus verdünnten Lösungen bei niedrigen Temperaturen. – Die Naturwissensch., **45**, 1967, 140.

Hirschmann, G. Über Quarz-Feldspat-Reaktionsgefüge in epimetamorphen Quarzporphyren. – Geologie, Jahrg. **9**, H. 2, 1960, 138–150.

Hirschwald, J. Die Prüfung der natürlichen Bausteine auf ihre Wetterbeständigkeit. – Berlin 1908, Verlag Ernst u. Sohn, 1–675.

Hirschwald, J. Handbuch der bautechnischen Gesteinsprüfung. – Berlin 1912, Verlag Gebr. Bornträger, 1–923.

Huber, H. M. Physiographie und Genesis der Gesteine im südöstlichen Gotthardmassiv. – Schweiz. Min. Petr. Mitt., **XIII**, H. 1, 1943, 72–255.

Jander, W. u. Wuhrer, J. Hydrothermale Reaktionen: Die Bildung von Magnesiumhydrosilikaten. – Z. Anorg. u. Allg. Chem., **235**, 4, 1938, 273–294.

Johnston, J. u. Adams, H. Über Daubrées Experiment und die Kapillarität in Beziehung auf gewisse geologische Probleme. – Centr. Bl. Min. **1914**, **171–183**. – Journ. of Geol., **22**, 1914, 1–15.

Kalb, G. Die Formentwicklung und die Kristalltracht als Test für die Bildungstemperatur von Hoch- und Tiefquarz. – N. Jb. Min. Mh. 1972, H. 11, 506–514, m. 16 Fig.

Klockmann, F. Beitrag zur Kenntnis der granitischen Gesteine des Riesengebirges. – Z. Deutsch. Geol. Ges., **34**, 1882, 381.

Koark, H. J. Zur Geologie des neuentdeckten Jakobsit-Braunit-Hämatit-Mangansilikatlagers Slöjdartorp im Bybergetfelde in Zentralschweden. – Geol. Föreningens i Stockholm Förhandlingar. – **92**, Part 3, 1970, 388–401.

Königsberger, J. u. Müller, W. J. Versuche über die Bildung von Quarz und Silikaten. – Centr. Bl. Min. 1906, 339–373 (342).

Korshinskij, D. S. Abriß der metasomatischen Prozesse. – Akademie-Verlag, Berlin, 1965, 195 S.

Kranz, R. Organische Fluorverbindungen in den Gaseinschlüssen der Wölsendorfer Flußspäte. – Die Naturwissensch. 53. Jahrg. H. 23, 1966, 593–600.

Kranz, R. Stickstoffverbindungen in Silikatmineralen und deren Bedeutung für das technologische Verhalten der Feldspäte. – Ber. Deutsch. Keram. Ges., **44**, H. 9, 1967, 430–435.

Kranz, R. The participation of organic compounds in the transport of ore metals in hydrothermal solution. – Vortrag I.A.G.O.D. – Symposium St. Andrews, Scotland, **1967**, 1–33.

Kranz, R. Die Beteiligung organischer Verbindungen in den Gas- und Flüssigkeitseinschlüssen der Minerale und deren Bedeutung für Stofftransportvorgänge auf den Intergranularen von Gesteinskörpern. Aus den Veröffentlichungen der Kernforschungsanlage Jülich, Institut für physikalische Chemie, Arbeitsgr. Petrochemie u. Institut für Reaktorwerkstoffe, **1968**, 1–198.

Lepsius, R. Das westliche Südtirol, Berlin 1878, Verlag Wilhelm Hertz, 1–372, 7 Tafeln, 1 geologische Karte 1:144 000.

Liesegang, R. Geologische Diffusionen, Dresden u. Leipzig, 1913, Verlag Th. Steinkopf, 1–180.

Liesegang, R. Die Achate, ebenda, 1915, 1–

Löffler, K. Über Pseudoaplite als Folge einer Kontaktanatexis Basit/Granitoid in der Lausitz. – Ber. Deutsch. Ges. Geol. Wiss. – B – Min. Lgst. Forsch., **16**, 1971, 457–490, Berlin 1972.

Mathes, S., Okrusch, M., Richter, P. Zur Migmatitbildung im Odenwald. – N. Jb. Min. Abh., **116**, 3, 225–267. Stuttgart 1972.

Mehnert, K. R. Migmatites. – Elsevier Publ. Comp. Amsterdam, London, New York 1968, 1–393.

Mittelholzer, A. E. Beitrag zur Kenntnis der Metamorphose in der Tessiner Wurzelzone mit besonderer Berücksichtigung des Castione-Zuges. – Schweiz. Min. Petr. Mitt., **16**, **1936**, **19–181**.

Mügge, O. Zwillingsbau und Flächenzeichnung von bergkristallartigen Quarzen mit Rücksicht auf die Entstehungstemperatur. – Z. Krist. A, **82**, 1932, 451–467.

Naumann, C. F. Lehrbuch der Geognosie, I und II. Leipzig 1892, 2. Auflage. Verlag W. Engelmann.

Paraskevopoulos, G. M. Beitrag zur Kenntnis der Feldspäte der Tessiner Pegmatite. – Tscherm. Min. Petr. Mitt. 3. Folge, 3, 3. 1953, 191–271.

Perrin, R. et Roubault, M. Le granite et les réactions à l'état solide. – Bull. du service de la carte géol. de l'Algérie. 5. Sér. Petr. N°. 4, 1939.

Perrin, R. et Roubault, M. Remarques sur l'interprétation géologique de synthèse expérimentale: leur liaison avec la genèse des granites stratoides. – Science de la Terre, 9, 1, 1963, 71–81.

Ramberg, H. Pegmatites in West-Greenland. – Bull. Geol. Soc. of America, 67, 1956, 185–213.

Reyer, E. Die Eruptivmassen des südlichen Adamello. – N. J. Min. Beil. B. I. 1881, 419–450 (427).

Salomon-Calvi, W. Geologische und petrographische Studien am Monte Aviolo im ital. Anteil der Adamello-Gruppe. – Z. D. Geolog. Ges. XLII, 1890, 450–556.

Salomon-Calvi, W. Über Alter, Lagerungsform und Entstehungsart der periadriatischen, granitischkörnigen Massen. – Tscherm. Min. Petr. Mitt. XVII, 1897, 109–284.

Salomon-Calvi, W. Die Adamellogruppe, Abh. d. k. und k. Geol. R. A. Wien, I. XXI, H. 1, 1908, 1–433 und II. XXI, H. 2, 1910, 453–603.

Sander, B. Einführung in die Gefügekunde der geologischen Körper. II. Die Korngefüge. Wien 1950, Verlag Springer, 1–409.

Scheumann, K. H. Granulit, eine petrographische Definition. – N. J. Min. Mh. 4, 1961, 75–80.

Schilling, J. Petrographisch-geologische Untersuchungen in der unteren Val d'Ossolo. – Schweiz. Min. Petr. Mitt. 1957, 435–542.

Schloemer, H. Hydrothermal-synthetische gemeinsame Kristallisation von Orthoklas und Quarz (Untersuchungen im System $K_2O-Al_2O_3-SiO_2-H_2O$). – Radex-Rundschau 3, 1962, 133–173. (Österr.-Amerik. Magnesit A.G. Radenthein, Kärnten.)

Schreyer, W. Die Quarz-Feldspatgefüge der migmatitischen Gesteine von Vilshofen an der Donau. – N. J. Min. Abh., 92, 2, 1958, 147–170.

Schreyer, W. Der Granit von Neustift bei Vilshofen in Niederbayern. – Geologica Bavarica, 39, München 1959, 3–28.

Schreyer, W. Möglichkeiten und Grenzen der experimentellen Petrologie. – Ber. Geolog. Ges. DDR, 10, H. 2, 1965, 181–200.

Schust, F. Zur geologischen Aussage des Großfeldspat-Korngefüges im Stollen Jägersgrün/Vogtland. – Ber. Deutsch. Geolog. Wiss. – B – H. 3, 1971, 413–423, Berlin 1972.

Spezia, G. Sopra un deposito di quarzo e di silica gelatinosa trovato nel traforo del Sempione. – Atti Accad. Torino, 34, 1899, 709.

Termier, H. et G. Le massif-granito-dioritique du Tichka (Haut Atlas Occidental, Maroc). Vol. I. – Notes et mémoires du Service Géologique du Maroc. Rabat, 1971, 1–240. – 56 Dessins, 11 tables, 3 cartes géologiques: 1:5000, 1:20 000, 1:50 000.

Treadwell, W. D. u. Wieland, W. Zur Kenntnis der Kieselsäurehydrate. – Helv. Chim. Acta, 13, V, 1930, 842–864.

Treadwell, W. D. u. König, W. Über das Molekulargewicht, die Viskosität und Leitfähigkeit von hydratischer Kieselsäure. – Helv. Chim. Acta, 16, 1933, 54–69.

Trüstedt, O. Die Erzlagerstätten von Pitkäranta am Ladogasee, Helsingfors 1907.

Vogt, J. H. L. Skrift. Norske Vetensk. Akad. Oslo. Math.-nat. Kl. 1930. 3. 92ff.

Weber, J. Der Tonalitzug von Melirolo-Sorico zwischen Tessin-Tal und Comer See. – Schweiz. Min. Petr. Mitt., 37, 1957, 267–393.

Wegmann, C. E. Zur Deutung der Migmatite. – Geol. Rundsch., 26, 1935, 305–350.

Weibel, M. Chemismus und Mineral-Zusammensetzung von Gesteinen des Bergeller Massivs. – Schweiz. Min. Petr. Mitt., 40, 1960, 69–93.

Wenk, H. R. The Structure of the Bergell Alps. – Part 1–3 of: Geological observations in the Bergell Alps. – Publication of the Department of Geology and Geophysics University of California and Berkeley.

Wright, F. E. u. Larsen, E. S. Quarz als geologisches Thermometer. – Z. Anorg. Chem., 68, H. 4, 1910, 338–369.

Schlagwortverzeichnis

Autoren

Drescher-Kaden, Aplitische Gänge

Durch ein Versehen ist die Abbildung 17 auf Seite 24 unvollständig und seitenverkehrt gedruckt worden.
Wir bitten den Fehler zu entschuldigen und diese richtige Abbildung einzukleben.

Der Verlag

Zu Seite 24

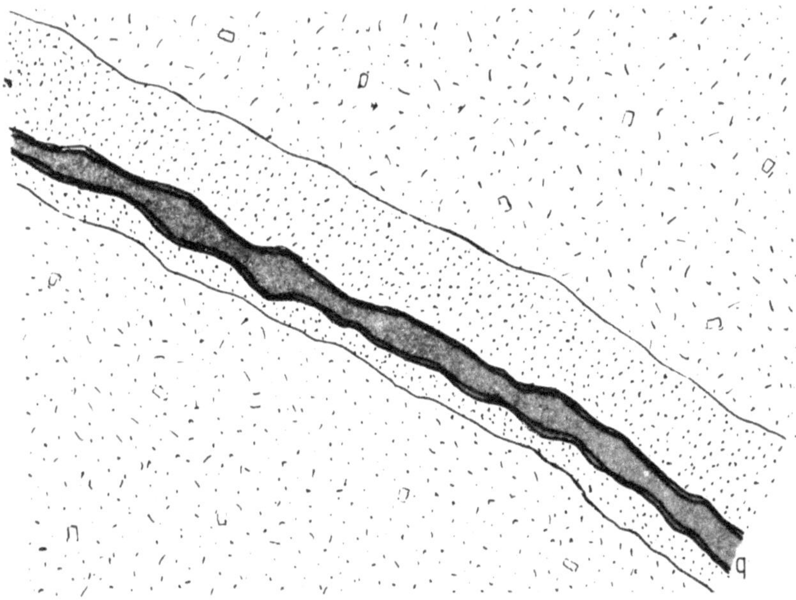

MIX
Papier | Fördert gute Waldnutzung
FSC® C083411

Kolibri 360 GmbH
Ferdinand-Jühlke-Straße 7
99095 Erfurt, Deutschland
produktsicherheit@kolibri360.de

Dr. Michael Greger
Das HOW NOT TO DIET Kochbuch

DAS HOW NOT KOCHBUCH

DR. MICHAEL GREGER

MEHR ALS 100 REZEPTE FÜR GESUNDEN UND DAUERHAFTEN GEWICHTSVERLUST

REZEPTE VON *Robin Robertson*

Übersetzung aus dem amerikanischen Englisch von Julia Augustin

TO DIET

Weitere Titel des Autors:
How Not to Diet. Gesund abnehmen und dauerhaft schlank bleiben dank neuester wissenschaftlich bewiesener Erkenntnisse

Auch als E-Book und als Hörbuch erhältlich.

In diesem Buch vertritt der Autor seine eigenen Meinungen und Ideen. Er behandelt sein Thema allgemein und will damit eine Hilfestellung leisten. Auf keinen Fall ersetzt dieses Buch den professionellen Rat Ihres Arztes/Ihrer Ärztin oder anderer Gesundheitsexpert:innen hinsichtlich Ihrer persönlichen Erkrankungen, Symptome oder gesundheitlichen Anliegen. Wenn Sie individuellen Rat zu Gesundheit, Ernährung, Sport oder auf einem anderen Gebiet benötigen, suchen Sie erfahrene Ärzt:innen und/oder andere Gesundheitsexpert:innen auf. Der Autor, der Herausgeber und der Verlag übernehmen ausdrücklich keine Haftung für Verletzungen, Schäden oder Verluste, die direkt oder indirekt durch das Befolgen jeglicher Anweisungen oder Hinweise in diesem Buch oder durch die Teilnahme an einem der in diesem Buch erwähnten Programme entstehen.

FSC
www.fsc.org
MIX
Papier | Fördert gute Waldnutzung
FSC® C109273

Titel der amerikanischen Originalausgabe:
»The How Not to Diet Cookbook. Over 100 Recipes for Healthy, Permanent Weight Loss«

Fotografien © Antonis Achilleos
Textredaktion: Beate De Salve, Pulheim
Umschlaggestaltung: Manuela Städele-Monverde nach einem Entwuf von Macmillan | Fotos: Jason Gabbert
Einbandmotiv: © artjazz/shutterstock
Satz: two-up, Düsseldorf unter Verwendung einer Vorlage von Alison Lew/Vertigo Design NYC
Gesetzt aus der Sina Nova
Druck und Einband: DRUK-INTRO SA

Printed in Poland
ISBN 978-3-4310-7034-7

6 5 4 3

Sie finden uns im Internet unter luebbe-life.de
Bitte beachten Sie auch: lesejury.de

INHALT

EINFÜHRUNG

Wenn es ein sicheres, einfaches und nebenwirkungsfreies Mittel gegen die Epidemie der Fettleibigkeit gäbe, dann würden wir das inzwischen wohl kennen, oder? Nun, da bin ich mir nicht so sicher. Bis neue Beweise aus der Forschung in der alltäglichen klinischen Praxis ankommen, vergehen durchschnittlich etwa siebzehn Jahre.[1]

Nehmen wir etwa ein Beispiel, das für meine Familie besonders einschneidend war: Herzkrankheiten. Schon vor Jahrzehnten veröffentlichten Dr. Dean Ornish und seine Kollegen in einer der renommiertesten medizinischen Fachzeitschriften der Welt die Beweise dafür, dass sich eine unserer häufigsten Todesursachen allein durch eine Veränderung der Ernährung und Lebensgewohnheiten beseitigen lässt[2] – und dennoch passierte fast nichts.[3] Heute noch sterben Hunderttausende Menschen in den USA jedes Jahr sinnlos an einer Krankheit, die man, wie wir seit Jahrzehnten wissen, aufhalten und heilen kann.

Ich war selbst Zeuge einer solchen Heilung. Meine Großmutter litt an einer Herzkrankheit im Endstadium und wurde von Nathan Pritikin, einem Zeitgenossen von Dr. Ornish, mit ähnlichen Methoden geheilt.

Mit nur fünfundsechzig Jahren und nach einer von vielen Operationen am offenen Herzen gaben die Ärzte sie auf. Doch dank gesunder Ernährung lebte sie noch weitere einunddreißig Jahre bis zum stolzen Alter von sechsundneunzig und konnte diese Zeit mit mir und ihren fünf anderen Enkelkindern genießen.

Wenn die Heilungsmöglichkeiten für die Krankheit, die sowohl bei Männern als auch bei Frauen Todesursache Nummer eins ist, derartig ignoriert werden und einfach in der Versenkung verschwinden, was liegt dann noch in der medizinischen Fachliteratur begraben, das meinen Patientinnen und Patienten helfen könnte, aber nicht lukrativ genug ist, um genügend wirtschaftliches Interesse zu wecken?

Ich habe es mir zu meiner Lebensaufgabe gemacht, das herauszufinden. Deswegen wurde ich Arzt, und deswegen rief ich meine gemeinnützige Webseite *NutritionFacts.org* ins Leben. Sämtliche Informationen auf dieser Webseite sind kostenlos. Es gibt keine Werbung und kein Sponsoring durch Unternehmen. Alles ist strikt nichtkommerziell, nichts wird verkauft. Sämtliche Informationen sollen der Öffentlichkeit dienen und sind ein reiner Liebesdienst – und außerdem eine Hommage an meine Großmutter. Jeden Tag werden dort neue Videos und Artikel über die jüngsten Erkenntnisse der evidenzbasierten Ernährungswissenschaft veröffentlicht.

Was ist denn nun erwiesenermaßen der beste Weg, um *abzunehmen?*

Der »How Not to Diet«-Ansatz

Ich habe die schwachsinnigen Empfehlungen, die von der Diätindustrie verbreitet werden, sprichwörtlich satt. Immer wieder gibt es neue Diätmaschen, die sich auch immer wieder gut verkaufen, weil sie nie etwas bringen. Das gesamte Geschäftsmodell dieses Industriezweigs beruht auf Stammkunden, die stets reumütig wiederkehren, nur um erneut hereingelegt zu werden. Die Abnehmindustrie wird so stark von finanziellen und ideologischen Konflikten beeinflusst, dass Sie nie wissen, wem Sie eigentlich trauen können. Zu oft wird in Diätratgebern eher verwirrt als aufgeklärt. Man zimmert aus einzelnen Fakten irgendeine Theorie zusammen, und alles, was nicht dazu passt, ignoriert man, damit es dem eigenen Interesse dient. Das ist das Gegenteil von Wissenschaft, denn Wissenschaft baut ihre Rückschlüsse auf Beweisen auf, nicht umgekehrt.

Widersprüchliche Anekdötchen interessieren mich nicht, und noch mehr Ernährungsdogmen sind wirklich das Letzte, was wir brauchen. Mich interessiert nur die Wissenschaft. Bei wichtigen Entscheidungen über Leben und Tod, wie zum Beispiel der, wie Sie sich und Ihre Familie ernähren sollten, gibt es meiner Meinung nach nur eine Frage: *Was sagen die besten zurzeit verfügbaren wissenschaftlichen Erkenntnisse?*

Mein Ziel war ein Paradoxon: ein faktenbasiertes Diätbuch. Leider reicht es nicht, sich auf die bereits überprüfte wissenschaftliche Fachliteratur zu verlassen, was auch ein Artikel im *New England Journal of Medicine* unterstreicht: »Falsche und wissenschaftlich nicht belegte Überzeugungen zu Fettleibigkeit sind weitverbreitet«[4] – sogar in medizinischen Fachzeitschriften. Um die Wahrheit herauszufinden, muss man also tief in die Primärliteratur eintauchen und die Originalstudien selbst lesen. Aber wer hat, bitte schön, Zeit für so etwas? Es gibt mehr als eine halbe Million wissenschaftlicher Arbeiten zum Thema Fettleibigkeit, und jeden Tag werden Hunderte neue veröffentlicht. Sogar Wissenschaftlerinnen und Wissenschaftler können wahrscheinlich nur ihr eigenes, eng begrenztes Fachgebiet im Auge behalten. Doch dafür gibt es uns bei *NutritionFacts.org*. Wir kämpfen uns jedes Jahr durch zigtausend Studien, damit Sie und Ihre Ärztinnen und Ärzte es nicht tun müssen.

Ein Diätbuch darüber, nicht Diät zu halten

Diäten funktionieren schon per definitionem nicht. Der Ausdruck »Diät halten« impliziert schließlich, dass man irgendwann mit der Diät wieder aufhört. Doch kurzfristige Lösungen beseitigen keine langfristigen Probleme. Eine dauerhafte Gewichtsregulierung erfordert lebenslange Veränderungen des Lebensstils.

Zuerst einmal muss eine Diät nachhaltig sein. Denken Sie zum Beispiel an Fastenkuren, bei denen Sie nur Wasser trinken dürfen. Keine Diät wirkt besser! Sie funktioniert zu hundert Prozent, bringt Sie aber auch zu hundert Prozent unter die Erde, wenn Sie sich bis zum bitteren Ende daran halten. Damit eine optimale Diät auch langfristig anwendbar ist, muss sie also weitere Bausteine umfassen.

Sie muss nicht nur wirksam und nachhaltig, sondern auch sicher sein. In den 1970er-Jahren fanden Bücher, die für Flüssigproteindiäten warben, reißenden Absatz. Doch diese Diäten hatten eine Nebenwirkung: Sie brachten die Leute um. Sicherheit bedeutet abzunehmen, ohne dafür gesundheitliche Einbußen in Kauf nehmen zu müssen.

Jedes langfristige Ernährungsmuster muss diätetisch vollständig sein und alle essenziellen Vitamine und Mineralstoffe umfassen. Und letztlich sollte die Ernährungsweise, für die Sie sich entscheiden, Ihr Leben verlängern. Zumindest sollte das, was Sie essen, Ihre Lebenserwartung nicht verkürzen, sondern gesund genug sein, um sie zu verlängern. Schließlich nützt es nicht viel, wenn Sie Gewicht verlieren, Ihr Leben jedoch gleich mit.

Während ich mich eingehend mit der medizinischen Fachliteratur beschäftigte, fand ich siebzehn Schlüsselzutaten für eine optimale Ernährung zum Abnehmen und widmete jeder von ihnen ein Kapitel in meinem Buch *How Not to Diet*. Unsere Lebensmittel sollten entzündungshemmend sein und keine industriellen Schadstoffe enthalten, dafür aber wasser- und ballaststoffreich sein. Die ideale Ernährung weist eine geringe Kaloriendichte auf und beinhaltet weder hochglykämische und süchtig machende Inhaltsstoffe noch zusätzliches Fett, Zucker, Salz, Fleisch oder raffiniertes Getreide. Sie sollte einen niedrigen Insulin-Index haben, unsere nützlichen Darmbakterien glücklich machen, besonders sättigend und reich an Obst, Gemüse und Hülsenfrüchten sein. Wir täten gut daran, echte Lebensmittel zu essen, die aus der Erde wachsen – natürliche Dinge, die von Feldern und aus Gärten, nicht aus Fabriken stammen; Lebensmittel, die kein verarbeiteter Müll, sondern vollwertig und pflanzlich sind.

Es ist wissenschaftlich nachgewiesen, dass die gesündeste Ernährung auch die wirksamste ist, um abzunehmen. Eine vollwertige, pflanzenbasierte Ernährung reduziert das Gewicht am effektivsten, wie eine randomisierte, kontrollierte Studie nachwies, die ohne Portionskontrolle, Kalorienzählen und zusätzlichen Sport auskam. Es ist die wirksamste Methode, die es je gab.[5]

Doch das reichte mir nicht. Die zweite Hälfte von *How Not to Diet* widmete ich all den Hilfsmitteln, die ich bei meinen Forschungen zutage gefördert hatte; Hilfsmitteln, die den Gewichtsverlust *noch verstärken* und auch den letzten hartnäckigen Kilos an den Kragen gehen.

In der ersten Hälfte des Buches geht es darum, dass eine Kalorie nicht gleich eine Kalorie ist. Einhundert Kichererbsenkalorien wirken im Körper anders als einhundert Hühnchen- oder Kaugummikalorien. Sie beeinflussen Faktoren wie Absorption, Appetit und Mikrobiom auf unterschiedliche Weise.

In der zweiten Hälfte ging ich noch einen Schritt weiter und erklärte, wie sogar exakt dieselben Lebensmittel unterschiedliche Auswirkungen haben können. Es geht nicht nur darum, *was* wir essen, sondern auch darum, *wie* und *wann* wir es tun.

Der Rat, der die von mir empfohlenen Abnehm-Booster wohl am besten zusammenfasst, ist, *Kalorien abzublocken*. Tierische Zellen sind von leicht verdaulichen Zellmembranen umgeben. Das macht es den Enzymen in unserem Verdauungstrakt recht leicht, die Kalorien, beispielsweise aus einem Steak, herauszulösen. Pflanzenzellen hingegen haben Zellwände, die aus Ballaststoffen bestehen und eine unverdauliche physikalische Barriere bilden. Dadurch bleiben viele Kalorien in den Zellwänden eingeschlossen. Bei verarbeiteten pflanzlichen Lebensmitteln wie Fruchtsäften, Zucker, raffiniertem Getreide und sogar Vollkorngetreide, das zu Mehl vermahlen wurde, wird diese Zellstruktur zerstört, und die Zellwände werden aufgebrochen. Die Kalorien stehen dadurch völlig frei zur Verfügung. Wenn Sie strukturell intakte pflanzliche Lebensmittel essen, können Sie kauen, so lange Sie wollen – es gibt immer noch Kalorien, die komplett in den Ballaststoffen hängen bleiben. Die Ballaststoffe dämpfen die glykämische Wirkung, aktivieren die sogenannte Ileum-Bremse, die den Appetit zügelt, und versorgen unsere nützliche Darmflora mit Futter.

Sorgen Sie also dafür, dass so viele Kalorien wie möglich – egal ob sie nun von Proteinen, Kohlenhydraten oder Fetten stammen – in solchen Zellwänden eingeschlossen sind. Der Großteil Ihrer Kalorien sollte aus vollwertigen, intakten pflanzlichen Lebensmitteln stammen.

Ich nahm dieses Projekt mit der Absicht in Angriff, die besten wissenschaftlichen Erkenntnisse so knapp wie möglich zusammenzufassen. Zu meiner großen Freude entdeckte ich dabei aber auch jede Menge neue Möglichkeiten. Wir konnten einen wahren Schatz vergrabener Daten bergen. So fanden wir beispielsweise einfache Gewürze, die sich in randomisierten Doppelblindstudien als äußerst preiswerte Abnehmbeschleuniger erwiesen. Bei einer so kleinen Gewinnspanne ist es kein Wunder, dass diese Studien nie das Licht der Welt erblickten.

Ich ging sogar über die gegenwärtige Beweislage hinaus und schlug eine neue Methode zum Abbau von Körperfett vor. Sie lässt sich ebenfalls nicht zu Geld machen, doch der einzige Gewinn, der für mich zählt, ist Ihre Gesundheit.

Die wirksamste Ernährungsweise zum Abnehmen ist übrigens gleichzeitig auch die einzige, die *jemals* nachweislich zur Heilung von Herzkrankheiten bei der Mehrzahl von Patientinnen und Patienten führte[6] – zu denen auch meine geliebte Großmutter gehörte.

Wenn allein eine pflanzenbasierte Ernährung es schafft, die Todesursache Nummer eins bei Männern und Frauen umzukehren, sollte sie dann nicht die Standardernährung sein, bis das Gegenteil bewiesen ist? Die Tatsache, dass sie sich ebenfalls als wirkungsvoll bei der Behandlung, dem Aufhalten und sogar der Heilung anderer führender Todesursachen erwiesen hat, wie zum Beispiel Typ-2-Diabetes[7] und Bluthochdruck, sollte noch ein weiteres gewichtiges Argument sein, das für sie spricht.

Bisher wurde nur bei einer einzigen Ernährungsform nachgewiesen, dass sie all das kann – und zwar bei der, die sich auf vollwertige pflanzliche Lebensmittel konzentriert.

Um abzunehmen, müssen Sie nicht Ihre Gesundheit aufs Spiel setzen. Die gesündeste Ernährung ist auch die, mit der Sie am effektivsten abnehmen; schließlich erfordert eine Gewichtsabnahme eine dauerhafte Ernährungsumstellung. Gesündere Lebensgewohnheiten müssen zu einem neuen Lebensmodell werden. Wenn es das ganze Leben lang wirken soll, müssen Sie es auch Ihr Leben lang durchziehen. Glücklicherweise ist die Ernährungsweise, mit der Sie aus wissenschaftlicher Sicht am besten abnehmen, auch die sicherste und erschwinglichste für ein langes und gesundes Leben.

Ich spende hundert Prozent dessen, was ich durch den Verkauf meiner Bücher erwirtschafte, an gemeinnützige Zwecke – also alles, was ich mit diesem Kochbuch, *How Not to Diet* und meinem Bestseller *How Not to Die*, in dem ich die fünfzehn häufigsten Todesursachen erörtere und mein *Tägliches Dutzend* vorstelle, verdiene. Der Verkauf meiner Bücher bringt mir nicht einen Penny ein, aber dafür etwas viel Wertvolleres, nämlich die erfüllende Gewissheit, mit diesen lebensverändernden und -rettenden Informationen unzähligen Menschen helfen zu können.

Ich hoffe, dass das *How Not to Diet Kochbuch* Sie zum Kochen köstlicher, gesunder und nachhaltiger Mahlzeiten für Sie und Ihre Familie inspiriert. Jedes Rezept in diesem Buch schöpft sein gewichtsreduzierendes Potenzial voll aus, ohne dabei auf Geschmack oder Sättigung zu verzichten.

Und damit nicht genug – jedes Gericht steckt randvoll mit genau jenen Lebensmitteln, die bei der Prävention, der Bekämpfung und der Umkehr der fünfzehn häufigsten Todesursachen eine entscheidende Rolle spielen. Also ab in die Küche mit Ihnen! Kochen Sie, als ob Ihr Leben davon abhinge – denn das tut es wahrscheinlich.

Siebzehn Zutaten für eine optimale Ernährung zum Abnehmen

Anfangs wollte ich *How Not to Diet* in Kapitel aufteilen, von denen sich jedes mit einer der zurzeit führenden und beliebtesten Diäten auseinandersetzen sollte. Mir wurde aber schnell klar, dass ich damit nur endlos »Hau den Maulwurf« spielen würde. Ich bin Mitglied des »*U.S. News & World Report* Best Diets«-Expertengremiums, das mit der Einschätzung Dutzender Trenddiäten nach festgelegten Kriterien betraut ist. Daher weiß ich aus erster Hand, wie viele neue Diäten jedes Jahr wie Pilze aus dem Boden schießen. Ich wollte nicht, dass mein Buch schon überholt ist, bevor es überhaupt erscheint.

Statt also nur zu reagieren und für Dr. Quack-

	ENTZÜNDUNGSHEMMEND	CLEAN	↑ BALLASTSTOFFE	↑ WASSER	↓ GLYKÄMISCHE LAST	↓ SÜCHTIG MACHEND	↓ FETT	↓ ZUCKER	↓ KALORIENDICHTE	↓ FLEISCH	↓ RAFFINIERTES GETREIDE	↓ SALZ	↓ INSULIN	↑ MIKROBIOM	↑ OBST & GEMÜSE	↑ HÜLSENFRÜCHTE	SÄTTIGUNGSGEFÜHL

salbers *Neue Heute-in-morgen-out-Wunderdiät (jetzt mit extra viel Glitzerfeenstaub!)* Papier zu verschwenden, entschied ich mich für eine zeitlose, proaktivere Herangehensweise, nämlich die Entwicklung eines optimalen Ernährungsprogramms. Ich versuchte auf Basis der überzeugendsten wissenschaftlichen Erkenntnisse, die mein Forschungsteam und ich finden konnten, eine Liste der Ernährungskriterien und -komponenten zusammenzustellen, mit denen man am effektivsten abnimmt – sozusagen eine Liste der besten Zutaten.

Aus dieser Forschungsarbeit entstand eine Übersicht der entscheidenden siebzehn Zutaten für das ideale Abnehmprogramm. Mit diesen Bausteinen lässt sich eine ganze Menge an Ernährungsveränderungen zusammenstellen, mit denen Sie überschüssiges Körperfett an verschiedenen Fronten bekämpfen können. Darüber hinaus erhalten Sie eine Vorlage, mit der Sie jede neue Diät überprüfen können, die Ihnen vor die Füße fällt.

Meine oberste Priorität als Arzt ist es, Menschen gesund zu machen (und diesen Status zu erhalten). Aber wenn man die Leute fragt, warum sie Diät halten wollen, kommt die Antwort »Für meine Gesundheit« verstörenderweise oft zuletzt.[8] Menschen, die eine Diät machen, wollen Pfunde schmelzen sehen.

Also wurde das zu meiner Aufgabe. Wenn ich das ideale Abnehmprogramm entwickeln müsste, wie würde es aussehen? Mein Forschungsteam und ich stürzten uns kopfüber in die fast fünfhunderttausend veröffentlichten englischsprachigen Studien, die es in der medizinischen Fachliteratur zur Gewichtsregulierung gibt. Dabei stießen wir auf einige Überraschungen.

Auf den folgenden Seiten stelle ich Ihnen meine Liste der siebzehn Schlüsselzutaten vor – die Ernährungskomponenten für das wirkungsvollste Ernährungsprogramm zum Abnehmen.

Auf Seite 11 finden Sie diese siebzehn Komponenten in Form eines Arbeitsblatts.

In die erste leere Spalte können Sie eine bestimmte Diät, eine Mahlzeit oder einfach nur ein bestimmtes Lebensmittel schreiben. Versuchen Sie es doch einmal mit einigen der Diäten, von denen Sie bisher gehört haben. Welches Ergebnis erzielen sie? Wie viele Felder können Sie abhaken? Eine Paleo-Diät bekommt auf jeden Fall ein Häkchen für »Obst & Gemüse«, nicht aber für »Hülsenfrüchte«.

Schauen Sie sich bei Ihrem nächsten Abendessen an, wie viele Felder beziehungsweise Kriterien es erfüllt. Wie Sie sich vorstellen können, wird sich eine typische Fast-Food-Mahlzeit als Rohrkrepierer herausstellen – null von siebzehn Punkten. Ein gesundes mediterranes Gericht hingegen bekommt dank seines hohen Gemüseanteils vielleicht elf oder mehr Punkte. Ein traditioneller mediterraner Gemüseeintopf ist zum Beispiel entzündungshemmend, weit unten in der Nahrungskette angesiedelt und reich an Ballaststoffen, Wasser und Gemüse, hat eine geringe glykämische Last sowie einen niedrigen Insulinindex, ist frei von süchtig machenden ultraverarbeiteten Lebensmitteln und könnte wenig zusätzliches Fett, Zucker, Fleisch, Salz und raffiniertes Getreide enthalten. Die Bohnen bringen Ihnen ein Häkchen bei Hülsenfrüchten und Mikrobiom ein. Noch dazu sind solche Eintöpfe besonders sättigend und haben eine niedrige Kaloriendichte. Dieser eine Eintopf würde Ihnen im Idealfall ein Häkchen bei allen siebzehn Zutaten für eine optimale Gewichtsabnahme erlauben.

Essen Sie ihn allerdings mit Brot, das Sie in Olivenöl tunken, können Sie kein Häkchen mehr bei der glykämischen Last und dem Insulinindex setzen, auch nicht mehr bei zusätzlichem Fett, raffiniertem Getreide und Salz. Dennoch wäre diese Mahlzeit um ein Vielfaches gesünder als das, was die meisten Menschen sonst häufig essen.

Jede Mahlzeit ist eine neue Gelegenheit, so viele Felder wie möglich abzuhaken. Stellen Sie sich vor, Sie lesen gerade die Speisekarte eines Restaurants, das chinesisches Essen liefert. Einige Gerichte, wie zum Beispiel »General Tsos Hühnchen« – in Teig frittierte Hühnerteile mit einer zuckerreichen süß-sauren Soße und weißem Reis –, erfüllen vermutlich keines der siebzehn Abnehmkriterien. Bei einem Gericht aus der Gemüsespalte wie »Brokkoli mit Knoblauchsoße« könnten Sie jedoch mindestens die Hälfte abhaken. Wenn Sie sich bei einem mexikanischen Schnellimbiss eine »Bohnen-Burrito-Salat-Bowl« bestellen, können Sie die meisten Kriterien abhaken – vor allem, wenn Sie auf den weißen Reis verzichten. Doch nichts ist besser als die volle Kontrolle, die Sie über Ihre Mahlzeiten haben, wenn Sie sie zu Hause zubereiten, ohne Salz, Zucker oder Fett hinzuzugeben.

Stellen wir uns die optimale Ernährung zum Abnehmen einmal auf Grundlage unserer Lebensmittel vor: Wir können uns eine ideale Mahlzeit zusammenstellen, indem wir einfach verschiedene Lebensmittel einschätzen. Je mehr Kriterien sie erfüllen, desto gesünder und besser sind sie. Ganz oben auf der Liste ständen zahlreiche Obst- und Gemüsesorten mit sechzehn von siebzehn Häkchen. Meiner Einschätzung nach würden es Hülsenfrüchte, Vollkorngetreide sowie Nüsse und Samen auf fünfzehn beziehungsweise vierzehn und dreizehn Häkchen bringen. Raffiniertes Getreide und tierische Produkte hingegen würden weit abgeschlagen im einstelligen Bereich liegen. Ultraverarbeitete fett- und zuckerreiche Snacks bekämen vermutlich nur ein oder zwei Häkchen, und ein Produkt, das beides ist, wie zum Beispiel Ferrero-Milchschnitte, ginge völlig leer aus. Beachten Sie aber, dass einige dieser Kriterien viel wichtiger sind als andere. Während zum Beispiel entzündungshemmende Lebensmittel eher von theoretischem Wert sind, gibt es mehrere randomisierte kontrollierte Studien, die belegen, wie hilfreich eine verringerte Kaloriendichte ist. Lesen Sie *How Not to Diet*, und entscheiden Sie selbst, welche der siebzehn Zutaten Sie am überzeugendsten finden und am einfachsten in Ihren Alltag einbauen können.

Sie alle begünstigen den Gewichtsverlust unterschiedlich stark. Schon allein der Verzicht auf zusätzlichen Zucker könnte bei Ihnen die Pfunde schmelzen lassen, ohne dass Sie irgendwelche anderen Veränderungen Ihrer Ernährungsweise vornehmen.

Und jetzt stellen Sie sich vor, was passiert, wenn Sie alle Kriterien zusammen befolgen!

Ernährung nach dem *Täglichen Dutzend*

How Not to Die enthält eine Zusammenstellung der gesündesten »Grünes-Licht-Lebensmittel«. Das sind pflanzliche Lebensmittel, denen nichts Schlechtes hinzugefügt und nichts Gutes entnommen wurde. Diese Zusammenstellung nenne ich das *Tägliche Dutzend*. Sie umfasst die zwölf Lebensmittel, die Teil Ihres Ernährungsalltags werden sollten. Es gibt sogar eine kostenlose App für iPhone und Android dafür: *Dr. Greger's Daily Dozen*. So können Sie versuchen, jeden Tag alle zwölf Häkchen zu setzen, und über einen langen Zeitraum nachverfolgen, welche Fortschritte Sie erzielen.

Zu viel Essen, zu wenig Kalorien

Je mehr Feedback ich von den Menschen erhielt, die die App verwendeten, desto deutlicher kristallisierten sich zwei Beschwerdepunkte heraus. Der erste lautete, es sei einfach zu viel Essen – so viel könne man an einem Tag unmöglich verdrücken. Meine Antwort darauf lautete, dass das *Tägliche Dutzend* ein angestrebtes Ziel darstellen soll. Es ist nur ein Hilfsmittel, um die Leute zu inspirieren, einige der gesündesten Lebensmittel in ihren täglichen Speiseplan einzubauen.

Die große Menge der von mir »verschriebenen« Lebensmittel war allerdings beabsichtigt: Wenn ich die Leute aufforderte, richtig viel Gesundes zu essen, so meine Hoffnung, würde es in ihrem Magen nicht mehr viel Platz für weniger gesunde Dinge geben. Wer an einem Tag alle vierundzwanzig Portionen des *Täglichen Dutzends* abhakt, kann nicht mehr viel Salami-Pizza hinterherschieben.

Ironischerweise lautete die zweite große Beschwerde, dass all diese Lebensmittel nicht genug Kalorien enthielten. Also musste ich erklären, dass das *Tägliche Dutzend* nur das Minimum der gesunden Dinge umfasst, zu deren Verzehr ich rate, nicht das Maximum. Leistungssportlerinnen und -sportler im Training benötigen zweifelsohne Tausende Kalorien mehr und müssen deshalb auch viel mehr davon essen.

All dies brachte mich zum Nachdenken. *Zu viel Essen, aber zu wenig Kalorien?* Hört sich nach dem perfekten Abnehmprogramm an!

Das *Tägliche Dutzend* besteht ausschließlich aus »grünen« und vollwertigen pflanzlichen Lebensmitteln, also sind damit auch alle siebzehn Zutaten für die ideale Ernährung zum Abnehmen auf Seite 11 abgedeckt. Und der Kaloriengehalt? Eine systematische Überprüfung erfolgreicher Strategien zum Gewichtsverlust schlussfolgerte, dass Frauen aufgrund der mit einem Gewichtsverlust einhergehenden Verlangsamung des Stoffwechsels und des erhöhten Appetits am Tag nicht mehr als tausendzweihundert und Männer nicht mehr als tausendfünfhundert Kalorien aufnehmen sollten, um wirklich deutlich abzunehmen.[9] Also erstellte ich eine Tabelle und probierte in jeder Kategorie ein paar häufige Lebensmittel aus. Und siehe da: Entscheidet man sich für ein paar »grüne« Lebensmittel mit einem etwas höheren Kaloriengehalt, kommt man(n) auf genau tausendfünfhundert Kalorien.

Grünes Licht fürs Abnehmen

Was ist der Unterschied zwischen meinen »Grünes-Licht-Lebensmittel«-Empfehlungen in *How Not to Die* und denen zum Abblocken von Kalorien in *How Not to Diet*, die dafür sorgen sollen, dass Proteine, Kohlenhydrate und Fette in den Zellwänden eingeschlossen bleiben? Schließlich haben ja nur Pflanzen richtige Zellwände. (Tiere bestehen aus Zellen mit flüssigen Membranen und brauchen ein stützendes Knochengerüst, während Pflanzen feste Zellwände aus Ballaststoffen haben.) Bedeutet das Abblocken von Kalorien nicht dasselbe wie eine vollwertige, pflanzenbasierte Ernährung?

Der Unterschied macht sich erst bei bestimmten »formlosen« Lebensmitteln bemerkbar, wie zum Beispiel Vollkornmehl. Denken Sie beispielsweise an Grießbrei mit nur einer Zutat: Vollkornweizengrieß – oder an Mandelmus, das ebenfalls aus nur einer Zutat besteht: Mandeln. Bei beiden würde die Lebensmittelampel doch auf Grün stehen, oder? Schließlich sind es pflanzliche Lebensmittel, denen nichts Schlechtes hinzugefügt und nichts Gutes entnommen wurde. Doch jetzt wissen wir, dass diesen Lebensmitteln durchaus etwas Gutes genommen wurde: ihre Zellstruktur.

Vollkorngetreide ist gut, aber intaktes Vollkorngetreide in Form von Körnern ist besser. Walter Willett, der frühere Leiter des Instituts für Ernährungswissenschaft an der Harvard School of Public Health, plädierte sogar dafür, dass die Bezeichnung *Vollkorn* nur für ganze, intakte Vollkornkörner gelten solle.[10] Essen Sie also möglichst nur das vollwertigste Getreide: intakte Körner oder Körnerschrot.

Nehmen wir zum Beispiel Haferflocken: Auf dem Feld sind es noch Haferkörner, deren unverdauliche äußere Hülle später bei der Verarbeitung entfernt wird.[11] Für Haferschrot werden sie einfach entspelzt und grob gehackt, für Hafergrütze noch stärker zerkleinert. Für kernige

Haferflocken werden ganze Haferkörner weich gedämpft und gewalzt.[12] Für zarte Haferflocken werden die Haferkörner erst zu Grütze zerkleinert und dann zu dünnen Kleinblattflocken gewalzt.[13] Am stärksten verarbeitet ist Hafermehl, das oft eine Grundzutat von Frühstückszerealien ist. Statt abgepackte Zerealien zu kaufen, bereiten Sie sich lieber eine Hafergrütze aus vollwertigen, intakten Haferkörnern zu – einfach kernig gut!

Wegen all der neuen wissenschaftlichen Daten, die zeigen, welche Bedeutung die Form von Lebensmitteln hat, ist mir der Appetit auf Mehl vergangen. Deshalb empfehle ich auch, nicht allein von Brot zu leben. Die neue Struktur, die beim Herstellen von Pasta entsteht, kann diese Wirkung allerdings ausgleichen, also müssen Sie nicht »Basta mit Pasta« sagen.

Mit dem *Täglichen Dutzend* optimal abnehmen

Ein typisches Frühstück mit Grünes-Licht-Lebensmitteln, bei dem Sie gleich mehrere Punkte auf der Liste des *Täglichen Dutzend* abhaken könnten, wäre eine große Schüssel Haferbrei mit Rosinen. Nach dem, was wir in den Abschnitten »Geringe Kaloriendichte«, »Viele wasserreiche Lebensmittel«, »Essgeschwindigkeit« und »Kalorien abblocken« in *How Not to Diet* gelernt haben, können wir diese Mahlzeit diättauglich machen, indem wir statt normaler oder Instant-Haferflocken Haferschrot oder ganze Haferkörner verwenden und einen dicken Brei daraus kochen. Statt getrockneten geben wir zum Süßen lieber frische Früchte hinzu, indem wir die Rosinen zum Beispiel durch Erdbeeren ersetzen. Wenn wir doch lieber Trockenobst verwenden möchten, wären Berberitzen oder Gojibeeren eine gute Wahl, nachzulesen in den Abschnitten »AMP-aktivierte Proteinkinase« und »Entzündungslöscher«.

Dr. Gregers Tägliches Dutzend

- ✓✓✓ BOHNEN
- ✓ BEEREN
- ✓✓✓ ANDERES OBST
- ✓ KREUZBLÜTLERGEMÜSE
- ✓✓ GRÜNES BLATTGEMÜSE
- ✓✓ ANDERES GEMÜSE
- ✓ LEINSAMEN
- ✓ NÜSSE UND SAMEN
- ✓ KRÄUTER UND GEWÜRZE
- ✓✓✓ VOLLKORNGETREIDE
- ✓✓✓✓✓ GETRÄNKE
- ✓ SPORT

Hier sehen Sie das *Tägliche Dutzend* und die Menge der Portionen, die ich für jedes einzelne Lebensmittel empfehle. *Auf der Rückseite finden Sie Dr. Gregers 21 Kniffe.* Diese Listen hatte ich jahrelang am Kühlschrank hängen. Schneiden Sie sie sich aus oder kopieren Sie sie, und tun Sie das Gleiche wie ich. Es ist auch praktisch, *Dr. Gregers Tägliches Dutzend* zum Einkaufen mitzunehmen, um nur die gesündesten Lebensmittel in den Einkaufskorb zu packen. Versuchen Sie, sich bestmöglich daran zu halten, aber machen Sie sich nicht verrückt. Wenn ich viel reise, erreiche auch ich manchmal nur ein Viertel meiner Ernährungsziele. Ich versuche dann, das am nächsten Tag wieder auszugleichen. Sie sollten dasselbe tun: Wenn an einem Tag nur wenige dieser Lebensmittel auf Ihrem Teller landen, gönnen Sie sich am nächsten umso mehr davon!

Dr. Gregers 21 Kniffe

BEI JEDER MAHLZEIT

- ✓✓✓ VORAB WASSER TRINKEN
- ✓✓✓ VORAB »NEGATIVE KALORIEN« ESSEN
- ✓✓✓ ESSIG HINZUFÜGEN (2 TL PRO MAHLZEIT)
- ✓✓✓ UNGESTÖRT ESSEN
- ✓✓✓ DIE ZWANZIG-MINUTEN-REGEL EINHALTEN

JEDEN TAG

IHRE TÄGLICHE DOSIS

- ✓ SCHWARZKÜMMEL (¼ TL)
- ✓ KNOBLAUCHPULVER (¼ TL)
- ✓ GEMAHLENER INGWER (1 TL) oder CAYENNEPFEFFER (½ TL)
- ✓ NÄHRHEFE (2 TL)
- ✓ KREUZKÜMMEL (½ TL ZUM MITTAG- UND ABENDESSEN)
- ✓ GRÜNER TEE (3 TASSEN)
- ✓ GENUG TRINKEN
- ✓ WENIGER MEHL ESSEN
- ✓ KALORIEN FRÜH AM TAG ESSEN
- ✓ VOR DEM ESSEN EINEN ZEITRAHMEN SETZEN
- ✓ ZUR RICHTIGEN ZEIT TRAINIEREN
- ✓✓ ZWEIMAL AM TAG WIEGEN
- ✓✓✓ VORSÄTZE EINHALTEN

JEDE NACHT

- ✓ NACH 19 UHR NICHTS MEHR ESSEN
- ✓ GENUG SCHLAFEN
- ✓ SANFTES TRENDELENBURG AUSPROBIEREN

Beim Gemüse sollten Sie sich für das entscheiden, was über der Erde wächst und am meisten Wasser enthält. Paprika beinhaltet Nikotin, wie ich im Abschnitt »AMP-aktivierte Proteinkinase« besprochen habe, und rohes Gemüse sorgt generell für eine höhere orosensorische Stimulation. Wenn Sie doch etwas wollen, was unterirdisch gewachsen ist, greifen Sie wegen der glykämischen Last lieber zu Süß- als zu normalen Kartoffeln. Essen Sie auf jeden Fall verschiedene Dinge, und nutzen Sie den uns angeborenen Drang zur Abwechslung. Da Gemüse die gesündeste Klasse von Lebensmitteln mit der geringsten Kaloriendichte ist, essen Sie es am besten zu Beginn Ihrer Mahlzeiten.

Im Abschnitt »Appetitunterdrückung« finden Sie ein weiteres Argument dafür, dass Sie gemahlene Leinsamen zu einem Teil Ihrer täglichen Ernährung machen sollten. Nüsse und Samen sind eine großartige Ergänzung zu Gemüse, weil sie die Aufnahme fettlöslicher Nährstoffe fördern. Allerdings sollten Sie sie lieber roh und im Ganzen oder grob gehackt essen, nicht als Mus. Das soll nicht heißen, dass Mandelmus oder Tahini ungesund sind, doch wenn Sie schneller abnehmen wollen, sind ganze Nüsse und Samen einfach besser geeignet.

Einundzwanzig Kniffe für einen schnelleren Gewichtsverlust

Eine vollwertige, rein pflanzliche, gesunde Ernährung bietet maximalen Nährwert bei minimalen Kalorien und ist somit die beste Methode zur Gewichtsregulierung. Eine solche Ernährung erfüllt die meisten Kriterien einer optimalen Diät und ist das bewährteste Rezept mit den idealen Zutaten zum Abnehmen. Warum endete *How Not to Diet* dann nicht an diesem Punkt?

Sich gesund zu ernähren sollte im Grunde ausreichen. Fettleibige, die sich in einer randomisierten Studie zu Hause pflanzenbasiert ernähren sollten, verloren pro Woche fast sechzehn Kubikzentimeter tief liegendes viszerales Bauchfett.[14] Wenn Sie anfangen, echte Lebensmittel zu essen, die aus der Erde wachsen, purzeln die Pfunde von ganz allein und Sie erreichen Ihr Idealgewicht. Der BMI einer durchschnittlichen Person, die sich rein pflanzlich ernährt, liegt so ziemlich im perfekten Bereich,[15] aber die Statistik zeigt eine Glockenkurve. Auch wenn der Durchschnitt sein Ziel erreicht, fallen einige Leute dennoch in den rechten oder linken Bereich der Kurve.

Aus diesem Grund wollte ich Ihnen eine Reihe von Werkzeugen an die Hand geben, mit denen Sie deutlich abnehmen und auch den hartnäckigsten Pfunden zu Leibe rücken können, und darum enthielten die Kapitel in *How Not to Die*, die sich mit den häufigsten tödlichen Krankheiten befassen, auch mehr als nur die vier Wörter »Essen Sie mehr Pflanzen«. Ja, wer sich voll und ganz darauf einlässt, hat beispielsweise im Durchschnitt perfekte Blutdruck- und Cholesterinwerte. Doch für den Fall, dass Sie alles richtig machen und Ihre Werte trotzdem nicht im optimalen Bereich liegen, wollte ich sämtliche Ernährungstricks durchgehen, mit denen Sie Ihre Gesundheit weiter optimieren können. Mit deren Hilfe konnten Sie sich die Lebensmittel zusammenstellen, die bei Ihrer spezifischen Krankheit helfen.

Mein Ziel ist es, Ihnen ein ganzes Arsenal an Werkzeugen für den Kampf gegen das Fett zur Verfügung zu stellen.

Eine durchschnittliche, sich rein pflanzlich ernährende Person hat einen idealen BMI, was natürlich ein großartiger Anreiz ist, sich auch weiterhin so zu ernähren. Doch wenn Sie dieses Ziel nicht erreichen können oder schneller erreichen wollen? Gibt es Pflanzen, die sich besonders dafür eignen? Keinen werbewirksamen fettkillenden »Durchbruch« aus der Regenbogenpresse, der auf Reagenzglasdaten oder Versuchen mit Mäusen basiert, sondern objektive Ergebnisse aus wissenschaftlichen Studien?

Ja, Interventionsstudien zeigen, dass es bestimmte Lebensmittel gibt, die mehr Fett verbrennen, den Appetit zügeln, den Stoffwechsel ankurbeln, die Kalorienabsorption blockieren und tatsächlich mehr Kalorien verschwinden lassen, als sie liefern. Und auch die Situation, in der wir essen, ist wichtig. Verzehren wir dieselbe Kalorienmenge zu einer anderen Tageszeit, in anderer Reihenfolge oder nach einer anderen Schlafdauer, führt das zu einer unterschiedlichen Körperfettmenge. Unterschiedliche Formen des exakt gleichen Essens machen unterschiedlich dick. Isst man bestimmte Lebensmittel einzeln, wirken sie sich anders aus als kombiniert.

Am wichtigsten ist natürlich, was wir essen. Doch es hat auch einen Einfluss, wie wir es essen. Sogar identische Lebensmittel, die auf unterschiedliche Weise gegessen werden, zeigen verschiedene Wirkung.

Wichtig ist, dass diese Tricks und Kniffe eine gesunde, lebenslang befolgte Ernährungsweise unterstützen, nicht ersetzen. Wer Fettleibigkeit bekämpfen will, muss die Ursache angehen: die sie verursachenden Ernährungsgewohnheiten. Meine Abnehm-Booster sind für all jene, die jede zusätzliche Hilfe möchten, die sie bekommen können.

Die aufgemöbelte Daily-Dozen-App

Meine kostenlose App *Dr. Greger's Daily Dozen*, die kurz nach der Veröffentlichung von *How Not to Die* herauskam, wurde schnell so beliebt, dass ich beschloss, sie mit neuen *How-not-to-Diet*-Funktionen aufzumöbeln. Also habe ich all diese Kniffe in das *Tägliche Dutzend* integriert, damit die App Sie auch beim Abnehmen unterstützt. Jetzt können Sie nicht nur Ihre Fortschritte mit dem *Täglichen Dutzend* nachvollziehen, die Ihnen Tag für Tag und Monat für Monat grafisch dargestellt werden, sondern Sie haben auch eine Checkliste mit den Abnehm-Boostern aus *How not to Diet*, die Sie im Laufe des Tages abarbeiten können. Mit dieser neuen, erweiterten Version der App können Sie Ihr Gewicht kontrollieren und ein Spiel daraus machen, wie viele der neuen Fettkiller Sie neben dem *Täglichen Dutzend* an jedem Tag abhaken können.

Trickkiste

Einige der Abnehm-Booster sind bereits automatisch im *Täglichen Dutzend* enthalten. Fettblockende Thylakoide und Kalzium werden zum Beispiel schon mit meiner Empfehlung abgedeckt, viel grünes Blattgemüse mit niedrigem Oxalatgehalt zu essen. Für die anderen habe ich meine »Einundzwanzig Kniffe« entwickelt. Sie sind quasi die Essenz der Booster, in einer einfachen Liste zusammengefasst.

Sie werden bemerken, dass nicht alle Strategien aus Teil IV von *How Not to Diet* Teil dieser Aufzählung sind. Nicht alles ist für alle. Die Aufforderung, Stepper und ergonomische Fußschaukeln zu benutzen oder während langer Sitzperioden mit den Knien zu wippen, richtet sich nur an diejenigen, die am Schreibtisch arbeiten. Wieder andere Booster könnten für den allgemeinen Gebrauch zu riskant sein. Während beispielsweise das modifizierte 25:5-Fasten vielversprechend ist, sollten Sie ohne ärztliche Aufsicht nicht länger als vierundzwanzig Stunden weniger als tausend Kalorien pro Tag aufnehmen.[16] Und dann gibt es da noch die Optionen, die theoretisch gut klingen, aber noch nicht ausreichend in klinischen Studien überprüft wurden, wie zum Beispiel die Wirkung von Pistazien auf die circadiane Synchronisierung oder das Einrühren von Pfefferminzöl in Handlotionen, um das braune Fettgewebe zu aktivieren.

Hier kommen sie also, die Strategien, die es auf die Liste geschafft haben – allgemein anwendbar, relativ sicher und auf Fakten gestützt. Wie viele können Sie in Ihren Alltag integrieren?

Bei jeder Mahlzeit

VORAB WASSER TRINKEN

Kurbeln Sie Ihren Stoffwechsel an, indem Sie vor jeder Mahlzeit einen halben Liter kaltes Wasser trinken. Das zügelt auch gleichzeitig Ihren Appetit.

VORAB »NEGATIVE KALORIEN« ESSEN

Beginnen Sie jede Mahlzeit mit einem Apfel, einer Suppe aus »Grünes-Licht«-Zutaten oder einem Salat mit weniger als hundert Kalorien pro kleiner Portion. Alle Suppen und Salate, die dieses Kriterium erfüllen, sind in diesem Buch gekennzeichnet.

ESSIG HINZUFÜGEN (2 TL PRO MAHLZEIT)

Trinken Sie Essig niemals pur. Beträufeln Sie stattdessen Ihre Mahlzeiten damit, oder gönnen Sie sich einen Salat mit einer der vielen süßen oder herzhaften Essigkreationen, die es mittlerweile überall zu kaufen gibt. Wenn Sie ihn doch trinken möchten, rühren Sie ihn in ein Glas Wasser ein und spülen Sie danach unbedingt den Mund aus, um Ihren Zahnschmelz zu schützen.

UNGESTÖRT ESSEN

Essen Sie nicht beim Fernsehen oder während Sie mit Ihrem Handy spielen. Setzen Sie ein Häkchen für jede Mahlzeit, die Sie ohne Ablenkung zu sich nehmen.

DIE ZWANZIG-MINUTEN-REGEL EINHALTEN

Ob Sie nun Dickflüssigeres essen, öfter kauen, weniger auf einmal in den Mund stecken oder langsamer essen – wie Dutzende Studien gezeigt haben, nehmen Sie weniger Kalorien auf, wenn das Essen länger im Mund bleibt. Verlängern Sie also Ihre Mahlzeiten auf mindestens zwanzig Minuten, damit die natürlichen Sättigungssignale ihre volle Wirkung entfalten können. Wie? Essen Sie Lebensmittel, die Sie gut kauen müssen, und essen Sie sie so, dass sie länger im

Mund bleiben. Wählen Sie größere, härtere und zähere Lebensmittel, und kauen Sie gründlich.

Jeden Tag

IHRE TÄGLICHE DOSIS

Schwarzkümmel (Nigella sativa) (¼ TL)
Wie im Abschnitt »Appetitunterdrückung« in *How Not To Diet* erwähnt, ergab eine systemische Untersuchung und Metaanalyse randomisierter kontrollierter Abnehmstudien, dass täglich ein Viertel Teelöffel gemahlener Schwarzkümmel den Body-Mass-Index innerhalb von wenigen Monaten senkt. Beachten Sie, dass sich Schwarzkümmel von Kreuzkümmel unterscheidet, der anders dosiert wird (siehe unten).

Knoblauchpulver (¼ TL)
Randomisierte kontrollierte Studien ergaben, dass sich das Körperfett schon mit einem Viertel Teelöffel Knoblauchpulver pro Tag verringern lässt, und das für zwei Cent.

Gemahlener Ingwer (1 TL) oder Cayennepfeffer (½ TL)
Randomisierte kontrollierte Studien zeigen, dass man mit einem Viertel bis anderthalb Teelöffel gemahlenem Ingwer pro Tag das Körpergewicht signifikant senken kann, und zwar zum Spottpreis. Dafür muss man das gemahlene Gewürz nur in eine Tasse heißes Wasser einrühren. Ingwer scheint morgens besser zu wirken als abends. Chai ist eine leckere Art, die Vorzüge von Grüntee und Ingwer in einem Getränk zu kombinieren. Alternativ können Sie zur Aktivierung des braunen Fettgewebes täglich eine Jalapeño-Schote oder einen halben Teelöffel rotes Chilipulver (oder zerkleinerte rote Chiliflocken) essen. Um die Schärfe etwas abzumildern, schneiden Sie die Jalapeño in sehr dünne Scheiben oder hacken Sie sie fein, damit Ihre Zunge nicht brennt, sondern nur leicht kribbelt. Die rote Chili können Sie auch in eine Suppe oder in den Gemüse-Smoothie mischen, einer der Stars meiner Kochvideos auf *NutritionFacts.org*[17].

Nährhefe (2 TL)
Zwei Teelöffel Back-, Brau- oder Nährhefe enthalten ungefähr die Menge an Beta-1,3/1,6-Glucanen, die zum Abnehmen führt, wie placebokontrollierte klinische Doppelblindstudien ergaben.

Kreuzkümmel (Cuminum cyminum) (½ TL zum Mittag- und zum Abendessen)
Übergewichtige Frauen, die randomisiert einen halben Teelöffel Kreuzkümmel zum Mittag- und Abendessen einnahmen, wurden vier Pfund leichter und um die Taille zweieinhalb Zentimeter schlanker als die Kontrollgruppe. Für die Einnahme von Safran gibt es ebenfalls positive Belege, doch kostet eine tägliche Prise davon fast einen Euro, ein Teelöffel Kreuzkümmel hingegen weniger als zehn Cent.

Grüner Tee (3 Tassen)
Trinken Sie täglich drei Tassen zwischen den Mahlzeiten. (Warten Sie nach dem Essen mindestens eine Stunde, um die Eisenaufnahme nicht zu beeinträchtigen.) Trinken Sie zu den Mahlzeiten Wasser, schwarzen Kaffee oder Hibiskustee (im Verhältnis 6:1 mit Zitronenverbene gemischt), aber überschreiten Sie nie die Menge von 750 ml Flüssigkeit pro Stunde. Das ist wichtig, weil ich ja auch dazu rate, vor dem Essen Wasser zu trinken.

Nutzen Sie die verstärkende Wirkung des Koffeins, und trinken Sie grünen Tee zu etwas Gesundem, von dem Sie wünschten, es würde Ihnen besser schmecken. Konsumieren Sie aber nicht zu viel Koffein in den sechs Stunden vor dem Schlafengehen.

Am besten trinken Sie Ihren Tee ungesüßt. Wenn Sie es aber gewohnt sind, Honig oder Zucker hinzuzufügen, probieren Sie es stattdessen mit Yacon-Sirup.

GENUG TRINKEN

Diesen Punkt auf der Liste können Sie abhaken, wenn Ihr Urin über den Tag hinweg nie dunkler als blassgelb ist. Wenn Sie Lebensmittel mit Riboflavin essen (zum Beispiel Nährhefe), haken Sie den Punkt stattdessen ab, wenn Sie als Frau pro Tag gut zwei Liter ungesüßte Getränke (das erledigen schon der grüne Tee und das Wasser vor dem Essen) und als Mann mindestens drei Liter pro Tag trinken. Wenn Sie Herz- oder Nierenprobleme haben, erhöhen Sie die Flüssigkeitsaufnahme nicht, ohne vorher mit Ihrem Arzt oder Ihrer Ärztin zu sprechen. Denken Sie daran, dass Light-Limonaden zwar kalorienfrei sein mögen, aber nicht ohne Konsequenzen bleiben, wie wir im Abschnitt »Wenig zusätzlicher Zucker« in *How Not to Diet* besprochen haben.

WENIGER MEHL ESSEN

Diesen Punkt dürfen Sie abhaken, wenn Sie Ihr Vollkorn intakt als ganze Körner essen. Auch das Zermahlen von hundertprozentigem Vollkorn bringt unser Mikrobiom um die Stärke, die in intakten Zellwänden eingeschlossen bis in den Dickdarm transportiert würde.

FRÜH AM TAG ESSEN

Für Ihren Stoffwechsel ist es besser, wenn Sie einen Großteil Ihrer Kalorien früher am Tag aufnehmen. Machen Sie idealerweise das Frühstück oder Mittagessen zur Hauptmahlzeit des Tages – getreu dem alten Motto »Morgens wie ein Kaiser, mittags wie ein König und abends wie ein Bettelmann«.

DEM ESSEN EINEN ZEITRAHMEN SETZEN

Beschränken Sie sich jeden Tag auf eine Zeitspanne Ihrer Wahl, die nicht länger als zwölf Stunden ist und an die Sie sich sieben Tage die Woche konsequent halten können. Essen Sie wegen der circadianen Vorteile, die Ihnen eine verringerte Nahrungsaufnahme am Abend einbringt, nach 19 Uhr möglichst nichts mehr.

ZUR RICHTIGEN ZEIT TRAINIEREN

Das *Tägliche Dutzend* empfiehlt als optimale Trainingsdauer für ein langes Leben pro Tag ein moderates neunzigminütiges Training, was auch die optimale Trainingsdauer zum Abnehmen ist. Bewegen kann man sich zu jeder Zeit – je mehr, desto besser. Es kann aber von Vorteil sein, mit leerem Magen zu trainieren, also mindestens sechs Stunden nach der letzten Mahlzeit. Normalerweise wäre das vor dem Frühstück, doch wenn Sie es sich richtig einrichten, können Sie auch vor einem späten Mittagessen oder, wenn Sie früh genug Mittag essen, vor dem Abendessen trainieren. Dieser Zeitplan gilt für alle, die nicht an Diabetes leiden.

Bei Diabetes oder Prädiabetes sollten Sie stattdessen neunzig Minuten nach Beginn einer Mahlzeit mit dem Sport beginnen und sich im Idealfall mindestens eine Stunde lang bewegen, um die Blutzuckerspitze zu glätten. Wenn Sie sich eine Mahlzeit aussuchen können, nach der Sie trainieren, sollte es das Abendessen sein, da die Blutzuckerkontrolle aufgrund des circadianen Rhythmus abends nachlässt. Im Idealfall ist aber das Frühstück die üppigste Mahlzeit des Tages und Sie trainieren danach – oder, noch besser, nach jeder Mahlzeit.

ZWEIMAL AM TAG WIEGEN

Regelmäßiges Wiegen ist für eine langfristige Gewichtskontrolle entscheidend, nur gibt es leider nicht genügend Belege dafür, in welchem zeitlichen Abstand das geschehen sollte. Meine Empfehlung basiert auf einer Studie, die ergab, dass es zu besseren Ergebnissen verhilft, wenn man sich zweimal täglich wiegt – nach dem Aufwachen und direkt vorm Schlafengehen –, als nur einmal (etwa sechs Pfund Gewichtsverlust in zwölf Wochen verglichen mit zwei Pfund).

VORSÄTZE EINHALTEN

Setzen Sie sich alle zwei Monate drei neue Vorsätze (»Wenn X, dann Y«), um sich ein bestimmtes Verhalten in einem bestimmten Kontext anzugewöhnen, und haken Sie diese auf Ihrer Liste ab, wenn Sie sie täglich erfüllen.

Jede Nacht

AB 19 UHR NICHTS MEHR ESSEN

Unser Tagesrhythmus hat zur Folge, dass dasselbe Essen nachts dicker macht als tagsüber. Fasten Sie daher jede Nacht mindestens zwölf Stunden, und zwar ab 19 Uhr. Je weniger Kalorien nach Sonnenuntergang, desto besser.

GENUG SCHLAFEN

Diesen Punkt können Sie abhaken, wenn Sie regelmäßig mindestens sieben Stunden schlafen.

SANFTES TRENDELENBURG AUSPROBIEREN

Versuchen Sie, mindestens vier Stunden pro Nacht um sechs Grad nach unten geneigt zu schlafen, indem Sie Ihr Bett am Fußende zwanzig Zentimeter anheben (oder mehr, wenn Sie ein sehr langes Bett haben). Seien Sie beim Aufstehen äußerst vorsichtig, auch wenn Sie jung und gesund sind, denn diese Lage führt bei den meisten Menschen zu einer orthostatischen Unverträglichkeit. Wenn Sie zu schnell aufstehen, könnte Ihnen also schwindelig sein, Sie könnten sich schwach oder benommen fühlen und eventuell stürzen und sich verletzen. Stehen Sie entsprechend langsam auf. Diese Nebenwirkungen lassen sich vermeiden, wenn Sie eine halbe Stunde vor dem Aufstehen einen halben Liter kaltes Wasser trinken.

WICHTIG: Probieren Sie das auf keinen Fall zu Hause aus, wenn Sie unter Reflux leiden, Herz- oder Lungenprobleme, Gehirnverletzungen (Schädel-Hirn-Trauma) oder Probleme mit den Augen haben (ein grauer Star in der Familie schließt Sie hiervon aus). Fragen Sie auch Ihren Arzt oder Ihre Ärztin, ob etwas dagegenspricht, dass Sie im sanften Trendelenburg schlafen.

Die Liste richtig abhaken

Die vierundzwanzig Punkte auf der Liste des *Täglichen Dutzend* und die siebenunddreißig neuen Punkte der Kniffe führen schnell dazu, dass man sich überfordert fühlt. Glücklicherweise lassen sich viele Punkte gleichzeitig abhaken. Wenn Sie zum Beispiel eine Mahlzeit mit einem Tomatensalat beginnen, der mit Schwarzkümmel, Knoblauchpulver und Balsamico-Essig angemacht ist, können Sie gleich fünf Punkte abhaken – darunter den Kniff »Vorab negative Kalorien essen« und beim *Täglichen Dutzend* den Punkt »Anderes Gemüse«. Und wenn dies eines Ihrer Vorsätze war, sind wir schon bei sechs! Zehn Prozent aller Punkte auf einen Streich – dank einer einzigen Vorspeise.

Natürlich müssen Sie nicht jeden Tag alle Punkte erfüllen. Eine gesunde Ernährung, wie sie das *Tägliche Dutzend* zusammenfasst, sollte alles sein, was Sie brauchen, um Ihr Wunschgewicht zu erreichen. Doch je mehr zusätzliche Kniffe Sie im Alltag nutzen, desto erfolgreicher werden Sie sein.

Das *How Not to Diet Kochbuch* stellt viele dieser Kombinationen zu leckeren Rezepten und herzhaften Speiseplänen zusammen. Probieren Sie auch gern die kostenlose aktualisierte *Dr. Greger's Daily Dozen*-App auf Ihrem Android-Smartphone oder iPhone aus. Experimentieren Sie mit ein paar der einundzwanzig Kniffe, und finden Sie heraus, mit welchen Sie Erfolg haben. Mein Ziel ist es, Ihnen die größtmögliche Auswahl an Werkzeugen zur Verfügung zu stellen.

Denken Sie daran, dass es nicht darauf ankommt, was Sie heute, morgen oder nächste Woche essen, sondern darauf, woraus Ihre Ernährung in den nächsten Monaten, Jahren und Jahrzehnten besteht. Sie müssen Ihre langfristigen Lebensgewohnheiten so verändern, dass sie zu Ihrem Lebensstil passen.

1

Suppen

Sie machen satt, glücklich und zufrieden: Suppen sind wahre Alleskönner und noch dazu ein echter Geheimtipp, wenn man abnehmen möchte. Serviert man mittags einen Auflauf, wird davon mit oder ohne einem Glas Wasser dazu dieselbe Menge (circa vierhundert Kalorien) gegessen. Wird dieser Auflauf zusammen mit diesem einen Glas Wasser zu einer Suppe verarbeitet, verzehrt man nur dreihundert Kalorien und wird davon satt.[18] Mit denselben Zutaten, die mit Wasser zu einer Suppe püriert wurden, fühlt man sich auch drei Stunden später noch deutlich gesättigter.[19] Doch was genau ist das Geheimnis von Suppen? Zeit. Langsameres Essen verringert die Kalorienaufnahme. Suppenfans haben in der Regel eine schmalere Taille und ein niedrigeres Gewicht – und sie essen gesünder, zum Beispiel mehr grünes Blattgemüse und Bohnen.[20] Ich liebe jede einzelne der Suppen in diesem Kochbuch, doch am meisten liebe ich, wie gut ich mich dank ihnen fühle.

GRÜNE FRÜHLINGSSUPPE MIT GERÖSTETEM SPARGEL

STÜCKIGE GAZPACHO MIT KREUZKÜMMEL

ITALIENISCHE ENDIVIENSUPPE

CALDO VERDE MIT KIDNEYBOHNEN UND BUTTERNUT-KÜRBIS

BORSCHTSCH MIT WIRSING UND DILL

RIBOLLITA MIT WEISSEN BOHNEN UND SCHWARZKOHL

SAUER-SCHARF-SUPPE MIT SHIITAKE-PILZEN UND PAK CHOI

DREI-BOHNEN-SUPPE MIT KURKUMA UND LINSEN

KAROTTEN-INGWER-SUPPE

BROKKOLI-SUPPE MIT FEINER KÄSENOTE

FRANZÖSISCHE LINSENSUPPE MIT RATATOUILLE-GEMÜSE

MEINE MINESTRONE

GERSTENSUPPE MIT PILZEN

MAISCREMESUPPE

LINSEN-GRÜNKOHL-SUPPE MIT CURRYNOTE

TOSKANISCHE WEISSE-BOHNEN-SUPPE MIT GERÖSTETEM FENCHEL

WENIGER ALS 100 KALORIEN PRO PORTION

GRÜNE FRÜHLINGSSUPPE MIT GERÖSTETEM SPARGEL

ERGIBT *4 Portionen* SCHWIERIGKEITSGRAD: *leicht*

Dieser leuchtend grüne Seelenstreichler steckt voller frischem Blattgemüse, Erbsen und geröstetem Spargel. Sie können diese Suppe heiß, warm oder auch kalt genießen.

- 4 dünne grüne Spargelstangen, in 2 cm lange Stücke geschnitten (Spitzen aufbewahren)
- 1 milde gelbe Zwiebel, gehackt
- 2 TL Knoblauch, fein gehackt
- 1,5 l Leichte Gemüsebrühe (Seite 236)
- 6 große Handvoll Spinat oder Mangold, grob gehackt
- 2 große Handvoll Rucola, Brunnenkresse oder Sareptasenf, grob gehackt
- 150 g frische oder gefrorene grüne Erbsen
- 3 Frühlingszwiebeln mit Lauch, grob gehackt
- 1 EL Nährhefe
- 1 TL weiße Misopaste
- schwarzer Pfeffer, gemahlen
- 1 EL frisch gepresster Zitronensaft
- 1 EL grob gemahlener Schwarzkümmel (Nigella sativa)

Ofen auf 200 °C vorheizen. Ein Backblech (mit Rand) mit Backpapier oder einer Silikonbackmatte auslegen.

Spargelstücke in einer Schicht auf dem Blech verteilen, Spitzen dabei an den Rand legen. Circa 15 Minuten im Ofen rösten, bis der Spargel weich und leicht gebräunt ist. Herausnehmen und beiseite stellen.

60 ml Wasser in einem großen Stieltopf auf mittlerer Hitze erwärmen. Die Zwiebel hinzufügen und circa 5 Minuten weich dünsten. Knoblauch zugeben und unter Rühren 1 weitere Minute dünsten. Die Leichte Gemüsebrühe einrühren und zum Kochen bringen, dann bei niedriger Temperatur 7 Minuten köcheln lassen. Spinat, Rucola, Erbsen und Frühlingszwiebeln zugeben und ebenfalls köcheln lassen, bis das Blattgemüse nach circa 2 Minuten zusammenfällt. Geröstete Spargelstücke (außer die Spitzen), Nährhefe, Misopaste und schwarzen Pfeffer nach Geschmack einrühren.

Suppe in mehreren Durchgängen in einem Hochleistungsmixer glatt pürieren. Anschließend zurück in den Topf schütten und auf Wunsch erhitzen.

Zitronensaft einrühren, abschmecken und nach Belieben würzen. Suppe in Schüsseln geben und mit Spargelspitzen und Schwarzkümmel garnieren.

OZS.
CUPS

WENIGER ALS 100 KALORIEN PRO PORTION

STÜCKIGE GAZPACHO MIT KREUZKÜMMEL

ERGIBT *4 Portionen* SCHWIERIGKEITSGRAD: *leicht*

Gewürzfans aufgepasst! Diese Suppe ist so aromatisch, dass Sie sie einfach lieben werden!

- 2 kleine, feste Salatgurken, geschält und gehackt
- 1 rote Paprika, gehackt
- 1 kg reife Tomaten, entkernt und gehackt
- 1 kleine milde gelbe Zwiebel, gehackt
- 1 Knoblauchzehe, gehackt
- 3 EL frische Petersilie, gehackt
- 2 ½ EL Sherry- oder Rotweinessig
- Super-Gewürz-Mix (Seite 233)
- ½ TL Kreuzkümmel, gemahlen
- ¼ TL schwarzer Pfeffer, gemahlen
- 1 TL Salzfreie Hot Sauce (Seite 238, optional)
- 2 EL Frühlingszwiebeln, fein gehackt
- 2 EL frisches Koriandergrün oder Basilikum, gehackt
- 6 feste gelbe Kirschtomaten, in dünne Scheiben geschnitten (optional)
- 1 TL Schwarzkümmel, grob gemahlen (Nigella sativa)

Eine Gurke, die Hälfte der Paprika und Tomaten sowie die Zwiebel in einer großen Schüssel vermischen und beiseite stellen.

Knoblauch mit restlicher Gurke, Paprika und Tomaten in einer Küchenmaschine oder einem Mixer glatt pürieren. Mischung über den gehackten Zutaten in der Schüssel verteilen. Petersilie, Essig, Super-Gewürz-Mix (nach Geschmack), Kreuzkümmel, schwarzen Pfeffer und Salzfreie Hot Sauce (falls verwendet) hinzufügen.

Schüssel abdecken und mindestens 2 Stunden im Kühlschrank kalt stellen, damit die Gazpacho gut durchzieht und sich die Aromen entfalten.

Frühlingszwiebeln und Koriander einrühren. Abschmecken und auf Wunsch nachwürzen. Suppe mit gelben Tomatenscheibchen (falls verwendet) und Schwarzkümmel garnieren, dann kalt servieren.

ITALIENISCHE ENDIVIENSUPPE

ERGIBT *4 Portionen* SCHWIERIGKEITSGRAD: *leicht*

Die leicht bitteren, knackigen Endivien gehören zu den Zichorien und haben einen festen Platz in der italienischen Küche, wo sie oft mit Cannellini-Bohnen kombiniert werden.

- 4 Knoblauchzehen, fein gehackt
- 2 mittelgroße Endivienköpfe, gehackt
- 1,5 l Leichte Gemüsebrühe (Seite 236)
- 600 g gekochte* salzfreie Cannellini-Bohnen, alternativ 2 Dosen (je 400 g) oder 2 BPA-freie Tetra Paks**, abgegossen und gespült
- 2 TL Dr. Gregers Spezialgewürzmischung (Seite 234) – oder nach Geschmack
- ½ TL getrockneter Oregano
- ½ TL Knoblauchpulver
- ½ TL Zwiebelpulver
- ¼ TL Chiliflocken – oder nach Geschmack
- 1 EL Nährhefe
- schwarzer Pfeffer, gemahlen

In einem großen Topf 60 ml Wasser auf mittlerer Hitze erwärmen. Knoblauch zugeben und circa 30 Sekunden dünsten, bis er aromatisch duftet. Endivien hinzufügen und 4 Minuten unter Rühren dünsten, bis sie zusammenfallen. Die Leichte Gemüsebrühe einrühren. Bohnen, Dr. Gregers Spezialgewürzmischung, Oregano, Knoblauch- und Zwiebelpulver, Chiliflocken, Nährhefe sowie schwarzen Pfeffer (nach Geschmack) unterrühren. Topf abdecken, und Suppe etwa 30 Minuten köcheln lassen, bis die Endivien weich sind und die Suppe gut durchgewärmt ist.

* *Eine Kochanleitung finden Sie in den* Garzeitentabellen für Hülsenfrüchte und Getreide *auf den Seiten 240 bis 243.*

** *Tetra Paks sind sterile Verpackungen, die Lebensmittel vor der Verunreinigung durch Bakterien oder andere Mikroorganismen schützen und sie dadurch sehr lang haltbar machen.*

CALDO VERDE MIT ROTEN BOHNEN UND BUTTERNUT-KÜRBIS

ERGIBT *4 Portionen* SCHWIERIGKEITSGRAD: *leicht*

Das portugiesische Nationalgericht wird traditionell mit dunklem Blattgemüse, Kartoffeln und klein geschnittenen Würstchen zubereitet. Diese abgewandelte, gesündere Version setzt weiterhin auf Blattgemüse, verwendet statt Kartoffeln aber Butternut-Kürbis (Sie können auf Wunsch trotzdem gern Kartoffeln hinzufügen*) und ersetzt die Würstchen durch dunkle Kidneybohnen.

- 1 rote Zwiebel, gehackt
- 4 Knoblauchzehen, fein gehackt
- 1 Butternut-Kürbis, halbiert, entkernt und in circa 1 cm große Würfel geschnitten (ungefähr 3,5 Tassen)
- ½ TL getrockneter Oregano
- ¼ TL Chiliflocken – oder nach Geschmack
- 2 Lorbeerblätter
- 1,5 l Leichte Gemüsebrühe (Seite 236)
- 6 große Handvoll frischer Grünkohl, Blattkohl oder anderes dunkelgrünes Blattgemüse, gehackt
- 250 g gekochte** salzfreie dunkle Kidneybohnen, alternativ BPA-freie Dose (400 g) oder Tetra Pak, abgegossen und gespült
- Super-Gewürz-Mix (Seite 233)
- 1 TL weiße Misopaste
- 3 EL Nährhefe
- 2 EL frische Petersilie, gehackt

In einem großen Topf 60 ml Wasser auf mittlerer Hitze erwärmen. Die Zwiebel, Knoblauch, Kürbiswürfel, Oregano, Chiliflocken und Lorbeerblätter hineingeben. Topf abdecken und Zutaten 5 Minuten köcheln lassen. Leichte Gemüsebrühe einrühren und zum Kochen bringen. Die Suppe, halb abgedeckt, bei niedriger Temperatur circa 20 Minuten köcheln lassen, bis das Gemüse bissfest ist. Grünkohl, Kidneybohnen und Super-Gewürz-Mix (nach Geschmack) hinzufügen, dann die Suppe 10 weitere Minuten köcheln lassen.

In einer kleinen Schüssel die Misopaste in 4 EL der heißen Brühe aus dem Topf auflösen. Miso-Mischung in die Suppe geben. Lorbeerblätter herausnehmen und Nährhefe und Petersilie unterrühren. Abschmecken und auf Wunsch nachwürzen. Warm servieren.

* *In meinem* How Not to Die Kochbuch *kommen keine klassischen Kartoffeln vor, weil es gesündere Optionen, wie zum Beispiel Süßkartoffeln, gibt. Da Kartoffeln wissenschaftlichen Tests zufolge aber zu den Lebensmitteln zählen, die am meisten sättigen, haben sie es in die Rezeptsammlung dieses Buches geschafft.*

** *Eine Kochanleitung finden Sie in den* Garzeitentabellen für Hülsenfrüchte und Getreide *auf den Seiten 240 bis 243.*

WENIGER ALS 100 KALORIEN PRO PORTION

BORSCHTSCH MIT WIRSING UND DILL

ERGIBT *4 Portionen* SCHWIERIGKEITSGRAD: *leicht*

Die Rote Bete ist zweifellos der Star dieser Suppe, aber auch die anderen Gemüsesorten, unter anderem Wirsing und Pastinake, legen bei diesem Rezept einen glänzenden Auftritt hin. Frischer Dill und ein Schuss Essig verleihen diesem Klassiker eine frische und belebende Note.

- 1 rote Zwiebel, gehackt
- 2 Knoblauchzehen, fein gehackt
- 1 Selleriestange, gehackt
- 1 Pastinake, gehackt
- 1 Karotte, gehackt
- 3 Rote-Bete-Knollen, geschält und gehackt
- 2 EL salzfreies Tomatenmark
- 1,5 l Leichte Gemüsebrühe (Seite 236)
- 4 große Handvoll Wirsing, klein geschnitten
- 1 TL getrockneter Majoran
- 1 Lorbeerblatt
- 2 TL Dr. Gregers Spezialgewürzmischung (Seite 234) – oder nach Geschmack
- ½ TL schwarzer Pfeffer, gemahlen
- 4 EL frischer Dill, gehackt
- 1 bis 2 EL Rotweinessig – oder nach Geschmack

In einem großen Topf 60 ml Wasser auf mittlerer Hitze erwärmen. Die Zwiebel und den Knoblauch zugeben und unter regelmäßigem Rühren circa 5 Minuten dünsten, bis die Zwiebel weich ist. Sellerie, Pastinake, Karotte und Rote Bete hinzufügen. Alles abdecken und bei niedriger Temperatur unter gelegentlichem Rühren etwa 7 Minuten köcheln lassen, bis das Gemüse relativ zart ist.

Tomatenmark, Leichte Gemüsebrühe, Wirsing, Majoran, Lorbeerblatt, Dr. Gregers Spezialgewürzmischung und schwarzen Pfeffer einrühren. Suppe zum Kochen bringen. Topf halb abdecken und Borschtsch bei niedriger Temperatur 30 Minuten leicht köcheln lassen, bis das Gemüse durchgegart ist.

Lorbeerblatt herausnehmen und wegwerfen. Mit Dill und Rotweinessig verfeinern. Abschmecken und auf Wunsch nachwürzen.

1 TABLESPOON
1/4 TEASPOON

RIBOLLITA MIT WEISSEN BOHNEN UND SCHWARZKOHL

ERGIBT *6 Portionen* SCHWIERIGKEITSGRAD: *leicht*

Ribollita ist eine herzhafte toskanische Bauernsuppe, die, wie die meisten Suppen, am nächsten Tag aufgewärmt noch besser schmeckt, da sie dann richtig durchziehen und ihr volles Aroma entfalten konnte – daher auch der Name ribollita, der »zweimal gekocht« bedeutet. Die traditionelle Variante wird mit Parmesan und italienischem Krustenbrot serviert, doch diese gesündere, modernere Version verzichtet auf den Käse und das Brot. Stattdessen trumpft sie mit den vitaminreichen Superstars Schwarzkohl und Wirsing auf. Diese Suppe schmeckt immer fantastisch, ganz egal, wann Sie sie essen. Doch wenn Sie die Zeit haben, bereiten Sie sie am Vortag zu und servieren Sie sie als echte »Ribollita« – eine zweimal aufgekochte Bauernsuppe.

- 1 große rote Zwiebel, gehackt
- 4 Knoblauchzehen, fein gehackt
- 2 Karotten, gehackt
- 1,5 l Leichte Gemüsebrühe (Seite 236)
- 2 Selleriestangen, gehackt
- 2 Kartoffeln, gewürfelt
- 1 Endivienkopf, gehackt
- 1 Bund Schwarzkohl, gehackt
- 1 große BPA-freie Dose (800 g) oder 1 Tetra Pak salzfreie stückige Tomaten mit Saft
- 600 g gekochte* salzfreie Cannellini-Bohnen, alternativ 2 Dosen (je 400 g) oder 2 BPA-freie Tetra Paks, abgegossen und gespült
- ¼ bis ½ TL Chiliflocken
- 1 Zweig Rosmarin
- 1 Lorbeerblatt
- 3 EL Nährhefe

In einem großen Topf 60 ml Wasser auf mittlerer Hitze erwärmen. Zwiebel, Knoblauch und Karotte zugeben und abgedeckt unter gelegentlichem Rühren circa 5 Minuten dünsten, bis das Gemüse weich ist. Leichte Gemüsebrühe, Sellerie, Kartoffeln, Schwarzkohl, Tomaten mit Saft, Bohnen, Chiliflocken, Rosmarinzweig und Lorbeerblatt hinzufügen und zum Kochen bringen. Suppe bei niedriger Temperatur 45 Minuten köcheln lassen, bis das Gemüse weich ist. Topf vom Herd nehmen. Rosmarinzweig und Lorbeerblatt herausnehmen, dann Nährhefe einrühren. Warm servieren.

* *Eine Kochanleitung finden Sie in den* Garzeitentabellen für Hülsenfrüchte und Getreide *auf den Seiten 240 bis 243.*

CHOLESTERINSENKER KOHL

Ein erhöhter Verzehr von Obst und Gemüse kann das Risiko von Herzkrankheiten und Schlaganfällen verringern. Das liegt zum Teil an den darin enthaltenen Antioxidantien, die die Oxidation von bösem LDL-Cholesterin verhindern.[21] Bei Testpersonen, die zwei Wochen lang täglich Grün- oder anderen Kohl aßen, stieg die antioxidative Kapazität im Blut, während ihre Werte für das Gesamt- und LDL-Cholesterin sowie für den Blutzucker und das oxidierte LDL signifikant sanken.[22]

SAUER-SCHARF-SUPPE MIT SHIITAKE-PILZEN UND PAK CHOI

ERGIBT *4 Portionen* SCHWIERIGKEITSGRAD: *leicht*

Diese Suppe lässt sich problemlos an Ihren persönlichen Geschmack anpassen. Wenn Sie kein Fan von Scharfem sind, verwenden Sie einfach weniger oder keine Chilischoten. Und wenn Sie gern eine gehaltvollere Suppe hätten, fügen Sie vor dem Servieren noch gekochtes Vollkorn oder Nudeln aus hundert Prozent Buchweizen hinzu.

- 1,5 l Leichte Gemüsebrühe (Seite 236)
- 1 Stange (10 cm) Zitronengras, zerdrückt
- 2 Scheiben (je 0,5 cm) frischer Ingwer
- 1 Knoblauchzehe, zerdrückt
- 4 große Handvoll Pak Choi, Chinakohl oder anderes Blattgemüse, in dünne Streifen geschnitten
- 200 g Shiitake-Hüte, in Streifen geschnitten
- 2 Schalotten, längs in dünne Streifen geschnitten
- 1 bis 2 Serrano- oder andere kleine scharfe Chilischoten, entkernt und in dünne Scheibchen geschnitten
- 200 g Karotten, geraspelt
- 350 g Kirschtomaten, geviertelt
- 3 Frühlingszwiebeln, gehackt
- 2 EL Apfelessig
- 2 TL Dr. Gregers Spezialgewürzmischung (Seite 234) – oder nach Geschmack
- 4 EL frisches Koriandergrün oder Thai-Basilikum, gehackt

Leichte Gemüsebrühe, Zitronengras, Ingwer und Knoblauch in einem großen Topf zum Kochen bringen. Herd auf niedrige Stufe stellen, Topf abdecken und 20 Minuten köcheln lassen. Brühe durch ein Sieb abseihen und feste Zutaten wegwerfen.

Brühe zurück in den Topf schütten und zum Kochen bringen. Pak Choi, Shiitake, Schalotten, Chilischoten und Karotten hinzufügen. Erneut 5 Minuten bei niedriger Temperatur köcheln lassen. Tomaten, Frühlingszwiebeln, Apfelessig und Dr. Gregers Spezialgewürzmischung einrühren. Abschließend noch einmal 3 Minuten köcheln lassen, bis die Suppe heiß ist. Abschmecken und auf Wunsch nachwürzen. Mit Koriandergrün garnieren und warm servieren.

DREI-BOHNEN-SUPPE MIT KURKUMA UND LINSEN

ERGIBT *4 bis 6 Portionen* SCHWIERIGKEITSGRAD: *leicht*

Das Kurkumapulver lässt diesen kräftigen Eintopf mit Linsen und drei verschiedenen Bohnensorten herrlich golden leuchten.

- 1 rote Zwiebel, gehackt
- 4 Knoblauchzehen, in dünne Scheiben geschnitten
- 1 EL Kurkumapulver
- 1 TL Korianderpulver
- ½ TL Kreuzkümmel, gemahlen
- 100 g getrocknete braune Linsen
- 1,7 l Leichte Gemüsebrühe (Seite 236)
- 200 g gekochte* salzfreie dunkle Kidneybohnen, alternativ BPA-freie Dose (400 g) oder ein Tetra Pak, abgegossen und gespült
- 200 g gekochte* salzfreie Kichererbsen, alternativ BPA-freie Dose (400 g) oder Tetra Pak, abgegossen und gespült
- 200 g gekochte* salzfreie Cannellini-Bohnen, alternativ BPA-freie Dose (400 g) oder Tetra Pak, abgegossen und gespült
- 6 große Handvoll frischer Spinat, gehackt
- 1 Tasse frische Petersilie, gehackt
- 1 Bund Frühlingszwiebeln, fein gehackt
- 2 EL frische Minze, gehackt, oder 2 TL getrocknete Minze
- ¼ TL schwarzer Pfeffer, gemahlen
- Super-Gewürz-Mix (Seite 233)

In einem großen Topf 60 ml Wasser auf mittlerer Stufe erhitzen. Zwiebeln und Knoblauch hineingeben und 5 Minuten dünsten, bis alles weich ist. Dann Kurkuma, Koriander, Kreuzkümmel und Linsen hinzufügen. Leichte Gemüsebrühe in den Topf gießen und zum Kochen bringen.

Den Herd auf niedrige Stufe stellen, sodass die Suppe nur noch leicht köchelt. Kidneybohnen, Kichererbsen und Cannellini-Bohnen zugeben. Abdecken und 30 bis 40 Minuten köcheln lassen, bis die Linsen gar sind. Spinat, Petersilie, Frühlingszwiebeln, Minze, schwarzen Pfeffer und Super-Gewürz-Mix nach Geschmack einrühren und 10 weitere Minuten köcheln lassen. Abschmecken und auf Wunsch nachwürzen. Warm servieren.

* *Eine Kochanleitung finden Sie in den* Garzeitentabellen für Hülsenfrüchte und Getreide *auf den Seiten 240 bis 243.*

BOHNEN UND PERIPHERE GEFÄSSERKRANKUNGEN

Hülsenfrüchte – Bohnen, Kichererbsen, Spalterbsen und Linsen – sind hervorragende Lieferanten von Vitaminen, Mineralien, Ballaststoffen und Antioxidantien.[23] In Sachen Nährstoffdichte und Preis-Leistungsverhältnis sind sie kaum zu toppen.[24] Außerdem sind sie eine Allzweckwaffe gegen Übergewicht, Insulinresistenz, hohe Cholesterinwerte, Entzündungen sowie oxidativen Stress[25] und übernehmen daher eine wichtige Rolle bei der Prävention von Herzkrankheiten.[26] Essen Sie das von mir im Täglichen Dutzend empfohlene Minimum von täglich drei Portionen Bohnen, und Ihr Herz wird es Ihnen danken.

WENIGER ALS 100 KALORIEN PRO PORTION

INGWER-KAROTTEN-SUPPE

ERGIBT *4 Portionen* SCHWIERIGKEITSGRAD: *leicht*

Frischer Ingwer und knackige Karotten sind die perfekte Geschmackskombination. Diese verwöhnende Suppe können Sie heiß, lauwarm oder auch kalt genießen. Lust auf ein kleines aromatisches Feuerwerk? Peppen Sie Ihre Suppe einfach mit einem Teelöffel (oder mehr) Ihres Lieblingscurrypulvers oder Ihrer Lieblingscurrypaste auf.

- 1 kleine gelbe Zwiebel, gehackt
- 2 Knoblauchzehen, gehackt
- 700 g Karotten, gehackt (circa 3 Tassen)
- 1 Apfel, Kerngehäuse entfernt, grob gehackt
- 2 TL frischer Ingwer, gerieben – oder nach Geschmack
- ¼ TL schwarzer Pfeffer, gemahlen
- 1 l Leichte Gemüsebrühe (Seite 236)
- 1 EL weiße Misopaste
- 1 EL Apfelessig
- optional zum Garnieren: frischer gehackter Schnittlauch, Petersilie oder grob gemahlener Schwarzkümmel (Nigella sativa)

In einem großen Topf 60 ml Wasser auf mittlerer Hitze erwärmen. Zwiebel zugeben und 5 Minuten unter gelegentlichem Rühren weich dünsten. Knoblauch und Karotten hinzufügen und weitere 5 Minuten unter gelegentlichem Rühren dünsten. Apfel, Ingwer, schwarzen Pfeffer und Leichte Gemüsebrühe einrühren. Herd auf niedrige Stufe stellen, Topf abdecken und die Suppe 30 Minuten leicht köcheln lassen, bis die Karotten weich sind.

4 EL heiße Brühe in eine kleine Schüssel oder Tasse schütten und die Misopaste darin auflösen. Anschließend die Miso-Mischung und den Apfelessig zur Suppe geben.

Die Suppe in mehreren Durchgängen in einem Mixer glatt pürieren, hinterher zurück in den großen Topf füllen, abschmecken und auf Wunsch nachwürzen; bei Bedarf erneut erhitzen. Zum Servieren die Suppe auf Schüsseln verteilen und gegebenenfalls mit Kräutern oder Schwarzkümmel garnieren.

BROKKOLI-SUPPE MIT FEINER KÄSENOTE

ERGIBT *4 Portionen* SCHWIERIGKEITSGRAD: *leicht*

Das Auge isst bekanntlich mit: Beim Anblick der leuchtend grünen Brokkoliröschen in der schönen gelben Suppe wird Ihnen garantiert das Wasser im Mund zusammenlaufen. Wenn Sie cremige, glatte Suppen lieber mögen, können Sie einen Teil des Brokkolis oder auch alles davon pürieren. Ich persönlich genieße es aber sehr, bei jedem Löffel Suppe auch in ein oder mehrere Brokkoliröschen beißen zu können.

- 1 kleine gelbe Zwiebel, gehackt
- 2 Knoblauchzehen, gehackt
- 1 Selleriestange, gehackt
- 1,5 l Leichte Gemüsebrühe (Seite 236)
- 450 g kleine Brokkoliröschen
- 230 g gekochte* salzfreie Cannellini-Bohnen, abgegossen und gespült
- 80 g rohe Cashewkerne, 30 Minuten in kochendem Wasser eingeweicht und abgegossen
- 1 Scheibe (0,5 cm) frische Kurkumawurzel, gerieben, oder ¼ TL Kurkumapulver
- 5 EL Nährhefe
- 1 EL Apfelessig
- 1 TL weiße Misopaste
- 1 TL geräuchertes Paprikapulver
- schwarzer Pfeffer, gemahlen

In einem großen Topf 60 ml Wasser auf mittlerer Hitze erwärmen. Zwiebel, Knoblauch und Sellerie zugeben und 5 Minuten weich dünsten. 500 ml Leichte Gemüsebrühe in den Topf gießen und zum Kochen bringen. Bei niedriger Temperatur weitere 5 Minuten leicht köcheln lassen, bis das Gemüse bisszart ist.

Anschließend die Mischung in einem Hochleistungsmixer glatt pürieren und zurück in den Topf füllen. Die restliche Gemüsebrühe ergänzen und erneut zum Kochen bringen. Dann den Brokkoli hinzufügen und die Suppe bei niedriger Temperatur 3 bis 4 Minuten köcheln lassen, bis der Brokkoli weich, aber noch bissfest ist. Nicht zu lange garen.

2 EL Wasser, Cannellini-Bohnen, Cashewkerne, Kurkuma, Nährhefe, Apfelessig, Misopaste, Paprikapulver und schwarzen Pfeffer nach Geschmack in demselben Mixer glatt pürieren (vorheriges Ausspülen nicht nötig). Abschmecken und auf Wunsch nachwürzen, bis die erwünschte Käsenote entsteht. Bohnen-Gewürz-Mix zur Suppe in den Topf geben und gründlich verrühren. Auf niedriger Flamme gut durchwärmen.

* *Eine Kochanleitung finden Sie in den* Garzeitentabellen für Hülsenfrüchte und Getreide *auf den Seiten 240 bis 243.*

SIND KÜCHENHELFER AUS POLYAMID SICHER?

Kochgeschirr wird oft aus Kunststoff hergestellt.[27] Die im Polyamid enthaltenen Chemikalien können jedoch ins Essen übergehen. Fast eines von drei getesteten Küchenutensilien überschreitet die Grenzwerte[28], und Tests ergaben, dass nahezu ein Drittel mit Flammschutzmitteln kontaminiert ist.[29] Verwenden Sie daher lieber Küchenhelfer aus Holz oder Edelstahl.

FRANZÖSISCHE LINSENSUPPE MIT RATATOUILLE-GEMÜSE

ERGIBT *4 Portionen* SCHWIERIGKEITSGRAD: *mittel*

Das berühmte französische Gemüsegericht stand Pate für diese Linsensuppe, die natürlich mit französischen Puy-Linsen zubereitet wird. Als »Herbes de Provence« oder auch »Kräuter der Provence« bezeichnet man eine typische Gewürzmischung, die jedem Gericht eine wunderbar aromatische mediterrane Note verleiht. Es gibt sie in den allermeisten Supermärkten zu kaufen.

- 1 rote Zwiebel, gehackt
- 1 große orange oder gelbe Paprika, entkernt und in 1 cm große Stücke geschnitten
- 2 grüne Zucchini, in 1 cm große Würfel geschnitten
- 1 gelbe Zucchini, in 1 cm große Würfel geschnitten
- 3 bis 4 Knoblauchzehen, zerdrückt
- 2 TL Dr. Gregers Spezialgewürzmischung (Seite 234) – oder nach Geschmack
- 150 g Puy-Linsen (französische grüne Linsen)
- 1,25 l Leichte Gemüsebrühe (Seite 236)
- 1 kg reife Tomaten, entkernt und halbiert
- 1 TL Kräuter der Provence oder ½ TL getrockneter Oregano und ½ TL getrocknetes Basilikum
- ¼ TL schwarzer Pfeffer, gemahlen, oder Chiliflocken
- 4 EL frisches Basilikum, gehackt

Ofen auf 220 °C vorheizen. Ein großes Backblech (mit Rand) mit einer Silikonbackmatte oder Backpapier auslegen, dann die Zwiebel, Paprika, grüne und gelbe Zucchini sowie Knoblauch in einer Schicht darauf verteilen. (Gegebenenfalls zwei Bleche verwenden, damit die Zutaten ausreichend Platz haben.) Das Gemüse 15 Minuten im Ofen rösten, herausnehmen und mit Dr. Gregers Spezialgewürzmischung bestreuen. Mit einem Edelstahl- oder Holzpfannenwender wenden und wieder hineinschieben. Circa 10 weitere Minuten rösten, bis das Gemüse weich und leicht karamellisiert ist. Aus dem Ofen nehmen und beiseite stellen.

Während das Gemüse im Backofen röstet, Linsen und Leichte Gemüsebrühe in einen großen Topf schütten und zum Kochen bringen. Anschließend die Linsen bei niedriger Temperatur etwa 20 Minuten köcheln lassen, bis sie gar sind.

In der Zwischenzeit den gerösteten Knoblauch vom Backblech nehmen und in eine Küchenmaschine geben. Tomaten zum Knoblauch hinzufügen und glatt pürieren. Tomaten-Knoblauch-Mix, Kräuter der Provence und schwarzen Pfeffer im Topf mit den Linsen verrühren.

Das geröstete Gemüse ergänzen und 5 Minuten leicht köcheln lassen, damit sich die Aromen entfalten. Topf vom Herd nehmen und frisches Basilikum einrühren. Abschmecken und auf Wunsch nachwürzen. Warm servieren.

MEINE MINESTRONE

ERGIBT *4 Portionen* SCHWIERIGKEITSGRAD: *leicht*

Minestrone, die allseits beliebte Gemüsesuppe aus Italien, wird auf der ganzen Welt gern gegessen. Meine Version enthält sogar noch mehr Gemüse als gewöhnlich und wird mit einem Klecks leckerem Basilikum-Pesto abgerundet.

- 1 große rote Zwiebel, gehackt
- 2 Karotten, in dünne Scheibchen geschnitten
- 3 Knoblauchzehen, fein gehackt
- 1 rote Paprika, entkernt und gehackt
- 1 Zucchini, klein gewürfelt
- 1 BPA-freie Dose (400 g) oder 1 Tetra Pak salzfreie stückige Tomaten mit Saft
- 2 EL salzfreies Tomatenmark
- 200 g grüne Bohnen, geputzt und in 5 cm lange Stücke geschnitten
- 1 TL frischer Oregano, gehackt, oder ½ TL getrockneter Oregano
- 1,5 l Leichte Gemüsebrühe (Seite 236)
- ½ TL schwarzer Pfeffer, gemahlen
- 3 große Handvoll Baby-Grünkohl
- 200 g gekochte* salzfreie Kichererbsen, alternativ BPA-freie Dose (400 g) oder Tetra Pak, abgegossen und gespült
- 2 EL Basilikum-Pesto (Seite 237)

In einem großen Topf 60 ml Wasser auf mittlerer Hitze erwärmen. Zwiebel, Karotten und Knoblauch hineingeben und 5 Minuten weich dünsten. Paprika, Zucchini, Tomaten mit Saft, Tomatenmark, grüne Bohnen, Oregano, Leichte Gemüsebrühe und schwarzen Pfeffer hinzufügen und zum Kochen bringen. Topf abdecken und Suppe bei niedriger Temperatur circa 20 Minuten köcheln lassen, bis das Gemüse weich ist. Baby-Grünkohl und Kichererbsen einrühren, weitere 10 Minuten köcheln lassen. Zum Schluss die heiße Suppe auf Schüsseln verteilen und mit einem Esslöffel Basilikum-Pesto garnieren. Warm servieren.

* *Eine Kochanleitung finden Sie in den* Garzeitentabellen für Hülsenfrüchte und Getreide *auf den Seiten 240 bis 243.*

GERSTENSUPPE MIT PILZEN

ERGIBT *4 bis 6 Portionen* SCHWIERIGKEITSGRAD: *leicht*

Achten Sie darauf, Vollkorngerste (ganzes Korn oder Schrot) und keine Perlgraupen zu kaufen, damit Sie so viele Nährstoffe wie möglich aufnehmen.

- 1 kleine rote Zwiebel, gehackt
- 1 Karotte, gehackt
- 1 Selleriestange, gehackt
- 200 g Vollkorngerste, gewaschen und abgegossen
- 2 l Leichte Gemüsebrühe (Seite 236)
- 3 große Handvoll Wirsing, gehackt
- 500 g kleine, feste Champignons, in Scheiben geschnitten oder gewürfelt
- 2 TL Dr. Gregers Spezialgewürzmischung (Seite 234) – oder nach Geschmack
- 1,5 TL getrockneter Thymian
- schwarzer Pfeffer, gemahlen
- frische Petersilie oder Dill, gehackt

In einem großen Topf 60 ml Wasser auf mittlerer Hitze erwärmen. Zwiebel, Karotte und Sellerie hinzufügen. Topf abdecken und unter gelegentlichem Rühren 5 Minuten weich dünsten. Gerste und Leichte Gemüsebrühe in den Topf geben und zum Kochen bringen. Wieder abdecken und bei niedriger Temperatur 30 Minuten köcheln lassen. Wirsing, Pilze, Dr. Gregers Spezialgewürzmischung, Thymian und schwarzen Pfeffer (nach Geschmack) einrühren. Erneut abdecken und 30 weitere Minuten köcheln lassen, bis die Gerste und das Gemüse bisszart sind. Abschmecken und auf Wunsch nachwürzen. Suppe auf Schüsseln verteilen und mit Petersilie oder Dill garnieren.

MAISCREMESUPPE

ERGIBT *4 Portionen* SCHWIERIGKEITSGRAD: *leicht*

Diese Suppe können Sie so dick und cremig zubereiten, wie Sie mögen – je nachdem, wie viel Sie davon pürieren. Wenn Sie es scharf mögen, stellen Sie einfach meine Salzfreie Hot Sauce mit auf den Tisch.

- 1 gelbe Zwiebel, gehackt
- 2 Selleriestangen, gehackt
- 2 Kartoffeln, gewürfelt
- 4 EL Nährhefe
- ½ TL geräuchertes Paprikapulver
- ½ TL getrockneter Thymian
- ¼ TL schwarzer Pfeffer, gemahlen
- 1 l Leichte Gemüsebrühe (Seite 236)
- 450 g frische oder aufgetaute Maiskörner
- 2 TL weiße Misopaste
- 2 TL frisch gepresster Zitronensaft
- 1 EL frische Petersilie, gehackt
- Salzfreie Hot Sauce (Seite 238), optional

In einem großen Topf 60 ml Wasser auf mittlerer Stufe erhitzen. Zwiebel, Sellerie und Kartoffeln hineingeben, Topf abdecken und unter gelegentlichem Rühren 5 Minuten weich dünsten. Nährhefe, Paprikapulver, Thymian, schwarzen Pfeffer und Leichte Gemüsebrühe einrühren und zum Kochen bringen. Anschließend den Herd auf eine niedrige Stufe stellen und den Mais hinzugeben. 20 Minuten köcheln lassen, bis das Gemüse weich ist.

Zwei Tassen der festen Zutaten aus der Suppe zusammen mit der Misopaste in einem Mixer glatt pürieren. Püree zurück in den Topf mit der Suppe geben. Zitronensaft einrühren, abschmecken und bei Bedarf nachwürzen. Wenn Sie es dicker und cremiger mögen, eine weitere Tasse der festen Zutaten pürieren und unterrühren. Die Suppe gut durchwärmen, auf Schüsseln verteilen, mit Petersilie bestreuen und auf Wunsch zusammen mit Salzfreier Hot Sauce servieren.

LINSEN-GRÜNKOHL-SUPPE MIT CURRYNOTE

ERGIBT *4 Portionen* SCHWIERIGKEITSGRAD: *leicht*

Diese einfache Suppe ist so aromatisch, dass sie schmeckt, als hätten Sie mehrere Stunden in ihre Zubereitung investiert! Sie können den Grünkohl auf Wunsch auch durch Spinat, Mangold oder ein anderes dunkles Blattgemüse ersetzen.

- 1 rote Zwiebel, gehackt
- 2 große Handvoll Butternut-Kürbis- oder Süßkartoffelwürfel
- 1 Knoblauchzehe, fein gehackt
- 1 EL frischer Ingwer, gerieben
- 1 EL Currypulver
- 1 TL Koriander, gemahlen
- ½ TL Kreuzkümmel, gemahlen
- ¼ TL schwarzer Pfeffer, gemahlen
- 200 g rote Linsen
- 1,25 l Leichte Gemüsebrühe (Seite 236)
- 1 BPA-freie Dose (400 g) oder 1 Tetra Pak salzfreie stückige Tomaten
- 3 große Handvoll Grünkohl, gehackt
- 1 TL frisch gepresster Zitronensaft
- Super-Gewürz-Mix (Seite 233)
- 1 TL Schwarzkümmel (Nigella sativa), grob gemahlen

In einem großen Topf 60 ml Wasser auf mittlerer Stufe erhitzen, dann die Zwiebel, Süßkartoffeln und Knoblauch hineingeben. Topf abdecken und das Gemüse circa 8 Minuten weich dünsten. Anschließend Ingwer, Currypulver, Koriander, Kreuzkümmel und schwarzen Pfeffer einrühren. Linsen und Leichte Gemüsebrühe hinzufügen und zum Kochen bringen. Die Suppe bei niedriger Temperatur und unter gelegentlichem Rühren circa 30 Minuten köcheln lassen, bis die Linsen und das Gemüse gar sind. Dann Tomaten und Grünkohl hinzufügen. Wenn nach 10 bis 15 weiteren Minuten Köcheln der Grünkohl weich ist, mit Zitronensaft und Super-Gewürz-Mix abschmecken. Die heiße Suppe auf Schüsseln verteilen und mit Schwarzkümmel garniert servieren.

TOSKANISCHE WEISSE-BOHNEN-SUPPE MIT GERÖSTETEM FENCHEL

ERGIBT *4 Portionen* SCHWIERIGKEITSGRAD: *leicht*

Die leichte Anisnote des Fenchels verleiht dieser Suppe ihr gewisses Etwas. Wenn Sie die Hälfte der Bohnen pürieren und die zweite Hälfte ganz lassen, wird sie cremig, hat aber trotzdem noch eine schöne stückige Konsistenz.

- 1 große Fenchelknolle
- 1 kleine gelbe Zwiebel, gehackt
- 4 Knoblauchzehen, fein gehackt
- 500 g gekochte* salzfreie Cannellini-Bohnen, alternativ 2 BPA-freie Dosen (je 400 g) oder 2 Tetra Paks, abgegossen und gespült
- 1 l Leichte Gemüsebrühe (Seite 236)
- 2 TL frischer Rosmarin, gehackt, plus mehr zum Garnieren (optional)
- ½ TL Fenchelsamen, gemahlen
- ¼ TL schwarzer Pfeffer, gemahlen
- 1 TL frisch gepresster Zitronensaft

Ofen auf 220 °C vorheizen. Ein Backblech (mit Rand) mit einer Silikonbackmatte oder Backpapier auslegen. Wurzel- und Triebende der Fenchelknolle abschneiden. Auf Wunsch einige grüne Fencheltriebe klein schneiden und zum späteren Garnieren aufbewahren. Knolle erst längs halbieren und dann in 0,5 cm dicke Streifen schneiden. Fenchelstreifen auf dem Backblech verteilen und 30 Minuten im Ofen rösten, bis sie weich und leicht gebräunt sind. Nach der Hälfte der Zeit einmal wenden.

In einem großen Topf 60 ml Wasser auf mittlerer Hitze erwärmen. Zwiebel und Knoblauch zugeben und abgedeckt circa 8 Minuten unter gelegentlichem Rühren dünsten, bis die Zwiebel weich ist. Die Hälfte der Cannellini-Bohnen, Leichte Gemüsebrühe, Rosmarin, gemahlene Fenchelsamen und schwarzen Pfeffer hinzufügen und zum Kochen bringen. Den Herd auf niedrige Stufe stellen und die Suppe 10 Minuten köcheln lassen, dann herunternehmen und etwas abkühlen lassen.

Die Suppe mit einem Pürierstab oder in mehreren Durchgängen in einem Mixer pürieren, dann in den Topf zurückschütten. Restliche Bohnen hinzufügen, die Suppe erneut zum Köcheln bringen und 10 Minuten unter gelegentlichem Rühren gut durchwärmen. Zitronensaft einrühren, abschmecken und auf Wunsch nachwürzen.

Zum Schluss die Suppe auf Schüsseln verteilen und gerösteten Fenchel hineingeben. Mit zusätzlichem frischen, gehackten Rosmarin bestreuen und auf Wunsch mit den aufbewahrten Fencheltrieben garnieren.

* *Eine Kochanleitung finden Sie in den* Garzeitentabellen für Hülsenfrüchte und Getreide *auf den Seiten 240 bis 243.*

2

Salate

Sechsundneunzig Prozent der US-amerikanischen Bevölkerung verzehren nicht einmal das kümmerliche empfohlene Minimum an Bohnen und grünem Blattgemüse, und ganze neunundneunzig Prozent essen nicht genug Vollkorn.[30] Fast niemand konsumiert genug pflanzliche Lebensmittel – die einzige Quelle natürlicher, im Überfluss vorkommender Ballaststoffe. Eine meiner Lieblingsstrategien, um so viel wie möglich von diesen sättigenden und gesunden Lebensmitteln zu mir zu nehmen, sind herzhafte Salate. Die kreativen und abwechslungsreichen Rezepte auf den folgenden Seiten werden Sie garantiert genauso salatverrückt machen, wie ich es bin. Ob Sie nun Lust auf eine Neuinterpretation von Klassikern wie Waldorf- oder gemischtem Salat haben oder neue aufregende Geschmackskombinationen wie Indonesisches Gado-Gado oder Sorghum-Salat à la Marrakesch mit frischen Aprikosen und Minze ausprobieren möchten – diese Rezepte werden Ihren Appetit auf die gesündeste und köstlichste Weise stillen, die Sie sich überhaupt vorstellen können.

WENIGER ALS 100 KALORIEN PRO PORTION

SOMMERSALAT

ERGIBT *4 Portionen* SCHWIERIGKEITSGRAD: *leicht*

Dieser erfrischende Salat schmeckt das ganze Jahr über köstlich. Ich esse ihn aber am liebsten im Sommer, wenn das Gemüse besonders reif und frisch ist.

- 3 reife Tomaten, in 1 cm große Würfel geschnitten, oder 3 Handvoll Kirschtomaten, halbiert
- 1 feste Salatgurke, Enden entfernt und in 0,5 cm dicke Scheiben geschnitten
- 1 kleine gelbe Paprika, entkernt, circa 1 cm große Stücke
- 4 EL rote Zwiebel in dünnen Ringen
- 3 EL frische Kräuter wie Petersilie, Dill, Basilikum oder Schnittlauch, gehackt
- 5 EL Apfelessig
- 1 TL weiße Misopaste
- ¼ TL getrocknetes Basilikum
- ¼ TL getrockneter Oregano
- ¼ TL schwarzer Pfeffer, gemahlen

Tomaten, Gurke, Paprika, Zwiebel und frische Kräuter in eine große Schüssel geben und beiseite stellen.

In einer kleinen Schüssel 5 EL Wasser mit 5 EL Apfelessig, Misopaste, getrocknetem Basilikum und Oregano sowie schwarzem Pfeffer verquirlen. Dressing über den Salat gießen und vorsichtig mit dem Gemüse vermischen. Servieren.

WALDORF-KRAUTSALAT

ERGIBT *4 Portionen* SCHWIERIGKEITSGRAD: *leicht*

Der klassische Waldorf-Salat präsentiert sich hier als leckere Krautsalatvariante. Äpfel, Walnüsse, Sellerie und Trauben sind natürlich weiterhin mit von der Partie, doch statt schwerer Mayonnaise gibt es mehr knackiges, gesundes Gemüse.

- 3 bis 4 Gala- oder Fuji-Äpfel, Kerngehäuse entfernt und in 1 cm große Würfel geschnitten
- 2 EL frisch gepresster Zitronensaft
- 2 EL Apfelessig
- 1 weiche Dattel, entsteint, 10 Minuten in heißem Wasser eingeweicht und abgegossen (optional)
- 1 TL frischer Ingwer, gerieben
- 1 TL weiße Misopaste
- ¼ TL schwarzer Pfeffer, gemahlen
- 3 Handvoll Weißkohl, gehobelt
- 1 große Karotte, gerieben
- 1 kleine Handvoll rote kernlose Trauben, halbiert
- 1 Selleriestange, fein gehackt
- 2 Frühlingszwiebeln, fein gehackt
- 50 g Walnüsse

Apfelwürfel in einer großen Schüssel mit Zitronensaft vermischen. Eine kleine Handvoll davon in einen Mixer geben. 2 EL Wasser, Apfelessig, Dattel (falls verwendet), Ingwer, Misopaste und schwarzen Pfeffer hinzufügen und glatt pürieren. Dressing beiseite stellen.

Weißkohl, Karotte, Trauben, Sellerie, Frühlingszwiebeln und Walnüsse in die Schüssel zu den Apfelwürfeln geben. Dressing darübergießen, dann alle Zutaten vorsichtig vermischen. Abschmecken und auf Wunsch nachwürzen.

WENIGER ALS 100 KALORIEN PRO PORTION

THAILÄNDISCHER PAPAYA-SALAT

ERGIBT *4 Portionen* SCHWIERIGKEITSGRAD: *leicht*

Jetzt müssen Sie nicht mehr nach einem Restaurant suchen, um diesen unglaublich aromatischen Salat genießen zu können. Dank dieses unkomplizierten (und einfach köstlichen) Rezepts können Sie ihn ganz leicht zu Hause zubereiten. Raspeln Sie die Papaya und die Karotte mit einem Gemüsehobel oder einer einfachen Küchenreibe, oder kaufen Sie die vorgehobelten Zutaten in einem gut sortierten Asia-Markt. Wenn Sie es eher mild mögen, lassen Sie die Chiliflocken einfach weg, oder geben Sie mehr hinzu, wenn es schärfer sein darf.

- 1 Bio-Limette, Saft und abgeriebene Schale
- 2 Knoblauchzehen, fein gehackt
- 2 EL Apfelessig
- 2 TL frischer Ingwer, gerieben
- 1 TL weiße Misopaste
- 1 TL Dattelsirup (Seite 239)
- ¼ TL Chiliflocken – oder nach Geschmack
- 1 große grüne Papaya, Samen entfernt, in lange, dünne Streifen gehobelt
- 1 Karotte, geschält und geraspelt
- 1,5 Handvoll grüne Bohnen, in circa 2 cm große Stücke geschnitten und leicht gedämpft
- 1 Handvoll Cocktail-Tomaten, längs halbiert
- 2 Frühlingszwiebeln, fein gehackt
- 5 EL ungesalzene, ungeröstete Erdnüsse, gehackt

2 EL Wasser, Limettensaft und -abrieb, Apfelessig, Ingwer, Misopaste, Dattelsirup und Chiliflocken in einer kleinen Schüssel vermengen. Dressing beiseite stellen.

Papaya, Karotte, grüne Bohnen, Tomaten und Frühlingszwiebeln in eine große Schüssel geben. Dressing darübergießen und die Zutaten vorsichtig vermischen. Mit gehackten Erdnüssen bestreuen und servieren.

ROGGENSALAT

ERGIBT *4 Portionen* SCHWIERIGKEITSGRAD: *mittel*

Das Besondere an diesem Salat sind die kernig-herzhaften Roggenkörner, die mit Kichererbsen, Gemüse und einem würzigen Senfdressing kombiniert werden. Sie brauchen vielleicht etwas länger, bis sie gar sind, doch den höheren Zeitaufwand sind sie auf jeden Fall wert! Ihr Gaumen und Ihre Gesundheit werden es ihnen danken.

- 1 Tasse (250 ml) Roggenkörner, über Nacht in Wasser eingeweicht und abgegossen
- 2 große Karotten, gerieben
- ½ kleine rote Zwiebel, fein gehackt
- 2 kleine Selleriestangen, fein gehackt
- 200 g gekochte* salzfreie Kichererbsen, alternativ BPA-freie Dose (400 g) oder Tetra Pak, abgegossen und gespült
- 3 EL getrocknete Gojibeeren
- 8 EL gehobelte Mandeln
- 4 EL frisches Koriandergrün oder Petersilie, gehackt
- ¼ TL schwarzer Pfeffer, gemahlen
- 1 Orange, geschält und geviertelt
- 2 TL frisch gepresster Zitronensaft
- 2 EL Balsamico oder Sherryessig
- 1 EL weiße Misopaste
- 1 weiche Dattel, entsteint, 10 Minuten in heißem Wasser eingeweicht und abgegossen
- 1 Knoblauchzehe, fein gehackt
- 2 TL salzfreier körniger Senf

Roggenkörner in einem Schnellkochtopf oder einem Topf auf dem Herd gar kochen.* Beiseite stellen und abkühlen lassen.

Abgekühlte Roggenkörner in eine große Schüssel füllen. Karotten, Zwiebel, Sellerie, Kichererbsen, Gojibeeren, Mandeln, Koriandergrün und schwarzen Pfeffer hinzufügen und zur Seite stellen.

Orange, Zitronensaft, Essig, Misopaste, Dattel, Knoblauch und Senf im Mixer glatt pürieren. Abschmecken und auf Wunsch nachwürzen.

Das Dressing über den Roggensalat gießen und vorsichtig mit den Zutaten vermischen. Abdecken und 30 Minuten ziehen lassen, damit sich die Aromen entfalten können. Den Salat sofort servieren oder abgedeckt im Kühlschrank aufbewahren.

* *Eine Kochanleitung finden Sie in den* Garzeitentabellen für Hülsenfrüchte und Getreide *auf den Seiten 240 bis 243.*

CHIRASHI-BOWLS MIT GEMÜSE

ERGIBT *4 Portionen* SCHWIERIGKEITSGRAD: *mittel*

Die Hauptkomponenten von Chirashi-Zushi, dem erfrischenden japanischen Salat aus »verstreutem Sushi«, sind normalerweise roher Fisch und ein Bett aus weißem Reis. Diese leichtere Version setzt auf Gemüse statt Fisch und auf Quinoa statt Klebreis. Für einen köstlichen Hauch von Meeresbrise sorgen die Algenstreifen.

- 200 g getrocknete Quinoa, gut gespült
- 2 EL Reisessig
- 1 EL weiße Misopaste
- 1 Karotte, längs in dünne, 5 cm lange Streifen geschnitten
- 1 Handvoll Shiitake-Pilzhüte, dünne Scheiben
- 150 g gefrorene grüne Erbsen
- 1 große Handvoll Zuckerschoten, Spitzen entfernt und in 2 cm große Stücke geschnitten
- 1 große Handvoll frische Bohnensprossen
- 1 Frühlingszwiebel, fein gehackt
- 1 EL Sesamsaat
- 1 Noriblatt, circa 0,5 x 2 cm lange Streifen
- Umami-Soßenreduktion (Seite 234)

500 ml Wasser in einem Stieltopf zum Kochen bringen. Quinoa hineingeben und abgedeckt bei niedriger Temperatur circa 15 Minuten köcheln lassen, bis das Wasser absorbiert ist. Überschüssige Flüssigkeit abgießen und die Quinoa 5 Minuten ziehen lassen, bis die gesamte restliche Flüssigkeit aufgesogen ist. Essig über die gekochte Quinoa träufeln und vorsichtig untermischen. Quinoa in eine große, flache Schüssel füllen und auf Raumtemperatur abkühlen lassen.

Herd auf mittlere Stufe stellen. Misopaste mit 250 ml Wasser in einen Stieltopf geben und unter Rühren auflösen. Die Mischung zum Köcheln bringen und Karotte, Shiitake und Erbsen hinzufügen. Das Gemüse circa 2 Minuten weich köcheln. Zuckerschoten beimischen und 1 weitere Minute köcheln lassen, bis sie grün leuchten. Vom Herd nehmen. Gemüse abgießen und mit kaltem Wasser abschrecken, damit es schneller abkühlt und nicht weitergart.

Quinoa auf vier Schüsseln verteilen und das Gemüse darüberstreuen. Mit fein gehackter Frühlingszwiebel, Sesamsaat und Nori-Streifen garnieren. Bei Raumtemperatur und auf Wunsch zusammen mit Umami-Soßenreduktion servieren.

WIE KOCHT MAN GEMÜSE AM BESTEN?

Gesunde, oxidationshemmende Pflanzenpigmente vertragen hohe Temperaturen nicht sehr gut, also verzichten Sie lieber aufs Braten und vor allem aufs Frittieren.[31] Das Blanchieren (Gemüse 3 Minuten kochen und danach mit kaltem Wasser abschrecken) ist schonender als längeres Kochen, und schnelles Dampfgaren (Gemüse 3 Minuten dämpfen und dann abkühlen lassen) scheint eine noch bessere Methode zu sein.[32]

SOUTHWEST-STYLE GRÜNKOHLSALAT MIT TOMATE-KREUZKÜMMEL-DRESSING

ERGIBT *4 Portionen* SCHWIERIGKEITSGRAD: *leicht*

Dieser herzhafte Grünkohlsalat mit schwarzen Bohnen bringt Ihnen den unverwechselbaren Geschmack der US-amerikanischen Südstaaten auf den Tisch.

DRESSING

- 1 große reife Tomate, entkernt und geviertelt
- 1 Knoblauchzehe, zerdrückt
- 4 EL Apfelessig
- 2 EL Nährhefe
- 1 TL Kreuzkümmel, gemahlen
- ½ TL getrockneter Oregano
- ½ TL weiße Misopaste
- ½ TL Super-Gewürz-Mix (Seite 233) – oder nach Geschmack
- ¼ TL schwarzer Pfeffer, gemahlen

SALAT

- 1 großer Bund Grünkohl, harte Stiele entfernt
- 250 g gekochte* salzfreie schwarze Bohnen, alternativ BPA-freie Dose (400 g) oder Tetra Pak, abgegossen und gespült
- 1 kleine rote Paprika, entkernt und gewürfelt
- 300 g frische oder aufgetaute gefrorene Maiskörner
- 1 reife Hass-Avocado, gewürfelt
- 4 EL frisches Koriandergrün oder Petersilie, gehackt

ZUM GARNIEREN

- grob gemahlener Schwarzkümmel (Nigella sativa)

FÜR DAS DRESSING: Alle Dressing-Zutaten in einem Mixer glatt pürieren. Gegebenenfalls pausieren und die Mixer-Innenwand nach unten freischaben. Wenn das Dressing zu dickflüssig ist, bis zu 4 EL Wasser oder mehr Tomate untermischen. Abschmecken und auf Wunsch nachwürzen.

FÜR DEN SALAT: Grünkohl fein hacken und in eine große Schüssel füllen. Bohnen, Paprika, Mais, Avocado und Koriandergrün hinzufügen.

VOR DEM SERVIEREN: So viel Dressing wie gewünscht über den Salat träufeln und alle Zutaten vorsichtig vermengen. Mit Schwarzkümmel garnieren und servieren.

* *Eine Kochanleitung finden Sie in den* Garzeitentabellen für Hülsenfrüchte und Getreide *auf den Seiten 240 bis 243.*

ENTZÜNDUNGSHEMMER AVOCADO

Wissenschaftler haben herausgefunden, dass sich der Kaloriengehalt von Avocados mit dem von Eiscreme vergleichen lässt. Doch anders als Eiscreme führen Avocados, obwohl sie reichlich Kalorien und Fett enthalten, im Körper nicht zu stärkeren oxidativen Reaktionen oder Entzündungen. Zucker in Obst ist kein Problem, weil er auf natürliche Weise an Phytonährstoffe gebunden ist. Genauso verhält es sich auch mit Fetten aus vollwertigen pflanzlichen Lebensmitteln wie Nüssen oder Avocados: Sie sind Teil eines »umfangreichen Pakets an Phytonährstoffen und haben daher nicht dasselbe Potenzial, oxidative Schäden hervorzurufen«.[33]

SORGHUM-SALAT À LA MARRAKESCH MIT FRISCHEN APRIKOSEN UND MINZE

ERGIBT *4 Portionen* SCHWIERIGKEITSGRAD: *mittel*

Sorghumhirse stammt ursprünglich aus Afrika, also eignet sie sich wunderbar als nahrhafte Grundzutat in diesem farbenfrohen marokkanischen Salat mit Ras el Hanout und frischer Minze. Traditionell werden meist getrocknete Aprikosen verwendet, doch die frischen Aprikosen verleihen diesem Salat eine ganz besondere Note.

SORGHUM

- 300 g Sorghumhirse, über Nacht in Wasser eingeweicht
- 1 Karotte, geraspelt
- ½ Handvoll frische Petersilie, gehackt
- 2 EL Schnittlauch oder Frühlingszwiebellauch, gehackt
- 1 EL Sherryessig
- 1 TL Ras el Hanout (Rezept auf der nächsten Seite)

DRESSING

- 1 TL Ras el Hanout
- 2 Knoblauchzehen, zerdrückt
- 2 EL Mandelmus
- 1 EL frisch gepresster Zitronensaft
- 1 TL weiße Misopaste

SALAT

- ½ Handvoll gehobelte Mandeln oder Sonnenblumenkerne
- 4 frische Aprikosen, entsteint und in Spalten geschnitten
- 1 Handvoll frische Minze, gehackt

ZUM ANRICHTEN

- gehackter Romanasalat und Rucola

FÜR DIE SORGHUMHIRSE: Eingeweichte Hirse abgießen, spülen und in einem Topf auf dem Herd oder im elektrischen Schnellkochtopf gar kochen.* Gekochte Hirse in eine große Schüssel füllen und abkühlen lassen. Restliche Sorghum-Zutaten hinzufügen und vorsichtig vermischen.

FÜR DAS DRESSING: 4 EL Wasser und alle Dressing-Zutaten im Mixer glatt pürieren.

FÜR DEN SALAT: Dressing über die Schüssel mit der Sorghum-Mischung träufeln. Mandeln, Aprikosen und Minzblätter zugeben und alles vorsichtig vermengen.

ZUM ANRICHTEN: Salat auf einem Bett aus gehacktem Romanasalat und Rucola anrichten. Wenn Sie den Salat nicht sofort servieren, die Sorghum-Mischung ohne Aprikosen und Minze in einem luftdicht verschließbaren Behälter aufbewahren. Die letzten frischen Zutaten erst kurz vor dem Servieren zugeben.

* *Eine Kochanleitung finden Sie in den* Garzeitentabellen für Hülsenfrüchte und Getreide *auf den Seiten 240 bis 243.*

RAS EL HANOUT

ERGIBT *3 EL* SCHWIERIGKEITSGRAD: *leicht*

- 1,5 TL Ingwerpulver
- 1,5 TL Koriandersamen, gemahlen
- 1 TL Kurkumapulver
- 1 TL Zimt
- 1 TL Kreuzkümmel, gemahlen
- ½ TL Piment, gemahlen
- ½ TL Kardamom, gemahlen
- ½ TL Anis- oder Fenchelsamen, gemahlen
- ½ TL schwarzer Pfeffer, gemahlen
- ¼ TL Cayennepfeffer
- ¼ TL Nelken, gemahlen

Ras el Hanout heißt wörtlich übersetzt »Chef des Ladens«, da früher oft nur der erfahrene Würzmeister oder Ladeninhaber die genaue Zusammensetzung dieser marokkanischen Gewürzmischung kannte. Mittlerweile gibt es sie in speziellen Fachgeschäften, immer öfter aber auch in gut sortierten Supermärkten zu kaufen. Sie können sie auch online bestellen – oder einfach selbst machen.

Alle Zutaten in eine kleine Schüssel geben und gut vermischen. In einem luftdicht verschließbaren Behälter bei Raumtemperatur aufbewahren.

SCHWARZAUGENBOHNEN-MAIS-SALAT

ERGIBT *4 Portionen* SCHWIERIGKEITSGRAD: *leicht*

Die verschiedenen Texturen, Farben und Geschmacksaromen machen diesen Salat bei Gartenpartys und Picknicks zu einem echten Hit. Genießen Sie ihn als Beilage oder als leckeres Hauptgericht.

SALAT

- 600 g gekochte* salzfreie Schwarzaugenbohnen, alternativ 2 BPA-freie Dosen (je 400 g) oder 2 Tetra Paks, abgegossen und gespült
- 400 g frische oder aufgetaute gefrorene Maiskörner
- 4 EL rote Zwiebel, fein gehackt
- 1 kleine rote Paprika, entkernt und gewürfelt
- 1 reife Hass-Avocado, gewürfelt
- 1 kleine Jalapeño-Schote, entkernt und fein gehackt (optional)
- 5 EL frisches Koriandergrün, fein gehackt

DRESSING

- 1 große reife Tomate, entkernt und geviertelt
- 4 EL frisch gepresster Zitronensaft
- ½ TL geräuchertes Paprikapulver
- ½ TL Chilipulver
- 1 TL Super-Gewürz-Mix (Seite 233) – oder nach Geschmack
- schwarzer Pfeffer, gemahlen

ZUM GARNIEREN

- 1 EL Sonnenblumenkerne

FÜR DEN SALAT: Schwarzaugenbohnen, Mais, Zwiebel, Paprika, Avocado, Jalapeño (falls verwendet) und Koriandergrün in einer großen Schüssel vermischen.

FÜR DAS DRESSING: Tomate, Zitronensaft, Paprikapulver, Chilipulver, Super-Gewürz-Mix und schwarzen Pfeffer in einem kleinen Mixer glatt pürieren.

VOR DEM SERVIEREN: Dressing über den Salat träufeln und vorsichtig untermischen. Mit Sonnenblumenkernen bestreuen und servieren.

* *Eine Kochanleitung finden Sie in den* Garzeitentabellen für Hülsenfrüchte und Getreide *auf den Seiten 240 bis 243.*

GERSTE-TABOULÉ-SALAT MIT TAHINI-SOSSE

ERGIBT *4 Portionen* SCHWIERIGKEITSGRAD: *mittel*

Statt Bulgur (Weizenschrot) werden in diesem Salat ganze, vollwertige Gerstenkörner verwendet. Sie können die Gerste aber auch gern durch andere ganze Getreidekörner ersetzen. Dieses Rezept ist eine hervorragende Möglichkeit, übrig gebliebenes gekochtes Getreide aufzubrauchen. Die darübergeträufelte Tahini-Soße sorgt bei dieser Taboulé-Version für eine wunderbare geschmackliche Tiefe.

TABOULÉ

- 150 g entspelzte Gerste, über Nacht in Wasser eingeweicht und abgegossen
- 2 reife Roma-Tomaten, gehackt
- 1 kleine feste Gurke, geschält, entkernt und gehackt
- 200 g gekochte* salzfreie Kichererbsen, alternativ BPA-freie Dose (400 g) oder Tetra Pak, abgegossen und gespült
- 2 Bund frische Petersilie, fein gehackt
- ½ Handvoll frische Minze, gehackt
- 2 Frühlingszwiebeln, gehackt
- 4 EL frisch gepresster Zitronensaft
- 1 TL weiße Misopaste
- ½ TL Knoblauchpulver
- ¼ TL Kreuzkümmel, gemahlen
- Super-Gewürz-Mix (Seite 233)

TAHINI-SOSSE

- 1 Knoblauchzehe, zerdrückt
- 3 EL Tahini
- 1 EL frisch gepresster Zitronensaft
- 1 TL weiße Misopaste
- 1 Prise Kreuzkümmel, gemahlen

SALATBETT UND GARNIERUNG

- 6 Handvoll Blattsalatmischung
- Schwarzkümmel, grob gemahlen (Nigella sativa)

FÜR DAS TABOULÉ: Die Gerste in einem elektrischen Schnellkochtopf oder einem Topf auf dem Herd gar kochen.* Überschüssiges Wasser abgießen, dann abkühlen lassen.

Die gekochte Gerste in eine große Schüssel füllen. Tomaten, Gurke, Kichererbsen, Petersilie, Minze und Frühlingszwiebeln hinzufügen und beiseite stellen.

Zitronensaft, Misopaste, Knoblauchpulver, Kreuzkümmel und Super-Gewürz-Mix (nach Geschmack) in einer kleinen Schüssel verquirlen.

Dressing über die Gerste geben und vorsichtig untermischen. Schüssel abdecken, und den Salat 20 Minuten ziehen lassen, damit sich die Aromen entfalten. Sofort servieren oder bis zum Verzehr im Kühlschrank kalt stellen.

FÜR DIE TAHINI-SOSSE: Alle Zutaten und 4 EL Wasser in einem kleinen Mixer glatt pürieren. Für eine dünnere Soße nach und nach 1 EL Wasser zugeben, bis die erwünschte Konsistenz erreicht ist.

ZUM ANRICHTEN: Blattsalatmischung auf Tellern oder in flachen Schüsseln verteilen und Taboulé darauf anrichten. Mit Tahini-Soße beträufeln und mit Schwarzkümmel bestreuen.

* *Eine Kochanleitung finden Sie in den* Garzeitentabellen für Hülsenfrüchte und Getreide *auf den Seiten 240 bis 243.*

Weniger als 100 Kalorien pro Portion

ROTE-BOHNEN-RUCOLA-SALAT MIT MANGO-BALSAMICO-DRESSING

ERGIBT *4 Portionen* SCHWIERIGKEITSGRAD: *leicht*

Wenn Sie gern mehr Abwechslung und Farbe in Ihren Salat bringen möchten, verwenden Sie 2 Handvoll Rucola weniger und stattdessen Brunnenkresse oder roten Eichblattsalat – oder Sie gönnen sich eine Extraportion frischen Blattsalat und fügen einfach beide Sorten hinzu.

- 1 reife Mango, geschält, entsteint, grob gehackt
- 2 EL Balsamico-Essig
- 1 EL Frühlingszwiebel, fein gehackt
- 2 TL frische Petersilie oder Koriandergrün, fein gehackt
- 1 TL weiße Misopaste
- 1 Stück (0,5 cm dick) frische Kurkumawurzel, gerieben, oder ¼ TL Kurkumapulver
- 6 große Handvoll Rucola oder Babyspinat
- 200 g gekochte* salzfreie dunkelrote Kidney- oder Adzukibohnen, alternativ BPA-freie Dose (400 g) oder Tetra Pak, abgegossen und gespült
- 1 kleine feste Gurke, in dünne Scheiben geschnitten
- 1 Handvoll Kirsch- oder Cocktailtomaten, längs halbiert

Mango, Essig, Frühlingszwiebel, Petersilie, Misopaste und Kurkuma im Mixer glatt pürieren. Dressing beiseite stellen.

Rucola, Bohnen, Gurke und Tomaten in eine große Schüssel geben. Das Dressing darübergießen und vorsichtig mit den Salat-Zutaten vermischen. Sofort servieren.

* *Eine Kochanleitung finden Sie in den* Garzeitentabellen für Hülsenfrüchte und Getreide *auf den Seiten 240 bis 243.*

KOPFSALATSCHIFFCHEN MIT KICHERERBSEN-TEMPEH-SALAT

ERGIBT *4 Portionen* SCHWIERIGKEITSGRAD: *leicht*

Bei diesem Rezept habe ich zwei Tipps für Sie. Der erste lautet: Wenn Sie den Kichererbsen-Tempeh-Salat im Voraus zubereiten, wird er durch die längere Ziehzeit noch geschmacksintensiver und aromatischer. Und der zweite: Die Blätter eines kleinen, jungen Kopfsalats eignen sich am besten als kleine essbare Schiffchen oder Schälchen.

- 250 g Tempeh, 20 Minuten gedämpft, abgekühlt und zerkrümelt
- 200 g gekochte* salzfreie Kichererbsen, alternativ BPA-freie Dose (400 g) oder Tetra Pak, abgegossen und gespült
- 1 kleine Selleriestange, gehackt
- 1 kleine Karotte, gerieben
- 1 Fuji- oder Gala-Apfel, Kerngehäuse entfernt und grob gehackt (ein paar Apfelstreifen zum Garnieren aufbewahren)
- 1 EL gehackte Frühlingszwiebel
- 1,5 TL Currypulver – oder nach Geschmack
- 2 TL frisch gepresster Zitronensaft
- 1 TL weiße Misopaste
- 8 bis 10 ganze Kopfsalatblätter

Zerkrümelten Tempeh, Kichererbsen, Sellerie, Karotte, Apfelstücke, Frühlingszwiebel, Currypulver, Zitronensaft und Misopaste in eine Küchenmaschine geben. 3 EL Wasser hinzufügen und mehrmals kurz durchmixen. Für eine stückigere Konsistenz nur kurz und wenige Male, für eine cremigere Mischung mehrmals und etwas länger mixen. Alternativ die Kichererbsen kurz mit einer Gabel zerdrücken und mit den restlichen Zutaten bis auf die Salatblätter in einer großen Schüssel gut vermischen. (Dann bleibt die Konsistenz recht grob.) Abschmecken und auf Wunsch nachwürzen.

Zum Anrichten den Kichererbsen-Tempeh-Salat in die Mitte der Salatblätter geben, mit Apfelstreifen garnieren und sofort servieren.

* *Eine Kochanleitung finden Sie in den* Garzeitentabellen für Hülsenfrüchte und Getreide *auf den Seiten 240 bis 243.*

SOLLTEN FRAUEN MIT MYOMEN AUF SOJA VERZICHTEN?

Etwa eine von vier Frauen leidet an Myomen, die häufig Beschwerden wie eine sehr starke Regelblutung, Krämpfe und ein erhöhtes Druckgefühl verursachen.[34] Hat Soja etwas damit zu tun? Nein. Die Menge an Phytoöstrogenen, die in drei bis fünf Tassen Sojamilch enthalten sind, hatte Studien zufolge keine signifikante Auswirkung auf die Bildung oder die Häufigkeit von Myomen.[35]

BRUNNENKRESSE MIT SOMMER-OBST UND BALSAMICO-SIRUP

WENIGER ALS 100 KALORIEN PRO PORTION

ERGIBT *4 Portionen* SCHWIERIGKEITSGRAD: *leicht*

Der Balsamico-Sirup kitzelt die Süße der Sommerfrüchte erst richtig hervor. Dieser erfrischende Salat schmeckt am besten, wenn Brunnenkresse und Obst Saison haben.

- 450 g kernlose Wassermelone, gewürfelt oder als Bällchen (Kugelausstecher verwenden)
- 3 reife Pfirsiche, entsteint und in dünne Spalten geschnitten oder gewürfelt
- 1 große Handvoll frische Heidelbeeren
- 2 TL frisch gepresster Zitronensaft
- 2 Bund Brunnenkresse, harte Stiele entfernt, grob gehackt
- Balsamico-Sirup (Seite 237)
- schwarzer Pfeffer, grob gemahlen

Wassermelone, Pfirsiche, Heidelbeeren und Zitronensaft in einer großen Schüssel vermischen. Brunnenkresse unterheben.

Vor dem Servieren mit so viel Balsamico-Sirup wie gewünscht beträufeln und mit schwarzem Pfeffer bestreuen (nach Geschmack).

HEIDELBEEREN UND ARTERIENGESUNDHEIT

Der Verzehr von Heidelbeeren wirkt sich positiv auf die Arteriengesundheit aus: Heidelbeeren wirken einer Versteifung der Gefäße, die durch Ablagerungen verursacht wird, entgegen. Außerdem erhöhen sie die Aktivität der Killerzellen, einem Teil unserer körpereigenen Abwehr gegen Virusinfektionen und Krebs.[36] Mit dem Essen von Heidelbeeren verbessern wir übrigens nicht nur unsere Arterienfunktion, sondern versorgen auch unsere nützlichen Darmbakterien mit Futter. Win-win![37]

SALAT AUS GERÖSTETEN KARTOFFELN MIT BASILIKUM-PESTO-DRESSING

ERGIBT *4 Portionen* SCHWIERIGKEITSGRAD: *leicht*

Die gerösteten Kartoffeln machen diesen Salat besonders herzhaft und verleihen ihm einen wunderbaren Biss. Das Basilikum-Pesto-Dressing ist das i-Tüpfelchen dieses satt und zufrieden machenden Geschmackserlebnisses.

- 700 g neue Kartoffeln mit Schale, in 2,5 cm große Würfel geschnitten
- 2 EL Weißweinessig
- ¼ TL Zwiebelpulver
- ¼ TL Knoblauchpulver
- ¼ TL gemahlener schwarzer Pfeffer
- 2 Selleriestangen, fein gehackt
- 1 Karotte, gerieben
- 250 g gekochte* salzfreie Cannellini-Bohnen, alternativ BPA-freie Dose (400 g) oder Tetra Pak, abgegossen und gespült
- 3 Frühlingszwiebeln, fein gehackt
- 1 EL frisch gepresster Zitronensaft
- 1 EL weißer Balsamico-Essig
- 1 Tasse (240 ml) Basilikum-Pesto (Seite 237) – oder nach Geschmack

Ofen auf 220 °C vorheizen. Ein Backblech (mit Rand) mit einer Silikonbackmatte oder Backpapier auslegen.

Kartoffelwürfel, Essig, Zwiebel- und Knoblauchpulver sowie schwarzen Pfeffer in einer Schüssel vermengen. Kartoffeln auf dem vorbereiteten Backblech verteilen und circa 25 Minuten im Ofen rösten, bis sie leicht gebräunt sind. Nach der Hälfte der Zeit wenden.

Fertig geröstete Kartoffeln in einer großen Servierschüssel abkühlen lassen. Sellerie, Karotte, Bohnen, Frühlingszwiebeln, Zitronensaft, Essig und Basilikum-Pesto hinzufügen und alles vorsichtig vermischen.

* *Eine Kochanleitung finden Sie in den* Garzeitentabellen für Hülsenfrüchte und Getreide *auf den Seiten 240 bis 243.*

BUNTE SALAT-BOWL

ERGIBT *4 Portionen* SCHWIERIGKEITSGRAD: *leicht*

Dieser gemischte Salat strotzt nur so vor knackfrischem Gemüse. Bei diesem Rezept können Sie all das verwenden, was Sie gerade zur Hand haben oder schon längst einmal ausprobieren wollten. Ihrer Kreativität sind keine Grenzen gesetzt!

DRESSING

- 2 EL Tahini
- 2 EL Apfelessig
- 1 EL frisch gepresster Zitronensaft
- 1 EL Nährhefe
- 1 TL weiße Misopaste
- 1 TL getrocknetes Basilikum oder andere getrocknete Kräuter Ihrer Wahl, z. B. Thymian, Majoran oder Estragon
- ¼ TL Zwiebelpulver
- ¼ TL Knoblauchpulver
- ¼ TL schwarzer Pfeffer, gemahlen
- ¼ TL Kreuzkümmel, gemahlen (optional)

SALAT

- 1 Kopf Römersalat, in mundgerechte Stücke gehackt
- 1 kleine feste Gurke, geschält, längs halbiert und in Halbmonde geschnitten
- 2 Handvoll gedämpfte kleine Brokkoli- oder Blumenkohlröschen
- 1 Süßkartoffel, geröstet, abgekühlt und gewürfelt
- 1 große reife Tomate, gehackt
- 1 gelbe Paprika, entkernt und gehackt
- 1 Hass-Avocado, gewürfelt
- 3 Radieschen, gehackt
- 1 EL Sonnenblumenkerne oder Hanfsamen

FÜR DAS DRESSING: Alle Zutaten zusammen mit 3 EL Wasser in einer kleinen Küchenmaschine oder einem Mixer glatt pürieren.

FÜR DEN SALAT: Alle Salat-Zutaten bis auf die Sonnenblumenkerne in eine große Schüssel geben. Dressing kurz durchrühren oder schütteln, über den Salat gießen und vorsichtig untermischen. Salat mit Sonnenblumenkernen bestreuen und servieren.

IST VORGESCHNITTENES GEMÜSE GENAUSO GESUND?

Endotoxine sind Zerfallsprodukte von Bakterien wie E. coli.[38] Die meisten dieser Organismen, die für das Verderben von Lebensmitteln verantwortlich sind, können die äußeren Barrieren von Pflanzen nicht durchdringen und sie daher nicht von innen zersetzen. Wird Gemüse allerdings zer- oder aufgeschnitten, haben diese Bakterien freie Bahn, und es kann innerhalb von Tagen verderben.[39]

Was heißt das für vorgeschnittenes Gemüse? Auch wenn es natürlich besser ist, vorgeschnittenes Gemüse zu essen, als gar keins zu sich zu nehmen, ist es ohne Zweifel am gesündesten, wenn Sie Ihr Gemüse gant kaufen und zu Hause selbst schnippeln.

GEMÜSE-ANTIPASTO MIT TOSKANISCHEM WEISSE-BOHNEN-DRESSING

ERGIBT *4 Portionen* SCHWIERIGKEITSGRAD: *leicht*

Dieser leckere Sattmacher wird bei Raumtemperatur serviert, also bereite ich das Röstgemüse und das Dressing am liebsten im Voraus zu, damit ich die Zutaten kurz vor dem Servieren und Genießen nur noch schnell anrichten muss.

GEMÜSE

- 1 rote Zwiebel, circa 1 cm dicke Ringe
- 1 grüne und 1 gelbe Zucchini, Enden abgetrennt und längs in 0,5 cm dicke Streifen geschnitten
- 1 rote Paprika, entkernt, circa 2 cm dicke Streifen
- 2 große Portobello-Hüte, Lamellen herausgekratzt, geviertelt oder in dicke Scheiben geschnitten
- 2 große Handvoll Kirschtomaten, halbiert

DRESSING

- 2 Knoblauchzehen, grob gehackt
- 2 EL Nährhefe
- 100 g gekochte* oder BPA- und salzfreie Cannellini-Bohnen aus der Dose bzw. dem Tetra Pak, abgegossen und gespült
- 1 Stück (0,5 cm dicke Scheibe) frische Kurkumawurzel, gerieben, oder ¼ TL Kurkumapulver
- 2 EL weißer Balsamico-Essig
- 1 EL frisch gepresster Zitronensaft
- 2 TL weiße Misopaste
- ½ TL salzfreier grober Senf
- 1 EL frische Petersilie, fein gehackt
- ¾ TL frischer Rosmarin, gehackt
- ½ TL frischer Salbei, gehackt
- Dr. Gregers Spezialgewürzmischung (Seite 234)

ZUM ANRICHTEN

- 3 große Handvoll Rucola
- ½ Handvoll frische Basilikumblätter, zerrupft

FÜR DAS GEMÜSE: Ofen auf 220 °C vorheizen. Ein oder zwei große Backbleche (mit Rand) mit Silikonbackmatten oder Backpapier auslegen.

Das Gemüse – außer den Tomaten und nach Gemüseart getrennt – gleichmäßig auf dem Backblech oder den Backblechen verteilen. Die Tomaten darüberlegen. Circa 20 Minuten im Ofen rösten, bis das Gemüse weich und schön gebräunt ist. Nach der Hälfte der Zeit wenden. Aus dem Ofen nehmen und auf Raumtemperatur abkühlen lassen.

FÜR DAS DRESSING: Alle Dressing-Zutaten und Dr. Gregers Spezialgewürzmischung (nach Geschmack) in einem Mixer glatt pürieren. Abschmecken und auf Wunsch nachwürzen.

ZUM ANRICHTEN: Rucola auf eine Servierplatte geben. Abgekühltes geröstetes Gemüse, nach Gemüseart getrennt, auf dem Rucola drapieren und mit dem Dressing beträufeln. Mit frischem Basilikum garnieren und servieren.

* *Eine Kochanleitung finden Sie in den* Garzeitentabellen für Hülsenfrüchte und Getreide *auf den Seiten 240 bis 243.*

INDONESISCHES GADO-GADO

ERGIBT *4 Portionen* SCHWIERIGKEITSGRAD: *leicht*

Zwar nimmt die Vorbereitung der einzelnen Zutaten dieses Salats ein bisschen mehr Zeit in Anspruch, doch dafür ist er umso schneller und einfacher angerichtet. Verwenden Sie mehr oder weniger Cayennepfeffer, ganz nach persönlicher Vorliebe.

ERDNUSSSOSSE

- 1 Knoblauchzehe, zerdrückt
- 1,5 EL frischer Ingwer, gerieben
- ¼ bis ½ TL Cayennepfeffer
- 1 TL Koriandersamen, gemahlen
- ½ TL Knoblauchpulver
- ½ TL Zwiebelpulver
- 1 EL Zitronensaft
- 2 EL Apfelessig
- 5 EL cremige ungesalzene Erdnussbutter
- 2 EL Umami-Soßenreduktion
- 250 ml heißes Wasser

SALAT

- 1 große Süßkartoffel, circa 0,5 cm dicke Scheiben
- 1 große Handvoll grüne Bohnen, Enden abgetrennt, in 2 cm langen Stücken
- 2 Karotten in dünnen Scheiben

ZUM ANRICHTEN

- gehackter Kopfsalat oder frischer Spinat
- 1 Gurke, circa 1 cm dicke Scheiben
- 1 rote Paprika, entkernt und in dünne Streifen geschnitten
- 1 Handvoll Bohnensprossen
- 220 g gedämpfter Tempeh, circa 1 cm große Würfel
- frisches Koriandergrün, gehackt
- 2 bis 3 EL geröstete ungesalzene Erdnüsse

FÜR DIE ERDNUSSSOSSE: Alle Dressing-Zutaten bis auf das heiße Wasser in einem kleinen Mixer glatt pürieren. Esslöffelweise heißes Wasser untermischen, bis die erwünschte Konsistenz erreicht ist. Die Erdnusssoße sollte flüssig genug sein, um sie gießen zu können, aber nicht zu dünn und wässrig. Abschmecken und auf Wunsch nachwürzen.

FÜR DEN SALAT: Ofen auf 220 °C vorheizen. Ein Backblech mit einer Silikonbackmatte oder Backpapier auslegen. Süßkartoffelscheiben in einer Schicht darauf verteilen und circa 20 Minuten im Ofen rösten, bis sie weich und leicht gebräunt sind. Beiseite stellen.

Während die Süßkartoffelscheiben rösten, Wasser in einem Stieltopf mit Dämpfkorbeinsatz auf mittlerer Hitze zum Kochen bringen. Grüne Bohnen und Karotten in den Dämpfkorb legen und circa 3 Minuten lang dämpfen, bis sie weich, aber noch knackig sind. Grüne Bohnen und Karotten in einer Schüssel mit eiskaltem Wasser abschrecken, damit sie nicht weitergaren. Abgießen und ebenfalls beiseite stellen.

ZUM ANRICHTEN: Gehackten Salat in eine große Schüssel oder auf eine Servierplatte geben. Die gekochten und rohen Salat-Zutaten sowie den Tempeh jeweils für sich auf dem Salatbett in folgender Reihenfolge anrichten: geröstete Süßkartoffelscheiben, gedämpfte Bohnen, gedämpfte Karotten, Gurkenscheiben, Paprikastreifen, Bohnensprossen, gedämpfter Tempeh und Koriandergrün. Erdnusssoße über den Salat löffeln, gehackte Erdnüsse darüberstreuen und servieren. Restliche Erdnusssoße separat dazu anbieten.

3

Pasta

Basta mit Pasta? Auf keinen Fall! Ja, Brot verwandelt sich bei der Verdauung in einen Brei aus Stärke, der sehr schnell absorbiert wird.[40] Doch die kompakte Struktur von Pasta, die durch die Hochdruckkompression bei der Herstellung entsteht, verlangsamt den Verdauungsprozess,[41] also müssen wir nicht komplett auf Mehl oder Mehlprodukte verzichten. Welche Pasta ist am gesündesten? Vollkornpasta sättigt mehr als Pasta aus raffiniertem Mehl[42], und »Pasta« aus Gemüse (zum Beispiel mit dem Spiralschneider geschnittene Zucchini-Nudeln oder Spaghettikürbis-Nudeln) kombiniert alle Abnehm- und Herzkräftigungs-Vorteile von Gemüse mit einer pastaähnlichen Form.
Mangia! Mangia!

BLUMENKOHL-ALFREDO-LINGUINE MIT GERÖSTETEM SPARGEL

ERGIBT *4 Portionen* SCHWIERIGKEITSGRAD: *leicht*

Blumenkohl ist unglaublich vielseitig und lecker. Er kann geröstet, zu Reis oder Püree verarbeitet, gedämpft, gebraten oder roh gegessen werden. Das urgesunde Kreuzblütengewächs macht diese köstliche Alfredo-Soße besonders cremig.

ALFREDO-SOSSE

- 1 gelbe Zwiebel oder 2 Schalotten, gehackt
- 3 Knoblauchzehen, fein gehackt
- 1 Blumenkohl, mittelgroß, Strunk entfernt und gehackt
- 250 ml Leichte Gemüsebrühe (Seite 236)
- 2 EL Nährhefe
- 1 EL weiße Misopaste
- ½ EL frisch gepresster Zitronensaft

SPARGEL

- 500 g Spargel, Enden abgetrennt und in circa 4 cm große Stücke geschnitten

LINGUINE

- 250 g Vollkorn-, Linsen- oder Kichererbsen-Linguine

ZUM ANRICHTEN

- Paranuss-Parmesan (Seite 232)
- 2 EL frisches Basilikum, gehackt
- schwarzer Pfeffer, grob gemahlen

FÜR DIE ALFREDO-SOSSE: 4 EL Wasser in einem großen Stieltopf auf mittlerer Hitze erwärmen. Zwiebel hineingeben und 4 Minuten weich dünsten. Knoblauch hinzufügen und 30 weitere Sekunden dünsten. Blumenkohl und Leichte Gemüsebrühe zugeben und zum Kochen bringen. Topf abdecken und den Blumenkohl bei niedriger Temperatur circa 12 Minuten köcheln lassen, bis er weich ist.

Blumenkohlmischung in einem Hochleistungsmixer auf hoher Stufe glatt pürieren. Nährhefe, Misopaste und Zitronensaft ergänzen, dann glatt und cremig pürieren. Soße zurück in den Stieltopf füllen und auf sehr niedriger Temperatur warm halten.

FÜR DEN SPARGEL: Ofen auf 220 °C vorheizen. Ein Backblech (mit Rand) mit einer Silikonbackmatte oder Backpapier auslegen.

Den Spargel in einer Schicht auf dem Blech verteilen und circa 15 Minuten im Ofen rösten, bis er zart und leicht gebräunt ist.

FÜR DIE LINGUINE: Linguine gemäß Packungsangaben in einem großen Topf mit kochendem Wasser unter gelegentlichem Rühren al dente kochen. Pasta abgießen und zurück in den Topf geben. Gerösteten Spargel und Alfredo-Soße untermischen und einige Minuten gut durchwärmen.

ZUM ANRICHTEN: Die Pasta auf flache Servierschüsseln oder tiefe Teller aufteilen. Mit Paranuss-Parmesan, Basilikum und schwarzem Pfeffer (nach Geschmack) garnieren und genießen.

PASTA MIT CREMIGER KÜRBISSOSSE

ERGIBT *4 Portionen* SCHWIERIGKEITSGRAD: *leicht*

Dieses vollmundige Pastagericht ist besonders an kalten Herbstabenden eine wahre Wohltat. Nehmen Sie dafür einfach Ihre Lieblingsvollkorn- oder Linsenpasta. Wussten Sie, dass es auch Nudeln aus schwarzen Bohnen gibt? Mit der orangefarbenen Kürbissoße wird daraus das perfekte Halloween-Gericht!

- 120 ml Leichte Gemüsebrühe (Seite 236)
- 1 gelbe Zwiebel, gehackt
- 3 Knoblauchzehen, fein gehackt
- 1 TL Knoblauchpulver
- 1 TL Zwiebelpulver
- ½ TL getrockneter Oregano
- ½ TL getrocknetes Basilikum
- ¼ TL Chiliflocken
- 1 BPA-freie Dose (400 g) Kürbispüree, ungesüßt
- 1 BPA-freie Dose (400 g) oder 1 Tetra Pak salzfreie stückige Tomaten mit Saft
- 2 EL Nährhefe
- 2 TL weiße Misopaste
- 2 TL Balsamico-Essig
- schwarzer Pfeffer, gemahlen
- 250 g Vollkorn-, Linsen- oder Bohnenpasta Ihrer Wahl
- frische Petersilie, gehackt
- Paranuss-Parmesan (Seite 232) (optional)

Leichte Gemüsebrühe in einem Stieltopf auf mittlerer Hitze erwärmen. Zwiebel und Knoblauch hineingeben und unter häufigem Rühren zwischen 5 und 7 Minuten dünsten, bis die Zwiebel weich ist. Knoblauch- und Zwiebelpulver, Oregano, Basilikum und Chiliflocken hinzufügen. Kürbispüree und stückige Tomaten mit Saft einrühren. Circa 10 Minuten unter Rühren köcheln lassen. Abschmecken und auf Wunsch nachwürzen. Vom Herd nehmen.

Kürbis-Tomaten-Mischung vorsichtig in einen Mixer gießen. Nährhefe, Misopaste, Essig und schwarzen Pfeffer (nach Geschmack) zugeben. Glatt und cremig pürieren. Ist die Soße zu dickflüssig, etwas mehr Leichte Gemüsebrühe oder Wasser untermischen. Beiseite stellen.

Pasta gemäß Packungsangaben in einem großen Topf mit kochendem Wasser unter gelegentlichem Rühren al dente kochen. Abgießen und zurück in den Topf füllen. So viel Soße wie gewünscht dazugießen und vorsichtig mit der Pasta vermengen. Bei niedriger Temperatur gut durchwärmen. Heiße Pasta mit frischer Petersilie und Paranuss-Parmesan (falls verwendet) garnieren und servieren.

KNOBLAUCHPULVER UND HERZKRANKHEITEN

Nur ¼ TL Knoblauchpulver pro Tag führte bei Probanden mit einer Herzerkrankung zu einer um fünfzig Prozent verbesserten Arterienfunktion.[43] Knoblauchpulver scheint daher ein gutes Mittel zur unterstützenden Behandlung von Arteriosklerose zu sein, einer der häufigsten Todesursachen.[44] Darüber hinaus wirkt es sich auch sehr positiv auf den Blutdruck aus.[45]

ZUCCHINI-LINGUINE MIT LINSEN-PILZ-BOLOGNESE

ERGIBT *4 Portionen* SCHWIERIGKEITSGRAD: *mittel*

Falls Sie noch nie Zucchini-Nudeln zubereitet haben, werden Sie überrascht sein, wie leicht es ist. Schneiden Sie die Zucchini einfach mit einem scharfen Messer, einem Spargelschäler, einem Gemüsehobel oder, wenn Sie einen haben, einem Spiralschneider in lange, dünne Streifen. Diese sollten ungefähr wie lange Pastastränge aussehen. Wenn Sie keine Zeit haben, die Zucchini zu schneiden, halten Sie im Supermarkt nach bereits vorgeschnittener Zucchini Ausschau. Statt frischem Gemüse können Sie auch 250 g Vollkorn-, Linsen- oder Bohnenpasta verwenden. Für die Bolognese bevorzuge ich schwarze Linsen, aber Sie können auch die Linsen nehmen, die Sie gerade zur Hand haben.

BOLOGNESE-SOSSE

- 150 g getrocknete schwarze Linsen
- 1 gelbe Zwiebel, fein gehackt
- 3 Knoblauchzehen, fein gehackt
- 250 g kleine, feste Champignons, fein gehackt
- 3 EL salzfreies Tomatenmark
- 1 EL weiße Misopaste
- 2 EL Nährhefe
- ½ TL getrockneter Oregano
- ½ TL getrocknetes Basilikum
- ¼ TL Chiliflocken (optional)
- 1 BPA-freie Dose (800 g) oder 1 Tetra Pak salzfreie stückige Tomaten mit Saft
- 1 TL Balsamico-Essig

ZUCCHINI-NUDELN

- 4 bis 6 Zucchini, Enden abgetrennt und in Spiralnudeln oder lange, dünne pastaförmige Streifen geschnitten

ZUM GARNIEREN

- Paranuss-Parmesan (Seite 232)

4 EL Wasser in einem großen Stieltopf oder einer großen, tiefen Pfanne auf mittlerer Hitze erwärmen. Zwiebel und Knoblauch hineingeben und unter gelegentlichem Rühren circa 5 Minuten weich dünsten. Pilze hinzufügen und weitere 3 Minuten dünsten. Tomatenmark, Misopaste, Nährhefe, Oregano, Basilikum und Chiliflocken (falls verwendet) einrühren. Stückige Tomaten mit Saft und Linsen ergänzen und circa 15 Minuten unter häufigem Rühren köcheln lassen, bis die Soße eindickt und aromatisch duftet. Essig unterrühren, abschmecken und auf Wunsch nachwürzen. Soße auf niedriger Temperatur warm halten.

FÜR DIE ZUCCHINI-NUDELN: Während die Soße köchelt, die Zucchini-Nudeln in einem großen Topf mit kochendem Wasser unter gelegentlichem Rühren circa 3 bis 5 Minuten weich, aber noch bissfest kochen. Abgießen und beiseite stellen.

ZUM ANRICHTEN: Gekochte Zucchini-Nudeln auf flache Schüsseln oder tiefe Teller verteilen und Soße darübergießen. Mit so viel Paranuss-Parmesan wie gewünscht garnieren und warm servieren.

PENNE PRIMAVERA

ERGIBT *4 Portionen* SCHWIERIGKEITSGRAD: *leicht*

Wenn Sie »Primavera« sehen, wissen Sie sofort, dass dieses Gericht jede Menge leckeres Gemüse enthält. In dieser Neuinterpretation des beliebten Klassikers wird es mit Vollkornpasta und einer cremigen Soße aus weißen Bohnen kombiniert. *Buon appetito!*

- 200 g gekochte* salzfreie weiße Bohnen, alternativ BPA-freie Dose (400 g) oder Tetra Pak, abgegossen und gespült
- 240 ml Leichte Gemüsebrühe (Seite 236)
- 3 EL Nährhefe
- 2 TL Misopaste
- 1 TL Balsamico-Essig
- 1 TL frisch gepresster Zitronensaft
- 1 TL Zwiebelpulver
- ½ TL Knoblauchpulver
- 1,5 TL getrocknetes Basilikum
- ½ TL getrockneter Majoran
- schwarzer Pfeffer, gemahlen
- 250 g Vollkorn-, Linsen- oder Bohnenpenne, wahlweise auch andere kurze Pasta
- 1,5 Handvoll kleine Brokkoliröschen
- 1 Karotte, in dünne Scheiben geschnitten
- 1 kleine grüne oder gelbe Zucchini, in 0,5 cm kleine Würfel geschnitten
- 2 Frühlingszwiebeln, gehackt
- 1 Handvoll Cocktailtomaten, längs halbiert
- 2 EL Paranuss-Parmesan (Seite 232)
- 2 EL frisches Basilikum oder glatte Petersilie, gehackt

Weiße Bohnen, Leichte Gemüsebrühe, Nährhefe, Misopaste, Essig, Zitronensaft, Zwiebel- und Knoblauchpulver, Basilikum, Majoran und schwarzen Pfeffer (nach Geschmack) im Mixer glatt pürieren. Abschmecken und auf Wunsch nachwürzen. Soße beiseite stellen.

Penne gemäß Packungsangaben in einem großen Topf mit kochendem Wasser unter gelegentlichem Rühren ungefähr 10 Minuten gar kochen. Circa 5 Minuten vor Ende der Garzeit die Brokkoliröschen und Karottenscheiben zugeben. Etwa 3 Minuten später die Zucchiniwürfel hinzufügen. Gekochte Pasta und Gemüse abgießen und zurück in den Topf füllen. Soße, Frühlingszwiebeln und Tomatenhälften untermischen und einige Minuten unter vorsichtigem Rühren auf mittlerer Temperatur gut durchwärmen. Mit Paranuss-Parmesan und frischem Basilikum oder Petersilie garnieren und warm servieren.

* *Eine Kochanleitung finden Sie in den* Garzeitentabellen für Hülsenfrüchte und Getreide *auf den Seiten 240 bis 243.*

SPAGHETTIKÜRBIS-NUDELN MIT WEISSEN BOHNEN UND PESTO

ERGIBT *4 Portionen* SCHWIERIGKEITSGRAD: *leicht*

Weiße Bohnen, aromatisches Basilikum-Pesto und gebackener Spaghettikürbis verleihen diesem Gericht eine besondere geschmackliche Tiefe und eine abwechslungsreiche Konsistenz. Genauso köstlich schmeckt es, wenn Sie den Kürbis durch kurz gekochte Zucchini-Nudeln oder Vollkornpasta ersetzen.

- 1 großer Spaghettikürbis, längs halbiert
- 350 ml Basilikum-Pesto (Seite 237)
- 200 g gekochte* salzfreie weiße Bohnen, alternativ BPA-freie Dose (400 g) oder Tetra Pak, abgegossen und gespült
- Paranuss-Parmesan (Seite 232)
- ¼ bis ½ TL Chiliflocken (optional)

IM OFEN: Ofen auf 200 °C vorheizen. Kürbishälften mit der Schnittseite nach oben in eine Auflaufform legen. Wasser hinzugießen, bis es etwa 2,5 cm hoch steht, Deckel auf die Form setzen und den Kürbis zwischen 45 Minuten und circa 1 Stunde im Ofen weich backen.

Fertig gebackenen Kürbis aus dem Ofen nehmen, entkernen und Kürbisfleisch mit einer Gabel spaghettiförmig herauskratzen. Kürbis-Spaghetti in eine große Schüssel geben.

IM MULTIKOCHER ODER SCHNELLKOCHTOPF, ZUM BEISPIEL EINEM INSTANT POT: Dämpfeinsatz oder -korb in den Topf setzen. 240 ml Wasser in den Topf gießen. Kürbishälften hineinsetzen und Multikocherdeckel fest verschließen. 8 Minuten Kochzeit auf höchster Garstufe einstellen. Schnellen Druckablass wählen, den Kürbis danach vorsichtig aus dem Topf nehmen und 10 Minuten abkühlen lassen. Entkernen, das Kürbisfleisch spaghettiförmig herauskratzen und in eine große Schüssel geben.

ZUM ANRICHTEN: Basilikum-Pesto und weiße Bohnen hinzufügen, dann alles vorsichtig miteinander vermengen. Mit Paranuss-Parmesan und Chiliflocken (falls verwendet) garnieren und servieren.

* *Eine Kochanleitung finden Sie in den* Garzeitentabellen für Hülsenfrüchte und Getreide *auf den Seiten 240 bis 243.*

PASTA MIT SOSSE AUS OFENGERÖSTETEN TOMATEN

ERGIBT *4 Portionen* SCHWIERIGKEITSGRAD: *leicht*

Diese leicht zubereitete Tomatensoße ist dank der gerösteten Tomaten besonders aromatisch. Verwenden Sie dafür am besten große Roma-Tomaten, da diese nicht so wässrig sind. Diese Soße lässt sich mit Pasta jeder Art kombinieren und ist ein wahrer Genuss.

SOSSE AUS OFENGERÖSTETEN TOMATEN

- 1 kg reife Roma-Tomaten, Samen entfernt und halbiert
- ½ kleine rote Zwiebel, gehackt
- 3 Knoblauchzehen, fein gehackt
- 1 EL italienische Kräutermischung
- schwarzer Pfeffer, gemahlen

PASTA

- 250 g Vollkorn-, Linsen- oder Bohnenpasta Ihrer Wahl
- 2 EL frisches Basilikum oder frische Petersilie, gehackt
- Paranuss-Parmesan (Seite 232)

FÜR DIE SOSSE AUS OFENGERÖSTETEN TOMATEN: Ofen auf 160 °C vorheizen. Ein großes Backblech (mit Rand) mit einer Silikonbackmatte oder Backpapier auslegen. Die Tomatenhälften mit der Schnittseite nach oben darauf verteilen.
Zwiebel, Knoblauch, italienische Kräuter und schwarzen Pfeffer nach Geschmack darübergeben und circa 2 Stunden im Ofen rösten, bis die Tomaten langsam zerfallen und ihren Saft freigeben. Für eine noch aromatischere Soße die Tomaten 30 bis 45 Minuten länger im Ofen lassen bis sie karamellisiert sind. Backbleck aus dem Ofen nehmen und Tomaten und Gewürze in eine Küchenmaschine geben. Mixen, bis die Tomatensoße die gewünschte Konsistenz hat. Soße in einem Stieltopf auf niedriger Hitze erwärmen.

FÜR DIE PASTA: Pasta gemäß Packungsangaben in einem großen Topf mit kochendem Wasser unter gelegentlichem Rühren al dente kochen. Abgießen und zurück in den Topf füllen. So viel Soße wie gewünscht dazugießen und vorsichtig mit der Pasta vermischen. Herd auf niedrige Stufe stellen und alles gut durchwärmen. Heiße Pasta mit frischem, gehacktem Basilikum oder Petersilie und Paranuss-Parmesan garnieren und servieren.

TOMATENSOSSE GEGEN PROSTATAKREBS

Wie schlagen sich Tomaten im Vergleich zu isoliertem Lycopin, ihrem oxidationshemmenden roten Farbstoff, bei der Behandlung von Prostatakrebs? Bei einer Interventionsstudie zeigte sich, dass Tomatensoße die PSA-Werte senkte und die DNA-Schädigung durch freie Radikale verringerte.[46] Was Obst und Gemüse anbelangt, scheint die ganze Frucht wirkungsvoller zu sein als die Supplementierung mit einem ihrer isolierten Einzelbestandteile.

GEMELLI MIT ZUCCHINI-»FLEISCH-BÄLLCHEN« UND AVOCADO-CHIMICHURRI

ERGIBT *4 Portionen* SCHWIERIGKEITSGRAD: *mittel*

Lassen Sie sich nicht von der Länge dieses Rezepts abschrecken! Das Gericht ist wirklich einfach zu kochen und schmeckt fantastisch. Ich bereite die Bällchen und die Soße gern im Voraus zu, damit beides durchziehen kann und dabei noch geschmacksintensiver wird. Wenn ich keine Lust auf Chimichurri habe, esse ich dieses Gericht auch gern mit meiner salzfreien Marinara oder der Soße aus ofengerösteten Tomaten auf Seite 102.

ZUCCHINI-»FLEISCHBÄLLCHEN«

- 1 BPA-freie Dose (400 g) oder 1 Tetra Pak salzfreie Kichererbsen, abgegossen, gespült und trocken getupft
- 3 Knoblauchzehen, zerdrückt
- 5 EL kernige Haferflocken
- 3 EL Nährhefe
- 3 EL Leinsamen, gemahlen
- 1 EL Chiasamen, gemahlen
- 2 TL frisch gepresster Zitronensaft
- 1 TL weiße Misopaste
- 1,5 TL getrocknetes Basilikum
- 1,5 TL getrockneter Oregano
- 1 TL Zwiebelpulver
- ¼ TL schwarzer Pfeffer, gemahlen
- 1 kleine Zucchini, geraspelt, überschüssiges Wasser herausgedrückt

CHIMICHURRI

- 2 reife Hass-Avocados, herausgelöstes Fruchtfleisch
- 2 EL frisch gepresster Zitronensaft
- 1 EL Rotweinessig
- 2 bis 3 Knoblauchzehen, fein gehackt
- 1 TL weiße Misopaste
- ½ TL getrockneter Oregano
- ¼ TL Chiliflocken – oder nach Geschmack
- ¼ TL schwarzer Pfeffer, gemahlen
- 4 EL frisches Koriandergrün, gehackt
- 4 EL frische Petersilie, gehackt

PASTA

- 250 g Vollkorn-, Linsen- oder Bohnen-Gemelli, gerne auch eine andere Pastasorte Ihrer Wahl

FÜR DIE ZUCCHINI-»FLEISCHBÄLLCHEN«: Kichererbsen, Knoblauch, Haferflocken, Nährhefe, Lein- und Chiasamen in einer Küchenmaschine fein häckseln. Zitronensaft, Misopaste, Basilikum, Oregano, Zwiebelpulver und schwarzen Pfeffer untermixen. Mischung mit geraspelten Zucchini vermengen. Die Masse sollte zusammenkleben, wenn Sie sie mit zwei Fingern zusammenpressen. Ist die Mischung zu feucht, etwas mehr Nährhefe oder gemahlene Leinsamen zugeben.

Ofen auf 190 °C vorheizen. Ein Backblech (mit Rand) mit einer Silikonbackmatte oder Backpapier auslegen. Für jedes Bällchen 2 EL der Zucchinimasse aus der Schüssel nehmen und zu einer Kugel formen. Zucchinibällchen auf das Backblech legen und 25 Minuten im Ofen backen, beziehungsweise bis die Bällchen fest und leicht gebräunt sind.

FÜR DAS CHIMICHURRI: Alle Soßen-Zutaten und 4 EL Wasser in einer Küchenmaschine zu einer Soße mixen. Beiseitestellen.

FÜR DIE PASTA: Pasta gemäß Packungsangaben in einem großen Topf al dente kochen. Abgießen und zurück in den Topf füllen. Chimichurri zugießen und vorsichtig untermischen. Pasta in flachen Schüsseln anrichten, und jede Schüssel mit 2 oder 3 Zucchini-Bällchen krönen.

PASTA MIT WEISSEN KNOBLAUCHBOHNEN UND TOSKANISCHEM PALMKOHL

ERGIBT *4 bis 6 Portionen* SCHWIERIGKEITSGRAD: *leicht*

Es gibt viele italienische Gerichte, die Blattgemüse mit Bohnen kombinieren – und natürlich auch Pasta! Diese Variante wird mit toskanischem Palmkohl (Lacinato) zubereitet, aber Sie können gern auch andere Blattkohlarten verwenden.

- 1 kleine rote Zwiebel, gehackt
- 3 Knoblauchzehen, fein gehackt
- 120 ml Leichte Gemüsebrühe (Seite 236)
- 3 EL Nährhefe
- 1 EL weiße Misopaste
- ½ TL Knoblauchpulver
- ¼ TL Chiliflocken
- 500 g Palmkohl, Strunk entfernt und quer in circa 2 cm breite Streifen geschnitten
- 600 g gekochte* salzfreie Cannellini- oder weiße Bohnen, alternativ 2 BPA-freie Dosen (400 g) oder 2 Tetra Paks, abgegossen und gespült
- schwarzer Pfeffer, gemahlen
- 1 EL weißer Balsamico-Essig
- 250 g Vollkorn-, Linsen- oder Bohnenpasta Ihrer Wahl

4 EL Wasser in einer tiefen Pfanne auf mittlerer Hitze erwärmen. Zwiebel und Knoblauch zugeben und circa 7 Minuten dünsten, bis die Zwiebel weich ist. Herd auf niedrige Stufe stellen und Leichte Gemüsebrühe, Nährhefe, Misopaste, Knoblauchpulver und Chiliflocken einrühren. Palmkohl hinzufügen und circa 2 Minuten unter gelegentlichem Rühren köcheln lassen, bis er zusammenfällt. Weiße Bohnen und schwarzen Pfeffer nach Geschmack einrühren. Abdecken und circa 10 weitere Minuten köcheln lassen, bis der Palmkohl weich ist. Essig unterrühren, abschmecken und auf Wunsch nachwürzen. Auf niedriger Flamme warm halten.

Während der Palmkohl und die Bohnen köcheln, die Pasta gemäß Packungsangaben in einem großen Topf mit kochendem Wasser unter gelegentlichem Rühren al dente kochen. Abgießen und zurück in den Topf füllen. Palmkohl-Bohnen-Mischung zur Pasta geben und vorsichtig umrühren. Warm servieren.

* *Eine Kochanleitung finden Sie in den* Garzeitentabellen für Hülsenfrüchte und Getreide *auf den Seiten 240 bis 243.*

DIE BESTE KOCHMETHODE FÜR AUGEN UND GEHIRN

Lutein, das Antioxidans aus grünem Gemüse,[47] schützt unsere lichtempfindlichen Nerven, lässt uns besser sehen[48] und möglicherweise auch besser denken.[49] Durch das Kochen wird die Luteinkonzentration verstärkt,[50] während das Garen in der Mikrowelle den Antioxidantien zu schaden scheint. Welche Kochmethode ist denn am besten? Das Dämpfen, da sich dabei die Luteinkonzentration fast verdoppelt.[51]

»KÄSE«-MAKKARONI MIT WURZELGEMÜSE

ERGIBT *4 Portionen* SCHWIERIGKEITSGRAD: *mittel*

Voilà – das perfekte Rezept für alle Wurzelgemüsefans! Es taucht in diesem Gericht nicht nur in Form leckerer gerösteter Würfel auf, sondern sorgt auch dafür, dass die Soße schön cremig und vollmundig wird. Sie können sich an das Rezept halten oder Ihre eigene Wurzelgemüsemischung zusammenstellen und zum Beispiel auch Sellerieknollen- und Kohlrübenwürfel verwenden. Vorsicht ist nur bei Roter Bete geboten, denn die lässt Ihre »Käse«-Makkaroni pink werden. Insgesamt brauchen Sie knapp 1,5 kg Wurzelgemüse.

WURZELGEMÜSE

- 1 Pastinake, in 1 cm große Würfel geschnitten
- 1 Karotte, in 1 cm große Würfel geschnitten
- 1 Süßkartoffel, in 1 cm große Würfel geschnitten
- 1 Kartoffel, in 1 cm große Würfel geschnitten
- 1 kleine gelbe Zwiebel, gehackt
- ½ TL Zwiebelpulver
- ¼ TL schwarzer Pfeffer, gemahlen

»KÄSE«-MAKKARONI

- 500 ml Leichte Gemüsebrühe (Seite 236), bei Bedarf auch mehr
- 8 EL Nährhefe
- 1 EL frisch gepresster Zitronensaft
- 1 TL weiße Misopaste
- 1 TL salzfreier grober Senf
- ½ TL Zwiebelpulver
- ½ TL Knoblauchpulver
- ½ TL geräuchertes Paprikapulver
- ¼ TL frische Kurkumawurzel, gerieben, oder ¼ TL Kurkumapulver
- 250 g kurze Vollkorn-, Linsen- oder Bohnen-Makkaroni, gerne auch eine andere kurze Pastasorte

FÜR DAS WURZELGEMÜSE: Ofen auf 220 °C vorheizen. Zwei Backbleche mit Silikonbackmatten oder Backpapier auslegen. Das Gemüse gleichmäßig in einer Schicht auf den Blechen verteilen und mit Zwiebelpulver und schwarzem Pfeffer bestreuen. 45 bis 60 Minuten im Ofen rösten, bis das Gemüse weich ist. Nach der Hälfte der Zeit mit einem Pfannenwender aus Metall wenden. Fertig geröstetes Gemüse aus dem Ofen nehmen und beiseite stellen.

FÜR DIE »KÄSE«-MAKKARONI: 2 Handvoll geröstetes Gemüse in einen Hochleistungsmixer geben. Leichte Gemüsebrühe, Nährhefe, Zitronensaft, Misopaste, Zwiebel-, Knoblauch- und Paprikapulver sowie Kurkuma hinzufügen, dann glatt und cremig pürieren. Abschmecken und auf Wunsch nachwürzen. Bei Bedarf mehr Gemüsebrühe untermixen, bis die gewünschte Konsistenz erreicht ist. Soße beiseite stellen.

Makkaroni gemäß Packungsangaben in einem großen Topf mit kochendem Wasser unter gelegentlichem Rühren al dente kochen. Abgießen und zurück in den Topf füllen. Restliche geröstete Gemüsewürfel und Soße hinzugeben und vermengen. Auf niedriger Hitze unter vorsichtigem Rühren gut durchwärmen. Auf Tellern anrichten und warm servieren.

PILZ-STROGANOFF MIT GRÜNEN BOHNEN

ERGIBT *4 Portionen* SCHWIERIGKEITSGRAD: *mittel*

Dass ich so in dieses Gericht vernarrt bin, hat gleich mehrere Gründe. Einer davon ist seine Vielseitigkeit. Wenn Sie zum Beispiel keine Lust auf grüne Bohnen haben, können Sie diese auch durch anderes Gemüse wie Paprika oder Zucchini ersetzen. Anstelle von Pilzen schmeckt auch geschmorter Tempeh köstlich. Sollten Sie Pilze aber über alles lieben, nehmen Sie einfach noch mehr davon! Und statt mit Pasta können Sie diese herzhafte Stroganoff-Variante auch auf einem Bett aus gekochtem, dunklem Blattgemüse oder Vollkorngetreide servieren. Lassen Sie Ihrer Kreativität freien Lauf!

- 250 g grüne Bohnen, Enden abgetrennt und in circa 2 cm lange Stücke geschnitten
- 240 ml Leichte Gemüsebrühe (Seite 236)
- 1 gelbe Zwiebel, gehackt
- 3 Knoblauchzehen, fein gehackt
- 500 g kleine, feste Champignons, geputzt und geviertelt
- 1 TL getrockneter Thymian
- ¼ TL schwarzer Pfeffer, gemahlen
- 200 g gekochte* salzfreie weiße Bohnen, alternativ BPA-freie Dose (400 g) oder Tetra Pak, abgegossen und gespült
- 3 EL Nährhefe
- 2 TL frisch gepresster Zitronensaft
- 2 TL weiße Misopaste
- 250 g Vollkorn-, Linsen- oder Bohnen-Linguine
- 5 EL frische Petersilie, gehackt

Einen Dämpfkorb oder -einsatz in einen 1,5 cm hoch mit Wasser gefüllten Topf setzen. Grüne Bohnen in den Dämpfkorb geben und circa 4 Minuten über dem kochenden Wasser weich dämpfen. Beiseite stellen.

Leichte Gemüsebrühe in einem großen Stieltopf auf mittlerer Hitze erwärmen. Zwiebel und Knoblauch hinzufügen und circa 5 Minuten dünsten, bis die Zwiebel weich ist. Pilze, Thymian und schwarzen Pfeffer einrühren. Weitere 5 Minuten dünsten, bis die Pilze weich werden und ihre Flüssigkeit abgeben. Stroganoff ebenfalls zur Seite stellen.

Weiße Bohnen, Nährhefe, Zitronensaft, Misopaste und 4 EL Wasser in einem Mixer oder einer Küchenmaschine glatt pürieren. 1 Tasse der Pilzmischung zur Bohnencreme geben und ebenfalls glatt pürieren. Ist die Soße zu dickflüssig, etwas mehr Wasser, ist sie zu dünn, mehr Bohnen untermixen.

Bohnensoße unter die Stroganoff-Mischung im Stieltopf rühren. Gedämpfte grüne Bohnen untermischen, umrühren und gut durchwärmen. Abschmecken und auf Wunsch nachwürzen. Auf niedriger Temperatur warm halten.

Pasta gemäß Packungsangaben in einem großen Topf mit kochendem Wasser unter gelegentlichem Rühren al dente kochen. Abgießen und in flachen Schalen anrichten. Stroganoff darübergeben, mit frischer gehackter Petersilie garnieren und warm servieren.

* *Eine Kochanleitung finden Sie in den* Garzeitentabellen für Hülsenfrüchte und Getreide *auf den Seiten 240 bis 243.*

DREI-SCHWESTERN-EINTOPF

BLUMENKOHL-KARTOFFEL-AUFLAUF MIT KÄSENOTE

BLATTKOHL UND BOHNEN NACH ÄTHIOPISCHER ART

GERÖSTETER BLUMENKOHL MIT SCHWARZKÜMMEL-MARINADE

GERÖSTETES WURZELGEMÜSE AUF KNOBLAUCH-BLATTGEMÜSE

PORTOBELLO-PILZE UND SPINAT MIT BLUMENKOHLSTAMPF UND MISO-PILZ-SOSSE

JICAMA-NACHOS

BLUMENKOHL-PICCATA MIT PILZEN UND KARTOFFELN

BUTTERNUT-KÜRBIS, ROSENKOHL UND ROTE BETE MIT BALSAMICO-SIRUP

GEMÜSETARTE

PORTOBELLO-HÜTE MIT ARTISCHOCKEN-SPINAT-FÜLLUNG

GEFÜLLTE PAPRIKA MIT SCHWARZEN BOHNEN, PILZEN UND PIKANTEN WALNUSS-STREUSELN

GERÖSTETER KABOCHA-KÜRBIS MIT GRÜNKOHL-CRANBERRY-FÜLLUNG

GERÖSTETE KREUZKÜMMEL-KAROTTEN MIT KICHERERBSEN UND TOMATEN

SÜSSKARTOFFELSPALTEN MIT SALBEI UND SCHALOTTEN

4

Gemüse-Hauptgerichte

Viele Gemüsesorten haben eine so geringe Kaloriendichte, dass Sie eher Kieferschmerzen vom vielen Kauen bekommen würden, als dass Sie es mit dem Essen übertreiben könnten. Sie müssten schon eine Schubkarrenladung Weißkohl verputzen, bevor Sie sich überhaupt Gedanken darüber machen müssten, kalorienmäßig über die Stränge zu schlagen. Je mehr Wasser im Gemüse steckt, desto weniger Kalorien nehmen Sie auf. Außerdem dauert es auch länger, größere wasserreiche Lebensmittel zu essen. Das wiederum verringert die Essgeschwindigkeit und erhöht die »oropharyngeale Stimulation«[52] beziehungsweise das Gefühl, Essen im Mund und Rachenraum zu haben. Je länger wir kauen und dabei Essen in unserem Mund schmecken und fühlen, desto mehr Sättigungssignale erhält unser Gehirn. Welche Lebensmittel enthalten das meiste Wasser? Mit einem Wassergehalt oder Wassergewichtsanteil von über neunzig Prozent führt Gemüse die Liste an, dicht gefolgt von Obst, das im Bereich um die achtzig Prozent liegt. Und da die Kalorien in vollwertigen pflanzlichen Lebensmitteln nicht nur in Zellen, sondern auch in Zellwänden aus unverdaulichen Ballaststoffen stecken, nehmen wir sogar noch weniger Kalorien auf.[53]

Wenn das noch nicht genug Gründe sind, um Sie dazu zu bringen, Ihr Gemüse zu essen, dann blättern Sie schnell weiter: Die folgenden Gemüse-Hauptgerichte sind einfach unwiderstehlich.

LA COCOTTE
STAUB

DREI-SCHWESTERN-EINTOPF

ERGIBT *6 Portionen* SCHWIERIGKEITSGRAD: *leicht*

Laut einer alten Weisheit und Tradition der amerikanischen Ureinwohner sind Bohnen, Mais und Kürbis »drei Schwestern«. Sie werden schon seit vielen Generationen zusammen angepflanzt, weil sich diese Kulturpflanzen gegenseitig unterstützen und dadurch besser wachsen. Wenn Sie keine Zeit haben, den Kürbis für diesen Eintopf selbst klein zu schneiden, können Sie auch vorgeschnittenen Kürbis aus dem Supermarkt verwenden.

- 1 großer Butternut-Kürbis (circa 1 kg), längs halbiert
- ½ TL Zwiebelpulver
- ½ TL geräuchertes Paprikapulver
- 240 ml Leichte Gemüsebrühe (Seite 236) oder Wasser
- 1 gelbe Zwiebel, gehackt
- 3 Knoblauchzehen, fein gehackt
- 1 große Paprika, in 1 cm große Stücke geschnitten
- 1 kleine scharfe Chilischote, entkernt und fein gehackt, oder 1 kleine BPA-freie Dose beziehungsweise 1 Glas salzfreie gehackte milde grüne Chilischoten, abgegossen
- 1 BPA-freie Dose (400 g) oder 1 Tetra Pak salzfreie stückige Tomaten mit Saft
- 720 g gekochte* salzfreie Pintobohnen, alternativ 2 BPA-freie Dosen (400 g) oder 2 Tetra Paks, abgegossen und gespült
- 400 g frische oder gefrorene Maiskörner
- 2 TL Kreuzkümmel, gemahlen
- 2 TL Chilipulver
- 1 TL getrockneter Oregano
- Super-Gewürz-Mix (Seite 233)
- schwarzer Pfeffer, gemahlen
- 4 EL frisches Koriandergrün oder Petersilie, gehackt

Ofen auf 190 °C vorheizen. Ein Backblech (mit Rand) mit einer Silikonbackmatte oder Backpapier auslegen. Kürbis entkernen und das Fruchtfleisch in circa 3 cm große Würfel schneiden. Kürbiswürfel in einer Schicht auf dem Backblech verteilen. Zwiebel- und Paprikapulver darüberstreuen und circa 45 Minuten im Ofen rösten, bis der Kürbis weich, aber noch bissfest ist. (Die Würfel sollten sich recht leicht mit einem Messer durchschneiden lassen.) Aus dem Ofen nehmen und beiseite stellen.

Leichte Gemüsebrühe in einem großen Topf auf mittlerer Hitze erwärmen. Zwiebel hineingeben und circa 5 Minuten weich kochen. Knoblauch, Paprika und Chilischote hinzufügen und weitere 5 Minuten kochen, bis das Gemüse weich ist. Tomaten mit Saft, Pintobohnen, Mais, Kreuzkümmel, Chilipulver und Oregano einrühren. Mit Super-Gewürz-Mix und schwarzem Pfeffer (nach Geschmack) würzen. Geröstete Kürbiswürfel ergänzen und alles zum Sieden bringen. Abdecken und circa 20 Minuten auf niedriger Temperatur köcheln lassen, bis das Gemüse zart ist und sich die Aromen entfalten. Der Eintopf sollte recht dick sein, doch wenn er zu stark eindickt, etwas mehr Brühe unterrühren. Koriandergrün kurz vor dem Servieren ergänzen. Abschmecken, auf Wunsch nachwürzen und warm servieren.

* *Eine Kochanleitung finden Sie in den* Garzeitentabellen für Hülsenfrüchte und Getreide *auf den Seiten 240 bis 243.*

BLUMENKOHL-KARTOFFEL-AUFLAUF MIT KÄSENOTE

ERGIBT *4 Portionen* SCHWIERIGKEITSGRAD: *leicht*

Ein knackiger grüner Salat ist die perfekte Beilage zu diesem Wohlfühlauflauf mit Blumenkohl, Kartoffeln und weißen Bohnen. Für noch mehr Gemüse und einen farbenfrohen Hingucker können Sie auch eine Schicht Tomatenscheiben hinzufügen. Anstelle von Kartoffeln schmecken auch Süßkartoffeln oder eine Mischung aus beidem sehr gut.

- 300 g gekochte* salzfreie weiße Bohnen, alternativ BPA-freie Dose (400 g) oder Tetra Pak, abgegossen und gespült
- 11 EL Nährhefe
- 1,5 EL frisch gepresster Zitronensaft
- 1 EL Apfelessig
- 2 TL weiße Misopaste
- 1 TL Zwiebelpulver
- 1 TL salzfreier Senf
- 1 TL getrockneter Thymian
- 1 Scheibe (1 cm dick) frische Kurkumawurzel, gerieben, oder ½ TL Kurkumapulver
- ½ TL Knoblauchpulver
- schwarzer Pfeffer, gemahlen
- 500 ml Leichte Gemüsebrühe (Seite 236)
- 1 Blumenkohl, Strunk entfernt und in 0,5 cm dicke Scheiben geschnitten
- 2 Kartoffeln, in dünnen Scheiben
- 4 EL Walnüsse, fein gemahlen
- ½ TL geräuchertes Paprikapulver

Bohnen, Nährhefe, Zitronensaft, Apfelessig, Misopaste, Zwiebelpulver, Senf, Thymian, Kurkuma, Knoblauchpulver und schwarzen Pfeffer (nach Geschmack) in einer Küchenmaschine oder einem Hochleistungsmixer glatt und cremig pürieren. Leichte Gemüsebrühe untermischen. Abschmecken und auf Wunsch nachwürzen.

Ofen auf 200 °C vorheizen.

Eine dünne Soßenschicht auf den Boden einer großen, flachen Auflaufform gießen. Blumenkohlscheiben so in einer gleichmäßigen Schicht hineinlegen, dass der Boden der Form bedeckt ist. Eine Schicht Kartoffelscheiben über den Blumenkohl legen und mit einer Soßenschicht bedecken. Den restlichen Blumenkohl und die Kartoffeln abwechselnd übereinanderschichten und die restliche Soße darübergießen.

Die Form fest verschließen und den Auflauf 45 Minuten im Ofen backen. Anschließend aus dem Ofen nehmen und mit gemahlenen Walnüssen und Paprikapulver bestreuen. Erneut in den Ofen schieben und ohne Abdeckung circa weitere 15 Minuten backen, bis das Gemüse weich und die Oberfläche goldbraun ist. Warm servieren.

* *Eine Kochanleitung finden Sie in den* Garzeitentabellen für Hülsenfrüchte und Getreide *auf den Seiten 240 bis 243.*

BLATTKOHL UND BOHNEN NACH ÄTHIOPISCHER ART

ERGIBT *4 Portionen* SCHWIERIGKEITSGRAD: *leicht*

Wenn Sie keinen frischen Blattkohl finden, ist Grünkohl eine gute Alternative. Denken Sie aber daran, dass Grünkohl eine etwas kürzere Garzeit hat.

- 1 große rote Zwiebel, fein gehackt
- 3 Knoblauchzehen, fein gehackt
- 1,5 TL frischer Ingwer, gerieben
- 1 TL Kreuzkümmel, gemahlen
- 1 TL Koriandersamen, gemahlen
- 1 TL geräuchertes Paprikapulver
- ½ TL Kurkumapulver
- ¼ TL Bockshornkleesamen (Methi)*, gemahlen
- ¼ TL Kardamom, gemahlen
- ¼ TL Cayennepfeffer, auf Wunsch auch mehr
- Super-Gewürz-Mix (Seite 233)
- schwarzer Pfeffer, gemahlen
- 500 ml Leichte Gemüsebrühe (Seite 236)
- 1 Bund Kohlblätter (circa 350 g), harte Stiele entfernt, grob gehackt
- 300 g gekochte salzfreie Schwarzaugenbohnen, alternativ BPA-freie Dose (400 g) oder Tetra Pak, abgegossen und gespült
- weißer Balsamico-Essig
- gekochtes Vollkorngetreide
- ¼ TL Schwarzkümmel, grob gemahlen (Nigella sativa)

4 EL Wasser in einem Topf erwärmen. Zwiebel hineingeben und circa 5 Minuten dünsten. Knoblauch und Ingwer hinzufügen und 1 Minute dünsten. Kreuzkümmel, Koriander, Paprikapulver, Kurkuma, Bockshornkleesamen, Kardamom, Cayennepfeffer, Super-Gewürz-Mix und schwarzen Pfeffer einrühren. Leichte Gemüsebrühe dazugießen und zum Kochen bringen. Herd auf niedrige Stufe stellen, Blattkohl zugeben und rühren, bis er zusammenfällt. Abdecken und 30 Minuten köcheln lassen. Schwarzaugenbohnen vorsichtig unterrühren. Ohne Deckel weiterköcheln lassen, bis der Blattkohl weich und die Flüssigkeit größtenteils verdunstet ist. Kurz vor dem Servieren etwas Essig einrühren. Blattkohlmischung auf einem Bett aus gekochtem Vollkorngetreide anrichten und mit grob gemahlenem Schwarzkümmel garnieren.

* *Fernöstliche Gewürze sind oft günstig in Asia-Läden erhältlich. Bockshornklee findet man dort unter »Kasuri« oder »Kasoori Methi« (Blätter) oder nur »Methi« (Samen). (A.d.Ü.)*

BALLASTSTOFFE UND STERBLICHKEIT

Kann der Verzehr von Ballaststoffen die durch kardiovaskuläre Erkrankungen und Krebs bedingte Sterblichkeit, womöglich sogar die Gesamtsterblichkeit, senken? Bei den Testpersonen mit dem höchsten Ballaststoffkonsum wurde eine um dreiundzwanzig Prozent geringere Wahrscheinlichkeit festgestellt, an einer kardiovaskulären Erkrankung zu sterben. Auch hatten sie ein um siebzehn Prozent geringeres Risiko, an Krebs zu sterben und eine um dreiundzwanzig Prozent geringere Gesamtsterblichkeit.[54] Aber wo findet man Ballaststoffe überhaupt? Nicht in tierischen Zellen, die von leicht verdaulichen Membranen umgeben sind, dafür in den Wänden von Pflanzenzellen, die aus unverdaulichen Ballaststoffen bestehen. Die beste Quelle dafür sind vollwertige und unverarbeitete pflanzliche Lebensmittel.[55]

GERÖSTETER BLUMENKOHL MIT SCHWARZKÜMMEL-MARINADE

ERGIBT *4 Portionen* SCHWIERIGKEITSGRAD: *leicht*

Ein ganzer gerösteter Blumenkohl macht auf dem Esstisch eine tolle Figur. Mit dieser herrlichen dunklen Marinade wird er zu einem noch beeindruckenderen Blickfang.

- 240 ml Balsamico-Essig
- 2 EL Dattelsirup (Seite 239)
- 2 TL Schwarzkümmel, gemahlen (Nigella sativa)
- 1 großer Blumenkohl, Strunk und Blätter entfernt
- 1 rote Zwiebel, in 1 cm dicke Spalten geschnitten
- 250 g Babykartoffeln, halbiert
- 2 große Handvoll Kirsch- oder Cocktailtomaten
- 2 EL frische Petersilie, gehackt

Essig, Dattelsirup und 1 TL Schwarzkümmel in einen kleinen Stieltopf geben und den Herd auf mittlere Hitze stellen. Mischung zum Kochen bringen und bei niedriger Temperatur circa 20 Minuten köcheln lassen, bis sie auf die Hälfte reduziert ist.

Ofen auf 200 °C vorheizen. Eine große, flache Auflaufform mit einer Silikonbackmatte oder Backpapier auslegen. Während die Balsamico-Mischung köchelt, einen großen Topf, in den man den Blumenkohl problemlos hineinsetzen kann, circa 8 cm hoch mit Wasser füllen. Wasser zum Kochen bringen und den Blumenkohl vorsichtig aufrecht in den Topf setzen. Topf abdecken und den Blumenkohl circa 5 Minuten im kochenden Wasser blanchieren. Blumenkohl mit einem großen Pfannenwender vorsichtig aus dem Topf heben und in die Mitte der vorbereiteten Auflaufform setzen. Zwiebel, Kartoffeln und Tomaten in einer Schicht um den Blumenkohl herumlegen. Blumenkohl mit der Balsamico-Marinade bestreichen und einen Teil davon für die Verwendung während des Röstens aufbewahren. Marinade mit den Händen einmassieren und den restlichen TL Schwarzkümmel über den Blumenkohl streuen.

Das Gemüse circa 40 Minuten im Ofen rösten, bis es weich ist. Den Blumenkohl zwischendurch immer wieder mit der aufbewahrten Marinade bestreichen. Nach der Hälfte der Röstzeit das andere Gemüse wenden. Den weich gerösteten Blumenkohl und das restliche Gemüse vorsichtig auf einer großen Servierplatte anrichten. Mit Petersilie garnieren und warm servieren.

GERÖSTETES WURZELGEMÜSE AUF KNOBLAUCH-BLATTGEMÜSE

ERGIBT *4 Portionen* SCHWIERIGKEITSGRAD: *leicht*

Herb-würziges Knoblauch-Blattgemüse und karamelisiertes Wurzelgemüse sind geschmacklich einfach eine perfekte Kombination!

WURZELGEMÜSE

- 1 Pastinake, in circa 2 cm große Würfel geschnitten
- 1 Karotte, in circa 2 cm große Würfel geschnitten
- 1 Süßkartoffel, in 2 cm große Würfel geschnitten
- 1 Kartoffel, in 2 cm große Würfel geschnitten
- 1 kleine gelbe Zwiebel, gehackt
- ½ TL Zwiebelpulver
- ¼ TL schwarzer Pfeffer, gemahlen

KNOBLAUCH-BLATTGEMÜSE

- 80 ml Leichte Gemüsebrühe (Seite 236) oder Wasser
- 3 bis 4 Knoblauchzehen, fein gehackt
- ½ TL getrockneter Oregano
- ¼ TL Chiliflocken
- 2 TL weiße Misopaste
- 500 g dunkelgrünes Blattgemüse, harte Stiele entfernt und klein gehackt

ZUM GARNIEREN

- schwarzer Pfeffer, gemahlen

FÜR DAS WURZELGEMÜSE: Ofen auf 220 °C vorheizen. Zwei Backbleche mit Silikonbackmatten oder Backpapier auslegen. Das Gemüse gleichmäßig in einer Schicht auf den Backblechen verteilen und mit Zwiebelpulver und schwarzem Pfeffer bestreuen. Circa 45 bis 60 Minuten im Ofen rösten, bis es weich und leicht karamellisiert ist. Nach der Hälfte der Röstzeit mit einem Pfannenwender aus Metall wenden. Fertig geröstetes Gemüse aus dem Ofen nehmen und beiseite stellen.

FÜR DAS KNOBLAUCH-BLATTGEMÜSE: Während das Gemüse röstet, Leichte Gemüsebrühe, Knoblauch, Oregano und Chiliflocken in einen großen Topf geben und auf mittlerer Hitze zum Kochen bringen. Anschließend den Knoblauch bei niedriger Temperatur 1 Minute lang weich dünsten. Misopaste und Blattgemüse einrühren und köcheln lassen, bis es zusammenfällt. Je nach verwendetem Blattgemüse kann dies nur circa 3 Minuten (bei Mangold oder Spinat) oder aber auch 25 bis 45 Minuten (bei Grünkohl oder Kohlblättern) dauern. Wenn das Blattgemüse weich ist, die im Topf verbliebene Flüssigkeit abgießen.

ZUM ANRICHTEN: Blattgemüse auf flache Schüsseln oder große Teller verteilen. Geröstetes Wurzelgemüse darauf anrichten, mit schwarzem Pfeffer garnieren und warm servieren.

PORTOBELLO-PILZE UND SPINAT MIT BLUMENKOHLSTAMPF UND MISO-PILZ-SOSSE

Wenn Sie den Blumenkohlstampf und die Soße im Voraus zubereiten, ist dieses Essen blitzschnell fertig.

BLUMENKOHLSTAMPF

- 1 Blumenkohl, Strunk entfernt und in circa 2 cm große Stücke geschnitten
- 1 EL Nährhefe
- 1 TL weiße Misopaste
- 2 TL Gerösteter Knoblauch (Seite 238) (optional)

SOSSE

- 2 Schalotten, fein gehackt
- 2 große Handvoll frische Pilze Ihrer Wahl, gehackt
- 2 EL Nährhefe
- 2 EL weiße Misopaste
- 1 TL Balsamico-Essig
- 1 TL getrockneter Thymian
- ½ TL getrockneter Salbei
- ½ TL Zwiebelpulver
- schwarzer Pfeffer, gemahlen
- 360 ml Leichte Gemüsebrühe (Seite 236)

PILZE

- 4 große Portobello-Hüte, Stiele und Lamellen entfernt
- 3 Frühlingszwiebeln, grob gehackt
- 2 Knoblauchzehen, fein gehackt
- 1 TL Balsamico-Essig
- ½ TL geräuchertes Paprikapulver
- schwarzer Pfeffer, gemahlen
- 6 große Handvoll frischer Spinat

ZUM GARNIEREN

- 2 EL frische Petersilie, gehackt

FÜR DEN BLUMENKOHLSTAMPF: Wasser 3 bis 4 cm hoch in einen großen Topf gießen. Dämpfeinsatz hineinstellen, Wasser zum Kochen bringen und die Blumenkohlstücke circa 10 Minuten darin weich dämpfen. Blumenkohl in eine Schüssel oder eine Küchenmaschine geben. Nährhefe, Misopaste und Gerösteten Knoblauch hinzufügen. Zu Stampf zerdrücken oder mixen. Abschmecken und auf Wunsch nachwürzen. Warm halten.

FÜR DIE SOSSE: 4 EL Wasser in einem großen Stieltopf auf mittlerer Hitze erwärmen. Schalotten hineingeben und 2 bis 3 Minuten weich dünsten. Gehackte Pilze zugeben und erneut 2 bis 3 Minuten weich dünsten. Nährhefe, Misopaste, Essig, Thymian, Salbei, Zwiebelpulver und schwarzen Pfeffer nach Geschmack einrühren. Leichte Gemüsebrühe hinzufügen, umrühren und zum Sieden bringen. Herd auf niedrige Hitze stellen und 5 Minuten köcheln lassen. Mischung in einem Mixer oder einer Küchenmaschine glatt pürieren. Abschmecken und auf Wunsch nachwürzen. Zurück in den Stieltopf füllen und warm halten.

FÜR DIE PILZE: 4 EL Wasser in einer großen Pfanne auf mittlerer Hitze erwärmen. Pilzhüte hineinlegen und 5 Minuten dünsten. Frühlingszwiebeln, Knoblauch, Essig, geräuchertes Paprikapulver und schwarzen Pfeffer nach Geschmack einrühren. Pilzhüte wenden und noch mal circa 5 Minuten dünsten, bis sie weich und auf beiden Seiten schön gebräunt sind. Gegarte Pilzhüte an den Rand der Pfanne schieben oder herausnehmen. Spinat in der Pfanne unter häufigem Wenden dünsten, bis er zusammenfällt. Pilze gegebenenfalls zurück in die Pfanne geben und gut durchwärmen.

ZUM ANRICHTEN: Den Blumenkohlstampf auf Teller verteilen. Spinat und Portobello-Hüte mit der Stielseite nach unten darauf anrichten und Soße darüberlöffeln. Mit Petersilie garnieren und warm servieren.

JICAMA-NACHOS

ERGIBT *4 Portionen* SCHWIERIGKEITSGRAD: *mittel*

Nachos – wer liebt sie nicht? Wenn Sie statt fettiger und salziger Tortilla-Chips diese Jicama-Chips genießen, jubelt nicht nur Ihr Gaumen, sondern auch Ihr Herz. Übrig gebliebener »Käse«-Dip ist übrigens ein hervorragendes Topping für gekochtes Gemüse und Gerichte mit Vollkorngetreide, lässt sich aber auch gut einfrieren – also bereiten Sie am besten gleich die doppelte Portion davon zu, damit Sie immer genug für eine zweite leckere Mahlzeit haben. Wenn Sie Jicama nicht mögen, können Sie auch dünne Kartoffelscheiben rösten. Alternativ lässt sich dieser »Käse«-Dip auch wunderbar mit aufgeschnittener Rohkost wie zum Beispiel Paprika-, Karotten- oder Gurkenstiften genießen.

JICAMA-CHIPS

- 2 mittelgroße Jicama-Wurzeln, geschält
- 4 EL frisch gepresster Limettensaft
- 1 EL Nährhefe
- ½ TL Zwiebelpulver
- ½ TL Knoblauchpulver
- ½ TL geräuchertes Paprikapulver

»KÄSE«-DIP

- 100 g ungeröstete und ungesalzene Cashewkerne, 30 Minuten in heißem Wasser eingeweicht und abgegossen
- 3 EL salzfreie milde oder scharfe grüne Chilischoten aus dem Glas oder der Dose (BPA-frei)
- 5 EL Nährhefe
- 1 EL Apfelessig
- 2 TL frisch gepresster Zitronensaft
- 1 TL weiße Misopaste
- ½ TL geräuchertes Paprikapulver
- ½ TL Zwiebelpulver
- ½ TL Knoblauchpulver
- ½ TL Kreuzkümmel, gemahlen
- 1 Scheibe (0,5 cm) frische Kurkumawurzel, gerieben, oder ¼ TL Kurkumapulver

FÜR DIE JICAMA-CHIPS: Ofen auf 200 °C vorheizen. Zwei große Backbleche (mit Rand) mit Silikonbackmatten oder Backpapier auslegen. Mit einem Gemüsehobel oder einem scharfen Messer die Jicama-Wurzel in dünne, chipgroße Scheiben schneiden. Chips in eine Schüssel geben, Zitronensaft darüberträufeln und gleichmäßig verteilen. Nährhefe, Zwiebel-, Knoblauch- und geräuchertes Paprikapulver hinzufügen, dann alles durchmischen.

Gewürzte Jicama-Scheiben in einer Schicht auf die Backbleche legen und 20 Minuten im Ofen rösten. Herausnehmen, Jicama-Scheiben wenden und weitere 20 Minuten im Ofen rösten, bis die Ränder goldbraun sind.

FÜR DEN »KÄSE«-DIP: Während die Jicama-Scheiben rösten, die Dip-Zutaten und 120 ml Wasser in einem Hochleistungsmixer glatt pürieren. Gegebenenfalls pausieren und die Mixerinnenseite nach unten freischaben. Dip in einen Stieltopf geben und vorsichtig auf mittlerer Temperatur 1 Minute unter Rühren erwärmen. Abschmecken und auf Wunsch nachwürzen. Wenn der Dip zu dickflüssig ist, ein bisschen mehr Wasser unterrühren. Warm halten.

NACHOS

- 250 g gekochte salzfreie schwarze Bohnen, alternativ BPA-freie Dose (400 g) oder Tetra Pak, abgegossen und gespült
- 500 ml Frische Tomaten-Salsa (Seite 232) oder Ihre salzfreie Lieblingssalsa, abgegossen
- 1 reife Hass-Avocado, gewürfelt
- 3 EL Frühlingszwiebeln, gehackt
- 2 EL Jalapeño-Schoten, fein gehackt (optional)
- 5 EL frisches Koriandergrün, gehackt

FÜR DIE NACHOS: Schwarze Bohnen auf dem Herd oder in der Mikrowelle erwärmen und beiseite stellen.

Chips gleichmäßig auf vier Teller verteilen. Eine kleine Tasse Bohnen in die Mitte jedes Tellers geben und mit einer halben Tasse Frischer Tomaten-Salsa krönen. Mit warmem „Käse"-Dip beträufeln und mit Avocadowürfeln, Frühlingszwiebeln, Jalapeños (falls verwendet) und Koriandergrün garnieren. Sofort servieren.

Calvin Klein
Korea

BLUMENKOHL-PICCATA MIT PILZEN UND KARTOFFELN

ERGIBT *4 Portionen* SCHWIERIGKEITSGRAD: *leicht*

Diese Blumenkohl-Steaks sind schnell gemacht, doch dank ihres köstlichen Geschmacks und ihres verführerischen Anblicks werden alle glauben, dass Sie dafür Stunden in der Küche zugebracht haben.

- 1 Blumenkohl, Strunk entfernt und längs in 1 cm dicke Scheiben geschnitten
- 250 g kleine rote Kartoffeln, geviertelt
- 250 g kleine, feste Champignons, geputzt und geviertelt
- 1 Handvoll Cocktailtomaten, längs halbiert
- 3 Knoblauchzehen, zerdrückt
- 2 TL weiße Misopaste
- 1 Scheibe (0,5 cm) frische Kurkumawurzel, gerieben, oder ¼ TL Kurkumapulver
- 120 ml Leichte Gemüsebrühe (Seite 236)
- 3 EL frisch gepresster Zitronensaft
- 3 EL Nährhefe
- ½ TL Zwiebelpulver
- ½ TL salzfreier grober Senf
- schwarzer Pfeffer, gemahlen
- 200 g gekochte* salzfreie Cannellini-Bohnen, alternativ BPA-freie Dose (400 g) oder Tetra Pak, abgegossen und gespült
- 4 Frühlingszwiebeln, gehackt
- 3 EL frische Petersilie, gehackt

Ofen auf 200 °C vorheizen. Ein großes Backblech mit einer Silikonbackmatte oder Backpapier auslegen.

Blumenkohlscheiben und Kartoffeln auf dem Backblech verteilen und 20 Minuten im Ofen rösten. Das Blech aus dem Ofen nehmen und das Gemüse mit einem Pfannenwender aus Metall wenden. Pilze und Tomaten auf das Blech legen und wieder in den Ofen schieben. Das Gemüse circa 15 weitere Minuten im Ofen rösten, bis es sich leicht mit einer Gabel anstechen lässt und schön gebräunt ist.

In der Zwischenzeit die Soße vorbereiten. Knoblauch, Misopaste und Kurkuma in einem Hochleistungsmixer vermischen, bis der Knoblauch fein gehäckselt ist. Leichte Gemüsebrühe, Zitronensaft, Nährhefe, Zwiebelpulver, Senf, schwarzen Pfeffer und weiße Bohnen hinzufügen und glatt pürieren.

Die Soße in einen kleinen Stieltopf füllen und auf niedriger Temperatur erhitzen. Frühlingszwiebeln und Petersilie einrühren, abschmecken und auf Wunsch nachwürzen. Warm halten. Fertig geröstetes Gemüse auf einer Servierplatte anrichten, die Soße darübergeben und warm servieren.

* *Eine Kochanleitung finden Sie in den* Garzeitentabellen für Hülsenfrüchte und Getreide *auf den Seiten 240 bis 243.*

BUTTERNUT-KÜRBIS, ROSENKOHL UND ROTE BETE MIT BALSAMICO-SIRUP

ERGIBT *4 Portionen* SCHWIERIGKEITSGRAD: *leicht*

Wenn Sie frische Rote Bete mit Blättern gekauft haben, werfen Sie die Blätter nicht weg, sondern kochen Sie sie und servieren Sie dieses leckere Ofengemüse auf einem Bett aus gesundem Rote-Bete-Grün.

- 1 Butternut-Kürbis, halbiert, entkernt und in circa 2 cm große Würfel geschnitten
- 500 g Rosenkohl, geputzt und längs halbiert
- 1 Bund Rote Bete (3 bis 4 mittelgroße Rote-Bete-Knollen oder circa 500 g), geputzt und in circa 2 cm große Würfel geschnitten
- 1 rote Zwiebel, in circa 2 cm große Würfel geschnitten
- ½ TL getrockneter Oregano
- ½ TL Koriandersamen, gemahlen
- 2 TL Dr. Gregers Spezialgewürzmischung (Seite 234)
- 4 EL Balsamico-Sirup (Seite 237)
- schwarzer Pfeffer, gemahlen

Ofen auf 220 °C vorheizen. Ein oder zwei große Backbleche (mit Rand) mit Silikonbackmatten oder Backpapier auslegen.

Kürbiswürfel, Rosenkohl, Rote Bete und Zwiebel in einer Schicht auf einem oder mehreren Blechen verteilen. Mit Oregano, gemahlenen Koriandersamen und 1 TL Dr. Gregers Spezialgewürzmischung bestreuen. 30 bis 45 Minuten im Ofen rösten, bis das Gemüse weich ist. Nach der Hälfte der Zeit einmal wenden.

Backblech(e) aus dem Ofen nehmen. Das Gemüse auf einer Servierplatte anrichten und mit Balsamico-Sirup beträufeln. Mit dem Rest von Dr. Gregers Spezialgewürzmischung und schwarzem Pfeffer garnieren und warm servieren.

SIND GRÜNZEUG UND ROTE BETE GUT FÜRS GEHIRN?

Unser Gehirn bildet die arterienerweiternde Verbindung Stickstoffmonoxid. Durch den Verzehr von nitratreichem Gemüse wird deren Produktion angekurbelt. So konnten die Probanden bei einem Test nach dem Trinken von einem halben Liter Rote-Bete-Saft, der etwa genauso viel Nitrat enthält wie zwei Tassen gekochter Rucola, Subtraktionsaufgaben deutlich besser lösen. Das weist darauf hin, dass schon eine Dosis nitratreiches Gemüse die Gehirnfunktion verbessert.

Und die Gehirnstruktur? Sport allein führt wohl nicht zu einer signifikanten Veränderung, doch nach demselben Sportpensum in Kombination mit dem Trinken von Rote-Bete-Saft wurde eine deutliche Verbesserung festgestellt.[56] Also sind Rüben wirklich gut für die Rübe!

GEMÜSETARTE

ERGIBT *4 bis 6 Portionen* SCHWIERIGKEITSGRAD: *mittel*

Diese Tarte mit zwei Bohnensorten, viel Gemüse und einem Boden aus Kichererbsen ist köstlich und gesund. Mit ein paar Tropfen Balsamico-Sirup schmeckt sie sogar noch besser. Als Hauptgericht werden 4 und als Beilage 6 Personen davon satt.

BODEN

- 250 g gekochte salzfreie Kichererbsen, alternativ BPA-freie Dose (400 g) oder Tetra Pak, abgegossen, gespült und trocken getupft
- 2 EL Nährhefe
- 2 EL Chiasamen, gemahlen
- 1 EL Leinsamen, gemahlen
- 1 EL weiße Misopaste
- ½ TL Knoblauchpulver
- ½ TL Zwiebelpulver
- 1 TL getrocknetes Basilikum
- ½ TL getrockneter Oregano
- ¼ TL schwarzer Pfeffer, gemahlen

FÜLLUNG

- 1 kleine rote Zwiebel, fein gehackt
- 1 kleine rote Paprika, entkernt und gehackt
- 3 Knoblauchzehen, fein gehackt
- 1 Zucchini, in dünne Scheiben geschnitten
- 170 g kleine, feste Champignons in dünnen Scheiben
- 4 Frühlingszwiebeln, fein gehackt
- 2 TL weiße Misopaste
- 1 TL getrocknetes Basilikum
- 1 TL getrockneter Majoran
- ¼ TL schwarzer Pfeffer, gemahlen
- 250 g gekochte salzfreie weiße Bohnen, alternativ BPA-freie Dose (400 g) oder Tetra Pak, abgegossen und gespült
- 3 EL Nährhefe
- 1 EL Apfelessig
- 2 EL Chiasamen, gemahlen
- ½ TL Paprikapulver

Alle Boden-Zutaten in einer Küchenmaschine zu einem glatten Teig vermischen, der hält, wenn er mit den Fingerspitzen zusammengedrückt wird. Ist er zu trocken, nach und nach 1 EL Wasser untermixen. Die Kichererbsenmischung in die Springform geben und mit angefeuchteten Fingern gleichmäßig auf dem Boden der Form verteilen. 10 Minuten im Ofen backen, herausnehmen und beiseite stellen.

FÜR DIE FÜLLUNG: 4 EL Wasser in einer großen Pfanne auf mittlerer Hitze erwärmen. Zwiebel, Paprika und Knoblauch hineingeben und 5 Minuten weich dünsten. Etwas mehr Wasser zugießen, damit das Gemüse nicht anschmort. Zucchini, Pilze, Frühlingszwiebeln, Misopaste, Basilikum, Majoran und schwarzen Pfeffer hinzufügen. 5 bis 7 Minuten unter Rühren braten, bis das Gemüse weich und die Flüssigkeit verdunstet ist. Umrühren, vom Herd nehmen und beiseite stellen.

Weiße Bohnen, Nährhefe, Apfelessig, gemahlene Chiasamen, Paprika- und Zwiebelpulver sowie Kurkuma in einem Mixer oder einer Küchenmaschine glatt pürieren. Petersilie einrühren.

Die Bohnenmischung auf dem Kichererbsenboden verstreichen, und das Gemüse gleichmäßig darauf verteilen. Tomatenhälften mit Schnittseite nach unten kreisförmig auf das Gemüse legen und leicht andrücken. Mit gemahlenen Walnüssen (falls verwendet) bestreuen und 18 bis 20 Minuten im Ofen backen, bis die Tarte heiß und durchgebacken ist.

- ½ TL Zwiebelpulver
- 1 Scheibe (1 cm) frische Kurkumawurzel, gerieben, oder ½ TL Kurkumapulver
- 2 EL frische Petersilie, gehackt
- 1 Handvoll Cocktailtomaten, längs halbiert
- 4 EL Walnüsse, gemahlen (optional)
- Balsamico-Sirup (Seite 237)

Aus dem Ofen nehmen und circa 10 Minuten abkühlen lassen. In Stücke schneiden, mit Balsamico-Sirup beträufeln und warm servieren.

PORTOBELLO-HÜTE MIT ARTISCHOCKEN-SPINAT-FÜLLUNG

ERGIBT *2 bis 4 Portionen* SCHWIERIGKEITSGRAD: *leicht*

Wenn Sie Artischocken-Dip mögen – einen Klassiker, der das ganze Jahr über lecker schmeckt –, werden Sie diese gesunde und aromatischere Variante lieben, die hier als Füllung saftig-herzhafter Portobello-Hüte verwendet wird. Servieren Sie als Hauptgericht je 2 gefüllte Pilze, als Beilage genügt 1 Hut.

- 250 bis 300 g frischer oder aufgetauter Spinat, leicht gedämpft und abgekühlt
- 200 g gekochte* salzfreie weiße Bohnen, alternativ BPA-freie Dose (400 g) oder Tetra Pak, abgegossen und gespült
- 2 EL Frühlingszwiebeln, fein gehackt
- 1 Knoblauchzehe, fein gehackt
- 2 EL Nährhefe
- 1 EL frisch gepresster Zitronensaft
- 1 TL weiße Misopaste
- ¼ TL schwarzer Pfeffer, gemahlen
- 1 Glas (400 g) – beziehungsweise BPA-freie Dose oder Tetra Pak – Artischockenherzen in Wasser, abgegossen
- *alternativ:* 1 Packung (250 g) gefrorene Artischockenherzen, gekocht und abgekühlt
- 4 große Portobello-Pilze (ohne Stiele)
- 2 EL Apfelessig
- ½ TL Zwiebelpulver
- ¼ TL schwarzer Pfeffer, gemahlen

Überschüssige Flüssigkeit aus dem abgekühlten Spinat herausdrücken und beiseite stellen.

Weiße Bohnen, Frühlingszwiebeln und Knoblauch in einer Küchenmaschine fein häckseln. Nährhefe, Zitronensaft, Misopaste und schwarzen Pfeffer hinzufügen und gut durchmischen. Artischocken ergänzen und einige Male kurz mixen, bis sie klein gehackt sind. Spinat unterrühren. Mischung beiseite stellen.

Ofen auf 190 °C vorheizen. Ein Backblech mit einer Silikonbackmatte oder Backpapier auslegen. Pilze mit der Stielseite nach unten auf dem Blech positionieren. Apfelessig, Zwiebelpulver und schwarzen Pfeffer in einer kleinen Schüssel verquirlen und mit einem Pinsel auf die Pilze streichen. 10 Minuten im Ofen backen, bis die Pilze anfangen, weich zu werden. Blech aus dem Ofen nehmen und beiseite stellen, bis die Pilze genug abgekühlt sind, um weiterverarbeitet zu werden. Die Pilze vorsichtig wenden und mit dem Artischockenmix füllen. Zurück in den Ofen schieben und 15 Minuten backen, bis die Pilze gut durchgewärmt sind.

Blech herausnehmen und die gefüllten Pilze sofort servieren.

* *Eine Kochanleitung finden Sie in den* Garzeitentabellen für Hülsenfrüchte und Getreide *auf den Seiten 240 bis 243.*

GEFÜLLTE PAPRIKA MIT SCHWARZEN BOHNEN, PILZEN UND PIKANTEN WALNUSS-STREUSELN

ERGIBT *4 Portionen* SCHWIERIGKEITSGRAD: *mittel*

Die Gewürze in diesem Gericht sorgen für eine herzhaft-deftige Note, die an italienische Salsiccia erinnert. Servieren Sie die Paprika pur oder mit warmer Tomatensoße. (Ich schwöre auf die Soße aus ofengerösteten Tomaten auf Seite 102, aber Sie können auch gerne Ihre salzfreie Lieblings-Marinara verwenden.)

- 4 große Paprika (Farbe Ihrer Wahl)
- 1 kleine rote Zwiebel, fein gehackt
- 3 Knoblauchzehen, fein gehackt
- 4 große Handvoll Grünkohl, fein gehackt
- 100 g Champignons, gehackt (circa 1 Handvoll)
- 250 g gekochte* salzfreie schwarze Bohnen, alternativ BPA-freie Dose (400 g) oder Tetra Pak, abgegossen und gespült
- 3 Roma-Tomaten, entkernt und fein gehackt, alternativ BPA-freie Dose (400 g) oder ein Tetra Pak stückige Tomaten, abgegossen und fein gehackt
- 2 EL Nährhefe
- 1 TL weiße Misopaste
- 3 EL frische Petersilie, fein gehackt
- ½ TL Fenchelsamen, gemahlen
- ¼ TL Chiliflocken
- ¼ TL schwarzer Pfeffer, gemahlen
- 1 Tasse (240 ml) Pikante Pilz-Walnuss-Streusel (Seite 230)
- warme Tomatensoße (optional)
- 2 EL Paranuss-Parmesan (Seite 232)

Ofen auf 190 °C vorheizen. Wasser circa 2 cm hoch in eine flache Auflaufform gießen und beiseite stellen.

Die Paprikas in einem Dämpfeinsatz in einem großen, circa 2 cm hoch mit Wasser gefüllten Topf 3 bis 4 Minuten relativ weich dämpfen. Anschließend aus dem Topf nehmen und mit der Schnittseite nach unten zum Abtropfen und Abkühlen auf einen Teller stellen.

4 EL Wasser in einer Pfanne auf mittlerer Hitze erwärmen. Zwiebel hineingeben und circa 5 Minuten weich dünsten. Knoblauch hinzufügen und 1 weitere Minute dünsten. Grünkohl, Pilze, Bohnen, Tomaten, Nährhefe, Misopaste, Petersilie, Fenchelsamen, Chiliflocken und schwarzen Pfeffer einrühren. Die Mischung 10 bis 15 Minuten auf mittlerer Temperatur köcheln lassen, bis die Flüssigkeit absorbiert ist. Pilz-Walnuss-Streusel unterrühren. Abschmecken und auf Wunsch nachwürzen. Ist die Mischung zu feucht, etwas mehr Nährhefe oder gemahlene Leinsamen verwenden.

Die Paprikaschoten mit der Mischung füllen und aufrecht in die vorbereitete Auflaufform setzen. Abdecken und 25 bis 30 Minuten im Ofen backen, bis die Paprika weich sind.

Auf Tellern anrichten, mit Tomatensoße (falls verwendet) übergießen und mit Paranuss-Parmesan garnieren. Warm servieren.

* *Eine Kochanleitung finden Sie in den* Garzeitentabellen für Hülsenfrüchte und Getreide *auf den Seiten 240 bis 243.*

GERÖSTETER KABOCHA-KÜRBIS MIT GRÜNKOHL-CRANBERRY-FÜLLUNG

ERGIBT *4 Portionen* SCHWIERIGKEITSGRAD: *mittel*

Statt mit stärkehaltigen, langweiligen Brotwürfeln wird diese Füllung mit meiner Getreide-Linsen-Mischung (GELIMI) aus Gerste, Roggen, Hafer und Linsen sowie mit Zwiebeln, Sellerie, Grünkohl und Cranberrys zubereitet. Ich serviere diesen gefüllten Kürbis gern gleich so, wie er aus dem Ofen kommt, oder zusammen mit der Miso-Pilz-Soße auf Seite 124. Für mehr Abwechslung können Sie eine oder mehrere der gekochten GELIMI-Getreidesorten auch durch Bohnen ersetzen.

- 1 großer Kabocha-Kürbis*, quer halbiert
- 1 kleine rote Zwiebel, gehackt
- 1 kleine Selleriestange, fein gehackt
- ½ Handvoll Cranberrys
- 1 große Handvoll Grünkohl oder anderes dunkles Blattgemüse Ihrer Wahl, in feine Streifen geschnitten
- 1 EL Umami-Soßenreduktion
- 1 TL frische Thymianblätter, fein gehackt, oder ½ TL getrockneter Thymian
- 1 TL frischer Rosmarin, fein gehackt, oder ½ TL getrockneter Rosmarin
- 1 TL frische Salbeiblätter, fein gehackt, oder ½ TL getrockneter Salbei
- schwarzer Pfeffer, gemahlen
- 2 Tassen (500 ml) GELIMI

Ofen auf 180 °C vorheizen. Ein Backblech mit einer Silikonbackmatte oder Backpapier auslegen. Den Kürbis halbieren und entkernen. Kürbishälften beiseite stellen.

4 EL Wasser in einer Pfanne auf mittlerer Hitze erwärmen. Zwiebel und Sellerie hineingeben und 5 Minuten weich dünsten. Cranberrys, Grünkohl, Umami-Soßenreduktion, Thymian, Rosmarin, Salbei und schwarzen Pfeffer (nach Geschmack) einrühren. Vom Herd nehmen und die Getreide-Linsen-Mischung unterrühren.

Die Füllung auf beide Hälften verteilen, dann die gefüllten Kürbishälften auf das Backblech setzen. 1 Stunde und 20 Minuten im Ofen backen. Wenn die Füllung zu braun wird, die Kürbishälften locker mit Aluminiumfolie abdecken. Den Kürbis nach Ende der Backzeit mit einem Messer einstechen, um zu prüfen, ob er weich genug ist. Wenn er sich nicht leicht mit der Messerspitze einstechen lässt, noch 15 bis 20 weitere Minuten backen. Warm servieren.

BEEREN GEGEN ENTZÜNDUNGEN UND OSTEOARTHRITIS

Wer Anthocyane isst, die leuchtenden Pigmente von Beeren, profitiert von deren entzündungshemmender Wirkung. Sie scheinen das Risiko für chronische Erkrankungen zu verringern.[57] Können Erdbeeren auch Schmerzen und Entzündungen bei einer Kniearthrose lindern? Ja! Beeren zum Speiseplan hinzuzufügen kann sich sehr positiv auf Schmerzen, Entzündungen und die allgemeine Lebensqualität auswirken.[58]

*HINWEIS

Ein harter Kürbis lässt sich einfacher schneiden, wenn er, an mehreren Stellen mit einem Messer angestochen, auf hoher Stufe 3 bis 4 Minuten in der Mikrowelle gegart wird. (Durch die Löcher entweicht der Dampf besser.) Danach sollte er sich leicht schneiden lassen.

GERÖSTETE KREUZKÜMMEL-KAROTTEN MIT KICHERERBSEN UND TOMATEN

ERGIBT *4 Portionen* SCHWIERIGKEITSGRAD: *leicht*

Dieses leckere Gericht können Sie einzeln oder zusammen mit gekochtem Vollkorngetreide oder Blattgemüse genießen. Die Röstzeit hängt von der Größe der Karotten ab: Dünnere sind schon in 20 bis 25 Minuten fertig, während dickere bis zu 45 Minuten brauchen können.

- 500 g Karotten, wenn möglich mehrfarbig, diagonal in circa 2 cm große Stücke geschnitten
- 200 g gekochte* salzfreie Kichererbsen, alternativ BPA-freie Dose (400 g) oder Tetra Pak, abgegossen und gespült
- 1 Spritzer Apfelessig**
- 1 TL Kreuzkümmel, gemahlen
- 1 TL Koriandersamen, gemahlen
- ¾ TL schwarzer Pfeffer, gemahlen
- 3 große Handvoll Cocktailtomaten, längs halbiert
- gekochtes Vollkorngetreide* oder Blattgemüse (optional)
- 4 EL frische Petersilie oder Koriandergrün, gehackt

Ofen auf 200 °C vorheizen. Ein großes Backblech (mit Rand) mit einer Silikonbackmatte oder Backpapier auslegen. Karottenstücke und Kichererbsen in einer Schicht auf dem Backblech verteilen. Apfelessig darüberträufeln und gleichmäßig mit Kreuzkümmel, Koriander und schwarzem Pfeffer bestreuen. Circa 15 Minuten im Ofen rösten (je nach Größe der Karottenstücke auch länger oder kürzer). Blech herausnehmen und Tomatenhälften auf und um die Karotten und Kichererbsen herum verteilen. Zurück in den Ofen schieben und circa weitere 15 Minuten rösten, bis die Kichererbsen fast knusprig und die Karotten weich und leicht angeschmort sind.

In flachen Schüsseln auf einem Bett aus gekochtem Vollkorngetreide oder Blattgemüse (falls verwendet) anrichten, mit Petersilie garnieren und warm servieren.

* *Eine Kochanleitung finden Sie in den* Garzeitentabellen für Hülsenfrüchte und Getreide *auf den Seiten 240 bis 243.*

** *Hinweis: Füllen Sie eine kleine Sprühflasche mit Ihrem Lieblingsessig und besprühen Sie Gemüse oder Salate und andere Gerichte damit. Das verleiht ihnen einen wunderbar frischen Geschmack und sorgt dafür, dass Gewürze besser anhaften. Ich besprühe zum Beispiel gern mein Popcorn aus der Heißluftmaschine damit, weil die Nährhefe dadurch besser daran kleben bleibt.*

SÜSSKARTOFFELSPALTEN MIT SALBEI UND SCHALOTTEN

ERGIBT *4 Portionen* SCHWIERIGKEITSGRAD: *leicht*

Der Malzessig, das Maismehl und die Gewürze machen diese gerösteten Süßkartoffeln zu einem himmlischen Genuss. Wenn Sie Ihre Süßkartoffeln pur lieber mögen, lassen Sie die anderen Zutaten einfach weg und rösten Sie nur die Süßkartoffelspalten – sie schmecken auch ohne Gewürze fantastisch.

- 3 Süßkartoffeln (etwa 1 kg)
- 5 EL Malz- oder Apfelessig, plus mehr zum Servieren
- 5 EL grob gemahlenes Mehl aus blauem Mais
- 1 EL geräuchertes Paprikapulver
- 2 TL Salbei, gemahlen
- 3 Schalotten, längs geviertelt (optional)

Jede Süßkartoffel in 1 cm dicke Spalten schneiden und in eine Schüssel legen. Essig hinzufügen und gut vermischen.

Maismehl, Paprikapulver und Salbei in einer kleinen Schüssel verrühren und über die Süßkartoffeln geben. Nochmals vermischen, bis die Spalten gleichmäßig mit der Gewürzmischung überzogen sind.

Süßkartoffelspalten und Schalotten (falls verwendet) in einer Schicht auf dem Backblech verteilen und 30 Minuten im Ofen rösten, bis die Süßkartoffeln weich und leicht gebräunt sind. Nach der Hälfte der Zeit wenden.

Aus dem Ofen nehmen und sofort mit etwas Essig (wenn gewünscht) servieren.

5

Bohnen

Alle vollwertigen pflanzlichen Lebensmittel enthalten Ballaststoffe. Am stärksten konzentriert kommen sie aber in Hülsenfrüchten wie Erbsen, Kichererbsen, Linsen und Bohnen vor,[59] den Protagonisten dieses Kapitels. Wussten Sie, dass laut einer Studie mit übergewichtigen Jugendlichen die Ballaststoffmenge einer einzigen Tagesportion Bohnen, über einen Zeitraum von etwa zwei Jahren regelmäßig verzehrt, bei dem Faktor »abdominale Adipositas« einen deutlichen Unterschied von fünfundzwanzig Prozent[60] ausmachte? Oder dass eine nur um zwei Gramm erhöhte Ballaststoffzufuhr bei Frauen mittleren Alters über den etwa selben Zeitraum hinweg zu einem Gewichtsverlust von etwa einem Pfund führte?[61] Bohnen sorgen auch dafür, dass wir uns viel länger satt fühlen.[62]
Der tägliche Verzehr ballaststoffreicher Lebensmittel hilft beim erfolgreichen Abnehmen, und die Rezepte in diesem Kapitel werden dafür sorgen, dass Ihre Kreationen auch auf dem Esstisch ein voller Erfolg sind.

COTTAGE PIE MIT SÜSSKARTOFFELSTAMPF

WÜRZIGE TEMPEHSCHEIBEN MIT MAISMEHLKRUSTE UND WEISSE-BOHNEN-RANCH-DRESSING

BRATLINGE AUS ROTER BETE, KIDNEYBOHNEN UND QUINOA

SCHWARZAUGENBOHNEN UND BLATTGEMÜSE AUF PERSISCHE ART

CHILI MIT BUTTERNUT-KÜRBIS UND SCHWARZEN BOHNEN

BBQ-TEMPEH MIT SÜSSKARTOFFELN UND BLATTKOHL

DAL AUS SCHWARZEN LINSEN

WESTAFRIKANISCHER ROTE-BOHNEN-SÜSSKARTOFFEL-EINTOPF

KICHERERBSEN UND KABOCHA-KÜRBIS MIT ROTER CURRYPASTE

SZECHUAN-TEMPEH UND -BROKKOLI

COTTAGE PIE MIT SÜSSKARTOFFELSTAMPF

ERGIBT *4 bis 6 Portionen* SCHWIERIGKEITSGRAD: *mittel*

Hallo Wohlfühlessen! Dieses herzhafte und wärmende Gericht schmeckt auch mit Blumenkohlstampf hervorragend, also entscheiden Sie sich einfach für das Gemüse, auf das Sie gerade am meisten Lust haben.

- 1 kg Süßkartoffeln, in circa 5 cm große Würfel geschnitten
- ½ TL Zwiebelpulver
- ¼ TL schwarzer Pfeffer, gemahlen
- 1 kleine rote Zwiebel, gehackt
- 1 Karotte, gehackt
- 2 Knoblauchzehen, fein gehackt
- 300 g frische oder aufgetaute gefrorene Maiskörner
- 150 g frische oder aufgetaute gefrorene grüne Erbsen
- 180 g gekochte* frische oder gefrorene Limabohnen
- 400 g gekochte* braune salzfreie Linsen (alternativ BPA-freie Dose oder Tetra Pak)
- 240 ml Leichte Gemüsebrühe (Seite 236)
- 250 g Pilze Ihrer Wahl, gehackt
- 3 EL Nährhefe
- 2 EL salzfreies Tomatenmark
- 1 EL weiße Misopaste
- 1 TL frischer Thymian, gehackt, oder ½ TL getrockneter Thymian

Süßkartoffelstücke in einen Topf geben, mit Wasser bedecken und zum Kochen bringen. 15 bis 20 Minuten kochen, bis sie sich leicht mit einer Gabel anstechen lassen. Abgießen und zurück in den Topf füllen. Zwiebelpulver und schwarzen Pfeffer zugeben und zerstampfen. Beiseite stellen.

Ofen auf 200 °C vorheizen.

4 EL Wasser in einer großen Pfanne auf mittlerer Hitze erwärmen. Zwiebel und Karotte hineingeben und circa 7 Minuten weich dünsten. Knoblauch einrühren und Herd auf niedrige Stufe stellen. Mais, Erbsen und gekochte Limabohnen unterrühren. 3 bis 5 Minuten schmoren, bis das Gemüse weich und alle Flüssigkeit absorbiert ist. 300 g Linsen einrühren. Mischung in eine flache Auflaufform geben und beiseite stellen.

Leichte Gemüsebrühe in derselben großen Pfanne auf mittlerer Hitze erwärmen. Pilze, Nährhefe, Tomatenmark, Misopaste und Thymian hineingeben und unter Rühren 5 Minuten köcheln lassen, bis die Pilze weich sind. Pilzmischung und restliche Linsen in einem Mixer oder einer Küchenmaschine glatt pürieren. Wenn die Soße zu dick ist, bis zu 8 zusätzliche EL Gemüsebrühe vermixen. Abschmecken und auf Wunsch nachwürzen.

Soße über die Gemüsemischung in der Auflaufform gießen und unterrühren. Süßkartoffelstampf darauf schichten und glatt streichen. Den Cottage Pie circa 30 Minuten im Ofen backen, bis die Füllung Blasen bildet und blubbert. Warm servieren.

* *Eine Kochanleitung finden Sie in den* Garzeitentabellen für Hülsenfrüchte und Getreide *auf den Seiten 240 bis 243.*

WÜRZIGE TEMPEHSCHEIBEN MIT MAISMEHLKRUSTE UND WEISSE-BOHNEN-RANCH-DRESSING

ERGIBT *4 Portionen* SCHWIERIGKEITSGRAD: *mittel*

Dieses Ranch-Dressing aus weißen Bohnen ist nicht nur der perfekte Dip für würzige Tempehscheiben, sondern auch ein wunderbares Salatdressing.

WEISSE-BOHNEN-RANCH-DRESSING

- 100 g gekochte salzfreie weiße Bohnen, alternativ BPA-freie Dose oder Tetra Pak, abgegossen und gespült
- 4 EL ungeröstete Cashewkerne, 30 Minuten in heißem Wasser eingeweicht und abgegossen
- 1 EL Apfelessig
- 2 TL frisch gepresster Zitronensaft
- 1 TL Zwiebelpulver
- ½ TL Knoblauchpulver
- 1 TL weiße Misopaste
- ¼ TL schwarzer Pfeffer, gemahlen
- 2 TL frische Petersilie, fein gehackt
- 1 TL frischer Dill, fein gehackt, oder ¼ TL getrockneter Dill
- 1 TL frischer Schnittlauch, fein gehackt, oder ½ TL getrockneter Schnittlauch

TEMPEH

- 120 g grob gemahlenes Mehl aus blauem Mais (Masa Harina)
- 1 EL Nährhefe
- 1 TL Knoblauchpulver
- 1 TL Dr. Gregers Spezialgewürzmischung (Seite 234)
- 500 g Tempeh, in 2 x 7 cm große Streifen geschnitten
- 160 ml oder mehr Salzfreie Hot Sauce (Seite 238)

FÜR DAS RANCH-DRESSING: 5 EL Wasser und alle Dressing-Zutaten bis auf die Petersilie, den Dill und den Schnittlauch in einem Hochleistungsmixer glatt pürieren. Dressing in eine Schüssel füllen und frische gehackte Kräuter unterrühren. Auf Wunsch nachwürzen. (Je länger das Dressing zieht, desto aromatischer wird es.) Ist das Dressing zu dickflüssig, etwas mehr Wasser unterrühren. Abdecken und mindestens 1 Stunde im Kühlschrank durchziehen lassen. Vor dem Servieren umrühren oder schütteln.

FÜR DIE TEMPEHSCHEIBEN: Ofen auf 220 °C vorheizen. Ein Backblech (mit Rand) mit einer Silikonbackmatte oder Backpapier auslegen. Maismehl, Nährhefe, Knoblauchpulver und Dr. Gregers Spezialgewürzmischung in eine große Schüssel geben. 180 ml Wasser zugießen und gut verquirlen. Tempehscheiben in den dünnen Teig legen und damit überziehen, mit ausreichend Abstand auf dem Backblech positionieren. Dann 15 Minuten im Ofen backen. Nach der Hälfte der Backzeit wenden.

Salzfreie Hot Sauce in eine große Schüssel gießen. Die fertig gebackenen Tempehscheiben aus dem Ofen nehmen und vorsichtig in der Hot Sauce wenden, bis sie dünn damit überzogen sind. Tempeh zurück aufs Blech legen und weitere 10 Minuten backen, bis sie schön gebräunt sind.

Vor dem Servieren 10 Minuten abkühlen lassen. Wenn Sie es scharf mögen, die Tempehscheiben noch mal in Hot Sauce wenden.

ZUM ANRICHTEN: Eine kleine Schüssel mit Weiße-Bohnen-Ranch-Dressing in die Mitte eines Tabletts stellen, die Tempehscheiben kreisförmig um die Schüssel herumlegen und servieren.

BRATLINGE AUS ROTER BETE, KIDNEYBOHNEN UND QUINOA

ERGIBT *6 Portionen* SCHWIERIGKEITSGRAD: *mittel*

Servieren Sie diese farbenfrohen Bratlinge am besten auf einem Bett aus gedämpftem Blattgemüse. Sie können Sie pur, mit Ihrer Lieblingswürzsoße, einem Spritzer Balsamico-Sirup (Seite 237) oder Umami-Soßenreduktion (Seite 234) genießen. Auch kalt schmecken diese Bratlinge köstlich. In Scheiben geschnitten eigenen sie sich beispielsweise als Füllung für Kopfsalat-Wraps. Dieses Rezept ist sehr praktisch, um übrig gebliebenes gekochtes Vollkorngetreide aufzubrauchen. Wenn Sie die Rote Bete nicht selbst rösten oder dämpfen wollen, kaufen Sie sie einfach vorgegart im Supermarkt.

- 200 g gekochte* salzfreie dunkle Kidneybohnen, alternativ BPA-freie Dose (400 g) oder Tetra Pak, abgegossen, gespült und trocken getupft
- 50 g Walnüsse, gehackt
- 150 g gekochte* Quinoa, Hirse oder anderes Vollkorngetreide, trocken getupft
- 1 kleine Rote-Bete-Knolle, geröstet oder gedämpft und trocken getupft
- 4 EL rote Zwiebel, fein gehackt
- 2 EL Nährhefe
- 2 EL Leinsamen, gemahlen
- 2 EL Chiasamen, gemahlen
- 2 TL salzfreies Tomatenmark
- ¾ TL Super-Gewürz-Mix (Seite 233) – oder nach Geschmack
- ½ TL Knoblauchpulver
- ½ TL Zwiebelpulver
- ½ TL geräuchertes Paprikapulver
- ½ TL weiße Misopaste
- ¼ TL schwarzer Pfeffer, gemahlen

Bohnen, Walnüsse, gekochte Quinoa, Rote Bete und Zwiebel in einer Küchenmaschine häckseln, bis alles gut miteinander vermischt ist. Restliche Zutaten hinzufügen und untermixen.

Die Mischung auf eine Arbeitsfläche geben und zu sechs Kugeln formen (je nachdem, wie groß Ihre Bratlinge werden sollen, auch mehr oder weniger Kugeln). Das Gemisch ist sehr weich; wenn es sich nicht gut formen lässt, etwas gemahlene Walnüsse oder Nährhefe unterrühren. Die Kugeln mit den Händen zu dünnen Bratlingen pressen, die gut zusammenhalten. Anschließend auf einem Teller lagern und eine Stunde oder länger im Kühlschrank kalt stellen. (Sie können die Bratlinge auch einzeln straff in Folie einwickeln und für den späteren Gebrauch einfrieren.)

Ofen auf 190 °C vorheizen. Ein Backblech mit einer Silikonbackmatte oder Backpapier auslegen. Bratlinge auf das Backblech legen und 15 Minuten im Ofen backen. Mit einem Pfannenwender aus Metall wenden und weitere 15 Minuten oder länger backen, bis die Bratlinge fest sind. Warm servieren.

* *Eine Kochanleitung finden Sie in den* Garzeitentabellen für Hülsenfrüchte und Getreide *auf den Seiten 240 bis 243.*

SCHWARZAUGENBOHNEN UND BLATTGEMÜSE AUF PERSISCHE ART

ERGIBT *4 Portionen* SCHWIERIGKEITSGRAD: *leicht*

Eine Vielzahl aromatischer Gewürze verwandelt dieses einfache Bohnengericht in ein wirklich außergewöhnliches Geschmackserlebnis. Schwarzaugenbohnen sind getrocknet, in der Dose und manchmal auch gefroren erhältlich. Wenn Sie getrocknete oder gefrorene Bohnen verwenden, planen Sie die Kochzeit für die Bohnen mit ein.

- 1 große rote Zwiebel, gehackt
- 2 Karotten, in dünne Scheiben geschnitten
- 2 EL salzfreies Tomatenmark
- 2 TL weiße Misopaste
- 750 g Grün- oder Blattkohl, harte Stiele entfernt, grob gehackt
- 400 g gekochte Schwarzaugenbohnen
- 1 TL Koriandersamen, gemahlen
- 1 TL Kreuzkümmel, gemahlen
- ½ TL getrocknete Bockshornkleeblätter (Methi)
- ½ TL Kurkumapulver
- ½ TL schwarzer Pfeffer, gemahlen
- ½ TL Kardamom, gemahlen
- ¼ TL Zimt, gemahlen
- ⅛ TL Muskat oder Nelken, gemahlen
- 2 TL frisch gepresster Zitronensaft
- warmes gekochtes Vollkorngetreide (optional)

4 EL Wasser in einem Topf oder einer tiefen Pfanne auf mittlerer Hitze erwärmen. Zwiebel und Karotten hineingeben und circa 5 Minuten weich dünsten. Tomatenmark und Misopaste einrühren. Grünkohl und 240 ml Wasser hinzufügen. Abgedeckt unter gelegentlichem Rühren köcheln lassen, bis der Grünkohl weich ist.

Gekochte Schwarzaugenbohnen, Koriander, Kreuzkümmel, Bockshornkleeblätter, Kurkuma, schwarzen Pfeffer, Kardamom, Zimt und Muskat ergänzen. Wenn die Mischung zu dickflüssig ist, hilft etwas zusätzliches Wasser. Circa 10 weitere Minuten köcheln lassen, bis alles gut durchgewärmt ist und sich die Aromen entfalten. Erst kurz vor dem Servieren mit Zitronensaft verfeinern. Warm als Einzelgericht oder auf einem Bett aus Ihrem gekochten Lieblingsvollkorngetreide servieren.

DIE BESTEN ZUBEREITUNGSMETHODEN FÜR GRÜNES BLATTGEMÜSE

Am gesündesten ist es natürlich, grünes Blattgemüse frisch zu verzehren. Dämpfen oder Dünsten sind die gesündesten Zubereitungsmethoden, gefolgt vom Garen in der Mikrowelle. Braten in der Pfanne oder Kochen sind hingegen weniger gesund.[63]

Und wie sieht es mit Grünkohl im Speziellen aus? Beim Blanchieren und Dünsten erhöht sich der Antioxidantiengehalt dieses urgesunden Gemüses. Das ist bei der Zubereitung in der Mikrowelle oder beim Kochen zwar nicht der Fall, aber der Grünkohl verliert auch dabei nicht viel. Sie können ihn also ruhig kochen, ohne Angst haben zu müssen, dabei seine Antioxidantien zu zerstören.[64]

CHILI MIT BUTTERNUT-KÜRBIS UND SCHWARZEN BOHNEN

ERGIBT *4 bis 6 Portionen* SCHWIERIGKEITSGRAD: *leicht*

Schwarze Bohnen und Butternut-Kürbis gehen in diesem deftigen Chili eine köstliche Verbindung ein. Wenn Sie keine Zeit haben, den Kürbis selbst zu schneiden, halten Sie im Supermarkt die Augen nach vorgeschnittenem Kürbis offen.

- 500 ml Leichte Gemüsebrühe (Seite 236)
- 1 rote Zwiebel, gehackt
- 400 g Butternut-Kürbis, geschält, entkernt und gewürfelt
- 1 Paprika (Farbe Ihrer Wahl), entkernt und gehackt
- 2 Knoblauchzehen, fein gehackt
- 1 kleine scharfe Chilischote, entkernt und fein gehackt
- 4 EL salzfreies Tomatenmark
- 2 EL Chilipulver – oder nach Geschmack
- ¼ TL schwarzer Pfeffer, gemahlen
- 1 BPA-freie Dose (400 g) oder 1 Tetra Pak salzfreie stückige Tomaten mit Saft
- 500 g gekochte* salzfreie schwarze Bohnen, alternativ 2 BPA-freie Dosen (je 400 g) oder 2 Tetra Paks, abgegossen und gespült
- 2 EL Umami-Soßenreduktion (Seite 234)
- 1 Scheibe (0,5 cm) frische Kurkumawurzel, gerieben, oder ¼ TL Kurkumapulver
- 1 EL Super-Gewürz-Mix (Seite 233) – oder nach Geschmack

ZUM GARNIEREN

- Frühlingszwiebellauch, gehackt

250 ml Leichte Gemüsebrühe in einem großen Topf auf mittlerer Hitze erwärmen. Zwiebel hineingeben und circa 5 Minuten unter gelegentlichem Rühren weich dünsten. Kürbiswürfel, Paprika, Knoblauch und Chilischote hinzufügen. Tomatenmark, Chilipulver und schwarzen Pfeffer einrühren. Tomaten mit Saft, schwarze Bohnen, Umami-Soßenreduktion, Kurkuma, Super-Gewürz-Mix und restliche 250 ml Gemüsebrühe ergänzen. Umrühren, abdecken und unter gelegentlichem Rühren circa 45 Minuten köcheln lassen, bis sich der Kürbis leicht mit der Gabel einstechen lässt und sich die Aromen entfalten. Abschmecken und auf Wunsch nachwürzen. Mit gehackten Frühlingszwiebeln garnieren und warm servieren.

* *Eine Kochanleitung finden Sie in den* Garzeitentabellen für Hülsenfrüchte und Getreide *auf den Seiten 240 bis 243.*

***HINWEIS**

Füllen Sie eine kleine Sprühflasche mit Ihrem Lieblingsessig und besprühen Sie Ihr Ofengemüse vor dem Rösten, damit die Gewürze besser anhaften. Sie können den Essig auch als Last-Minute-Würzkick auf Ihre Salate und andere Gerichte und Snacks, wie Popcorn, sprühen.

BBQ-TEMPEH MIT SÜSSKARTOFFELN UND BLATTKOHL

ERGIBT *4 Portionen* SCHWIERIGKEITSGRAD: *mittel*

Mit dieser deftigen Kombination aus Blattkohl, Süßkartoffeln und geschmortem Tempeh holen Sie sich den unvergleichlichen Geschmack der Südstaaten nach Hause. Statt Blattkohl können Sie auch Grünkohl oder eine Mischung aus Kohlarten verwenden.

BLATTKOHL

- 1 kleine rote Zwiebel, gehackt
- 2 Knoblauchzehen, fein gehackt
- 1 TL Kreuzkümmel, gemahlen
- 1 TL geräuchertes Paprikapulver
- ¼ TL Cayennepfeffer
- schwarzer Pfeffer, gemahlen
- 500 ml Leichte Gemüsebrühe (Seite 236)
- 1 Bund Blattkohl (350 g), harte Stiele entfernt, grob gehackt
- Apfelessig

SÜSSKARTOFFELN

- 2 große Süßkartoffeln, in 2 cm große Würfel geschnitten
- 1 Spritzer Apfelessig*
- ½ TL Zwiebelpulver
- ½ TL geräuchertes Paprikapulver
- schwarzer Pfeffer, gemahlen

TEMPEH

- 250 g Tempeh, in 1 cm dicke Streifen geschnitten
- 240 ml Umami-Soßenreduktion (Seite 234)
- 2 EL salzfreies Tomatenmark
- 2 TL salzfreier Senf

ZUM GARNIEREN

- 1 TL Schwarzkümmel, grob gemahlen (Nigella sativa)

FÜR DEN BLATTKOHL: 4 EL Wasser in einem großen Topf auf mittlerer Hitze erwärmen. Zwiebel hineingeben und 5 Minuten weich dünsten. Knoblauch zugeben und 1 Minute unter Rühren weiter dünsten. Mit Kreuzkümmel, geräuchertem Paprikapulver, Cayennepfeffer und schwarzem Pfeffer (nach Geschmack) würzen. Leichte Gemüsebrühe hineingießen und zum Kochen bringen. Herd auf niedrige Stufe stellen und den Blattkohl einrühren. Abdecken und 30 Minuten köcheln lassen. Deckel abnehmen und weiter köcheln lassen, bis der Kohl weich und die Flüssigkeit fast vollständig verdunstet ist. Warm halten und vor dem Servieren mit einem Spritzer Apfelessig verfeinern.

FÜR DIE SÜSSKARTOFFELN: Während der Kohl köchelt, den Ofen auf 220 °C vorheizen. Ein großes Backblech (mit Rand) mit einer Silikonbackmatte oder Backpapier auslegen. Süßkartoffelwürfel in einer Schicht auf dem vorbereiteten Backblech verteilen. Mit Apfelessig beträufeln, dann mit Zwiebelpulver, geräuchertem Paprikapulver und schwarzem Pfeffer (nach Geschmack) bestreuen. 20 bis 30 Minuten im Ofen rösten, bis die Süßkartoffeln weich sind. Nach der Hälfte der Zeit wenden. Warm halten.

FÜR DEN TEMPEH: 5 EL Wasser in einer großen Pfanne auf mittlerer Hitze erwärmen. Tempehstreifen hineingeben und unter gelegentlichem Rühren 5 Minuten dünsten. Umami-Soßenreduktion, Tomatenmark, Senf und 3 weitere EL Wasser einrühren. Herd auf niedrige Hitze stellen, Pfanne abdecken und den Tempeh 15 Minuten schmoren. Dabei immer wieder Soße über die Tempehstreifen löffeln.

ZUM ANRICHTEN: Kohl in flache Schüsseln füllen. Tempehstreifen und Süßkartoffelwürfel darauf anrichten. Mit Schwarzkümmel garnieren und warm servieren.

DAL AUS SCHWARZEN LINSEN

ERGIBT *4 Portionen* SCHWIERIGKEITSGRAD: *leicht*

Schwarze Linsen werden auch Beluga-Linsen genannt, weil sie schwarzem Kaviar ähneln. Sie zerfallen beim Kochen nicht und sind, besonders in Salaten, ein wunderschöner Blickfang. Ich serviere dieses Dal-Gericht gern mit meinem Lieblingsvollkorngetreide oder -blattgemüse. Für eine noch interessantere Konsistenz und mehr Farbe können Sie die schwarzen Linsen auch mit dunklen Kidneybohnen (1 BPA-freie Dose) mischen.

- 1 rote Zwiebel, fein gehackt
- 3 Knoblauchzehen, fein gehackt
- 2 TL frischer Ingwer, gerieben
- 1 TL Garam Masala
- 1 TL Koriandersamen, gemahlen
- ½ TL Kreuzkümmel, gemahlen
- ¼ bis 1 TL Cayennepfeffer, je nach Geschmack
- 1 Scheibe (0,5 cm) frische Kurkumawurzel, gerieben, oder ¼ TL Kurkumapulver
- 240 ml salzfreie passierte Tomaten
- 2 EL Nährhefe
- 1 TL weiße Misopaste
- 200 g getrocknete schwarze Linsen
- 1 l Leichte Gemüsebrühe (Seite 236)
- 2 TL frisch gepresster Zitronensaft
- 4 EL frisches Koriandergrün, gehackt

4 EL Wasser in einem großen Stieltopf auf mittlerer Hitze erwärmen. Zwiebel hineingeben und circa 5 Minuten weich dünsten. Knoblauch und Ingwer einrühren und 1 weitere Minute dünsten. Garam Masala, Koriander, Kreuzkümmel, Cayennepfeffer (nach Geschmack) und passierte Tomaten unterrühren. 2 Minuten unter vorsichtigem Rühren köcheln lassen. Nährhefe, Misopaste, Linsen und Leichte Gemüsebrühe hinzufügen. Zum Köcheln bringen, Stieltopf abdecken, Herd auf niedrige Hitze stellen und 35 bis 45 Minuten unter gelegentlichem Rühren köcheln lassen, bis die Linsen gar sind.

Für ein sämigeres Gericht die Hälfte des gekochten Dal glatt pürieren und wieder unter das Dal im Stieltopf rühren. Wenn es zu dick wird, hilft etwas zusätzliches Wasser. Kurz vor dem Servieren mit Zitronensaft verfeinern. Abschmecken und auf Wunsch nachwürzen. Dal in Schüsseln geben und mit frischem, gehacktem Koriandergrün garnieren. Warm servieren.

DIE GESUNDEN VORTEILE VON LINSEN UND KICHERERBSEN

Linsen und Kichererbsen gehören zu den Hülsenfrüchten mit dem höchsten Antioxidantiengehalt.[65] Linsen sorgen noch Stunden nach der letzten Mahlzeit dafür, dass sich der Magen langsamer leert,[66] und Kichererbsen fördern die Darmgesundheit.[67] Also gönnen Sie sich zu Ihrer Linsensuppe am besten auch eine Portion Hummus!

WESTAFRIKANISCHER ROTE-BOHNEN-SÜSSKARTOFFEL-EINTOPF

ERGIBT *4 Portionen* SCHWIERIGKEITSGRAD: *leicht*

In dieser etwas leichteren und gesünderen Version des klassischen Erdnusseintopfs, der in verschiedenen Varianten fast überall in Westafrika zubereitet wird, werden Süßkartoffeln und dunkelrote Kidneybohnen mit einer leckeren Erdnussbrühe kombiniert. Als Ergänzung können Sie kurz vor Ende der Kochzeit auch noch etwas gehacktes Blattgemüse unterrühren. Genießen Sie diesen Eintopf pur oder auf einem Bett aus gekochtem Sorghum oder anderem Vollkorngetreide.

- 1 gelbe Zwiebel, gehackt
- 1 rote Paprika, entkernt und gehackt
- 2 Knoblauchzehen, fein gehackt
- 2 TL frischer Ingwer, gerieben
- ½ TL Kreuzkümmel, gemahlen
- ¼ TL Cayennepfeffer
- 750 g Süßkartoffeln, geschält und in 1 cm große Würfel geschnitten
- 1 BPA-freie Dose (400 g) oder 1 Tetra Pak salzfreie stückige Tomaten
- 2 TL weiße Misopaste
- 500 ml Leichte Gemüsebrühe (Seite 236)
- 500 g gekochte salzfreie dunkle Kidneybohnen, alternativ 2 BPA-freie Dosen (je 400 g) oder 2 Tetra Paks, abgegossen und gespült
- 2 EL cremige ungesalzene Erdnussbutter
- 4 EL ungesalzene, ohne Öl geröstete Erdnüsse, gehackt
- ½ TL Schwarzkümmel, grob gemahlen (Nigella sativa)

4 EL Wasser in einem Stieltopf erwärmen. Zwiebel hineingeben, abdecken und circa 5 Minuten dünsten. Paprika und Knoblauch hinzufügen, abdecken und 5 Minuten dünsten. Mit Ingwer, Kreuzkümmel und Cayennepfeffer würzen und 30 Sekunden unter Rühren schmoren. Süßkartoffelwürfel zugeben und mit der Mischung überziehen. Tomaten, Misopaste und 400 ml Gemüsebrühe einrühren und zum Kochen bringen. Herd auf niedrige Stufe stellen und circa 20 Minuten köcheln lassen. Kidneybohnen ergänzen und 10 Minuten köcheln lassen, bis das Gemüse weich ist.

Erdnussbutter in eine kleine Schüssel füllen und mit der restlichen Gemüsebrühe verquirlen, bis eine glatte Soße entsteht. In den Eintopf einrühren. Für eine sämigere Konsistenz eine Tasse des Eintopfs im Mixer oder der Küchenmaschine pürieren und wieder unter den Eintopf rühren. Abschmecken und auf Wunsch nachwürzen. Auf Schüsseln verteilen, mit gehackten Erdnüssen und Schwarzkümmel garnieren und warm servieren.

SIND BESCHICHTETE TEFLON-PFANNEN SICHER?

Beschichtete Pfannen sind praktisch, weil das Essen in ihnen nicht anhaftet. Aber sind sie auch sicher? Teflonbeschichtetes Kochgeschirr gibt schon bei normalen Kochtemperaturen Dämpfe und Chemikalien ab, die milde bis schwere Vergiftungen auslösen können.[68] Außerdem nutzt sich die Beschichtung ab, sodass sich kleine Teflonteilchen ablösen und ins Essen gelangen.[69] Um wirklich sicherzugehen, würde ich daher auf beschichtete Pfannen und Töpfe verzichten.

KICHERERBSEN UND KABOCHA-KÜRBIS MIT ROTER CURRYPASTE

ERGIBT *4 Portionen* SCHWIERIGKEITSGRAD: *mittel*

Mit zusätzlichem Gemüse wie Blumenkohl oder grünen Bohnen wird aus diesem herzhaften Gericht eine sättigende Hauptmahlzeit, die Sie pur oder auf einem Bett aus gekochtem Vollkorngetreide genießen können.

ROTE CURRYPASTE

- 2 rote Chilischoten oder auch mehr, Stiele entfernt und entkernt
- 1 Stängel Zitronengras, holzige Teile entfernt, gehackt
- 1 Schalotte, grob gehackt
- 1 EL frischer Ingwer, gerieben
- 3 Knoblauchzehen, zerdrückt
- 1 Scheibe (2,5 cm) frische Kurkumawurzel, gerieben, oder 1 TL Kurkumapulver
- 3 EL frisch gepresster Zitronensaft

KÜRBIS

- 1 großer Kabocha-Kürbis
- 1 TL Kreuzkümmel, gemahlen
- ½ TL Koriandersamen, gemahlen

KICHERERBSEN

- 240 ml Leichte Gemüsebrühe (Seite 236)
- 1 rote Zwiebel, gehackt
- 2 Knoblauchzehen, fein gehackt
- 1 grüne Paprika, gewürfelt
- 1 BPA-freie Dose (400 g) oder 1 Tetra Pak salzfreie Tomaten mit Saft
- 2 EL Nährhefe
- 1 TL geräuchertes Paprikapulver
- 600 g gekochte salzfreie Kichererbsen, alternativ 2 BPA-freie Dosen (je 400 g) oder 2 Tetra Paks, abgegossen und gespült

FÜR DIE ROTE CURRYPASTE: Alle Zutaten und 2 EL Wasser in einer Küchenmaschine zu einer Paste mixen. Abschmecken und auf Wunsch nachwürzen. Beiseite stellen.

FÜR DEN KÜRBIS: Ofen auf 200 °C vorheizen. Ein großes Backblech (mit Rand) mit einer Silikonbackmatte oder Backpapier auslegen. Den ganzen Kürbis auf das Backblech setzen und circa 20 Minuten im Ofen rösten. Aus dem Ofen nehmen, senkrecht halbieren und mit einem Löffel entkernen. Kürbis in acht gleich große Spalten schneiden. Spalten auf das Backblech legen und mit Kreuzkümmel und Koriander bestreuen. Zurück in den Ofen schieben und 20 Minuten backen. Wieder herausnehmen, Spalten mit einem Pfannenwender aus Metall wenden und weitere 15 bis 20 Minuten backen, bis der Kürbis weich ist.

FÜR DIE KICHERERBSEN: Leichte Gemüsebrühe in einem großen Topf auf mittlerer Hitze erwärmen. Zwiebel und Knoblauch hineingeben, abdecken und circa 4 Minuten weich dünsten. 2 bis 3 EL der Currypaste einrühren. Paprika und Tomaten mit Saft hinzufügen. Abdecken und zum Kochen bringen. Herd auf niedrige Stufe stellen und circa 20 Minuten köcheln lassen, bis das Gemüse gar ist.

Wenn das Gemüse weich ist, größere Stücke mit einem Pürierstab zerkleinern oder je 2 Tassen davon in einen Mixer beziehungsweise eine Küchenmaschine geben, pürieren und zurück in den Topf gießen. Nährhefe, geräuchertes Paprikapulver und Kichererbsen ergänzen und 5 bis 10 Minuten köcheln lassen, bis die Kichererbsen gut durchgewärmt sind und sich die Aromen entfalten.

ZUM ANRICHTEN: Je zwei Kürbisspalten pro Portion auf große Teller oder in flache Schüsseln legen und die Curry-Kichererbsen darauf anrichten.

SZECHUAN-TEMPEH UND -BROKKOLI

ERGIBT *4 Portionen* SCHWIERIGKEITSGRAD: *mittel*

Take-Away-Speisen von chinesischen Restaurants enthalten manchmal ziemlich viel Öl und Salz. Mit diesem Rezept können Sie dieses köstliche Szechuan-Gericht ganz ohne überschüssiges Fett und Salz zu Hause zubereiten und genießen. Verwenden Sie gern Ihr Lieblingsgemüse oder das, was Sie gerade zur Hand haben.

MARINIERTER TEMPEH

- 250 g Tempeh, in 1 cm große Würfel geschnitten
- 2 EL weiße Misopaste
- 1 EL Apfelessig
- 1 EL Umami-Soßenreduktion
- ½ TL Knoblauchpulver
- ½ TL Ingwerpulver
- ¼ TL Cayennepfeffer

SZECHUAN-SOSSE

- 4 EL Umami-Soßenreduktion
- 1 EL Melasse
- 2 TL weiße Misopaste
- 1 EL Reisessig
- ½ TL chinesisches Fünf-Gewürze-Pulver
- ½ TL Knoblauchpulver
- ½ TL Ingwerpulver
- ½ TL Chiliflocken

GEMÜSEPFANNE

- 1 Brokkoli, in kleine Röschen geschnitten
- 1 rote Zwiebel, in dünne Scheiben geschnitten
- 1 rote Paprika, entkernt und in dünne Streifen geschnitten
- 1 Karotte, grob geraspelt
- 3 Knoblauchzehen, fein gehackt
- 1,5 Handvoll Pilze Ihrer Wahl, in Scheiben geschnitten

FÜR DEN TEMPEH: Wasser, circa 2,5 cm hoch, in einem Topf zum Kochen bringen. Tempehwürfel in einem Dämpfeinsatz in den Topf setzen und 15 Minuten dämpfen. Beiseite stellen.

Restliche Tempeh-Zutaten und 4 EL Wasser in einer flachen Schüssel gut vermischen. Gedämpfte Tempehwürfel in die Schüssel geben und mit der Marinade überziehen. Den Tempeh circa 45 Minuten bei Raumtemperatur oder 4 bis 8 Stunden im Kühlschrank in der Marinade ziehen lassen.

FÜR DIE SZECHUAN-SOSSE: Alle Soßenzutaten und 5 EL Wasser in eine kleine Schüssel oder ein gut verschließbares Schraubglas füllen. Zutaten in der Schüssel verquirlen oder das Schraubglas gut durchschütteln. Wenn die Soße erst später verwendet werden soll, gut abdecken oder zuschrauben und bis zur Zubereitung der Gemüsepfanne im Kühlschrank kalt stellen.

FÜR DIE GEMÜSEPFANNE: Eine große, nicht beschichtete und teflonfreie Pfanne oder einen Wok auf mittlerer Hitze erwärmen. Marinierte Tempehwürfel hineingeben und 4 bis 5 Minuten schmoren, bis der Tempeh schön gebräunt ist. Tempehwürfel aus dem Wok nehmen und beiseite stellen.

Wasser circa 2,5 cm hoch in einen großen Topf gießen und zum Kochen bringen. Brokkoliröschen in einem Dämpfeinsatz in den Topf setzen und 3 bis 4 Minuten dämpfen. Herausnehmen und beiseite stellen.

2 EL Wasser im Wok auf mittlerer Temperatur erhitzen. Zwiebel hineingeben und 2 Minuten unter Rühren dünsten. Paprika, Karotte, Knoblauch, Pilze, Frühlingszwiebeln und Ingwer hinzufügen und 1 bis 2 Minuten braten, bis das Gemüse weich wird. Tempehwürfel und gedämpften Brokkoli in die Pfanne geben und umrühren. Szechuan-Soße umrühren oder schütteln und in den Wok gießen. Unter ständigem Rühren circa 1 Minute braten und den Tempeh

- 2 Frühlingszwiebeln, gehackt
- 1 EL frischer Ingwer, gerieben

ZUM ANRICHTEN

- warmes gekochtes Vollkorngetreide (optional)

und das Gemüse dabei mit der Soße überziehen. Auf einem Bett aus frisch gekochtem Vollkorngetreide Ihrer Wahl servieren (falls verwendet).

GEMÜSE-PAELLA MIT GOLDENER GERSTE

»GREAT GRAINS«-TARTE

HIRSE-RISOTTO MIT PILZEN, WEISSEN BOHNEN UND SPINAT

DOPPELT FALSCHER HASE MIT UMAMI-SOSSE

KURKUMA-QUINOA UND ROTE BOHNEN MIT BLUMENKOHL UND MANGOLD

WINTERKÜRBIS MIT HIRSE-GRÜNKOHL-FÜLLUNG

SORGHUMHIRSE UND KICHERERBSEN MIT BROKKOLI UND TOMATEN

TEFF UND BRAUNE LINSEN MIT BERBERE-GRÜNKOHL

GEFÜLLTE PAPRIKA MIT SÄMIGER TOMATENSOSSE

GRÜNER-TEE-QUINOA UND ERBSEN MIT GERÖSTETEM SPARGEL

ROTKOHLROULADEN MIT GERSTENFÜLLUNG

6

Getreide

Welche Ballaststoffquelle ist die beste? Die American Medical Association hat eine Zusammenfassung der ballaststoffreichsten Lebensmittel veröffentlicht und darin eine Übersicht vollwertiger und unverarbeiteter pflanzlicher Lebensmittel aufgelistet.[70] Jetzt müssen die unter uns, die sich wegen ihres hohen Obst- und Gemüsekonsums heimlich auf die Schulter klopfen, kurz durchatmen: Obst und Blattgemüse sind leider die schlechtesten vollwertigen Ballaststoffquellen. Warum? Weil beides zu neunzig Prozent aus Wasser besteht. Wurzelgemüse enthält bei gleichem Gewicht immerhin doppelt so viele Ballaststoffe, doch die wahren Ballaststoff-Superstars sind Hülsenfrüchte und Vollkorngetreide.[71] Die Rezepte in diesem Kapitel machen Sie vielleicht mit Getreidesorten bekannt, von denen Sie bisher noch nie etwas gehört haben, wie zum Beispiel Sorghum und Teff. Ich bin mir sicher, dass einige davon schnell zu Ihren Lieblingsgrundzutaten für leckere und sättigende Hauptgerichte werden. Ich würde sogar darauf wetten!

GEMÜSE-PAELLA MIT GOLDENER GERSTE

ERGIBT *4 bis 6 Portionen* SCHWIERIGKEITSGRAD: *leicht*

Paella wird streng traditionell nur mit spanischem Reis aus der Anbauregion Valencia zubereitet. Bei diesem Rezept kommt geschälte Gerste zum Einsatz, die dieser Paella-Variation eine nussige Note und einen wunderbaren Biss verleiht. Anstelle von Safran verwende ich Kurkuma, denn so bekommt die Paella ihren typischen schönen Goldton schon für einen Bruchteil des Preises.

- 800 ml Leichte Gemüsebrühe (Seite 236)
- 1 gelbe Zwiebel, gehackt
- 4 Knoblauchzehen, fein gehackt
- 1 rote Paprika, entkernt und gewürfelt
- 1 gelbe oder grüne Paprika, entkernt und gewürfelt
- 2 BPA-freie Dosen (je 400 g) oder Tetra Paks salzfreie stückige Tomaten mit Saft
- 200 g ungekochte entspelzte Gerste, über Nacht in Wasser eingeweicht und abgegossen
- 1 TL geräuchertes Paprikapulver
- 1 TL Fenchelsamen, gemahlen
- 1 Scheibe (1 cm) frische Kurkumawurzel, gerieben, oder ½ TL Kurkumapulver
- ½ TL getrockneter Oregano
- ¼ TL Chiliflocken – oder nach Geschmack
- 250 g gekochte* salzfreie Cannellini-Bohnen, alternativ BPA-freie Dose (400 g) oder Tetra Pak, abgegossen und gespült
- 1 BPA-freie Dose (400 g) Artischockenherzen, abgegossen und geviertelt
- 150 g grüne Erbsen
- 3 EL frische glatte Petersilie, gehackt
- 1 Zitrone, in Spalten geschnitten

4 EL Leichte Gemüsebrühe in einer großen Brat- oder Paella-Pfanne auf mittlerer Hitze erwärmen. Zwiebel und Knoblauch hineingeben und 4 Minuten dünsten, bis beides weich wird. Rote und gelbe oder grüne Paprika, Tomaten mit Saft, Gerstenkörner, Paprikapulver, gemahlene Fenchelsamen, Kurkuma, Oregano und Chiliflocken einrühren. Restliche Gemüsebrühe hinzufügen und zum Kochen bringen. Abdecken und bei niedriger Temperatur 45 bis 50 Minuten köcheln lassen, bis die Gerste weich ist.

Wenn die Gerste gar ist, den Deckel abnehmen und Cannellini-Bohnen, Artischockenherzen und Erbsen unterrühren. Wieder abdecken, vom Herd nehmen und vor dem Servieren 10 Minuten abgedeckt ziehen lassen. Abschmecken und auf Wunsch nachwürzen. Mit Petersilie und Zitronenspalten garnieren und warm servieren.

* *Eine Kochanleitung finden Sie in den* Garzeitentabellen für Hülsenfrüchte und Getreide *auf den Seiten 240 bis 243.*

»GREAT GRAINS«-TARTE

ERGIBT *6 Portionen* SCHWIERIGKEITSGRAD: *mittel*

Diese Tarte bereite ich immer dann zu, wenn ich übrig gebliebenes Vollkorngetreide in ein leckeres Hauptgericht verwandeln will. Statt – wie unten aufgelistet – Haferschrot, Quinoa und Hirse zu verwenden, können Sie auch gerne jede andere Kombination ausprobieren. Werden Sie kreativ!

- 250 g Pilze Ihrer Wahl, gehackt
- 1 rote oder gelbe Paprika, entkernt und gehackt
- 3 Knoblauchzehen, fein gehackt
- 250 g Mangold oder Spinat, gehackt
- 2 EL Umami-Soßenreduktion (Seite 234)
- 1 TL geräuchertes Paprikapulver
- ½ TL getrockneter Thymian
- schwarzer Pfeffer, gemahlen
- 1 kleine rote Zwiebel, fein gehackt
- 1 Selleriestange, fein gehackt
- 3 EL Nährhefe
- 2 EL Leinsamen, gemahlen
- 1 EL weiße Misopaste
- 1 TL getrockneter Majoran
- 250 g gekochte salzfreie weiße Bohnen, alternativ BPA-freie Dose (400 g) oder Tetra Pak, abgegossen und gespült
- 150 g kalter gekochter Haferschrot
- 200 g kalte gekochte Quinoa
- 150 g kalte gekochte Hirse
- ½ TL Zwiebelpulver
- 1 TL Knoblauchpulver
- 3 Frühlingszwiebeln, fein gehackt
- 2 EL frische Petersilie, gehackt
- 2 EL Walnüsse, gemahlen
- 1 Zitrone, in Spalten geschnitten

4 EL Wasser in einer Pfanne auf mittlerer Hitze erwärmen. Pilze, Paprika und Knoblauch circa 5 Minuten unter Rühren weich dünsten. Mangold, Umami-Soßenreduktion, Paprikapulver, Thymian und schwarzen Pfeffer dazugeben und 3 weitere Minuten schmoren. In einer Schüssel beiseite stellen.

In derselben Pfanne erneut 4 EL Wasser erhitzen, Zwiebel und Sellerie hineingeben. Auf mittlerer Temperatur circa 5 Minuten unter gelegentlichem Rühren dünsten, bis das Gemüse weich wird. Nährhefe, Leinsamen, Misopaste und Majoran einrühren. Weiße Bohnen hinzufügen und gegebenenfalls etwas mehr Wasser hineingießen, damit die Zutaten nicht ansetzen. Bei niedriger Temperatur unter gelegentlichem Rühren 5 Minuten braten. Vom Herd nehmen und abkühlen lassen. Abschmecken und auf Wunsch nachwürzen. Mischung in einem Mixer oder einer Küchenmaschine glatt pürieren.

Ofen auf 200 °C vorheizen.

Haferschrot, Quinoa und Hirse in eine mittelgroße Schüssel geben. Zwiebelpulver, Knoblauchpulver, Frühlingszwiebeln und Petersilie mit drei Vierteln der pürierten Bohnenmischung vermengen. Für den Tarteboden die Mischung fest auf den Boden und an den Rand einer tiefen, runden Backform (Ø 23 cm) pressen und für 10 Minuten im Ofen backen.

Restliches Viertel der Bohnen- mit der Mangold-Pilz-Mischung vermengen. Gleichmäßig auf dem Tarteboden verteilen und glatt streichen. Die Tarte mit gemahlenen Walnüssen bestreuen und 30 bis 35 Minuten im Ofen backen, bis sie schön gebräunt ist.

Aus dem Ofen nehmen und vor dem Abschneiden mindestens 15 Minuten abkühlen und setzen lassen. Warm mit Zitronenspalten servieren.

HIRSE-RISOTTO MIT PILZEN, WEISSEN BOHNEN UND SPINAT

ERGIBT *4 Portionen* SCHWIERIGKEITSGRAD: *leicht*

Hirse ist nicht gerade eine traditionelle Risotto-Grundzutat, doch dieses Rezept beweist, dass man auch mit diesem gesunden Getreide ein köstliches und cremiges Ergebnis erzielt.

- 750 ml Leichte Gemüsebrühe (Seite 236)
- 1 kleine rote Zwiebel, fein gehackt
- 2 Knoblauchzehen, fein gehackt
- 200 g getrocknete Hirse
- 1 TL weiße Misopaste
- 2 Handvoll kleine, feste Champignons, in dünne Scheiben geschnitten
- 1 Handvoll Shiitake-Hüte, in dünne Scheiben geschnitten
- 1 EL Balsamico-Essig
- 4 EL Nährhefe
- 250 g gekochte salzfreie weiße Bohnen, alternativ BPA-freie Dose (400 g) oder Tetra Pak, abgegossen und gespült
- 3 Handvoll frischer Spinat, gehackt
- schwarzer Pfeffer, gemahlen
- Balsamico-Sirup (Seite 237)

4 EL Leichte Gemüsebrühe in einem Stieltopf oder einer tiefen Pfanne auf mittlerer Hitze erwärmen. Zwiebel hineingeben und 5 Minuten dünsten. Knoblauch hinzufügen und circa 1 weitere Minute dünsten, bis er aromatisch duftet. Hirse, Misopaste und restliche Gemüsebrühe einrühren und zum Kochen bringen. Topf oder Pfanne abdecken und bei niedriger Temperatur 30 Minuten köcheln lassen, bis die Brühe aufgesogen und die Hirse weich ist.

Währenddessen 2 EL Wasser in einer großen Pfanne bei mittlerer Temperatur erhitzen. Champignons und Shiitake hineingeben und circa 5 Minuten unter Rühren schmoren, bis sie leicht gebräunt sind und weich werden. Essig hinzufügen und vorsichtig umrühren, bis die Pilze damit überzogen sind. Pfanne vom Herd nehmen und beiseite stellen.

Hirse vom Herd nehmen. Pilze, Nährhefe, weiße Bohnen und Spinat unterrühren. Abdecken und 10 Minuten ziehen lassen.

Deckel abnehmen und das Hirse-Risotto mit einer Gabel auflockern. In flache Schüsseln geben, mit schwarzem Pfeffer garnieren, mit Balsamico-Sirup beträufeln und warm servieren.

WAS IST AN HIRSE SO BESONDERS?

Hirse ist ein Überbegriff für viele kleinkörnige Getreidearten[72] wie zum Beispiel Perlhirse, an die wohl die meisten von uns denken, wenn wir »Hirse« hören. Dabei gibt es auch Rispen-, Kolben- und Fingerhirse und noch Dutzende andere Arten. Ein Großteil der in Hirse enthaltenen Stärke scheint resistente Stärke zu sein, eine hervorragende Nahrungsquelle für unsere nützlichen Darmbakterien.[73] Hirse bleibt außerdem deutlich länger im Magen als andere stärkehaltige Lebensmittel wie weißer Reis, gekochte Kartoffeln oder Pasta und hält somit länger satt.[74]

DOPPELT FALSCHER HASE MIT UMAMI-SOSSE

ERGIBT *6 Portionen* SCHWIERIGKEITSGRAD: *mittel*

Dieser herzhafte »Braten« besteht aus kleineren Mengen verschiedener gekochter Getreidesorten. Ich variiere die Zutaten gern – je nachdem, was übrig geblieben ist oder was mein Vorratsschrank gerade hergibt. Wenn ich es eilig und weder Reste zur Hand noch viel Zeit zum Kochen habe, verwende ich anstelle der hier aufgelisteten Getreidesorten und Linsen einfach meine schon vorgekochte GELIMI-Grundmischung (Seite 231), die ich fast immer auf Vorrat habe. Weil bei diesem Gericht sowieso der Ofen zum Einsatz kommt, rösten Sie doch gleich ein bisschen Gemüse als leckere Beilage mit.

DOPPELT FALSCHER HASE

- 1 kleine rote Zwiebel, gehackt
- 1 Knoblauchzehe, zerdrückt
- 50 g Walnüsse, grob gehackt
- 2 Tassen (500 ml) gekochte Gersten- oder Hafergrütze
- 1 Tasse (250 ml) gekochte rote Quinoa
- 1,5 Tassen (375 ml) gekochte braune Linsen
- 2 EL Tahini
- 3 EL Nährhefe
- 2 EL Leinsamen, gemahlen
- 1 EL frische Petersilie, gehackt
- 1 EL weiße Misopaste
- 1 TL geräuchertes Paprikapulver
- ½ TL getrockneter Thymian
- ½ TL getrockneter Salbei
- ¼ TL schwarzer Pfeffer, gemahlen

UMAMI-SOSSE

- 240 ml Leichte Gemüsebrühe
- 2 Schalotten, fein gehackt
- 2 Knoblauchzehen, fein gehackt
- 1 Handvoll kleine, feste Champignons, gehackt

FÜR DEN DOPPELT FALSCHEN HASEN: Ofen auf 180 °C vorheizen. Eine Kastenform (20 x 10 cm) so mit Backpapier auslegen, dass es circa 8 Zentimeter über den Rand hinausragt. Zwiebel, Knoblauch und Walnüsse in einer Küchenmaschine fein häckseln. Restliche »Braten«-Zutaten hinzufügen und durchmixen, bis alles gut miteinander vermengt ist. Wenn die Mischung zu feucht ist und nicht zusammenhält, etwas mehr Nährhefe oder gehackte Walnüsse unterrühren.

Mischung in die Kastenform geben, andrücken und glatt streichen. 50 bis 60 Minuten im Ofen backen, bis der »Braten« fest und goldbraun ist. Nach 40 Minuten nachsehen. Wenn er zu stark gebräunt ist, für die restliche Backzeit abdecken.

IST ALUMINIUM SICHER?

Untersuchungen zeigten, dass Personen, die Kochgeschirr aus Aluminium verwenden, doppelt so hohe Aluminiumwerte im Blut aufweisen. Diejenigen mit den höchsten Aluminiumwerten waren auch von einer deutlich stärkeren DNA-Schädigung betroffen.[75] Das gelegentliche Verwenden von Aluminiumtöpfen, -gerätschaften und -flaschen scheint nicht weiter problematisch zu sein, doch ein regelmäßiger Gebrauch ist nicht empfehlenswert.

Und Aluminiumfolie? Das Aluminium aus der Folie geht ins Essen über, doch scheint dies nur bei kleinen Kindern oder Menschen mit eingeschränkter Nierenfunktion ein Problem zu sein.[76]

- 2 EL Umami-Soßenreduktion
- 2 EL Nährhefe
- 1 EL weiße Misopaste
- 1 EL salzfreies Tomatenmark
- 1 TL Balsamico-Essig
- 1 TL getrockneter Thymian
- ½ TL Zwiebelpulver
- ½ TL getrockneter Salbei
- ¼ TL schwarzer Pfeffer, gemahlen
- 300 g gekochte salzfreie schwarze Bohnen, alternativ BPA-freie Dose (400 g) oder Tetra Pak, abgegossen und gespült

FÜR DIE UMAMI-SOSSE: Während der Falsche Hase im Ofen ist, die Soße zubereiten. Dazu Leichte Gemüsebrühe, Schalotten, Knoblauch und Pilze in einem Stieltopf zum Kochen bringen. Restliche Soßenzutaten einrühren, Topf abdecken und alles bei niedriger Temperatur 5 Minuten leicht köcheln lassen. Die Mischung anschließend in einem Mixer oder einer Küchenmaschine glatt pürieren und die Soße zurück in den Stieltopf füllen. Abschmecken und auf Wunsch nachwürzen. Auf niedriger Temperatur unter gelegentlichem Rühren warm halten.

ZUM ANRICHTEN: Fertigen »Braten« aus dem Ofen nehmen und abdecken. Vor dem Anschneiden 10 Minuten abkühlen und setzen lassen. Mit einem dünnen Messer aus der Form lösen und mithilfe des überstehenden Backpapiers herausheben. Den »Braten« mit einem langen Wellenschliffmesser in Scheiben schneiden, auf Tellern anrichten, Soße darübergeben und warm servieren.

FRANCE

KURKUMA-QUINOA UND ROTE BOHNEN MIT BLUMENKOHL UND MANGOLD

ERGIBT *4 Portionen* SCHWIERIGKEITSGRAD: *leicht*

Dank der schnellen Kochzeit von Quinoa ist dieses Gericht schon in weniger als 30 Minuten zubereitet.

- 200 g getrocknete Quinoa, gut gespült
- ¾ TL Kurkumapulver
- 500 ml Leichte Gemüsebrühe (Seite 236) oder Wasser
- 1 rote Zwiebel, gehackt
- 3 Knoblauchzehen, fein gehackt
- 400 g (circa 3 Handvoll) kleine Blumenkohlröschen
- 1 TL Koriandersamen, gemahlen
- 1 TL geräuchertes Paprikapulver
- ½ TL getrockneter Thymian
- ½ TL Kreuzkümmel, gemahlen
- ¼ TL schwarzer Pfeffer, gemahlen
- ¼ TL rote Chiliflocken (optional)
- 250 g gekochte* salzfreie dunkle Kidneybohnen, alternativ BPA-freie Dose (400 g) oder Tetra Pak, abgegossen und gespült
- 125 ml Leichte Gemüsebrühe (Seite 236)
- 250 g (circa 6 Handvoll) Mangold, Grünkohl oder Spinat, harte Stiele entfernt, gehackt

Gespülte Quinoa, Kurkuma und Gemüsebrühe oder Wasser in einen Stieltopf auf mittlerer Temperatur geben und zum Kochen bringen. Bei niedriger Temperatur circa 15 Minuten köcheln lassen, bis die Flüssigkeit absorbiert ist. Stieltopf vom Herd nehmen und abdecken, die Quinoa 5 Minuten quellen lassen. Anschließend aufdecken und mit einer Gabel lockern. Beiseite stellen und warm halten.

Während die Quinoa köchelt, 4 EL Wasser in einem großen Stieltopf auf mittlerer Hitze erwärmen. Zwiebel und Knoblauch hineingeben und unter gelegentlichem Rühren circa 5 Minuten weich dünsten. Blumenkohl, Koriander, Paprikapulver, Thymian, Kreuzkümmel, schwarzen Pfeffer und Chiliflocken (falls verwendet) einrühren. Kidneybohnen und 125 ml Leichte Gemüsebrühe hinzufügen und zum Kochen bringen. Abdecken und bei niedriger Temperatur 8 Minuten köcheln lassen. Mangold zugeben und rühren, bis er zusammenfällt. Die Mischung 5 weitere Minuten köcheln lassen, bis das Gemüse weich ist. Quinoa auf flache Schüsseln aufteilen, Bohnen und Gemüse darauf anrichten und warm servieren.

* *Eine Kochanleitung finden Sie in den* Garzeitentabellen für Hülsenfrüchte und Getreide *auf den Seiten 240 bis 243.*

WINTERKÜRBIS MIT HIRSE-GRÜNKOHL-FÜLLUNG

ERGIBT *2 bis 4 Portionen* SCHWIERIGKEITSGRAD: *mittel*

Um Zeit zu sparen, bereiten Sie die Füllung am besten schon zu, während Sie den Kürbis vorrösten, und kochen Sie die Soße, wenn der gefüllte Kürbis im Ofen ist. Dieses Rezept ergibt 2 Haupt- oder 4 Beilagenportionen.

KÜRBIS

- 1 Butternut-, Kabocha- oder anderer großer Winterkürbis

FÜLLUNG

- 1 rote Zwiebel, gehackt
- 2 Knoblauchzehen, fein gehackt
- 1 rote Paprika, entkernt und gehackt
- 1 EL weiße Misopaste
- 2 EL Nährhefe
- 1 TL Koriandersamen, gemahlen
- ½ TL Kreuzkümmel, gemahlen
- ¼ TL Cayennepfeffer
- 200 g getrocknete Hirse
- 250 g Grünkohl, harte Stiele entfernt, fein gehackt

PAPRIKA-TOMATEN-SOSSE

- 4 EL rote Zwiebel, fein gehackt
- 2 Knoblauchzehen, fein gehackt
- 2 Roma-Tomaten, entkernt und gehackt
- 2 Geröstete Paprika (Seite 239) oder gekaufte geröstete Paprika aus dem Glas
- 1 TL weiße Misopaste
- ½ TL getrockneter Thymian
- 1 Scheibe (0,5 cm) frische Kurkumawurzel, gerieben, oder ¼ TL Kurkumapulver
- ¼ TL schwarzer Pfeffer, gemahlen
- Super-Gewürz-Mix (Seite 233)

FÜR DEN KÜRBIS: Ofen auf 200 °C vorheizen. Ein Backblech (mit Rand) mit Silikonbackmatte oder Backpapier auslegen.
Den ganzen Kürbis auf das Backblech setzen und im Ofen vorrösten. Nach circa 20 Minuten herausnehmen und abkühlen lassen. Vorsichtig den Stiel entfernen (er sollte bereits sehr locker sitzen), den Kürbis längs halbieren und mit einem Löffel entkernen. Beide Hälften mit der Schnittseite nach oben zurück aufs Backblech setzen und beiseitestellen.

FÜR DIE FÜLLUNG: 500 ml Wasser in einem Stieltopf auf mittlerer Hitze erwärmen. Zwiebel, Knoblauch und Paprika hineingeben. Unter gelegentlichem Rühren circa 5 Minuten köcheln lassen, bis das Gemüse weich ist. Misopaste, Nährhefe, Koriander, Kreuzkümmel und Cayennepfeffer einrühren. Hirse hinzufügen, umrühren und zum Kochen bringen. Abdecken und bei niedriger Temperatur 10 Minuten köcheln lassen.
Grünkohl unterrühren. Erneut abdecken und 10 bis 12 Minuten köcheln lassen, bis Gemüse und Hirse weich sind. Vom Herd nehmen und abgedeckt abkühlen lassen. Hirsemischung in die Kürbishälften füllen und andrücken. Die gefüllten Hälften abdecken und 30 bis 40 Minuten im Ofen rösten, bis der Kürbis weich ist.

FÜR DIE SOSSE: 4 EL Wasser in einem Stieltopf auf mittlerer Hitze erwärmen. Zwiebel und Knoblauch hineingeben, abdecken und circa 4 Minuten weich dünsten. Tomaten, Paprika, Misopaste, Thymian, Kurkuma, Pfeffer und Super-Gewürz-Mix einrühren. Wieder abdecken und 5 Minuten köcheln lassen.

Wenn das Gemüse sehr weich ist, Mischung in einem Mixer oder einer Küchenmaschine zu einer glatten Soße pürieren. Soße zurück in den Stieltopf füllen und auf niedriger Temperatur warm halten.

ZUM ANRICHTEN: Gebackene Kürbishälften mit der Soße übergießen und warm servieren.

SORGHUMHIRSE UND KICHERERBSEN MIT BROKKOLI UND TOMATEN

ERGIBT *4 Portionen* SCHWIERIGKEITSGRAD: *leicht*

Der Star dieses Gerichts ist die Sorghumhirse, ein nussiges, bissfestes Getreide, das in fast allen Rezepten verwendet werden kann, die gekochtes Getreide beinhalten. Wenn Sie keine Lust auf Sorghum haben, können Sie bei diesem Gericht auch gern ein anderes Vollkorngetreide ausprobieren.

- 1 l Leichte Gemüsebrühe (Seite 236)
- 200 g getrocknete Sorghumhirse
- 2 EL Umami-Soßenreduktion (Seite 234)
- 1 EL Tahini
- 1 TL weiße Misopaste
- 1 TL Apfelessig
- ¼ TL Cayennepfeffer
- 1 rote Zwiebel, fein gehackt
- 2 Knoblauchzehen, fein gehackt
- 3 Handvoll kleine Brokkoliröschen
- 2 TL frischer Ingwer, gerieben
- 3 Frühlingszwiebeln, fein gehackt
- 250 g gekochte salzfreie Kichererbsen, alternativ BPA-freie Dose (400 g) oder Tetra Pak, abgegossen und gespült
- 2 reife Roma-Tomaten, entkernt und gewürfelt

Leichte Gemüsebrühe in einen Stieltopf geben und zum Kochen bringen. Sorghum hineingeben und Topf mit einem gut verschließbaren Deckel abdecken. Bei niedriger Temperatur circa 45 Minuten köcheln lassen, bis die Sorghumhirse weich ist. Mit einer Gabel auflockern und beiseite stellen.

In einer kleinen Schüssel Umami-Soßenreduktion, Tahini, Misopaste, Apfelessig und Cayennepfeffer verquirlen. 4 EL Wasser einrühren und ebenfalls zur Seite stellen.

4 EL Wasser in einer großen Pfanne oder einem Wok auf mittlerer Hitze erwärmen. Zwiebel und Knoblauch hineingeben und 5 Minuten unter Rühren weich dünsten. Brokkoli, Ingwer und Frühlingszwiebeln hinzufügen und 4 weitere Minuten dünsten. Kichererbsen und Tomaten einrühren. Umami-Soßenreduktion unterrühren und 5 weitere Minuten köcheln lassen, bis alles gut durchgewärmt und vermischt ist.

Gemüse-Mix und Hirse vorsichtig verrühren und auf Tellern anrichten. Alternativ erst ein Bett aus Hirse in flache Schüsseln geben und den Gemüse-Mix darüber verteilen. Warm servieren.

WAS IST AN SORGHUMHIRSE SO BESONDERS?

Sorghumhirse ist nicht nur glutenfrei, sondern enthält auch noch mehr Ballaststoffe[78] und Antioxidantien[79] als andere Getreidearten. Das Beste an ihr ist jedoch ihre resistente Stärke: Der Großteil der in Sorghumhirse enthaltenen Stärke wird nur langsam oder gar nicht im Dünndarm verdaut und liefert Ihren nützlichen Darmbakterien daher jede Menge Präbiotika.[80]

TEFF UND BRAUNE LINSEN MIT BERBERE-GRÜNKOHL

ERGIBT *3 bis 4 Portionen* SCHWIERIGKEITSGRAD: *mittel*

Teff ist ein sehr feinkörniges Getreide und gerade einmal so groß wie Mohnsamen. Das von Natur aus glutenfreie und proteinreiche Getreide dient als Grundzutat vieler ostafrikanischer Gerichte. Und Berbere? Diese traditionelle äthiopische Gewürzmischung können Sie in gut sortierten Supermärkten kaufen oder im Internet bestellen. Mit dem Rezept auf Seite 233 lässt sie sich aber auch zu Hause zubereiten.

LINSEN

- 200 g getrocknete braune Linsen
- 1 TL Berbere-Gewürzmischung (Seite 233)
- ½ TL Zwiebelpulver
- ½ TL Knoblauchpulver

TEFF

- 200 g Teffkörner (ungekocht)
- 2 EL Nährhefe
- 1 TL weiße Misopaste

GRÜNKOHL

- 240 ml Leichte Gemüsebrühe (Seite 236)
- 1 rote Zwiebel, gehackt
- 2 Knoblauchzehen, fein gehackt
- 2 EL salzfreies Tomatenmark
- 2 TL Berbere-Gewürzmischung (Seite 233)
- 1 TL geräuchertes Paprikapulver
- 1 TL Koriandersamen, gemahlen
- 1 BPA-freie Dose (400 g) oder 1 Tetra Pak salzfreie stückige Tomaten mit Saft
- 8 Handvoll Grünkohl oder anderes dunkelgrünes Blattgemüse, harte Stiele entfernt, gehackt

FÜR DIE LINSEN: Linsen, Berbere-Gewürzmischung, Zwiebel- und Knoblauchpulver in einen Stieltopf geben. Mit 550 ml Wasser zum Kochen bringen. Anschließend abdecken und bei niedriger Temperatur 20 Minuten köcheln lassen, bis die Linsen weich sind.

FÜR DIE TEFFKÖRNER: Teff, Nährhefe und Misopaste in einen Stieltopf geben. Mit 300 ml Wasser zum Köcheln bringen. Abgedeckt bei niedriger Temperatur 10 bis 15 Minuten köcheln lassen, bis der Teff weich ist und das Wasser absorbiert hat. Mit einer Gabel auflockern, wieder abdecken und beiseite stellen.

FÜR DEN GRÜNKOHL: 4 EL Gemüsebrühe in einer Pfanne erwärmen. Zwiebel und Knoblauch hineingeben und circa 5 Minuten dünsten. Tomatenmark, Berbere-Gewürzmischung, Paprikapulver, Koriander und Tomaten mit Saft einrühren und zum Kochen bringen. Grünkohl sowie restliche Gemüsebrühe hinzufügen und bei niedriger Temperatur unter häufigem Rühren 10 Minuten köcheln lassen, bis der Grünkohl weich ist und sich die Aromen entfalten.

VOR DEM SERVIEREN: Grünkohl auf flache Schüsseln verteilen, den gekochten Teff und dann die Linsen darauf anrichten. Warm servieren.

SIND ALTE GETREIDESORTEN GESÜNDER?

Sind alte Getreidesorten tatsächlich gesünder als moderne? Hinsichtlich ihres Vitamin- und Mineralstoffgehalts nehmen sie sich nicht viel,[81] aber in Sachen Antioxidantien haben ursprüngliche Weizensorten mehr zu bieten.[82] Sie scheinen entzündungshemmend zu wirken und können vermutlich auch die Blutzucker- und Cholesterinkontrolle verbessern.

GEFÜLLTE PAPRIKA MIT SÄMIGER TOMATENSOSSE

ERGIBT *4 Portionen* SCHWIERIGKEITSGRAD: *mittel*

In diesem Rezept kommt meine geliebte GELIMI-Grundmischung zum Einsatz, die gesunde und köstliche Power-Kombination aus Gerste, Roggen, Hafer und Linsen. Sie können aber auch eine andere Vollkorngetreidesorte für die Füllung verwenden.

PAPRIKA

- 4 große, rote Paprika
- 1 rote Zwiebel, fein gehackt
- 3 Knoblauchzehen, gehackt
- 2 Tassen GELIMI-Grundmischung abgekühlt, oder gekochtes Vollkorngetreide Ihrer Wahl
- 250 g gekochte salzfreie Kichererbsen, alternativ BPA-freie Dose (400 g) oder Tetra Pak, abgegossen und gespült
- 2 EL Leinsamen, gemahlen
- 1 TL weiße Misopaste
- 4 EL Nährhefe
- 4 EL frische Petersilie, gehackt
- 1 TL geräuchertes Paprikapulver
- ¼ TL schwarzer Pfeffer, gemahlen
- 375 ml passierte Tomaten

SÄMIGE TOMATENSOSSE

- 200 g gekochte salzfreie weiße Bohnen, alternativ BPA-freie Dose (400 g) oder Tetra Pak, abgegossen und gespült
- 5 EL Nährhefe
- 1 EL Apfelessig
- 2 TL frisch gepr. Zitronensaft
- 2 TL weiße Misopaste
- ½ TL salzfreier Senf
- ½ TL geräuchertes Paprikapulver

FÜR DIE PAPRIKA: Ofen auf 190 °C vorheizen. Jeweils das obere Viertel der Paprika mit Stiel abschneiden und beiseite legen. Entkernen und die ausgehöhlten Paprika ebenfalls beiseite stellen. Stiele entfernen und abgeschnittene Paprikadeckel klein hacken.
4 EL Wasser in einer großen Pfanne auf mittlerer Hitze erwärmen. Gehackte Paprikadeckelstücke, Zwiebel sowie Knoblauch hineingeben und circa 7 Minuten dünsten, bis die Zwiebel weich ist. Vom Herd nehmen und zur Seite stellen.
Gekochte und abgekühlte Grundmischung, Kichererbsen, gemahlene Leinsamen, Misopaste, Nährhefe, Petersilie, geräuchertes Paprikapulver und schwarzen Pfeffer in eine große Schüssel geben und vermischen. Gedünstetes Gemüse und 125 ml passierte Tomaten unterrühren.
Ausgehöhlte Paprika mit der Mischung füllen und aufrecht nebeneinander in eine Auflaufform stellen. Restliche 250 ml passierte Tomaten und 4 EL Wasser um die Paprika herum in die Auflaufform gießen. Die Form straff mit Aluminiumfolie abdecken und die Paprika 45 Minuten im Ofen backen, bis sie weich sind und die Füllung heiß ist.

FÜR DIE SÄMIGE TOMATENSOSSE: Wenn die Paprika im Ofen sind, die Soße zubereiten. Dafür alle Zutaten bis auf das Tomatenmark in einem Hochleistungsmixer glatt pürieren. Bei Bedarf pausieren und die Mixerinnenwand nach unten freischaben. Tomatenmark hinzufügen und erneut mixen. Ist die Soße zu dick, nach und nach etwas Wasser (je nach Bedarf je 2 EL) unterrühren, bis die Soße schön glatt ist. Soße in einem Stieltopf unter Rühren auf mittlerer Temperatur vorsichtig durchwärmen. Abschmecken, auf Wunsch nachwürzen und warm halten.

- ½ TL Zwiebelpulver
- 1 Scheibe (0,5 cm dick) frische Kurkumawurzel, gerieben, oder ¼ TL Kurkumapulver
- 8 EL Tomatenmark

VOR DEM SERVIEREN: Jede Paprika aufrecht auf einen Teller oder in eine flache Schüssel stellen und mit Sämiger Tomatensoße übergießen.

GRÜNER-TEE-QUINOA UND ERBSEN MIT GERÖSTETEM SPARGEL

ERGIBT *4 Portionen* SCHWIERIGKEITSGRAD: *leicht*

Diese Kreation wurde von einem japanischen Gericht namens Ochazuke (mit heißem grünen Tee übergossener weißer Reis) inspiriert, kombiniert aber anstelle von Reis Quinoa mit geröstetem Spargel. Geröstete, klein gezupfte Noriblätter und Sesamsaat sorgen in diesem außergewöhnlichen Gericht für noch mehr geschmackliche Tiefe und einen knusprigen Biss.

- 3 Teebeutel grüner Tee
- 750 ml heißes Wasser
- 500 g grüner Spargel, geputzt und in 2 cm lange Stücke geschnitten
- 200 g getrocknete Quinoa, gut gespült
- 1 Knoblauchzehe, fein gehackt
- 1 TL frischer Ingwer, gerieben
- 150 g gefrorene grüne Erbsen
- 1 kleine Handvoll Frühlingszwiebeln, gehackt
- 2 EL Sesamsaat, geröstet
- 2 Noriblätter, geröstet und klein gezupft
- schwarzer Pfeffer, gemahlen
- 1 Zitrone, in Spalten geschnitten

Teebeutel in eine Schüssel oder Kanne mit dem heißen Wasser geben und 8 bis 10 Minuten ziehen lassen. Teebeutel herausnehmen und wegwerfen. Den Tee beiseite stellen.

Ofen auf 220 °C vorheizen. Ein großes Backblech (mit Rand) mit einer Silikonbackmatte oder Backpapier auslegen.

Spargelstücke in einer Schicht auf dem Backblech verteilen. Spargel 10 bis 15 Minuten im Ofen rösten, bis er weich und leicht angebräunt ist. Herausnehmen und ebenfalls zur Seite stellen.

Quinoa, Knoblauch, Ingwer und Tee in einen Stieltopf geben, umrühren und zum Kochen bringen. Abdecken und bei niedriger Temperatur 10 Minuten köcheln lassen. Erbsen hinzufügen, wieder abdecken und weitere 5 Minuten köcheln lassen, bis der Tee aufgesogen ist. Wenn Quinoa und Erbsen gar sind, vom Herd nehmen und Spargel sowie Frühlingszwiebeln unterheben.

Quinoa in flachen Schüsseln anrichten, mit Sesamsaat, Noriblättern und Pfeffer garnieren. Mit Zitronenspalten servieren.

QUINOA UND TRIGLYCERIDE

Quinoa ist ein protein-[83], vitamin-, magnesium-, eisen- und zinkreiches[84] Pseudogetreide. Schon eine über einen Zeitraum von zwölf Wochen täglich gegessene Tasse gekochte Quinoa führte bei Testpersonen zu einem um sechsunddreißig Prozent niedrigeren Triglyceridwert. Dieser Effekt ist mit der Wirkung von Medikamenten, die den Triglyceridwert senken, oder hochdosierten Nahrungsergänzungsmitteln auf Fischölbasis vergleichbar.[85]

ROTKOHLROULADEN MIT GERSTENFÜLLUNG

ERGIBT *4 Portionen* SCHWIERIGKEITSGRAD: *mittel*

Gerste und Kohl passen perfekt zusammen. Diese gefüllten Kohlrouladen werden garantiert schnell zu einem Ihrer Lieblingsgerichte!

TOMATENSOSSE

- 1 kleine Zwiebel, gehackt
- 3 Knoblauchzehen, fein gehackt
- 2 TL weiße Misopaste
- 1 große BPA-freie Dose (800 g) oder 1 Tetra Pak salzfreie stückige Tomaten
- 4 EL Nährhefe
- 1 TL getrockneter Oregano
- 1 TL getrocknetes Basilikum
- 4 EL frische Petersilie, gehackt
- schwarzer Pfeffer, gemahlen

FÜLLUNG

- 300 g gekochte Gerstenkörner
- 600 g gekochte salzfreie weiße Bohnen, alternativ 2 BPA-freie Dosen (je 400 g) oder 2 Tetra Paks, abgegossen und gespült
- 1 kleine rote Zwiebel, fein gehackt
- 2 Knoblauchzehen, fein gehackt
- 2 EL Nährhefe
- 1 TL weiße Misopaste
- 4 EL frische Petersilie, fein gehackt
- 1 TL geräuchertes Paprikapulver
- schwarzer Pfeffer, gemahlen

KOHLBLÄTTER

- 1 großer Rotkohl

FÜR DIE TOMATENSOSSE: 4 EL Wasser in einem großen Stieltopf bei mittlerer Temperatur erhitzen. Zwiebel und Knoblauch hineingeben und unter gelegentlichem Rühren circa 5 Minuten dünsten, bis die Zwiebel weich ist. Misopaste, Tomaten, Nährhefe, Oregano, Basilikum, Petersilie und schwarzen Pfeffer (nach Geschmack) einrühren. Abdecken und bei niedriger Temperatur circa 20 Minuten köcheln lassen, bis sich die Aromen entfalten. Abschmecken und auf Wunsch nachwürzen. Beiseite stellen.

FÜR DIE FÜLLUNG: Die Zutaten in einer großen Schüssel gut vermischen und zur Seite stellen. Ofen auf 190 °C vorheizen.

FÜR DIE KOHLROULADEN: Beschädigte Rotkohlblätter entfernen und mit einem scharfen Messer den Strunk herausschneiden. Den Rotkohl mit der Strunkseite nach unten in einen großen Topf stellen. Wasser einfüllen, bis der Kohl damit bedeckt ist. Das Wasser zum Kochen bringen und den Kohl circa 10 Minuten köcheln lassen, bis die Blätter weich werden und sich langsam ablösen. Weich gewordene Kohlblätter mit einer Zange herausnehmen, vorsichtig auf einen Teller legen und abkühlen lassen. So lange köcheln lassen, bis Sie mindestens 12 weiche Kohlblätter haben.

Die Blätter jeweils einzeln mit der Strunkseite in Ihre Richtung auf ein großes Schneidebreit legen. Ungefähr eine halbe Tasse der Füllung auf die untere Hälfte jedes Blatts geben. Blattränder über die Füllung schlagen und straff aufrollen. Weitermachen, bis alle Blätter zu Rouladen aufgerollt sind.

ZUM ANRICHTEN: Die Hälfte der Soße in eine große, flache Auflaufform füllen. Die Kohlrouladen mit der Saumseite nach unten in die Soße legen. 1 Tasse Soße aufbewahren, den Rest über die Kohlrouladen gießen. Die Rouladen mit 3 bis 4 weiteren Kohlblättern bedecken, die restliche Soße darübergeben. Die Auflaufform straff mit Aluminiumfolie abdecken und die Rouladen 45 Minuten im Ofen backen, bis sie weich sind. Warm servieren.

7

Frühstück

Ist das Frühstück wirklich die wichtigste Mahlzeit des Tages? Nun, laut Chronobiologie (das ist die Wissenschaft, die untersucht, wie die natürlichen Zyklen unseres Körpers – mentale, physische und emotionale – vom Rhythmus des Mondes, der Sonne und der Jahreszeiten beeinflusst werden) scheint dies tatsächlich der Fall zu sein, und zwar besonders, wenn man abnehmen will. Es sieht so aus, als würden Kalorien am Morgen weniger dick machen als Kalorien am Abend. Das hat mit der nahrungsindizierten Thermogenese zu tun, also mit der Energiemenge, die der Körper benötigt, um eine Mahlzeit zu verdauen, wobei auch Wärme freigesetzt wird. Wenn Menschen morgens, mittags und abends exakt die gleiche Mahlzeit bekommen, verbraucht ihr Körper nachmittags fast fünfundzwanzig Prozent mehr Kalorien für die Verdauung als abends. Morgens sind es sogar etwa fünfzig Prozent mehr.[86] Das bedeutet, dass morgens weniger Nettokalorien übrig bleiben, die als Fett gespeichert werden können. Die folgenden leckeren und reichhaltigen Frühstücksrezepte machen es zu einem Kinderspiel, sich an die sprichwörtliche Empfehlung »morgens wie ein Kaiser, mittags wie ein König und abends wie ein Bettelmann« zu halten und von den Stoffwechselvorteilen einer höheren Kalorienaufnahme am Morgen oder Vormittag zu profitieren.

FUL MEDAMES

GRÜNKOHL-SÜSSKARTOFFEL-PFANNE

OVERNIGHT OATS MIT BANANEN UND PEKANNÜSSEN

QUINOA-KITCHARI

SCHOKOLADIGE KIRSCH-GELIMI-BOWL

HIRSE-UPMA

KICHERERBSEN-BLUMENKOHL-PFANNE

GELIMI-BOWL MIT SAUTIERTEM BLATTGEMÜSE

LANGSAM GEKOCHTE APFEL-HAFER-GRÜTZE

FUL MEDAMES

ERGIBT *3 bis 4 Portionen* SCHWIERIGKEITSGRAD: *leicht*

Dieses Bohnengericht ist unter anderem in Ägypten sehr beliebt. Wenn Sie es noch eine Spur herzhafter mögen, servieren Sie es zusammen mit Hummus.

BOHNEN

- 120 ml Leichte Gemüsebrühe (Seite 236)
- 1 kleine rote Zwiebel, fein gehackt
- 3 Geröstete Knoblauchzehen (Seite 238), fein gehackt
- 2 kleine Tomaten, grob gehackt
- 1 TL weiße Misopaste
- 1 TL Kreuzkümmel, gemahlen
- ½ TL Paprikapulver
- ¼ TL schwarzer Pfeffer, gemahlen
- 500 bis 650 g gekochte* Favabohnen (siehe Hinweis**)
- 2 EL frisch gepresster Zitronensaft

SALAT

- ¼ Gurke, gehackt
- 1 große Tomate, gehackt
- 4 EL frische Petersilie, gehackt
- ½ TL getrockneter Oregano
- 1 EL frisch gepresster Zitronensaft
- schwarzer Pfeffer, gemahlen

ZUM GARNIEREN

- grob gemahlener Schwarzkümmel (Nigella sativa)

FÜR DIE BOHNEN: Leichte Gemüsebrühe in einem Stieltopf bei mittlerer Temperatur erhitzen. Zwiebel hineingeben, abdecken und circa 5 Minuten unter gelegentlichem Rühren weich dünsten. Gerösteten Knoblauch, Tomate, Misopaste, Kreuzkümmel, Paprikapulver und schwarzen Pfeffer einrühren. Circa 2 Minuten köcheln lassen, bis sich die Aromen entfalten. Gekochte Favabohnen einrühren und weitere 5 Minuten köcheln lassen, bis die Bohnen gut durchgewärmt sind. Mit Zitronensaft abschmecken und warm halten.

FÜR DEN SALAT: Alle Zutaten einschließlich Pfeffer (nach Geschmack) in eine Schüssel geben und vermischen.

ZUM ANRICHTEN: Favabohnen-Mischung auf Schüsseln verteilen und Salat darauf anrichten. Mit gemahlenem Schwarzkümmel garnieren und servieren.

* *Eine Kochanleitung finden Sie in den* Garzeitentabellen für Hülsenfrüchte und Getreide *auf den Seiten 240 bis 243.*

** *Hinweis: Favabohnen sind frisch, gefroren und in Dosen erhältlich. Sie können sie auf Wunsch auch durch Ackerbohnen, weiße Riesenbohnen, große Lima- oder andere Bohnen ersetzen.*

GRÜNKOHL-SÜSSKARTOFFEL-PFANNE

ERGIBT *4 Portionen* SCHWIERIGKEITSGRAD: *leicht*

Ein deftiges Pfannengericht ist ein herrlicher Start in den Tag. Wenn ich es morgens eilig habe, bereite ich die Zutaten schon am Vorabend zu oder verwende Reste von anderen Mahlzeiten. Und wenn ich weiß, dass ich am nächsten Morgen wirklich gar keine Zeit habe, koche ich am Vorabend bereits das gesamte Gericht und wärme es morgens einfach schnell auf.

- 1 große Süßkartoffel, gewürfelt
- 1 große rote Zwiebel, fein gehackt
- 1 Pastinake, gerieben
- 1 kleine rote Paprika, entkernt und gehackt
- 100 g kleine, feste Champignons, gehackt
- 2 EL Umami-Soßenreduktion (Seite 234)
- 200 g Schwarzkohl, harte Stiele entfernt, grob gehackt
- 100 g frische oder gefrorene grüne Erbsen
- schwarzer Pfeffer, gemahlen
- Salzfreie Hot Sauce (Seite 238) (optional)

Ofen auf 220 °C vorheizen. Ein Backblech mit einer Silikonbackmatte oder Backpapier auslegen.

Süßkartoffelwürfel in einer Schicht darauf verteilen und 30 Minuten im Ofen rösten, bis die Süßkartoffel weich ist. Nach der Hälfte der Zeit wenden. Danach herausnehmen und beiseite stellen.

4 EL Wasser in einer großen Pfanne auf mittlerer Hitze erwärmen. Zwiebel, Pastinake und Paprika hineingeben und circa 5 Minuten weich dünsten. Pilze und Umami-Soßenreduktion hinzufügen und unter Rühren 1 weitere Minute dünsten. Schwarzkohl, Erbsen und schwarzen Pfeffer (nach Geschmack) zugeben. Circa 4 Minuten unter Rühren braten, bis der Schwarzkohl zusammenfällt und weich ist. Überschüssige Flüssigkeit vorsichtig abgießen.

Geröstete Süßkartoffelwürfel in die Pfanne geben und mit einem Pfannenwender aus Metall leicht zerdrücken, um die Zutaten besser miteinander zu vermischen. Circa 5 weitere Minuten braten, bis die Süßkartoffelwürfel unten leicht gebräunt sind. Mit dem Pfannenwender wenden und die andere Seite ebenfalls leicht bräunen. Mit Salzfreier Hot Sauce (falls verwendet) servieren.

OVERNIGHT OATS MIT BANANEN UND PEKANNÜSSEN

ERGIBT *4 Portionen* SCHWIERIGKEITSGRAD: *leicht*

Dieses Frühstück aus über Nacht gequollenem Haferschrot ist schnell gemacht, lecker und sehr sättigend.

- 1 Tasse Haferschrot
- 2 reife Bananen
- ¼ TL Muskat, gemahlen
- 2 EL gehackte Pekannüsse
- Dattelsirup (Seite 239) (optional)

Am Vorabend 2 Tassen Wasser in einem mittelgroßen Stieltopf zum Kochen bringen. Haferschrot einrühren, abdecken und 2 Minuten kochen. Topf vom Herd nehmen. Beiseite stellen und abgedeckt bis zum nächsten Morgen quellen lassen.

Den Stieltopf am nächsten Morgen wieder auf den Herd stellen. Deckel abnehmen und Haferschrot 6 bis 8 Minuten unter gelegentlichem Rühren köcheln lassen, bis die Hafergrütze weich und gut durchgewärmt ist. Ist das Wasser absorbiert, bevor die Grütze weich ist, bis zu einer halben Tasse zusätzliches Wasser einrühren und unter gelegentlichem Rühren ein paar weitere Minuten köcheln lassen, bis die Grütze weich genug ist.

Bananen schälen, klein schneiden und zusammen mit dem Muskat unter die Grütze rühren. Bei niedriger Temperatur und unter Rühren 1 bis 2 Minuten köcheln lassen, bis alles gut miteinander vermischt ist und sich die Aromen entfalten. Auf Schüsseln verteilen und mit gehackten Pekannüssen und etwas Dattelsirup (falls verwendet) garnieren.

Sie bestimmen! Verfeinern Sie Ihre Hafergrütze ganz nach Lust und Laune mit den Toppings, die Sie am liebsten mögen, wie zum Beispiel Bananenscheiben, Heidel-, Erd-, Him- oder Brombeeren, Pfirsich- oder Mangostückchen, gehobelten Mandeln, gehackten Pekan- oder Walnüssen, Sonnenblumen- oder Kürbiskernen, Chia- oder Hanfsamen, Kakaonibs, gemahlenen Leinsamen, getrockneten Gojibeeren, getrockneten Cranberrys, Zimt, Pumpkin-Pie-Gewürz, gemahlenem Muskat und anderen vollwertigen Leckereien, auf die Sie Appetit haben!

QUINOA-KITCHARI

ERGIBT *4 Portionen* SCHWIERIGKEITSGRAD: *leicht*

Der traditionelle Basmati-Reis in diesem herzhaften indischen Frühstücksgericht wird in dieser Version durch Quinoa ersetzt. Statt Blumenkohl und Erbsen können Sie – ganz nach persönlichem Geschmack oder je nachdem, was Sie gerade zur Hand haben – auch anderes Gemüse verwenden.

- 100 g Mung Dal (halbe geschälte gelbe Mungbohnen)
- 100 g getrocknete Quinoa, gut gespült und abgetropft
- 1 große Handvoll Blumenkohl, klein gehackt
- 100 g grüne Erbsen, frisch oder gefroren
- 2 TL frischer Ingwer, gerieben
- 1 TL Koriandersamen, gemahlen
- ½ TL Kreuzkümmel, gemahlen
- 1 Scheibe (1 cm) frische Kurkumawurzeln, gerieben, oder ½ TL Kurkumapulver
- 1 TL weiße Misopaste
- ¼ TL schwarzer Pfeffer, gemahlen
- ½ Handvoll frisches Koriandergrün, gehackt
- 1 Zitrone, in Spalten geschnitten

Mung Dal in eine Schüssel geben, mit Wasser bedecken und 15 Minuten einweichen. Abgießen und spülen.

1 Liter Wasser, Mung Dal und Quinoa in einen Stieltopf geben und auf mittlerer Hitze zum Kochen bringen. Herd auf niedrige Stufe stellen und Mischung circa 20 Minuten unter gelegentlichem Rühren köcheln lassen. Blumenkohl und Erbsen einrühren und 5 Minuten köcheln lassen, bis das Dal weich und cremig ist.

Ingwer, Koriander, Kreuzkümmel, Kurkuma, Misopaste und schwarzen Pfeffer einrühren. Noch einmal 5 Minuten unter Rühren köcheln lassen und durchwärmen. Vom Herd nehmen und 5 Minuten durchziehen lassen, damit sich die Aromen entfalten können. Abschmecken, auf Wunsch nachwürzen und erneut umrühren. Mit gehacktem Koriandergrün garnieren und mit Zitronenspalten servieren.

SCHOKOLADIGE GELIMI-KIRSCH-BOWL

ERGIBT *1 Portion* SCHWIERIGKEITSGRAD: *leicht*

Ein schokoladiges und fruchtiges Frühstück, das voller gesundem Vollkorn steckt? Immer her damit!

- 1 Tasse gekochte GELIMI (Seite 231), aufgewärmt
- 1 EL ungesüßtes Kakaopulver
- 1 EL Dattelsirup (Seite 217) oder Melasse
- 2 EL Walnüsse, grob gehackt
- ½ Handvoll frische entsteinte oder aufgetaute dunkelrote Süßkirschen

GELIMI in eine Schüssel geben, mit Kakaopulver bestreuen und mit Dattelsirup beträufeln. Gehackte Walnüsse und die Hälfte der Kirschen hinzufügen und umrühren. Mit den restlichen Kirschen garnieren und servieren.

ZEREALIEN ODER HAFERBREI?

Nachdem sie Honey Nut Cheerios gegessen hatten, fühlten sich die Probanden einer Studie deutlich hungriger als nach einer Portion Haferbrei mit derselben Kalorienmenge. Für einen optimalen Effekt auf unsere Gesundheit scheint nicht nur die nährstoffliche Zusammensetzung, sondern auch die Beschaffenheit unseres Essens ausschlaggebend zu sein.[87] Kernige Haferflocken haben zum Beispiel einen geringeren glykämischen Index als Instant-Flocken,[88] und zarte Haferflocken verursachen geringere Blutzucker- und Insulinspitzen als Hafermehl.[89] Verschiedene Formen derselben Zutat können sich also unterschiedlich auswirken.

HIRSE-UPMA

ERGIBT *4 Portionen* SCHWIERIGKEITSGRAD: *leicht*

Wenn Sie Ihre Geschmacksknospen morgens auf eine besondere Art wecken wollen, probieren Sie diese pikante, von der indischen Küche inspirierte Porridge-Variante aus. Dieses Upma wird mit Hirse zubereitet, weil sie schnell gart. Sie können aber auch anderes Getreide wie zum Beispiel Quinoa verwenden. Wenn Sie eine Getreidesorte mit längerer Garzeit wählen, passen Sie die Kochzeit entsprechend an.

- 1 rote Zwiebel, gehackt
- 1 Karotte, fein gehackt
- 2 TL frischer Ingwer, gerieben
- 1 grüne Chilischote, fein gehackt (optional)
- 1 Scheibe (1 cm) frische Kurkumawurzel, gerieben, oder ½ TL Kurkumapulver
- 1 ¼ TL Garam Masala – oder nach Geschmack
- 1 TL Koriandersamen, gemahlen
- ½ TL Kreuzkümmel, gemahlen
- 1 TL weiße Misopaste
- ½ Handvoll gefrorene grüne Erbsen
- 1 Roma-Tomate, entkernt und gehackt
- 130 g getrocknete Hirse, gespült und abgetropft
- 500 ml Leichte Gemüsebrühe (Seite 236) oder Wasser
- 2 TL frisch gepresster Zitronensaft
- 2 EL Cashewkerne, gehackt
- 2 EL frisches Koriandergrün, gehackt

4 EL Wasser in einem großen Stieltopf auf mittlerer Hitze erwärmen. Zwiebel, Karotte, Ingwer und Chilischote (falls verwendet) hineingeben und 5 Minuten weich dünsten. Kurkuma, Garam Masala, Koriander, Kreuzkümmel und Misopaste einrühren. Erbsen und Tomate hinzufügen. Hirse und Leichte Gemüsebrühe ergänzen, dann zum Kochen bringen.

Abdecken und auf niedriger Hitze circa 20 Minuten köcheln lassen, bis die Hirse gar ist. Vom Herd nehmen und abgedeckt circa 8 Minuten ziehen lassen. Deckel abnehmen, Zitronensaft zugießen und mit einer Gabel auflockern. Upma auf Schüsseln verteilen und mit Cashewkernen und Koriandergrün oder glatter Petersilie garnieren. Warm servieren.

KICHERERBSEN-BLUMENKOHL-PFANNE

ERGIBT *4 Portionen* SCHWIERIGKEITSGRAD: *leicht*

Diese herzhafte Kombination aus geriebenem Blumenkohl und zerstampften Kichererbsen ist nicht nur morgens, sondern auch zu jeder anderen Tageszeit köstlich. Besonders lecker schmeckt sie mit Frischer Tomaten-Salsa (Seite 232), Salzfreier Hot Sauce (Seite 238) oder Sämiger Tomatensoße (Seite 184).

- 1 kleine gelbe Zwiebel, gehackt
- 1 rote oder gelbe Paprika, entkernt und gehackt
- 3 große Handvoll geriebener Blumenkohl
- 250 g Pilze Ihrer Wahl, grob gehackt
- 4 EL Nährhefe
- 2 ½ TL Dr. Gregers Spezialgewürzmischung (Seite 234)
- ½ TL Kurkumapulver
- 250 g gekochte* salzfreie Kichererbsen, alternativ BPA-freie Dose (400 g) oder Tetra Pak, abgegossen und gespült
- 2 EL frische Petersilie, fein gehackt

4 EL Wasser in einer großen Pfanne auf mittlerer Hitze erwärmen. Zwiebel hineingeben, abdecken und circa 5 Minuten weich dünsten. Paprika und Blumenkohl hinzufügen. Abdecken und unter gelegentlichem Rühren circa 5 Minuten dünsten, bis das Gemüse weich ist. Pilze, Nährhefe, Dr. Gregers Spezialgewürzmischung und Kurkuma einrühren. Abdecken und 5 weitere Minuten dünsten. Während das Gemüse gart, die Kichererbsen zerstampfen und in die Pfanne geben. Abdecken und unter gelegentlichem Rühren weitere 5 Minuten braten, bis alles gut durchgewärmt und alle Flüssigkeit absorbiert ist.

Mit Petersilie und anderen Toppings Ihrer Wahl (siehe oben) garnieren und warm servieren.

* *Eine Kochanleitung finden Sie in den* Garzeitentabellen für Hülsenfrüchte und Getreide *auf den Seiten 240 bis 243.*

GELIMI-BOWL MIT SAUTIERTEM BLATTGEMÜSE

ERGIBT *1 Portion* SCHWIERIGKEITSGRAD: *leicht*

Frühstücken Sie gern herzhaft? Dann ist dieses Rezept goldrichtig für Sie! Es lässt sich schnell in der Mikrowelle und auch auf dem Herd aufwärmen, also kochen Sie am besten gleich mehr davon vor. Bewahren Sie es einfach in einem luftdicht verschließbaren Behälter im Kühlschrank auf, und zaubern Sie sich morgens ein blitzschnelles, deftiges Frühstück.

- 120 ml Leichte Gemüsebrühe (Seite 236)
- 1 kleine rote Zwiebel, fein gehackt
- 1 Knoblauchzehe, fein gehackt
- 1 kleine Karotte, fein gehackt
- 1 TL weiße Misopaste
- 170 g Schwarzkohl, harte Stiele entfernt, grob gehackt
- 1 Tasse gekochte GELIMI (Seite 231), aufgewärmt
- 1 EL Nährhefe
- schwarzer Pfeffer, gemahlen
- 1 Zitrone, in Spalten geschnitten

Leichte Gemüsebrühe in einer mittelgroßen Pfanne auf mittlerer Hitze erwärmen. Zwiebel, Knoblauch und Karotte hineingeben und circa 7 Minuten unter Rühren dünsten, bis das Gemüse weich wird. Misopaste und Schwarzkohl hinzufügen und circa 4 Minuten unter Rühren schmoren, bis der Schwarzkohl zusammenfällt und weich wird. Überschüssige Flüssigkeit abgießen.

Warme GELIMI in eine Schüssel füllen und mit Nährhefe und schwarzem Pfeffer (nach Geschmack) bestreuen. Warmen Schwarzkohl darübergeben und mit Zitronenspalten servieren.

SIND MIKROWELLENÖFEN SICHER?

Als ein berühmtes Radioteleskop das All nach außerirdischen Lebensformen absuchte, empfing es sogenannte »Fast Radio Bursts« (schnelle Radioblitze). Handelte es sich um Signale von intelligenten extraterrestrischen Lebewesen? Nein. Wie sich herausstellte, war der potenzielle E.T. nicht mehr als eine Mikrowelle in der Küche des Observatoriums. Das Teleskop hatte die Signale empfangen, als jemand die Tür des Mikrowellenofens geöffnet hatte.[90]

Während des Betriebs tritt tatsächlich eine geringe Menge Strahlung aus,[91] dennoch scheint die Verwendung von Mikrowellenöfen eine sichere Angelegenheit zu sein – auch wenn es bestimmt nicht schaden kann, nicht gerade in allernächster Nähe zu stehen, wenn sie laufen.

LANGSAM GEKOCHTE APFEL-HAFER-GRÜTZE

ERGIBT *4 Portionen* SCHWIERIGKEITSGRAD: *leicht*

Der verführerische Duft dieser leicht an Apfelkuchen erinnernden Hafergrütze wird Sie morgens vergnügt aus dem Bett springen lassen. Der Haferschrot muss acht Stunden einweichen und weitere acht Stunden im Schongarer kochen, also planen Sie die Zubereitung schon im Voraus. Dafür ist der Aufwand minimal und das Ergebnis die Zeit wirklich wert.

- 1 Tasse (240 ml) Haferschrot, circa 8 Stunden in Wasser eingeweicht und abgegossen
- 2 EL Chiasamen, gemahlen
- 1 TL Zimt, gemahlen
- 1 Apfel, Kerngehäuse entfernt, mit Schale gerieben
- optionale Toppings: Gojibeeren, Dattelsirup (Seite 239), Zimt, frisches oder Trockenobst, gehackte Nüsse

Eingeweichten Haferschrot, Chiasamen und Zimt in einen Schongarer (mindestens 4 Liter Fassungsvermögen) geben und umrühren. Den geriebenen Apfel und 420 ml Wasser hinzufügen, erneut umrühren. Den Schongarer schließen und die Mischung 8 Stunden langsam garen. Die Hafergrütze umrühren und auf Schüsseln verteilen. Mit den gewünschten Toppings garnieren und servieren.

WARUM SIE ÄPFEL NICHT SCHÄLEN SOLLTEN

Schon ein Apfel am Tag wird mit einem um fünfunddreißig Prozent geringeren Gesamtsterblichkeitsrisiko in Zusammenhang gebracht.[92] Flavonoide (die Phytonährstoffe, die in der Apfelschale stecken) scheinen eine wichtige Rolle bei der Verbesserung der Arterienfunktion zu spielen,[93] also lassen Sie die Schale einfach dran!

8

Obst

Probanden, die bei einer Studie generell sehr wenig Zucker konsumierten – auch solchen, der natürlich in Obst vorkommt –, schnitten schlechter ab als Probanden, die lediglich ihren Konsum von künstlich hinzugefügtem Zucker einschränkten. Diejenigen, die weiterhin Obst aßen, nahmen fast fünfzig Prozent mehr Gewicht ab.[94] Obst lässt also tatsächlich die Pfunde schmelzen. Darüber hinaus kann das Essen von Obst und Gemüse das Risiko für drei der häufigsten Todesursachen verringern – Herzkrankheiten, Schlaganfälle und Bluthochdruck – und uns sogar vor Krebs schützen.[95] Also schnappen Sie sich einen Apfel, schälen Sie eine Banane, beißen Sie in einen saftigen Pfirsich, gönnen Sie sich eine Handvoll Heidelbeeren, und lassen Sie Ihrer Kreativität mithilfe der folgenden Rezepte freien Lauf.

FRISCHE BEEREN MIT SCHOKOLADEN-BALSAMICO-SIRUP

ERGIBT *4 Portionen* SCHWIERIGKEITSGRAD: *leicht*

Die Beerensaison ist die beste Zeit für diesen schnellen und leichten Genuss. Ich verwende gern mehrere verschiedene Beerensorten, aber dieses Rezept schmeckt auch mit nur einer oder zwei Sorten himmlisch. Die Menge ist für vier Personen gedacht, doch wenn Sie es für nur eine oder zwei Portionen zubereiten, verwenden Sie einfach weniger Beeren. Die Minzblätter und den Sirup fügen Sie erst kurz vor dem Servieren hinzu.

- 5 EL Schokoladen-Balsamico-Essig oder Balsamico-Sirup (Seite 237)
- 1,5 Handvoll Erdbeeren, halbiert
- 1 kleine Handvoll Himbeeren
- 1 Handvoll Heidelbeeren
- ½ Handvoll Brombeeren
- 2 EL frische kleine Minzblätter
- 1 EL Kakaonibs
- 4 EL Wal- oder Pekannüsse, grob gehackt (optional)

Wenn kein Balsamico-Sirup verwendet wird, Schokoladen-Balsamico-Essig in einen kleinen Stieltopf geben und circa 10 Minuten auf niedriger Temperatur köcheln lassen, bis er um circa ein Drittel reduziert ist. Vom Herd nehmen, beiseite stellen und auf Raumtemperatur abkühlen lassen.

Beeren und Minzblätter in einer großen Schüssel vermischen. Auf kleinere Schüsseln oder Gläser verteilen und mit Schokoladen-Balsamico-Reduktion oder Balsamico-Sirup beträufeln. Mit Kakaonibs und gehackten Nüssen (falls verwendet) garnieren.

HEIDELBEEREN GEGEN HERZKRANKHEITEN UND CHOLESTERIN

Vier von fünf Studien legen nahe, dass ein erhöhter Konsum von Beeren und ihren farbenfrohen Pigmenten, auch Anthocyane genannt, in einem deutlichen Zusammenhang mit einem um zwölf bis dreizehn Prozent geringeren Risiko für koronare Herzkrankheiten, unserer Todesursache Nummer eins, steht.[96]

Was haben Beeren mit dem Herzen zu tun? Sie helfen dabei, »böses« LDL-Cholesterin, den Bluthochdruck, den Blutzucker, das Körpergewicht sowie Diabetes und Entzündungen in Schach zu halten.[97]

STEINOBST-BOWLS

ERGIBT *4 Portionen* SCHWIERIGKEITSGRAD: *leicht*

Als Steinobst werden Pflanzenarten bezeichnet, die als Samen Steine oder Kerne enthalten. Viele beliebte Steinobstsorten wie Kirschen, Pflaumen, Pfirsiche, Nektarinen, Mangos und Datteln haben im Spätsommer Saison.

- 3 EL Chiasamen, gemahlen
- 1,5 Handvoll frische oder aufgetaute Mango, gewürfelt
- 1 TL frisch gepresster Zitronensaft
- 2 weiche Datteln, entsteint, 10 Minuten in heißem Wasser eingeweicht und abgegossen
- 3 reife Aprikosen, entsteint und geviertelt
- 3 reife Pflaumen, entsteint und in circa 2 cm große Stücke geschnitten
- 2 reife Pfirsiche oder Nektarinen, entsteint und in 2 cm große Würfel geschnitten
- 2 Handvoll Kirschen, entsteint

Chiasamen und 4 EL Wasser in einer kleinen Schüssel verquirlen. 10 Minuten beiseite stellen und eindicken lassen.

Mango, Zitronensaft, Datteln und Chia-Mischung in einer Küchenmaschine oder einem Mixer glatt pürieren. In vier gleich große Dessertschüsseln füllen, abdecken und 4 Stunden oder über Nacht im Kühlschrank fest werden lassen.

Aprikosen, Pflaumen, Pfirsiche und Kirschen in eine große Schüssel geben und vorsichtig vermischen.

Die Obstmischung gleichmäßig auf die Schüsseln mit der gekühlten Mango-Mousse verteilen und sofort servieren.

MANGO-HIMBEER-CHIAPUDDING

ERGIBT *2 Portionen* SCHWIERIGKEITSGRAD: *leicht*

Dieser erfrischende Chiapudding kann mit verschiedenen Obstsorten zubereitet werden, also nehmen Sie gerne das, was gerade Saison hat oder worauf Sie Lust haben.

- 1 Handvoll frische oder aufgetaute Himbeeren
- 1 Handvoll frische oder aufgetaute Mango, gewürfelt
- 4 EL Chiasamen, gemahlen
- optional zum Garnieren: Mangowürfel, frische Himbeeren, Sonnenblumen- oder Kürbiskerne

Himbeeren, Mango und 120 ml Wasser in einem Hochleistungsmixer glatt pürieren. Die Mischung in zwei Dessertschüsseln oder Gläser geben. In jede der Schüsseln 2 EL gemahlene Chiasamen einrühren. Abdecken und 8 Stunden oder über Nacht im Kühlschrank kalt stellen. Auf Wunsch mit Toppings Ihrer Wahl garnieren und servieren.

IST MELAMIN SICHER?

Melamin, das für die Herstellung günstiger Küchengerätschaften aus hartem Plastik verwendet wird, sollte nicht in Mikrowellen oder beim Kochen benutzt werden.[98] Aber gilt das auch für den normalen Gebrauch von Ess- und Trinkgeschirr? Der Kontakt mit dieser chemischen Verbindung wird mit einer Verschlechterung der Nierenfunktion bei Patienten mit einer chronischen Nierenerkrankung im frühen Stadium assoziiert,[99] also würde ich persönlich komplett auf Melamin verzichten.

KÜRBISKUCHEN OHNE BODEN

ERGIBT *6 bis 8 Portionen* SCHWIERIGKEITSGRAD: *leicht*

Mit diesem herrlichen Kürbiskuchen, der unglaublich lecker nach Kürbis und Gewürzen schmeckt, dafür aber weder Teig noch Zucker oder Milchprodukte benötigt, müssen Sie an Feiertagen nicht auf ein liebgewonnenes Dessert verzichten.

- 3 EL Chiasamen, gemahlen
- 130 g ungesalzene, ungeröstete Cashewkerne, 30 Minuten in heißem Wasser eingeweicht und abgegossen
- 1 BPA-freie Dose (400 g) oder 1 Tetra Pak ungesüßtes Kürbispüree
- 5 EL Melasse bei Raumtemperatur
- 5 EL Dattelsirup (Seite 239) bei Raumtemperatur
- 1 EL Kürbiskuchengewürz (Pumpkin Pie Spice)
- 1 TL Vanilleextrakt

Ofen auf 180 °C vorheizen.

Chiasamen und 3 EL Wasser in einer kleinen Schüssel verquirlen und 10 Minuten eindicken lassen.

Abgegossene Cashewkerne und Chia-Mischung in einen Hochleistungsmixer geben und mixen, bis die Cashewkerne fein gehackt sind. Kürbispüree, Melasse, Dattelsirup, Kürbiskuchengewürz und Vanilleextrakt hinzufügen, dann circa 2 Minuten glatt und cremig pürieren. Bei Bedarf pausieren und die Mixerinnenwand nach unten freischaben.

Mischung in eine Tarte- oder Springform (Ø 23 cm) geben, glatt streichen und circa 45 Minuten im Ofen backen, bis die Oberfläche durchgebacken aussieht. Den Kuchen 1 bis 2 Stunden bis auf Raumtemperatur abkühlen und danach 3 Stunden im Kühlschrank fest werden lassen. Der Kuchen kann gekühlt bis zu drei Tage lang aufbewahrt werden.

SCHWARZWÄLDER CHIAPUDDING

ERGIBT *2 Portionen* SCHWIERIGKEITSGRAD: *leicht*

Diesen vollmundigen, leckeren Pudding können Sie als Dessert, Frühstück oder Snack für zwischendurch genießen.

- 1,5 Handvoll frische oder aufgetaute Kirschen, entsteint
- 1 kleine reife Banane, zerdrückt
- 3 EL ungesüßtes Kakaopulver
- 2 weiche Datteln, entsteint und 10 Minuten in heißem Wasser eingeweicht und abgegossen
- 2 EL Chiasamen, gemahlen
- optional zum Garnieren: Beeren oder frische entsteinte Kirschen, gehobelte Mandeln oder Kakaonibs

Kirschen, Banane, Kakaopulver, Datteln und 125 ml Wasser in einem Hochleistungsmixer sehr glatt pürieren. Die Mischung gleichmäßig auf zwei Dessertschüsseln oder Gläser verteilen. Je 1 EL gemahlene Chiasamen in jede Schüssel oder jedes Glas einrühren.

Abdecken und 8 Stunden oder über Nacht im Kühlschrank kalt stellen. Auf Wunsch mit Toppings garnieren und servieren.

BRATÄPFEL MIT WALNÜSSEN UND GOJIBEEREN

ERGIBT *4 Portionen* SCHWIERIGKEITSGRAD: *leicht*

Diese köstlichen Bratäpfel schmecken fast wie Apfelkuchen, nur ohne überflüssigen Zucker, Mehl und Fett. Außerdem werden sie beim Rösten Ihre ganze Wohnung mit einem verführerischen Duft erfüllen.

- 3 EL Gojibeeren, 15 Minuten in heißem Wasser eingeweicht und abgegossen
- 5 EL Walnüsse, gehackt
- 1 EL Dattelsirup (Seite 239)
- 1,5 TL Zimt, gemahlen
- 4 große, feste, leicht säuerliche Äpfel, gewaschen, Kerngehäuse entfernt
- 1 EL frisch gepresster Zitronensaft

Ofen auf 180 °C vorheizen.

Gojibeeren, Walnüsse, Dattelsirup und Zimt in einer Küchenmaschine häckseln, bis alles gut miteinander vermischt ist. Füllung beiseite stellen.

Das obere Drittel jedes Apfels schälen und mit Zitronensaft einreiben, damit es sich nicht bräunlich verfärbt. Circa 2 EL der Füllung in jeden Apfel geben. Äpfel aufrecht in eine kleine, flache Backform stellen. 120 ml Wasser auf den Boden der Backform gießen. Äpfel abdecken und circa 1 Stunde im Ofen rösten, bis sie weich sind. Warm servieren.

TROPISCHE SMOOTHIE-BOWLS

ERGIBT *2 Portionen* SCHWIERIGKEITSGRAD: *leicht*

Smoothie-Bowls sind köstliche, leicht variierbare und sättigende dicke Smoothies, die Sie löffeln können. Diese Kreation können Sie ganz nach Laune verändern – verwenden Sie einfach Ihr Lieblingsobst und die Toppings, auf die Sie gerade Lust haben. Smoothie-Bowls eignen sich besonders gut als Frühstück oder Dessert. Ich habe immer ein paar gefrorene Bananenstücke im Gefrierfach, um mir schnell eine mixen zu können. Gefrorene Mango und Ananas sind übrigens eine gute Alternative zu frischen Früchten, weil sie preisgünstig, praktisch und in den meisten Supermärkten erhältlich sind.

- 2 EL Chiasamen, gemahlen
- 2 reife Bananen, geschält, in grobe Stücke geschnitten und gefroren
- 1 Handvoll frische oder gefrorene Mango, gewürfelt
- 1 Handvoll frische oder gefrorene Ananas, gewürfelt
- optionale Toppings: Gojibeeren, Bananenscheiben, Beeren, Kakaonibs, gemahlene Lein- oder Hanfsamen

Chiasamen und 120 ml Wasser in einer kleinen Schüssel verquirlen und 10 Minuten eindicken lassen.

Bananen, Mango, Ananas und Chia-Mischung in einem Mixer glatt pürieren.

Smoothie-Mischung gleichmäßig auf zwei Schüsseln verteilen. Mit den gewünschten Toppings garnieren und anschließend servieren.

GERÖSTETE INGWERBIRNEN

ERGIBT *2 bis 4 Portionen* SCHWIERIGKEITSGRAD: *leicht*

Geröstete Birnen sind in der Zubereitung ein Kinderspiel, weil Ihr Ofen im Prinzip alles für Sie erledigt, und ein wunderbarer Abschluss einer leckeren Mahlzeit. Mit Kakaonibs oder gehackten Pistazien garniert werden sie auch zu einem Augenschmaus.

- 2 große reife Birnen
- 1 EL Dattelsirup (Seite 239)
- 1 EL frisch gepresster Zitronensaft
- 1 TL Ingwerpulver

Birnen halbieren und das Kerngehäuse mit einem Kugelausstecher entfernen. Birnenhälften in eine flache Auflaufform legen.

Dattelsirup und Zitronensaft in einer kleinen Schüssel verquirlen. (Wenn Sie Dattelsirup und Zitronensaft 10 bis 15 Sekunden in der Mikrowelle erhitzen, vermischen sich die Zutaten besser.)

Die Birnen mit dem Dattel-Zitronen-Mix einreiben und mit Ingwerpulver bestreuen. 30 Minuten im Ofen rösten, bis sie bisszart sind. Aus dem Ofen nehmen und vor dem Servieren leicht abkühlen lassen.

INGWERPULVER GEGEN MUSKELSCHMERZEN

Hilft gemahlener Ingwer bei Muskelschmerzen? Nicht unmittelbar, also kann er nicht wie ein Medikament eingenommen werden, aber langfristig scheint er Muskelschmerzen abzuschwächen.[100] Ein bis zwei Teelöffel über mehrere Tage oder Wochen hinweg können Muskelschmerzen lindern und dafür sorgen, dass sich Ihre Muskelkraft schneller regeneriert.[101]

9

Grundrezepte

Zu den Rezepten in diesem Kapitel gehören einige meiner unentbehrlichen, alles noch besser machenden Soßen, Gewürze, Grundmischungen und Brühen. Ich versuche immer, so viel wie möglich davon in meinem Gefrierfach oder Vorratsschrank auf Lager zu haben, damit ich es gleich verwenden kann, wenn ich es brauche. Ich hoffe, Sie werden diese Grundrezepte bald genauso sehr lieben wie ich.

PIKANTE PILZ-WALNUSS-STREUSEL

GELIMI (GETREIDE-LINSEN-GRUNDMISCHUNG AUS GERSTE, ROGGEN, HAFER UND LINSEN)

FRISCHE TOMATEN-SALSA

PARANUSS-PARMESAN

BERBERE-GEWÜRZMISCHUNG

SUPER-GEWÜRZ-MIX

DR. GREGERS SPEZIALGEWÜRZMISCHUNG

UMAMI-SOSSENREDUKTION

AROMATISCHE BRÜHE AUS GERÖSTETEM GEMÜSE

LEICHTE GEMÜSEBRÜHE

BALSAMICO-SIRUP

BASILIKUM-PESTO

SALZFREIE HOT SAUCE

GERÖSTETER KNOBLAUCH

DATTELSIRUP

GERÖSTETE ROTE PAPRIKA

PIKANTE PILZ-WALNUSS-STREUSEL

ERGIBT *2 Tassen (500 ml)*
SCHWIERIGKEITSGRAD: *leicht*

Diese herzhaften Streusel sind knusprig und verleihen jedem Gericht eine schöne pikante Note. Sie passen wunderbar zu gekochtem Vollkorngetreide, Pasta und Gemüse, sind aber auch eine großartige Zutat für Füllungen. Die Gewürze lassen die Streusel leicht nach italienischer Salsiccia schmecken. Für etwas mehr Schärfe fügen Sie einfach ½ TL Chiliflocken und den optionalen Cayennepfeffer hinzu.

- 170 g kleine, feste Champignons
- 50 g Walnüsse, grob gehackt
- 5 EL ungeröstete Sonnenblumenkerne
- 5 EL ungeröstete Kürbiskerne
- 4 EL Leinsamen, gemahlen
- 3 EL Nährhefe
- 1 TL geräuchertes Paprikapulver
- 1 TL Zwiebelpulver
- 1 TL Knoblauchpulver
- 1 TL Fenchelsamen, gemahlen
- 1 TL getrockneter Oregano
- 1 TL getrocknetes Basilikum
- ¼ TL Cayennepfeffer (optional)
- ¼ TL schwarzer Pfeffer, gemahlen

Pilze in einer Küchenmaschine fein häckseln. In eine Schüssel füllen und beiseite stellen.

Walnüsse, Sonnenblumen- und Kürbiskerne in der Küchenmaschine (kein vorheriges Reinigen nötig) grob häckseln. Nüsse zu den gehäckselten Pilzen in die Schüssel geben. Restliche Zutaten hinzufügen und alles gut vermischen.

Eine große Pfanne auf mittlerer Flamme erhitzen. Die Mischung 10 Minuten unter häufigem Rühren braten, bis die Flüssigkeit aus den Pilzen verdunstet ist und sich erste Streusel bilden. Ein paar weitere Minuten braten, bis die Streusel knusprig werden. Vom Herd nehmen und abkühlen lassen. Streusel sofort verwenden oder in einem luftdicht verschließbaren Behälter bis zu drei Tage lang im Kühlschrank oder bis zu einem Monat im Gefrierfach aufbewahren.

Variation: Statt Pilzen kalt gewordenes gekochtes Vollkorngetreide (Gerste eignet sich gut) oder geriebenen Blumenkohl verwenden.

GELIMI (GETREIDE-LINSEN-GRUND-MISCHUNG AUS GERSTE, ROGGEN, HAFER UND LINSEN)

ERGIBT *5 Tassen (1 Liter)*
SCHWIERIGKEITSGRAD: *leicht*

GELIMI steht für Getreide-Linsen-Mischung. Sie besteht aus einem Mix aus gekochter Gerste, Roggen, Hafer und Linsen. Gersten-, Roggen- und Haferkörner finden Sie in gut sortierten Bio-Supermärkten, Reformhäusern oder im Internet. Wenn Sie sie auftreiben können, verwenden Sie gern lila Gerste, die extra viele Antioxidantien enthält.
Aus demselben Grund nehme ich für diese Mischung auch schwarze Linsen. Schwarze Linsen werden manchmal auch Beluga-Linsen genannt, weil sie fast so aussehen wie Kaviar. Sie sind – genau wie lila Gerste – in Bio-Supermärkten, Reformhäusern und online erhältlich.
Für eine glutenfreie GELIMI-Version verwenden Sie glutenfreien Hafer und ersetzen den Roggen und die Gerste mit Sorghum und Hirse. Fingerhirse gehört zu den gesündesten Hirsearten.
Am praktischsten ist es, wenn Sie gleich größere Mengen Vollkorngetreide und Linsen kochen, portionieren und einfrieren. So haben Sie später immer alles schnell zur Hand.

- ½ Tasse (125 ml) getrocknete schwarze Linsen, gespült
- ½ Tasse (125 ml) entspelzte Gerste, gespült
- ½ Tasse (125 ml) Roggenkörner, gespült
- ½ Tasse (125 ml) Haferkörner, gespült

Linsen in einem elektrischen Schnellkochtopf oder Multikocher in 250 ml Wasser auf hoher Stufe dampfgaren. Den Druck langsam entweichen lassen, damit das restliche Wasser aufgesogen wird. Linsen aus dem Topf nehmen und beiseite stellen.

Gerste, Roggen und Hafer in den Topf geben und 750 ml Wasser einrühren. Das Getreide 30 Minuten dampfgaren (oder die »Mixed Grain«-Funktion einstellen, falls Ihr Kocher eine hat). Gekochte Linsen unter das gekochte Getreide rühren. Die Grundmischung kann nun in anderen Rezepten weiterverwendet oder je nach Bedarf portioniert und eingefroren werden.

Variation: Wenn Sie Ihr Vollkorngetreide lieber ganz traditionell auf dem Herd zubereiten, kochen Sie jedes Getreide einzeln und am besten in größeren Mengen auf Vorrat. Eine Kochanleitung finden Sie in den Garzeitentabellen für Hülsenfrüchte und Getreide auf den Seiten 240 bis 243.

FRISCHE TOMATEN-SALSA

ERGIBT *3 Tassen (750 ml)*
SCHWIERIGKEITSGRAD: *leicht*

Salsa ist schnell und einfach gemacht. Besonders gut schmeckt sie im Hochsommer, wenn frische Tomaten Saison haben. Das Beste an selbstgemachter Salsa ist, dass Sie sie so zubereiten dürfen, wie sie Ihnen am besten schmeckt, und dabei auf das ganze Salz und weitere unnötige Zutaten verzichten können, die häufig in gekaufter Salsa stecken.

- 6 feste Pflaumentomaten, entkernt und grob gehackt
- ½ Paprika, Farbe Ihrer Wahl, entkernt und fein gehackt
- 2 EL rote Zwiebel, fein gehackt
- 1 Jalapeño- oder andere kleine scharfe Chilischote, entkernt und fein gehackt
- 1 EL Apfelessig
- 2 EL frisches Koriandergrün oder Petersilie, fein gehackt
- Super-Gewürz-Mix (Seite 233)

Alle Zutaten und Super-Gewürz-Mix (nach Geschmack) in eine Schüssel geben und gut vermengen. Abdecken und vor dem Servieren bei Raumtemperatur 1 Stunde durchziehen lassen. Bei späterer Verwendung in einen luftdicht verschließbaren Behälter geben und bis zum Gebrauch im Kühlschrank kalt stellen. Die Salsa hält sich im Kühlschrank drei bis vier Tage.

PARANUSS-PARMESAN

ERGIBT *1,5 Tassen (375 ml)*
SCHWIERIGKEITSGRAD: *leicht*

Ich bewahre diesen Nuss-Parmesan immer in einem Salzstreuer mit großen Löchern und einem fest verschließbaren Deckel auf, damit ich ihn schnell über Pasta, andere Vollkorngetreidegerichte oder Salate streuen kann, denen ich eine leckere Käsenote verleihen möchte. Sie können die Paranüsse und Cashewkerne in dem Rezept auch gerne durch andere Nüsse ersetzen oder Kombinationen aus verschiedenen Sorten verwenden. Werden Sie kreativ, und lassen Sie es sich schmecken!

- 100 g ungeröstete Paranüsse
- 4 EL ungeröstete Cashewkerne
- 8 EL Nährhefe
- 2 TL Dr. Gregers Spezialgewürzmischung (Seite 234)

Alle Zutaten in einer Küchenmaschine häckseln, bis die Nüsse fein gemahlen sind. In einen luftdicht verschließbaren Behälter oder Salzstreuer mit fest abschließendem Deckel geben und im Kühlschrank aufbewahren. Der Paranuss-Parmesan hält sich im Kühlschrank eine Woche und im Gefrierfach einen Monat.

BERBERE-GEWÜRZMISCHUNG

ERGIBT *1/3 Tasse (5 EL)*

SCHWIERIGKEITSGRAD: *leicht*

Fertige Berbere-Mischungen sind in Gewürz- und Asia-Läden, in Spezialitätengeschäften und auch online erhältlich. Wenn Sie die Gewürzmischung selbst zubereiten, ist es wahrscheinlich am kostengünstigsten, wenn Sie sich kleinere Mengen der verschiedenen Gewürze im Großhandel besorgen.

- 3 EL Paprikapulver
- 1 EL Cayennepfeffer – oder nach Geschmack
- 2 TL Koriandersamen, gemahlen
- 1 TL Ingwer, gemahlen
- 1 TL Kurkumapulver
- 1 TL Kreuzkümmel, gemahlen
- 1 TL Zwiebelpulver
- ½ TL Kardamom, gemahlen
- ½ TL Bockshornkleesamen (Methi)*, gemahlen
- ½ TL schwarzer Pfeffer, gemahlen
- ¼ TL Muskat, gemahlen
- ⅛ TL Nelken, gemahlen
- ⅛ TL Zimt, gemahlen
- ⅛ TL Piment, gemahlen

Alle Zutaten in einer Gewürzmühle oder einer kleinen Küchenmaschine fein mahlen, bis alles gut miteinander vermischt ist. Gewürzmischung in ein kleines Glas mit fest verschließbarem Deckel geben und an einem kühlen, trockenen Ort aufbewahren.

**Im Asia-Shop bekommt man oft indische Gewürze, die günstiger sind als die Bio-Bockshornkleeblätter (A.d.Ü.).*

SUPER-GEWÜRZ-MIX

ERGIBT *2/3 Tasse (10 EL)*

SCHWIERIGKEITSGRAD: *leicht*

Genau wie Dr. Gregers Spezialgewürzmischung auf Seite 234 enthält auch mein Super-Gewürz-Mix lauter gesunde Zutaten wie Kreuzkümmel, Schwarzkümmel (Nigella sativa), Ingwer und schwarzen Pfeffer. Diesen Gewürzmix verwende ich immer, wenn ich meinen Gerichten ganz ohne Salz mehr Aroma und Würze verleihen will.

- 4 EL Nährhefe
- 1 EL Knoblauchpulver
- 1 EL Zwiebelpulver
- 1 EL getrocknete Petersilie
- 1 EL getrocknetes Basilikum
- 2 TL getrockneter Thymian
- 2 TL Senfpulver
- 2 TL Paprikapulver
- 2 TL Kreuzkümmel, gemahlen
- 1 TL Schwarzkümmel (Nigella sativa), gemahlen
- 1 TL Ingwer, gemahlen
- ½ TL Kurkumapulver
- ½ TL Selleriesamen
- ½ TL schwarzer Pfeffer, gemahlen

Alle Zutaten in einer Gewürzmühle fein mahlen und vermischen. Gewürzmix in einen Salzstreuer mit fest verschließbarem Deckel füllen und an einem kühlen, trockenen Ort aufbewahren.

DR. GREGERS SPEZIALGEWÜRZ-MISCHUNG

ERGIBT *½ Tasse (120 ml)*
SCHWIERIGKEITSGRAD: *leicht*

Wenn Ihr Essen eine gute Portion Würze ohne Kreuzkümmelnote vertragen kann, ist diese bewährte Gewürzmischung, die Sie vielleicht schon aus meinem *Das How Not to Die Kochbuch* kennen, eine hervorragende Wahl.

- 2 EL Nährhefe
- 1 EL Zwiebelpulver
- 1 EL getrocknete Petersilie
- 1 EL getrocknetes Basilikum
- 2 TL getrockneter Thymian
- 2 TL Knoblauchpulver
- 2 TL Senfpulver
- 2 TL Paprikapulver
- ½ TL Kurkumapulver
- ½ TL Selleriesamen

Alle Zutaten in einer Gewürzmühle fein mahlen und gut vermischen. Gewürzmischung in einen Salzstreuer mit fest verschließbarem Deckel füllen und an einem kühlen, trockenen Ort aufbewahren.

UMAMI-SOSSENREDUKTION

ERGIBT *1¼ Tassen (300 ml)*
SCHWIERIGKEITSGRAD: *leicht*

Umami ist eine der fünf Geschmacksrichtungen, die die menschliche Zunge unterscheiden kann. Das Wort stammt von dem japanischen Chemiker Kikunae Ikeda, der es aus den Wörtern umai, köstlich, und mi, Geschmack, bildete. Diese verbesserte Umami-Soße ist perfekt für Pfannengerichte und sorgt auch ohne Salz oder Sojasoße für jede Menge Geschmack.

- 250 ml Leichte Gemüsebrühe (Seite 236)
- 1 TL Knoblauch, fein gehackt
- 1 TL Ingwer, gerieben
- 1,5 EL Melasse
- 1 TL salzfreies Tomatenmark
- ½ TL schwarzer Pfeffer, gemahlen
- 2 TL Misopaste, mit 2 EL Wasser verrührt
- 1 EL Apfelessig
- 1 EL frisch gepresster Zitronensaft

Leichte Gemüsebrühe in einem Stieltopf auf mittlerer Hitze erwärmen. Knoblauch und Ingwer hineingeben und 3 Minuten köcheln lassen. Melasse, Tomatenmark und schwarzen Pfeffer einrühren und zum Kochen bringen. Herd auf niedrige Stufe stellen und die Mischung 1 Minute köcheln lassen. Topf herunternehmen und Miso-Mischung, Apfelessig und Zitronensaft einrühren. Abschmecken. Die Soße abkühlen lassen und in ein Schraubglas füllen. Die Soße hält sich im Kühlschrank bis zu einer Woche. Alternativ einfrieren.

AROMATISCHE BRÜHE AUS GERÖSTETEM GEMÜSE

ERGIBT *1,5 bis 2 l*

SCHWIERIGKEITSGRAD: *leicht*

Diese Brühe können Sie für jedes Gericht verwenden, dem Sie einen würzigeren Geschmack verleihen wollen. Eine nicht ganz so aromatische Version davon ist die Leichte Gemüsebrühe, die Sie auf Seite 236 finden.

- 1 große gelbe Zwiebel, in Spalten geschnitten
- 1 rote Paprika, entkernt und in 5 cm große Stücke geschnitten
- 2 Selleriestangen, in 5 cm große Stücke geschnitten
- 2 bis 3 Karotten, in 5 cm große Stücke geschnitten
- 2 Knoblauchzehen, grob gehackt
- 250 g kleine, feste Champignons, geviertelt
- 250 g Tomaten, entkernt und halbiert
- 3 EL weiße Misopaste
- 2 EL salzfreies Tomatenmark
- 1 Bund frische Petersilie, gehackt
- 1 Lorbeerblatt
- 6 ganze schwarze Pfefferkörner
- 1 Streifen getrocknete Kombu-Alge (optional)

Ofen auf 220 °C vorheizen. Ein Backblech (mit Rand) mit einer Silikonbackmatte oder Backpapier auslegen. (Sie benötigen eventuell zwei Bleche.)

Das Gemüse gleichmäßig auf dem Backblech verteilen und 60 Minuten im Ofen rösten, bis es leicht gebräunt und an den Rändern karamellisiert ist. Während der Röstzeit gelegentlich wenden. Blech aus dem Ofen nehmen und das geröstete Gemüse in einen großen Topf geben. Misopaste und Tomatenmark einrühren. Petersilie, Lorbeerblatt, Pfefferkörner, Kombu-Alge (falls verwendet) und 3 Liter Wasser hinzufügen. Umrühren und zum Kochen bringen. Anschließend bei niedriger Temperatur die Brühe ohne Deckel so lange köcheln lassen, bis sie auf die Hälfte reduziert ist. Vom Herd nehmen und abkühlen lassen. Die Brühe durch ein Sieb in eine große Schüssel oder einen großen Topf abseihen. Jetzt kann die aromatische Gemüsebrühe weiterverwendet werden.

Die Brühe zum Aufbewahren und späteren Gebrauch vollständig abkühlen lassen und danach in kleinere Schraubgläser oder dicht verschließbare Behälter gießen. Bis zur Verwendung im Kühlschrank aufbewahren oder einfrieren.

Statt das gekochte Gemüse wegzuwerfen, können Sie es auch einfach essen oder nach dem Entfernen des Lorbeerblatts, der Kombu-Alge und der Pfefferkörner pürieren, portionieren und in kleineren Behältern für den späteren Gebrauch einfrieren. Das Gemüsepüree eignet sich hervorragend, um Suppen oder Soßen einen aromatischeren Geschmack und mehr Körper zu verleihen. Wenn Sie eine noch aromatischere Brühe möchten, rühren Sie einen Teil des Gemüsepürees wieder unter, bevor Sie sie verwenden.

LEICHTE GEMÜSEBRÜHE

ERGIBT *1 l*

SCHWIERIGKEITSGRAD: *leicht*

Diese leichte, salzfreie Universal-Gemüsebrühe eignet sich für jedes Rezept, in dem Gemüsebrühe verwendet wird.

- 1 rote Zwiebel, grob gehackt
- 2 Karotten, in circa 2,5 cm große Stücke geschnitten
- 2 Selleriestangen, grob gehackt
- 3 Knoblauchzehen, zerdrückt
- 2 Roma-Tomaten, entkernt und halbiert
- 2 getrocknete Shiitake-Pilze
- 1 (5 cm großes) Stück getrocknete Kombu-Alge (optional)
- ½ Handvoll frische Petersilie, grob gehackt
- 2 Lorbeerblätter
- ½ TL schwarzer Pfeffer, gemahlen
- 2 EL weiße Misopaste
- Dr. Gregers Spezialgewürzmischung (Seite 234)

250 ml Wasser in einem großen Topf auf mittlerer Hitze erwärmen. Zwiebel, Karotte, Sellerie und Knoblauch hineingeben und 5 Minuten köcheln lassen. Tomaten, Pilze, Kombu-Alge (falls verwendet), Petersilie, Lorbeerblätter und schwarzen Pfeffer hinzufügen. 1,7 l Wasser zugießen und zum Kochen bringen. Die Brühe bei niedriger Temperatur 1,5 Stunden lang köcheln lassen.

Topf vom Herd nehmen und die Brühe leicht abkühlen lassen. Kombu-Alge (falls verwendet) entfernen. Brühe in einem Hochleistungsmixer glatt pürieren und durch ein feinmaschiges Sieb in eine Schüssel oder zurück in den Topf abseihen. Gemüsestücke gegen das Sieb drücken, um mehr Saft herauszupressen. 80 ml Brühe in eine kleine Schüssel oder eine Tasse füllen. Misopaste und Dr. Gregers Spezialgewürzmischung nach Geschmack hineingeben, gut vermischen und unter die Brühe rühren.

Die Brühe auf Raumtemperatur abkühlen lassen und auf gut verschließbare Behälter verteilen. Im Kühlschrank aufbewahren oder einfrieren. Richtig aufbewahrt hält sich die Brühe bis zu fünf Tage im Kühlschrank und bis zu drei Monate im Gefrierfach.

KOCHEN UND LÄNGER LEBEN

Selbst gekochtes Essen enthält in der Regel weniger gesättigtes Fett, Cholesterin und Natrium, dafür aber umso mehr Ballaststoffe.[102] Zu Hause zu kochen kann deshalb dabei helfen, chronischen Krankheiten vorzubeugen.[103] Aber leben Leute, die selbst kochen, auch wirklich länger? Ja! Menschen, die öfter als fünfmal pro Woche kochen, konsumieren gegenüber denjenigen, die überhaupt nicht kochen, mehr Gemüse[104] und haben ein um einundvierzig Prozent geringeres Sterberisiko. Also her mit Schürze und Kochlöffel!

BALSAMICO-SIRUP

ERGIBT *½ Tasse (120 ml)*
SCHWIERIGKEITSGRAD: *leicht*

Bei diesem Rezept sollten Sie drei Dinge beachten. Erstens: Passen Sie gut auf, wenn Sie den Essig reduzieren, damit er nicht zu stark einkocht und anbrennt. Zweitens: Wenn der Sirup durch das Lagern im Kühlschrank fest geworden ist, stellen Sie die Flasche oder den Behälter in eine Schüssel mit warmem Wasser und lassen Sie den Sirup langsam warm werden. Und drittens: Dieses Rezept ergibt 120 ml, also bereiten Sie mehr davon zu, je nachdem, wie viel Sirup Sie auf Lager haben möchten.

- 250 ml Balsamico-Essig

Den Essig in einem kleinen Stieltopf zum Kochen bringen. Bei niedriger Temperatur so lange köcheln lassen, bis er auf die Hälfte reduziert oder so dick ist, dass er die Rückseite eines Löffels überzieht. Gut aufpassen, dass der Sirup nicht anbrennt! Das Reduzieren sollte 15 bis 20 Minuten oder eventuell etwas länger dauern, je nachdem, mit wie viel Essig Sie beginnen.

Den Sirup vom Herd nehmen und abkühlen lassen. (Beim Abkühlen dickt er weiter ein.)

Den Sirup für den späteren Gebrauch in einen luftdicht verschließbaren Behälter füllen und bei Raumtemperatur oder im Kühlschrank aufbewahren. Er hält sich bei Raumtemperatur bis zu drei Tage und im Kühlschrank bis zu zwei Wochen.

BASILIKUM-PESTO

ERGIBT *2 Tassen*
SCHWIERIGKEITSGRAD: *leicht*

Dieses Pesto können Sie ebenfalls ganz einfach portionieren und für den späteren Gebrauch einfrieren, zum Beispiel in einer Silikonform.

- 3 Knoblauchzehen, zerdrückt
- 80 g ungeröstete, ungesalzene Cashewkerne, 30 Minuten in heißem Wasser eingeweicht und abgegossen
- 5 EL Nährhefe
- 8 EL Walnüsse, grob gehackt
- 2 TL weiße Misopaste
- 3 große Handvoll frische Basilikumblätter
- 1 TL Dr. Gregers Spezialgewürzmischung (Seite 234) – oder nach Geschmack

Knoblauch, Cashewkerne, Nährhefe und Walnüsse in einer Küchenmaschine zu einer Paste pürieren. Misopaste, Basilikum, Dr. Gregers Spezialgewürzmischung und 4 EL Wasser hinzufügen und untermischen, bis alles gut miteinander vermengt ist. In einem luftdicht verschließbaren Behälter hält sich das Basilikum-Pesto ein bis zwei Tage im Kühlschrank und eingefroren bis zu einem Monat.

SALZFREIE HOT SAUCE

ERGIBT *500 ml*

SCHWIERIGKEITSGRAD: *leicht*

Würzige Schärfe, aber ohne Salz? Dieses Rezept ist die Lösung! Wie scharf die Hot Sauce letztlich ist, hängt von den jeweiligen Chilischoten ab, die Sie verwenden. Achten Sie darauf, bei der Zubereitung dünne Plastikhandschuhe zu tragen, und berühren Sie dabei auf keinen Fall Ihre Augen.

- 340 g frische scharfe Chilischoten Ihrer Wahl, Stiel entfernt, längs halbiert, entkernt und gehackt
- 1 kleine rote Zwiebel, gehackt
- 1 EL Knoblauch, fein gehackt
- 120 bis 240 ml Apfelessig (nach Geschmack)

Chilischoten, Zwiebel, Knoblauch und 4 EL Wasser in einen Stieltopf geben und auf hoher Temperatur unter Rühren 2 bis 3 Minuten köcheln lassen. Temperatur herunterstellen und 420 ml Wasser zugießen. Hot Sauce 15 bis 20 Minuten köcheln lassen, bis die Chilischoten sehr weich sind und die Flüssigkeit um ungefähr die Hälfte reduziert ist. Anschließend vom Herd nehmen und auf Raumtemperatur abkühlen lassen.

Die kalte Soße glatt pürieren. 120 ml Apfelessig untermischen. Abschmecken, auf Wunsch mehr Apfelessig untermixen. Hot Sauce in ein sauberes Schraubglas füllen, gut verschließen und kalt lagern.

GERÖSTETER KNOBLAUCH

ERGIBT *3 EL*

SCHWIERIGKEITSGRAD: *leicht*

Knoblauch lässt sich ganz einfach im Ofen rösten und kann bei vielen Rezepten in diesem Buch als würzige Geschmacksergänzung verwendet werden.

- 1 ganze Knoblauchknolle

Ofen auf 200 °C vorheizen.

Mit einem Messer das obere Drittel der Knoblauchknolle so abschneiden, dass die Zehen zu sehen sind. Die Knolle mit der Schnittseite nach oben in einen Knoblauchröster aus Terracotta legen oder in Aluminiumfolie einwickeln. 30 bis 40 Minuten im Ofen rösten, bis die Knoblauchzehen weich sind.

Die Knolle abkühlen lassen. Eine einzelne Knoblauchzehe aus der Knolle in eine kleine Schüssel drücken. Wenn sich die Zehe nicht fast von selbst löst und nicht sehr weich und goldbraun ist, die ganze Knolle wieder in den Röster legen und einige Minuten länger rösten.

Ist der Knoblauch weich und abgekühlt, alle Zehen in die Schüssel drücken. Der Geröstete Knoblauch kann jetzt verwendet oder in einem gut verschließbaren Behälter bis zu fünf Tage im Kühlschrank aufbewahrt werden.

KNOBLAUCH GEGEN KREBS UND ERKÄLTUNGEN

Knoblauch senkt den Blutdruck, reguliert den Cholesterinspiegel, stärkt das Immunsystem[105] und scheint sogar Erkältungen vorzubeugen.[106] Und taugt er auch zur Krebsbekämpfung?[107] Menschen, die mehr Knoblauch essen, scheinen jedenfalls niedrigere Krebsraten zu haben als diejenigen, die weniger essen.[108]

DATTELSIRUP

ERGIBT *1,5 Tassen (360 ml)*
SCHWIERIGKEITSGRAD: *leicht*

Dattelsirup ist ein hervorragendes vollwertiges Süßungsmittel.

- 150 g Datteln, entsteint
- 250 ml kochendes Wasser
- 1 TL frisch gepresster Zitronensaft

Datteln und heißes Wasser in eine hitzebeständige Schüssel füllen und 1 Stunde ziehen lassen, bis die Datteln weich sind. Datteln und Einweichwasser in einen Hochleistungsmixer geben, Zitronensaft hinzufügen und glatt pürieren. Den Sirup in ein Schraubglas oder einen anderen dicht verschließbaren Behälter gießen. Den Sirup kann man zwei bis drei Wochen im Kühlschrank aufbewahren.

WIE SIEHT ES MIT EDELSTAHL UND GUSSEISERNEM KOCHGESCHIRR AUS?

Kochutensilien aus Edelstahl gelten im Alltagsgebrauch als sicher – auch bei Menschen, die äußerst empfindlich auf Nickel oder Chrom reagieren.[109] Gusseiserne Kochgerätschaften können bei Frauen im gebärfähigen Alter[110] und bei Kindern[111] den Eisenwert verbessern und sogar einer Anämie entgegenwirken.

GERÖSTETE ROTE PAPRIKA

ERGIBT *1 Paprika*
SCHWIERIGKEITSGRAD: *leicht*

Geröstete rote Paprika verleihen jedem Gericht eine herrliche rote Farbe und einen köstlichen Röstgeschmack. Sie können sie zwar auch in Wasser eingelegt in Gläsern kaufen, aber zu Hause im Ofen oder auf dem Herd geröstet schmecken sie gleich so viel besser!

- 1 große rote Paprika

IM OFEN: Ofengrill anstellen und die Paprika 20 cm unter die Hitzequelle schieben. Circa 15 Minuten grillen und dabei immer wieder wenden, bis ein Großteil der Paprikaschale verkohlt ist.

AUF DEM HERD: Die Paprika mit einer Zange direkt über hoher Flamme oder in einer gusseisernen Pfanne rösten. Dabei immer wieder wenden, bis die Außenhaut größtenteils verkohlt ist.

Die geröstete Paprika in eine Schüssel legen. Die Schüssel straff mit Klarsichtfolie abdecken und die Paprika 15 Minuten im eigenen Dampf ziehen lassen. (Die Hitze der Paprika sorgt dafür, dass sie sich gewissermaßen selbst dämpft. Dadurch wird sie weicher, und die Haut lässt sich später leichter abziehen.) Die Paprika aus der Schüssel nehmen und auf eine trockene Arbeitsfläche legen. Die verkohlte Haut abziehen (sie sollte sich leicht ablösen lassen) und den Stiel mit einem Messer herausschneiden, anschließend mit einem Löffel entkernen. Die Geröstete Paprika kann jetzt in verschiedenen anderen Rezepten weiterverwendet werden.

Garzeitentabellen für Hülsenfrüchte und Getreide

Das Kochen von Hülsenfrüchten und Vollkorngetreide ist ein bisschen wie das Befolgen einer Formel: ein einfacher Prozess mit einem überraschend köstlichen – und gesunden – Ergebnis! Die folgenden Hinweise beziehen sich auf die Zubereitung auf dem Herd, in einem Multikocher (wie zum Beispiel einem Instant Pot) oder einem Schnellkochtopf.

Hülsenfrüchte auf dem Herd kochen

In der Regel ergibt 1 Tasse (250 ml) getrocknete Hülsenfrüchte 3 Tassen (750 ml) gekochte.

Wenn Sie Hülsenfrüchte in einem Topf auf dem Herd kochen wollen, müssen Sie sie vor dem Kochen einweichen (Linsen ausgenommen). Beim Einweichen saugen sich die Hülsenfrüchte mit Wasser voll, was ihre Kochzeit verkürzt. Außerdem werden dabei einige komplexe Zucker aufgelöst, die Blähungen verursachen. Spülen Sie die Hülsenfrüchte vor dem Einweichen und verlesen Sie sie, um kleine Steinchen oder andere Fremdkörper zu entfernen.

Kippen Sie für das Einweichen so viel Wasser zu den Hülsenfrüchten, dass es circa 10 cm übersteht. Lassen Sie sie dann über Nacht weichen, und gießen Sie sie vor dem Kochen ab. Um die Einweichzeit zu verkürzen, füllen Sie die Hülsenfrüchte in einen Topf, bedecken Sie sie circa 10 cm hoch mit Wasser, und kochen Sie sie 2 Minuten. Nehmen Sie den Topf vom Herd, decken Sie ihn ab, und lassen Sie die Hülsenfrüchte 2 Stunden einweichen, bevor Sie sie abgießen und kochen.

Die Garzeiten können je nach Sorte, Qualität und Alter der jeweiligen Hülsenfrüchte sowie der Höhenlage Ihres Wohn- beziehungsweise

GARZEITEN FÜR DAS KOCHEN EINGEWEICHTER HÜLSENFRÜCHTE AUF DEM HERD

GETROCKNETE HÜLSENFRÜCHTE (1 TASSE /250 ML)	WASSER	GARZEIT
Adzukibohnen	3 Tassen (750 ml)	45 bis 50 Minuten
Cannellini-Bohnen	4 Tassen (1 l)	60 Minuten
Große weiße Bohnen (Great Northern Beans)	3½ Tassen (875 ml)	50 Minuten
Kichererbsen	4 Tassen (1 l)	60 bis 70 Minuten
Kidneybohnen	3½ Tassen (875 ml)	50 bis 60 Minuten
Linsen (braun)*	3 Tassen (750 ml)	25 bis 30 Minuten
Linsen (schwarz oder grün)*	3 Tassen (750 ml)	30 Minuten
Linsen (rot)*	3 Tassen (750 ml)	10 bis 15 Minuten
Pintobohnen	3½ Tassen (875 ml)	50 Minuten
Schwarzaugenbohnen	3 Tassen (750 ml)	45 Minuten
Schwarze Bohnen	4 Tassen (1 l)	50 bis 60 Minuten
Weiße Bohnen	3½ Tassen (875 ml)	50 Minuten

*Hinweis: Linsen müssen vor dem Kochen nicht eingeweicht werden.

Kochorts abweichen. Gekochte Hülsenfrüchte sollten bissfest, aber trotzdem weich sein. Gießen Sie sie nach dem Kochen ab, geben Sie sie in ein Sieb, und spülen Sie sie mit kaltem Wasser, bevor Sie sie weiterverwenden. In einem luftdicht verschließbaren Behälter halten sie sich bis zu fünf Tage im Kühlschrank, eingefroren drei Monate oder länger.

Hülsenfrüchte im Multikocher oder Schnellkochtopf kochen

Wenn Sie einen großen Multikocher (6 bis 8 Liter Fassungsvermögen) wie zum Beispiel einen Instant Pot oder einen anderen Schnellkochtopf haben, können Sie 1 Pfund Hülsenfrüchte (2 Tassen bzw. 500 ml) auf einmal kochen. In der Regel ergibt 1 Tasse (250 ml) getrocknete Hülsenfrüchte circa 3 Tassen (750 ml) gekochte.

Die Garzeiten können je nach Sorte, Qualität und Alter der jeweiligen Hülsenfrüchte, der Höhenlage Ihres Wohn- beziehungsweise Kochorts sowie den Besonderheiten des von Ihnen verwendeten Geräts abweichen.

Spülen Sie die Hülsenfrüchte, und verlesen Sie sie, um kleine Steinchen oder andere Fremdkörper zu entfernen. Geben Sie die Hülsenfrüchte zusammen mit der jeweils unten angegebenen Wassermenge in Ihren Kocher.

Schließen und verriegeln Sie den Deckel. Stellen Sie bei einem Instant Pot das Ventil am Deckel auf »Sealing« (Verriegeln). Wählen Sie beim Instant Pot die Funktion »Pressure Cook« (Dampfdruckgaren), bei einem anderen Kocher die Schnell- oder hohe Druckstufe, und garen Sie die Hülsenfrüchte so lange, wie in der Tabelle angegeben. Lassen Sie den Druck nach dem Garen natürlich (mindestens 20 Minuten) entweichen.

Öffnen Sie den Deckel. Die Hülsenfrüchte sollten bissfest, aber weich sein. Geben Sie sie in ein Sieb, und spülen Sie sie mit kaltem Wasser, bevor Sie sie weiterverwenden.

In einem luftdicht verschließbaren Behälter halten sie sich bis zu fünf Tage im Kühlschrank, eingefroren drei Monate oder länger.

MULTIKOCHER-GARZEITEN FÜR DAS DRUCKGAREN NICHT EINGEWEICHTER HÜLSENFRÜCHTE

GETROCKNETE HÜLSENFRÜCHTE (1 TASSE /250 ML)	WASSER	GARZEIT
Adzukibohnen	2 Tassen (500 ml)	20 Minuten
Cannellini-Bohnen	4 Tassen (1 l)	40 Minuten
Große weiße Bohnen (Great Northern Beans)	3 Tassen (750 ml)	35 Minuten
Kichererbsen	4 Tassen (1 l)	45 Minuten
Kidneybohnen	3 Tassen (750 ml)	30 Minuten
Linsen (braun)*	2 Tassen (500 ml)	8 Minuten
Linsen (schwarz oder grün)*	2 Tassen (500 ml)	8 Minuten
Linsen (rot)*	1¾ Tassen (440 ml)	5 Minuten
Pintobohnen	3 Tassen (750 ml)	25 Minuten
Schwarzaugenbohnen	3 Tassen (750 ml)	20 Minuten
Schwarze Bohnen	3 Tassen (750 ml)	25 Minuten
Weiße Bohnen	3 Tassen (750 ml)	25 Minuten

Hinweis: Wenn Sie einen Multikocher oder Schnellkochtopf verwenden, müssen Sie Hülsenfrüchte vor dem Kochen nicht einweichen. Sie werden auch ohne das Einweichen über Nacht oder die schnelle Einweichmethode, die für das Kochen auf dem Herd nötig sind, problemlos weich. Manche Leute haben aber die Erfahrung gemacht, dass Hülsenfrüchte durch das Einweichen leichter verdaulich sind. Wenn Sie Ihre Hülsenfrüchte vor dem Druckgaren in dem von Ihnen verwendeten Kocher doch lieber einweichen, beachten Sie, dass sich die Garzeit dadurch deutlich verkürzt – in der Regel um die Hälfte oder sogar mehr.

KANN MAN AUCH BLATTGEMÜSE IM MULTIKOCHER DÄMPFEN?

Ich gieße immer eine Schicht Wasser auf den Boden des herausnehmbaren Topfs meines Multikochers, stelle einen Dämpfeinsatz hinein, in den ich das Grünzeug gebe, und druckgare es dann. Die kleinen Füßchen des Dämpfeinsatzes sorgen dafür, dass das Wasser nicht an das Blattgemüse heranreicht. So erzielen Sie auch mit Ihrem Multikocher dieselbe köstliche, im Mund zerschmelzende Konsistenz von traditionellem Südstaatenkohl oder äthiopischem Blattgemüse, und zwar schon in einer Minute oder weniger. Lassen Sie den Dampf entweichen, und genießen Sie Ihr perfektes, smaragdgrün leuchtendes und zart gekochtes Blattgemüse.

Vollkorngetreide auf dem Herd kochen

In der Regel ergibt 1 Tasse (250 ml) getrocknetes Vollkorngetreide 3 Tassen (750 ml) gekochtes. Vor dem Kochen sollten Sie Vollkorngetreide immer spülen, um lose Schalen, Staub und andere Unreinheiten zu entfernen. Getreide mit längerer Garzeit wie zum Beispiel Roggenkörner oder Haferschrot sollten vor dem Kochen über Nacht eingeweicht und dann abgegossen werden.

Geben Sie das Getreide in einen Topf, und bedecken Sie es mit der doppelten oder dreifachen Menge Wasser. (Wenn Sie bei Getreide mit langer Garzeit extra Wasser hinzufügen, setzt es nicht an. Überschüssiges Wasser kann nach dem Kochen einfach abgegossen werden.) Bringen Sie das Wasser zum Kochen, und stellen Sie dann die Temperatur herunter. Setzen Sie den Deckel auf den Topf, und lassen Sie das Getreide gemäß der unten angegebenen jeweiligen Kochzeit köcheln, bis es gar ist.

Wenn das Getreide das komplette Wasser absorbiert hat, aber noch nicht weich ist, fügen Sie etwas mehr Wasser hinzu, und lassen Sie es so lange weiterköcheln, bis es weich genug ist.

GARZEITEN FÜR DAS KOCHEN VON VOLLKORNGETREIDE AUF DEM HERD

GETROCKNETES GETREIDE (1 TASSE/250 ML)	WASSER	GARZEIT
Gerstenkörner (entspelzt)	3 bis 4 Tassen (750 ml – 1 l)	50 bis 60 Minuten
Hirse	2½ Tassen (675 ml)	30 Minuten
Haferschrot	3 bis 4 Tassen (750 ml – 1 l)	50 bis 60 Minuten
Quinoa	2 Tassen (500 ml)	15 bis 20 Minuten
Roggenkörner	3 bis 4 Tassen (750 ml – 1 l)	60 Minuten
Sorghum	3 bis 4 Tassen (750 ml – 1 l)	50 bis 60 Minuten
Teff	2 Tassen (500 ml)	15 bis 20 Minuten

Nehmen Sie den Topf vom Herd, aber den Deckel nicht ab, und lassen Sie das Getreide 5 bis 10 Minuten ziehen, bis Sie es servieren oder weiterverwenden. Sollte noch Wasser im Topf sein, gießen Sie es vor dem Servieren ab. Lockern Sie das Getreide kurz mit einer Gabel auf.

Gekochtes Getreide können Sie in einem luftdicht verschließbaren Behälter bis zu fünf Tage im Kühlschrank, im Gefrierfach drei Monate oder länger aufbewahren.

Vollkorngetreide im Multikocher oder Schnellkochtopf kochen

In der Regel ergibt 1 Tasse (250 ml) getrocknetes Vollkorngetreide 3 Tassen (750 ml) gekochtes. Wenn Sie einen großen Multikocher (6 bis 8 Liter Fassungsvermögen) wie einen Instant Pot oder einen anderen Schnellkochtopf haben, können Sie 2 Tassen (500 ml) Getreide auf einmal kochen.

Vor dem Kochen sollten Sie Vollkorngetreide immer spülen, um lose Schalen, Staub und andere Unreinheiten zu entfernen. Wenn Sie einen Instant Pot verwenden, müssen Sie das Getreide vorher nicht einweichen.

Geben Sie das Getreide mit der jeweils unten angegebenen Wassermenge in Ihren Multikocher oder Schnellkochtopf. Schließen und verriegeln Sie den Deckel. Stellen Sie bei einem Instant Pot das Ventil am Deckel auf »Sealing« (Verriegeln). Wählen Sie beim Instant Pot die Funktion »Pressure Cook« (Dampfdruckgaren), bei einem anderen Kocher die Schnell- oder hohe Druckstufe, und garen Sie das Getreide so lange, wie in der Tabelle angegeben. Lassen Sie den Druck nach dem Garen natürlich (mindestens 20 Minuten) entweichen.

Öffnen Sie den Deckel. Das Getreide sollte bissfest, aber weich sein. Falls Wasser im Topf zurückgeblieben ist, gießen Sie das Getreide über einem Sieb ab. Lockern Sie es vor dem Servieren mit einer Gabel auf.

Gekochtes Getreide können Sie in einem luftdicht verschließbaren Behälter bis zu fünf Tage im Kühlschrank, im Gefrierfach drei Monate oder länger aufbewahren.

BLEIBEN DIE NÄHRSTOFFE BEIM DRUCKGAREN ERHALTEN?

Das fünfzehnminütige Druckgaren zuvor eingeweichter schwarzer Bohnen führt zu einem sechsmal höheren Antioxidantiengehalt als das einstündige Kochen.[112] Bei Karotten erhöht sich der Antioxidantiengehalt durch das Druckgaren sogar fast um das Doppelte. Das dreieinhalbminütige Druckgaren von Spinat führt zu einem deutlich niedrigeren Antioxidantienverlust als das achtminütige Kochen.[113]

MULTIKOCHER-GARZEITEN FÜR DAS DRUCKGAREN VON VOLLKORNGETREIDE

GETROCKNETES GETREIDE (1 TASSE/250 ML)	WASSER	GARZEIT
Gerstenkörner (entspelzt)	3 Tassen (750 ml)	20 bis 30 Minuten
Hirse	2 Tassen (500 ml)	8 bis 10 Minuten
Haferschrot	3 Tassen (750 ml)	20 bis 30 Minuten
Quinoa	2 Tassen (500 ml)	1 Minute
Roggenkörner	3 Tassen (750 ml)	20 bis 30 Minuten
Sorghum	3 Tassen (750 ml)	20 bis 30 Minuten
Teff	2 Tassen (500 ml)	2 bis 3 Minuten

Referenzen

1 J. M. Westfall, J. Mold, L. Fagnan: »›Blue Highways‹ on the NIH Roadmap«, JAMA 297, Nr. 4 (2007): 403–06.

2 D. Ornish, S. E. Brown, L. W. Scherwitz, et al.: »Can Lifestyle Changes Reverse Coronary Heart Disease? The Lifestyle Heart Trial«, Lancet 336, Nr. 8708 (1990): 129–33.

3 J. Allen, D. R. Anderson, B. Baun, et al.: »Reflections on Developments in Health Promotion in the Past Quarter Century from Founding Members of the American Journal of Health Promotion Editorial Board«, Am J Health Promot, 25, Nr. 4 (2011): ei–eviii.

4 K. Casazza, K. R. Fontaine, A. Astrup, et al.: »Myths, Presumptions, and Facts about Obesity«, N Engl J Med 368, Nr. 5 (2013): 446–54.

5 N. Wright, L. Wilson, M. Smith, B. Duncan, P. Mchugh: »The BROAD Study: A Randomised Controlled Trial Using a Whole Food Plant-Based Diet in the Community for Obesity, Ischaemic Heart Disease or Diabetes«, Nutr Diabetes 7, Nr. 3 (2017): e256.

6 C. B. Esselstyn: »A Plant-Based Diet and Coronary Artery Disease: A Mandate for Effective Therapy«, J Geriatr Cardiol 14, Nr. 5 (2017): 317–20.

7 J. W. Anderson, K. Ward: »High-Carbohydrate, High-Fiber Diets for Insulin-Treated Men with Diabetes Mellitus«, Am J Clin Nutr 32, Nr. 11 (1979): 2312–21.

8 R. K. Calder, A. J. Mussap: »Factors Influencing Women's Choice of Weight-Loss Diet«, J Health Psychol 20, Nr. 5 (2015): 612–24.

9 S. Ramage, A. Farmer, K. A. Eccles, I. McCargar: »Healthy Strategies for Successful Weight Loss and Weight Maintenance: A Systematic Review«, Appl Physiol Nutr Metab 39, Nr. 1 (2014): 1–20.

10 W. C. Willett: »The Dietary Pyramid: Does The Foundation Need Repair?«, Am J Clin Nutr 68, Nr. 2 (1998): 218–19.

11 C. J. Rebello, C. E. O'Neil, F. L. Greenway: »Dietary Fiber and Satiety: The Effects of Oats on Satiety«, Nutr Rev 74, Nr. 2 (2016): 131–47.

12 E. A. Decker, D. J. Rose, and D. Stewart: »Processing of Oats and the Impact of Processing Operations on Nutrition and Health Benefits«, Br J Nutr 112 Suppl. 2 (2014: S58–64.

13 Ebenda.

14 H. Kahleova, A. Tura, M. Hill, R. Holubkov, N. D. Barnard: »A Plant-Based Dietary Intervention Improves Beta-Cell Function and Insulin Resistance in Overweight Adults: A 16-Week Randomized Clinical Trial«, Nutrients 10, Nr. 2 (2018): 189.

15 J. Sabaté, M. Wien: »Vegetarian Diets and Childhood Obesity Prevention,« Am J Clin Nutr 91, Nr. 5 (2010): 1525S–29S.

16 E. Guth: »Healthy Weight Loss«, JAMA 312, Nr. 9 (2014): 974.

17 M. Greger: »Dr. Greger in the Kitchen: My New Favorite Beverage«, NutritionFacts.org, 13. November 2017, verfügbar unter https://nutritionfacts.org/video/dr-greger-in-the-kitchen-my-new-favoritebeverage, Zugriff seit 17. April 2019.

18 B. J. Rolls, E. A. Bell, M. L. Thorwart: »Water Incorporated into a Food but Not Served with a Food Decreases Energy Intake in Lean Women«, Am J Clin Nutr 70, Nr. 4 (1999): 448–55.

19 A. Santangelo, M. Peracchi, D. Conte, M. Fraquelli, M. Porrini: »Physical State of Meal Affects Gastric Emptying, Cholecystokinin Release and Satiety«, Br J Nutr 80, Nr. 6 (1998): 521–27.

20 Y. Zhu and J. H. Hollis: »Soup Consumption Is Associated with a Lower Dietary Energy Density and a Better Diet Quality in US Adults«, Br J Nutr 111, Nr. 8 (2014): 1474–80.

21 A. Lapointe, C. Couillard, S. Lemieux: »Effects of Dietary Factors on Oxidation of Low-Density Lipoprotein Particles« J Nutr Biochem 17, Nr. 10 (2006): 645–58.

22 T. Bacchetti, D. Tullii, S. Masciangelo, et al.: »Effect of Black and Red Cabbage on Plasma Carotenoid Levels, Lipid Profile and Oxidized Low Density Lipoprotein«, J Funct Foods 8 (2014): 128–37.

23 M. Bouchenak, M. Lamri-Senhadji: »Nutritional Quality of Legumes, and Their Role in Cardiometabolic Risk Prevention: A Review«, J Med Food 16, Nr. 3 (2013): 185–98.

24 A. Drewnowski, C. D. Rehm: »Vegetable Cost Metrics Show That Potatoes and Beans Provide Most Nutrients per Penny«, PLoS ONE 8, Nr. 5 (2013): e63277.

25 M. Bouchenak, M. Lamri-Senhadji: »Nutritional Quality of Legumes, and Their Role in Cardiometabolic Risk Prevention: A Review«, J Med Food 16, Nr. 3 (2013): 185–98.

26 L. A. Bazzano, J. He, L. G. Ogden, et al.: »Legume Consumption and Risk of Coronary Heart Disease in US Men and Women: NHANES I Epidemiologic Follow-up Study«, Arch Intern Med 161, Nr. 21 (2001): 2573–78.
27 Y. Abe, M. Mutsuga, H. Ohno, Y. Kawamura, H. Akiyama: »Isolation and Quantification of Polyamide Cyclic Oligomers in Kitchen Utensils and Their Migration into Various Food Simulants«, PLoS ONE 11 (7) (2016;): e0159547.
28 Federal Institute for Risk Assessment: »Polyamide Kitchen Utensils: Keep Contact with Hot Food as Brief as Possible«, Federal Ministry of Food, Agriculture and Consumer Protection, BfR Opinion Nr. 036/2019, 17. September 2019.
29 J. Kuang, M. A. Abdallah, S. Harrad: »Brominated Flame Retardants in Black Plastic Kitchen Utensils: Concentrations and Human Exposure Implications«, Sci Total Environ 610–611 (2018): 1138–46.
30 S. M. Krebs-Smith, P. M. Guenther, A. F. Subar, S. I. Kirkpatrick, K. W. Dodd: »Americans Do Not Meet Federal Dietary Recommendations«, J Nutr 140, Nr. 10 (2010): 1832–38.
31 D. C. Murador, D. T. da Cunha, V. V. de Rosso: »Effects of Cooking Techniques on Vegetable Pigments: A Meta-analytic Approach to Carotenoid and Anthocyanin Levels«, Food Res Int 65 (pt. B) (2014): 177–83.
32 F. A. Ahmed, R. F. Ali: »Bioactive Compounds and Antioxidant Activity of Fresh and Processed White Cauliflower«, Biomed Res Int 2013 (2013): 367819.
33 A. Khor, R. Grant, C. Tung, et al.: »Postprandial Oxidative Stress Is Increased after a Phytonutrient-Poor Food but Not after a Kilojoule-Matched Phytonutrient-Rich Food«, Nutr Res 34, Nr. 5 (2014): 391–400.
34 M. S. Islam, O. Protic, S. R. Giannubilo, et al.: »Uterine Leiomyoma: Available Medical Treatments and New Possible Therapeutic Options,« J Clin Endocrinol Metab 98, Nr. 3 (2013): 921–34.
35 F. M. Steinberg, M. J. Murray, R. D. Lewis, et al.: »Clinical Outcomes of a 2-Y Soy Isoflavone Supplementation in Menopausal Women«, Am J Clin Nutr 93, Nr. 2 (2011): 356–67.
36 L. S. McAnulty, S. R. Collier, M. J. Landram, et al.: »Six Weeks Daily Ingestion of Whole Blueberry Powder Increases Natural Killer Cell Counts and Reduces Arterial Stiffness in Sedentary Males and Females«, Nutr Res 34, Nr. 7 (2014): 577–84.
37 S. Vendrame, S. Guglielmetti, P. Riso, S. Arioli, D. Klimis-Zacas, M. Porrini: »Six-Week Consumption of a Wild Blueberry Powder Drink Increases Bifidobacteria in the Human Gut«, J Agric Food Chem 59, Nr. 24 (2011): 12815–20.
38 J. C. Kagan: »Immunology: Sensing Endotoxins from Within«, Science 341, Nr. 6151 (2013): 1184–85.
39 V. H. Tournas: »Spoilage of Vegetable Crops by Bacteria and Fungi and Related Health Hazards«, Crit Rev Microbiol 31, Nr. 1 (2005): 33–44.
40 S. Mishra, J. Monro: »Wholeness and Primary and Secondary Food Structure Effects on in Vitro Digestion Patterns Determine Nutritionally Distinct Carbohydrate Fractions in Cereal Foods«, Food Chem 135, Nr. 3 (2012): 1968–74.
41 B. Simonato, A. Curioni, G. Pasini: »Digestibility of Pasta Made with Three Wheat Types: A Preliminary Study«, Food Chem 174, Nr. 2 (2015): 219–25.
42 G. Costabile, E. Griffo, P. Cipriano, et al.: »Subjective Satiety and Plasma PYY Concentration after Wholemeal Pasta«, Appetite 125 (2018): 172–81.
43 M. Mahdavi-Roshan, P. Mirmiran, M. Arjmand, J. Nasrollahzadeh: »Effects of Garlic on Brachial Endothelial Function and Capacity of Plasma to Mediate Cholesterol Efflux in Patients with Coronary Artery Disease«, Anatol J Cardiol 18, Nr. 2 (2017): 116–21.
44 N. Mahdavi-Roshan, A. Zahedmehr, A. Mohammad-Zadeh, et al.: »Effect of Garlic Powder Tablet on Carotid Intima-media Thickness in Patients with Coronary Artery Disease: A Preliminary Randomized Controlled Trial«, Nutr Health 22, Nr. 2 (2013): 143–55.
45 X. J. Xiong, P. Q. Wang, S. J. Li, X. K. Li, Y. Q. Zhang, J. Wang: »Garlic for Hypertension: A Systematic Review and Meta-analysis of Randomized Controlled Trials«, Phytomedicine 22, Nr. 3 (2015): 352–61.
46 P. Bowen, L. Chen, M. Stacewicz-Sapuntzakis, et al.: »Tomato Sauce Supplementation and Prostate Cancer: Lycopene Accumulation and Modulation of Biomarkers of Carcinogenesis«, Exp Biol Med (Maywood) 227, Nr. 10 (2002): 886–93; L. Chen, M. Stacewicz-Sapuntzakis, C. Duncan, et al.: »Oxidative DNA Damage in

Prostate Cancer Patients Consuming Tomato Sauce-Based Entrees as a Whole-Food Intervention«, J Natl Cancer Inst 93, Nr. 24 (2001): 1872–79.
47 R. P. Walsh, H. Bartlett, F. Eperjesi: »Variation in Carotenoid Content of Kale and Other Vegetables: A Review of Pre- and Post-harvest Effects«, J Agric Food Chem 63, Nr. 44 (2015): 9677–82.
48 M. Greger: »Prevent Glaucoma and See 27 Miles Farther«, NutritionFacts.org, 18. Mai 2012, verfügbar unter https://nutritionfacts.org/video/preventglaucoma-and-see-27-miles-farther, Zugriff seit 17. Dezember 2019.
49 M. Greger: »Do Lutein Supplements Help with Brain Function?« NutritionFacts.org, 31. Dezember 2018, verfügbar unter https://nutritionfacts.org/video/do-lutein-supplements-help-with-brain-function/, Zugriff seit 17. Dezember 2019.
50 L. C. Dos Reis, V. R. de Oliveira, M. E. Hagen, A. Jablonski, S. H. Flôres, A. de Oliveira Rios: »Effect of Cooking on the Concentration of Bioactive Compounds in Broccoli (Brassica oleracea var. Avenger) and Cauliflower (Brassica oleracea var. Alphina F1) Grown in an Organic System«, Food Chem 172 (2015): 770–77.
51 Ebenda.
52 R. W. Welch: »Satiety: ‚Have We Neglected Dietary Non-nutrients?'«, Proc Nutr Soc 70, Nr. 2 (2011): 145–54.
53 E. Wisker, W. Feldheim: »Metabolizable Energy of Diets Low or High in Dietary Fiber from Fruits and Vegetables When Consumed by Humans«, J Nutr 120, Nr. 11 (1990): 1331–37.
54 L. Liu, S. Wang, J. Liu: »Fiber Consumption and All-Cause, Cardiovascular, and Cancer Mortalities: A Systematic Review and Meta-analysis of Cohort Studies«, Mol Nutr Food Res 59, Nr. 1 (2015): 139–46.
55 A. Wald: »Constipation: Advances in Diagnosis and Treatment«, JAMA 315, Nr. 2 (2016): 214.
56 M. Petrie, W. J. Rejeski, S. Basu, et al.: »Beet Root Juice: An Ergogenic Aid for Exercise and the Aging Brain«, J Gerontol A Biol Sci Med Sci 72, Nr. 9 (2017): 1284–89.
57 A. Cassidy, G. Rogers, J. J. Peterson, J. T. Dwyer, H. Lin, P. F. Jacques: »Higher Dietary Anthocyanin and Flavonol Intakes Are Associated with Antiinflammatory Effects in a Population of US Adults«, Am J Clin Nutr 102, Nr. 1 (2015): 172–81.
58 I. Edirisinghe, K. Banaszewski, J. Cappozzo, et al.: »Strawberry Anthocyanin and its Association with Postprandial Inflammation and Insulin«, Br J Nutr 106, Nr. 6 (2011): 913–22.
59 US Department of Health and Human Services, US Department of Agriculture: »Food Sources of Dietary Fiber«, 2015–2020 Dietary Guidelines for Americans, 8th ed., app. 13, DietaryGuidelines.gov, Dezember 2015, verfügbar unter https://health.gov/dietaryguidelines/2015/guidelines/appendix-13, Zugriff seit 31. März 2019.
60 J. N. Davis, K. E. Alexander, E. E. Ventura, C. M. Toledo-Corral, M. I. Goran: »Inverse Relation Between Dietary Fiber Intake and Visceral Adiposity in Overweight Latino Youth«, Am J Clin Nutr 90, Nr. 5 (2009): 1160–66.
61 L. A. Tucker, K. S. Thomas, «Increasing Total Fiber Intake Reduces Risk of Weight and Fat Gains in Women«, J Nutr 139, Nr. 3 (2009): 576–81.
62 A. Nilsson, E. Johansson, L. Ekström, I. Björck: »Effects of a Brown Beans Evening Meal on Metabolic Risk Markers and Appetite Regulating Hormones at a Subsequent Standardized Breakfast: A Randomized Cross-over Study«, PLoS ONE 8, Nr. 4 (2013): e59985.
63 M. Zaraska: »Bitter Truth«, New Scientist 3032 (2015): 1–11.
64 H. Ilyasog˘lu, N. A. Burnaz: »Effect of Domestic Cooking Methods on Antioxidant Capacity of Fresh and Frozen Kale«, Int J Food Prop 18 (2015): 1298–1305.
65 Y. Zhao, S. K. Du, H. Wang, M. Cai: »In Vitro Antioxidant Activity of Extracts from Common Legumes«, Food Chem 152 (2014): 462–66.
66 H. C. Lin, N. A. Moller, M. M. Wolinsky, B. H. Kim, J. E. Doty, J. H. Meyer: »Sustained Slowing Effect of Lentils on Gastric Emptying of Solids in Humans and Dogs«, Gastroenterology 102, Nr. 3 (1992): 787–92.
67 W. M. Fernando, J. E. Hill, G. A. Zello, R. T. Tyler, W. J. Dahl, A. G. Van Kessel: »Diets Supplemented with Chickpea or Its Main Oligosaccharide Component Raffinose Modify Faecal Microbial Composition in Healthy Adults«, Benef Microbes 1, Nr. 2 (2010): 197–207.
68 M. Sajid, M. Ilyas: »PTFE-Coated Non-stick Cookware and Toxicity Concerns: A Perspective«, Environ Sci Pollut Res Int 24, Nr. 30 (2017): 23436–40.
69 Ebenda.
70 D. T. Sugerman: »Constipation«, JAMA 310, Nr. 13 (2013): 1416.

71 D. P. Burkitt, P. Meisner: »How to Manage Constipation with High-Fiber Diet«, Geriatrics 34, Nr. 2 (1979): 33–35, 38–40.
72 A. M. Dias-Martins, K. L. F. Pessanha, S. Pacheco, J. A. S. Rodrigues, C. W. P. Carvalho: »Potential Use of Pearl Millet (Pennisetum glaucum (L.) R. Br.) in Brazil: Food Security, Processing, Health Benefits and Nutritional Products«, Food Res Int 109 (2018): 175–86.
73 G. A. Annor, M. Marcone, E. Bertoft, K. Seetharaman: »In Vitro Starch Digestibility and Expected Glycemic Index of Kodo Millet (Paspalum scrobiculatum) as Affected by Starch–Protein–Lipid Interactions«, Cereal Chem 90 (2013)0: 211–17.
74 J. Narayanan, V. Sanjeevi, U. Rohini, P. Trueman, V. Viswanathan: »Postprandial Glycaemic Response of Foxtail Millet Dosa in Comparison to a Rice Dosa in Patients with Type 2 Diabetes«, Indian J Med Res 144, Nr. 5 (2016): 712–17.
75 H. Celik, N. Celik, A. Kocyigit, M. Dikilitas: »The Relationship between Plasma Aluminum Content, Lymphocyte DNA Damage, and Oxidative Status in Persons Using Aluminum Containers and Utensils Daily«, Clin Biochem 45, Nr. 18 (2012): 1629–33.
76 D. Dordevic, H. Buchtova, S. Jancikova, et al.: »Aluminum Contamination of Food during Culinary Preparation: Case Study with Aluminum Foil and Consumers' Preferences«, Food Sci Nutr 7, Nr. 10 (2019): 3349–60.
77 P. Pontieri, G. Mamone, S. De Caro, et al.: »Sorghum, a Healthy and Gluten-Free Food for Celiac Patients as Demonstrated by Genome, Biochemical, and Immunochemical Analyses«, J Agric Food Chem 61, Nr. 10 (2013): 2565–71.
78 Joseph M. Awika: »Sorghum: Its Unique Nutritional and Health-Promoting Attributes«, in Gluten-Free Ancient Grains: Cereals, Pseudocereals and Legumes, ed. John R. N. Taylor und Joseph M. Awika (Cambridge, MA: Woodhead Publishing, 2017): 21–54.
79 S. Ragaee, E. S. M. Abdel-Aal, M. Noaman: »Antioxidant Activity and Nutrient Composition of Selected Cereals for Food Use«, Food Chem 98, Nr. 1 (2006): 32–38.
80 L. De Morais Cardoso, S. S. Pinheiro, Martino, H. M. Pinheiro-Sant'Ana: »Sorghum (Sorghum bicolor L.): Nutrients, Bioactive Compounds, and Potential Impact on Human Health«, Crit Rev Food Sci Nutr 57, Nr. 2 (2017): 372–90.
81 P. R. Shewry, S. Hey: »Do ‚Ancient' Wheat Species Differ from Modern Bread Wheat in Their Contents of Bioactive Components?«, J Cereal Sci 65 (2015): 236–43.
82 E. S. Abdel-Aal, I. Rabalski: »Bioactive Compounds and Their Antioxidant Capacity in Selected Primitive and Modern Wheat Species«, Open Agr J 2 (2008): 7–14.
83 D. Bazile, C. Pulvento, A. Verniau, et al.: »Worldwide Evaluations of Quinoa: Preliminary Results from Post International Year of Quinoa FAO Projects in Nine Countries«, Front Plant Sci 7 (2016): 850.
84 A. M. Filho, M. R. Pirozi, J. T. Borges, H. M. Pinheiro Sant'Ana, J. B. Chaves, J. S. Coimbra: »Quinoa: Nutritional, Functional, and Antinutritional Aspects«, Crit Rev Food Sci Nutr 57, Nr. 8 (2017): 1618–30.
85 D. Navarro-Perez, J. Radcliffe, A. Tierney, M. Jois: »Quinoa Seed Lowers Serum Triglycerides in Overweight and Obese Subjects: A Dose-Response Randomized Controlled Clinical Trial«, Curr Dev Nutr 1, Nr. 9 (2017): e001321.
86 M. Romon, J. L. Edme, C. Boulenguez, J. L. Lescroart, P. Frimat P: »Circadian Variation of Diet-Induced Thermogenesis«, Am J Clin Nutr 57, Nr. 4 (1993): 476–80.
87 M. L. Wahlqvist: »Food Structure Is Critical for Optimal Health«, Food Funct 7, Nr. 3 (2016): 1245–50.
88 F. S. Atkinson, K. Foster-Powell, J. C. Brand-Miller: »International Tables of Glycemic Index and Glycemic Load Values: 2008«, Diabetes Care 31, Nr. 12 (2008): 2281–83.
89 A. R. Mackie, B. H. Bajka, N. M. Rigby, et al.: »Oatmeal Particle Size Alters Glycemic Index but Not as a Function of Gastric Emptying Rate«, Am J Physiol Gastrointest Liver Physiol 313 Nr. 3 (2017): G239–46.
90 E. Petroff, E. F. Keane, E. D. Barr, et al.: »Identifying the Source of Perytons at the Parkes Radio Telescope«, Monthly Notices of the Royal Astronomical Society 451, Nr. 4 (2015): 3933–40.
91 Z. O. Alhekail: »Electromagnetic Radiation from Microwave Ovens«, J Radiol Prot 21, Nr. 3 (2001): 251–58.
92 J. M. Hodgson, R. L. Prince, R. J. Woodman, et al.: »Apple Intake Is Inversely Associated with All-Cause and Disease-Specific Mortality in ELderly Women«, Br J Nutr 115, Nr. 5 (2016;): 860–67.
93 N. P. Bondonno, C. P. Bondonno, L. C. Blekkenhorst, et al.: »Flavonoid-Rich Apple Improves

Endothelial Function in Individuals at Risk for Cardiovascular Disease: A Randomized Controlled Clinical Trial«, Mol Nutr Food Res 62, Nr. 3 (2018): 10.1002/mnfr.201700674.
94 M. Madero, J. C. Arriaga, D. Jalal, et al.: »The Effect of Two Energy-Restricted Diets, A Low-Fructose Diet versus a Moderate Natural Fructose Diet, on Weight Loss And Metabolic Syndrome Parameters: A Randomized Controlled Trial«, Metab Clin Exp 60, Nr. 11 (2011): 1551–59.
95 H. Boeing, A. Bechthold, A. Bub, et al.: »Critical Review: Vegetables and Fruit in the Prevention of Chronic Diseases«, Eur J Nutr 51, Nr. 6 (2012): 637–63.
96 A. Cassidy: »Berry Anthocyanin Intake and Cardiovascular Health«, Mol Aspects Med 61 (2018): 76–82.
97 H. Huang, G. Chen, D. Liao, Y. Zhu, X. Xue: »Effects of Berries Consumption on Cardiovascular Risk Factors: A Meta-analysis with Trial Sequential Analysis of Randomized Controlled Trials«, Sci Rep 6 (2016): 23625.
98 Federal Institute for Risk Assessment: »Cooking Spoons and Crockery MADE of Melamine Resin Are Not Suited for Microwaves and Cooking«, Federal Ministry of Food, Agriculture and Consumer Protection, 5. Dezember 2011, verfügbar unter https://www.bfr.bund.de/en/press_information/2011/11/cooking_spoons_and_crockery_made_of_melamine_resin_are_not_suited_for_microwaves_and_cooking-70465.html, Zugriff seit 15. Dezember 2019.
99 Y. C. Tsai, C. F. Wu, C. C. Liu, et al.: »Urinary Melamine Levels and Progression of CKD«, Clin J Am Soc Nephrol 14, Nr. 8 (2019): 1133–41.
100 C. D. Black, and P. J. O'Connor: »Acute Effects of Dietary Ginger on Muscle Pain Induced by Eccentric Exercise«, Phytother Res 24, Nr. 11 (2010) 1620–26.
101 P. B. Wilson: »Ginger (Zingiber officinale) as an Analgesic and Ergogenic Aid in Sport: A Systemic Review«, J Strength Cond Res 29, Nr. 10 (2015): 2980–95.
102 L. Biing-Hwan, J. Guthrie: »Nutritional Quality of Food Prepared at Home and Away from Home, 1977–2008«, US Department of Agriculture, Economic Research Service, Economic Information Bulletin 2012, 105 (Dec); M. Reicks, A. C. Trofholz, J. S. Stang, M. N. Laska: »Impact of Cooking and Home Food Preparation Interventions among Adults: Outcomes and Implications for Future Programs«, J Nutr Educ Behav 46, Nr. 4 (2014): 259–76.
103 L. A. L. Soliah, J. M. Walter, S. A. Jones: »Benefits and Barriers to Healthful Eating: What Are the Consequences of Decreased Food Preparation Ability?« American Journal of Lifestyle Medicine 6, Nr. 2 (2012): 152–58.
104 R. Erlich, A. Yngve, and M. L. Wahlqvist: »Cooking as a Healthy Behaviour«, Public Health Nutr 15, Nr. 7 (2012) 1139–40.
105 K. Ried: »Garlic Lowers Blood Pressure in Hypertensive Individuals, Regulates Serum Cholesterol, and Stimulates Immunity: An Updated Meta-analysis and Review«, J Nutr 146, Nr. 2 (2016): 389S–96S.
106 E. Lissiman, A. L. Bhasale, M. Cohen: »Garlic for the Common Cold«, Cochrane Database Syst Rev 4, Nr. 11 (2014): CD006206.
107 A. de Giorgio, J. Stebbing: »Garlic: A Stake through the Heart of Cancer?«, Lancet Oncol 17, Nr. 7 (2016): 879–80.
108 R. T. Kodali, G. D. Eslick: »Meta-analysis: Does Garlic Intake Reduce Risk of Gastric Cancer?« Nutr Cancer 67, Nr. 1 (2015): 1–11.
109 F. Guarneri, C. Costa, S. P. Cannavò, et al.: »Release of Nickel and Chromium in Common Foods during Cooking in 18/10 (Grade 316) Stainless Steel Pots«, Contact Derm 76, Nr. 1 (2017): 40–68.
110 C. Alves, A. Saleh, H. Alaofè: »Iron-Containing Cookware for the Reduction of Iron Deficiency Anemia among Children and Females of Reproductive Age in Low- and Middle-Income Countries: A Systematic Review«, PLoS ONE 14, Nr. 9 (2019): e0221094.
111 S. A. Kulkarni, V. H. Ekbote, A. Sonawane, A. Jeyakumar, S. A. Chiplonkar, A. V. Khadilkar: »Beneficial Effect of Iron Pot Cooking on Iron Status«, Indian J Pediatr 80, Nr. 12 (2013): 985–89.
112 B. J. Xu, S. K. Chang: »Total Phenolic Content and Antioxidant Properties of Eclipse Black Beans (Phaseolus vulgaris L.) as Affected by Processing Methods«, J Food Sci 73, Nr. 2 (2008): H19–27.
113 F. Natella, F. Belelli, A. Ramberti, C. Scaccini: »Microwave and Traditional Cooking Methods: Effect of Cooking on Antioxidant Capacity and Phenolic Compounds Content of Seven Vegetables«, J Food Biochem 34 (2010): 796–810.

Index

(Kapitälchen *verweisen auf die Rezepte bzw. auf die 9 Rezeptgruppen des Buchs.)*